职业教育全媒体系列教材

机械制图及 AutoCAD

主　编　朱蓬勃
副主编　刘成志　刘玉萍　吴中旭
参　编　梁小秋　申　雪　贺彬彬　于　航

机 械 工 业 出 版 社

本书是职业教育全媒体系列教材，是根据《吉林省现代职业教育改革发展示范校建设方案》，以职业院校就业需求为出发点，按照国家“CAD技能等级考评大纲”对机械制图基础理论的要求而编写的。本书以机械制图及AutoCAD的项目任务为载体，重点突出对学生读图与绘图能力的培养，努力做到“轻松学习，实效运用”，为后续专业课的学习打基础。

本书共有两个模块，模块一介绍机械制图基础知识，共有8个单元、36个任务；模块二介绍AutoCAD绘图知识，共有3个单元、28个任务。另外，本书还配套了利用增强现实（AR）技术开发的3D虚拟仿真教学资源，用安卓手机扫描封底上方的二维码下载APP即可使用。

本书可作为职业院校机械专业基础课教材，也可作为相关专业岗位培训教材。

为便于教学，本书配套有电子教案、助教课件、教学视频等教学资源，选择本书作为教材的教师可来电（010-88379193）索取，或登录www.cmpedu.com，注册后免费下载。

图书在版编目（CIP）数据

机械制图及AutoCAD/朱蓬勃主编．—北京：机械工业出版社，2019.10（2023.7重印）

职业教育全媒体系列教材

ISBN 978-7-111-64463-7

Ⅰ.①机… Ⅱ.①朱… Ⅲ.①机械制图-计算机制图-AutoCAD软件-职业教育-教材 Ⅳ.①TH126

中国版本图书馆CIP数据核字（2020）第005099号

机械工业出版社（北京市百万庄大街22号 邮政编码100037）
策划编辑：黎 艳 责任编辑：黎 艳
责任校对：佟瑞鑫 樊钟英 封面设计：张 静
责任印制：常天培
北京机工印刷厂有限公司印刷
2023年7月第1版第3次印刷
184mm×260mm · 19印张 · 468千字
标准书号：ISBN 978-7-111-64463-7
定价：49.00元

电话服务 网络服务
客服电话：010-88361066 机 工 官 网：www.cmpbook.com
010-88379833 机 工 官 博：weibo.com/cmp1952
010-68326294 金 书 网：www.golden-book.com
封底无防伪标均为盗版 机工教育服务网：www.cmpedu.com

前　言

根据职业教育特色和教学模式的需要，结合学生的心理特点和认知规律，本书以“简明实用”为编写宗旨，以“识图为主”为编写思路，以“典型任务”为编写风格，以“零装融合”为编写体系，努力做到基本理论以应用为目的，以必需和够用为尺度；基本技能以培养识图能力为重点，并贯穿始终。

“机械制图”课程是职业院校机械类各专业学生必修的基础课。该课程应注重培养学生的读图、绘图以及团队合作与交流的能力。为此，本书力求体现以下特点：

1）采用理论与实际一体化的训练来优化教材内容。本书以工作任务为驱动，以培养学生的空间思维能力为导向，以识图、画图的技能训练为中心，通过“做中学、学中做、边学边做”来实施任务，实现理论知识与技能训练的统一。

2）内容贴近工程实际，旨在培养学生制订工作计划和团队合作交流的能力，这也是提高学生职业素质的重要一环。

本书学时安排建议如下：

模　　块	单　　元	教学时间	教学建议
模块一　机械制图	单元一　机械制图的基本知识和技能	8学时	课前预习，指导学习
	单元二　投影作图	10学时	配合动画、视频
	单元三　组合体	18学时	实物讲解、配微课
	单元四　视图的表达	6学时	实物讲解
	单元五　标准件及常用件	14学时	配微课
	单元六　零件图的绘制	18学时	实物讲解、配微课
	单元七　装配图的绘制	12学时	三维动画技术支持
	单元八　零部件测绘	14学时	三维动画技术支持
模块二　AutoCAD绘图	单元九　AutoCAD 2016软件的使用	34学时	机房上课
	单元十　使用AutoCAD 2016绘制视图	8学时	机房上课
	单元十一　三维建模	16学时	机房上课
	总计	158学时	

本书由吉林机电工程学校的老师编写。朱蓬勃任本书的主编，并负责总体规划。具体编写分工如下：吴中旭编写模块一的单元一、二；申雪编写模块一的单元三；刘成志编写模块一的单元四，梁小秋编写模块一的单元五；贺彬彬编写模块一的单元六；刘玉萍编写模块一的单元七、八和模块二；于航负责立体资源建设。

本书利用增强现实（AR）技术开发了虚拟仿真教学资源，体现了“三维可视化及互动学习”的特点，将重要知识点以3D教学资源的形式进行介绍，力图达到“教师易教、学生易学”的目的。用安卓手机扫描封底上方的二维码下载 App（http://s.cmpedu.com/2019/11/jxzt.apk），即可使用。

在编写过程中，编者参阅了国内出版的有关教材和资料，在此对相关人员表示衷心感谢！

由于编者水平有限，书中不妥之处在所难免，恳请读者批评指正。

编　者

目　录

模块二　AutoCAD 绘图

模块一　机械制图

单元一

机械制图的基本知识和技能

本单元通过介绍国家标准《技术制图》及《机械制图》的有关规定、绘图工具的使用及平面图形的绘制方法和步骤，初步培养学生绘图的基本能力。

课题一　制图的基本规定

【知识要点】

1）国家标准中有关图幅、比例、字体和图线等基本规定以及尺寸注法的规定。

2）树立国家标准《机械制图》及《技术制图》是技术法规的观念，培养标准化意识。

【技能要求】

1）能正确使用一般的绘图工具和仪器。

2）掌握平面图形的基本作图方法和步骤，为学习后续各单元打下基础。

【任务书】

编号	任务	教学时间
1-1-1	绘制简单的平面图形	2 学时
1-1-2	绘制复杂的平面图形	2 学时

任务一　绘制简单的平面图形

【学习目标】

了解图样使用的图幅、比例，分析图样中线型的选用和汉字的书写情况，掌握平面图形的基本作图方法。

【任务描述】

通过绘制图 1-1 和图 1-2 所示的简单平面图形，学会使用绘图工具作图，掌握等分圆周及作正多边形的方法，了解图样中各种线型规格，从而具备绘图的初步能力。

【任务分析】

通过本任务两张简单平面图形的绘制，了解平面图形各部分尺寸的关系，掌握图线的画法，掌握平面图形的标注。

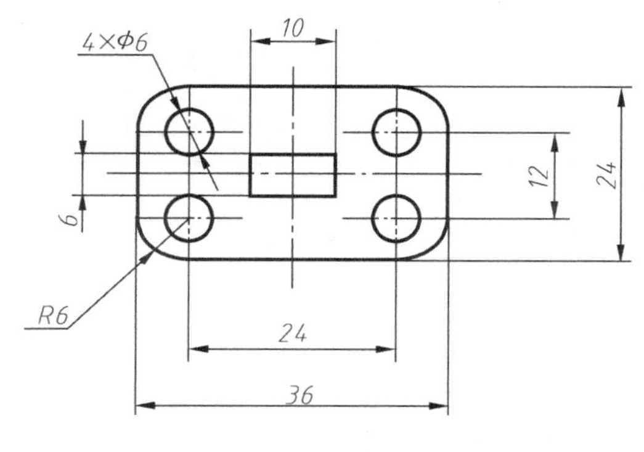

图 1-1　平面图形（一）

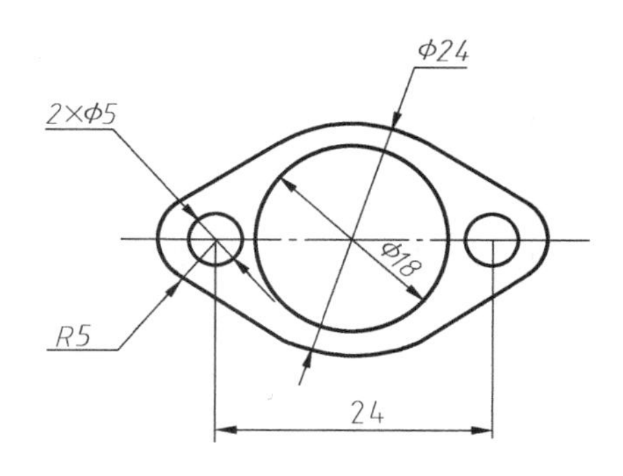

图 1-2　平面图形（二）

【知识链接】

一、尺规绘图工具的用法

1. 图板和丁字尺

画图时，先将图纸用胶带纸固定在图板上，丁字尺头部紧靠图板左边。画线时，铅笔垂直纸面向右倾斜约 30°，如图 1-3a 所示。丁字尺上下移动到画线位置，自左向右画水平线，如图 1-3b 所示。

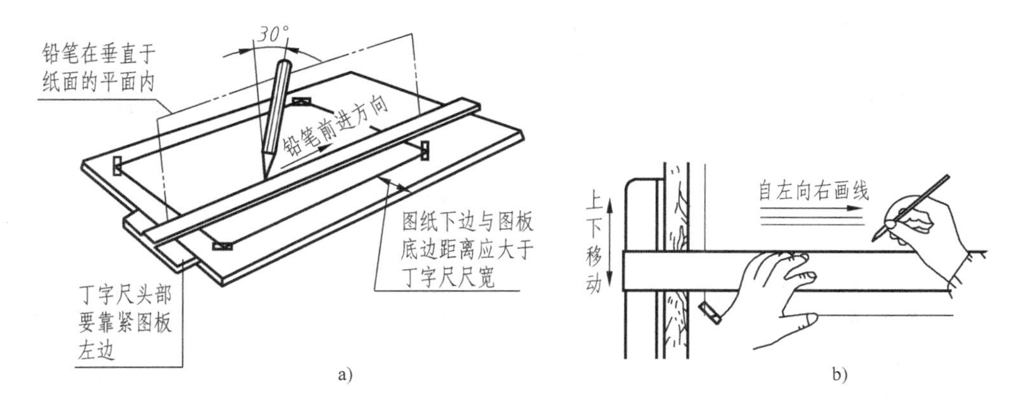

图 1-3　图板和丁字尺（AR 立体扫描）

2. 三角板

一副三角板由 45°和 30°（60°）两块直角三角板组成。三角板与丁字尺配合使用可画垂直线（图 1-4），还可画出与水平线成 45°、60°、30°以及 75°、15°的倾斜线（图 1-5）。两块三角板配合使用，可画任意已知直线的平行线或垂直线，如图 1-6 所示。

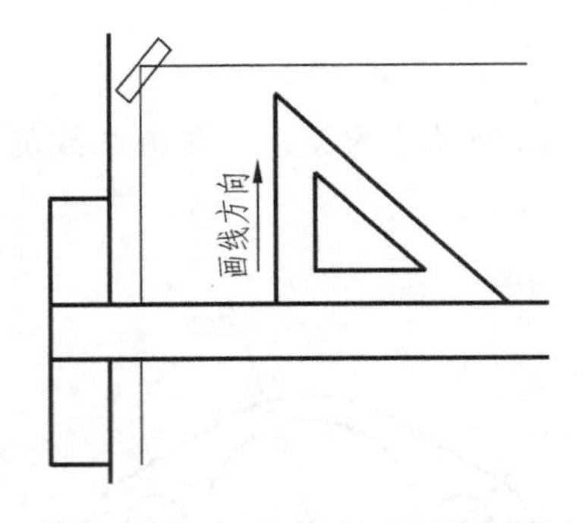

图 1-4　用三角板和丁字尺画垂直线

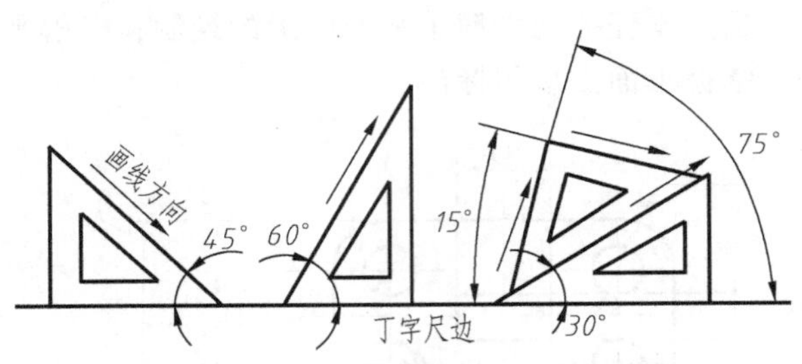

图 1-5　用三角板画常用角度斜线

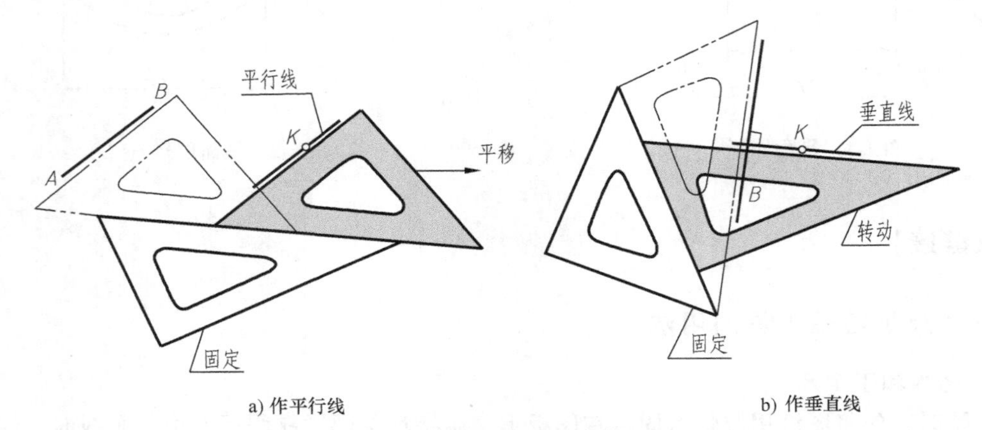

a) 作平行线　　b) 作垂直线

图 1-6　两块三角板配合使用

3. 圆规和分规

1）圆规用来画圆和圆弧。画圆时，圆规的钢针应使用有台阶的一端，以避免图纸上的针孔不断扩大，并使笔尖与纸面垂直。圆规的使用方法如图 1-7 所示。

2）分规用来截取线段，等分直线或圆周，以及从尺上量取尺寸。分规的两针尖合并时应对齐，如图 1-8a 所示。

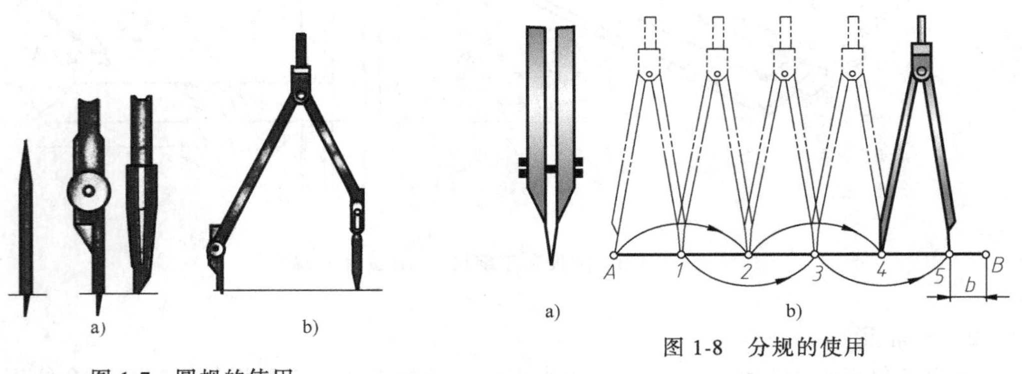

a)　b)

图 1-7　圆规的使用

a)　b)

图 1-8　分规的使用

4. 铅笔

绘图铅笔用 B 和 H 代表铅芯的软硬程度。B 表示软性铅笔，B 前面的数字越大，表示铅芯越软（字迹黑）；H 表示硬性铅笔，H 前面的数字越大，表示铅芯越硬（淡），HB 表示铅芯软硬适中。画粗线常用 B 或 HB 的铅笔，画细线常用 H 或 2H 的铅笔，写字常用 HB 或 B 的铅笔，画底稿线常用 2H 的铅笔。画圆或圆弧时，圆规插脚中的铅芯应比画直线的铅芯软 1~2 档。

除上述工具外，绘图时还要备有削铅笔的小刀，磨铅芯的砂纸，橡皮以及固定图纸的胶带纸等。

二、等分圆周作正多边形

机件轮廓形状虽然各有不同，但都是由各种基本几何图形组成的，所以绘制平面图形前应掌握常见几何图形的画法。表 1-1 列出了常见的圆周等分以及作正多边形的作图方法和步骤。

【小技巧】

铅笔应从没有标号的一端开始削起，木杆削去 25~30mm，铅芯外露约 8mm。用于画底稿线、细线和写字的铅笔，其铅芯磨成圆锥形，如图 1-9a 所示；用于画粗线的铅笔，其铅芯磨成宽度 d 接近粗线宽度的扁四棱柱形，如图 1-9b 所示；修磨铅芯，可在砂纸上进行，如图 1-9c 所示。如果采用自动铅笔绘图，应备有 0.3mm（画细线）和 0.5mm（画粗线及写字）两种铅芯。

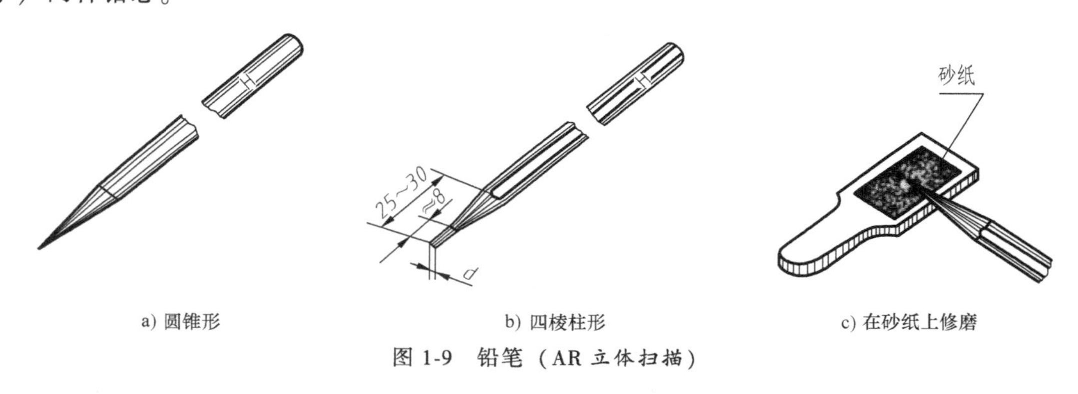

a) 圆锥形　　b) 四棱柱形　　c) 在砂纸上修磨

图 1-9　铅笔（AR 立体扫描）

表 1-1　圆周等分以及作正多边形的作图方法和步骤

圆周四、八等分	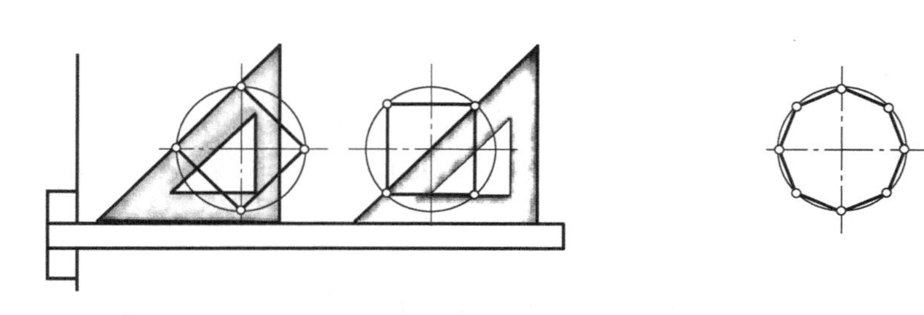 用 45°三角板和丁字尺配合作用，可直接作出圆周的四、八等分，并作四边形和八边形

（续）

 圆周三、六等分	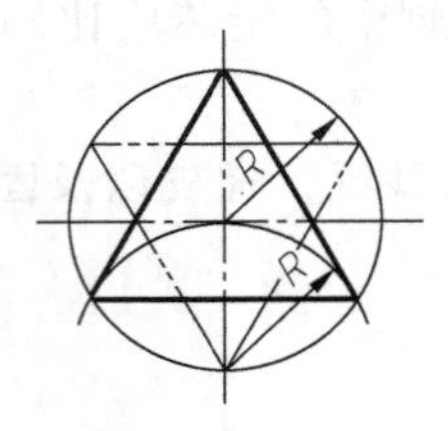 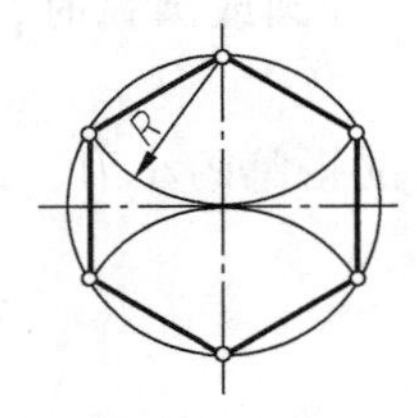 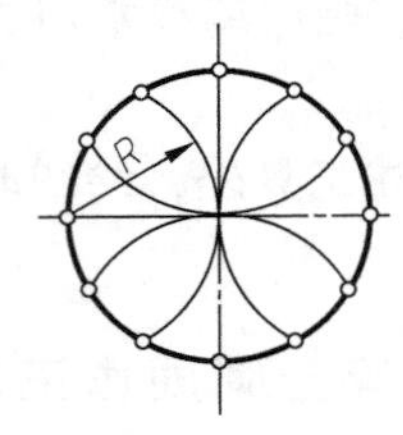 用圆规作出圆周的三、六等分，并作出三角形和六边形、十二边形
	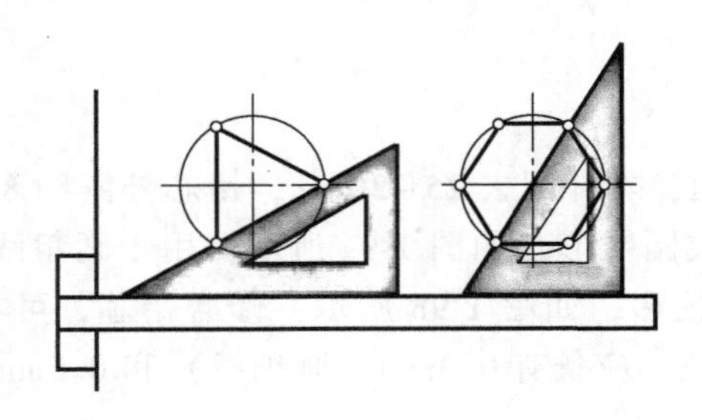 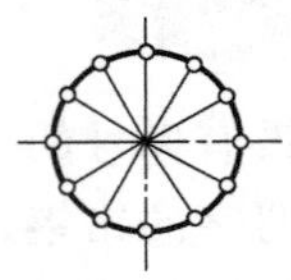 用 30°、60°三角板和丁字尺配合作图作出各多边形
圆周五等分	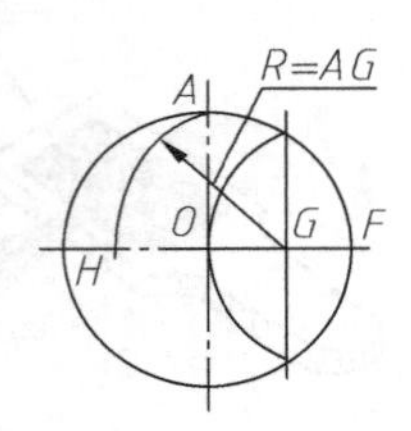 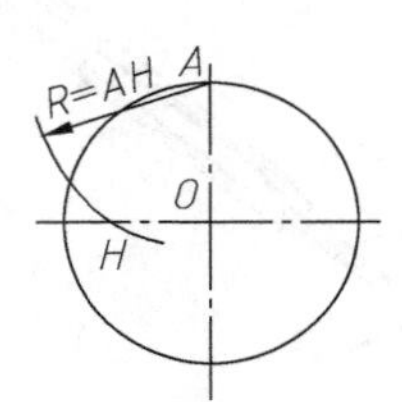 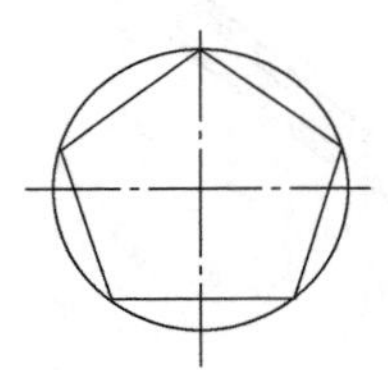 1. 作半径 *OF* 的等分点 *G*，以 *G* 为圆心，*AG* 为半径画圆弧交水平直径截于 *H* 2. 以 *AH* 为半径，分圆周为五等份，顺序连接各分点形成

三、图线（GB/T 4457.4—2002）

1. 图线的线型及应用

绘图时应采用国家标准规定的图线型式和画法。国家标准 GB/T 4457.4—2002《技术制图　图样　画法　图线》规定了在机械图样中使用的 9 种图线，其名称、线型、宽度及应用示例见表 1-2 及图 1-10。

2. 图线的宽度

机械图样中采用粗、细两种线宽，它们的比例关系为 2∶1。图线的宽度 d 应按图样的类型和大小，在下列宽度中选取：0.13mm、0.18mm、0.25mm、0.35mm、0.5mm、0.7mm、1.0mm、1.4mm、2mm。粗实线的宽度通常采用 0.5mm 或 0.7mm。为了保证图样清晰，便于复制，图样上尽量避免出现线宽小于 0.18mm 的图线。

3. 图线的画法

1）在同一图样中，同类图线的宽度应一致，细（粗）虚线、细（粗）点画线、细双点画线的线段长度和间隔应大致相同。

表 1-2　图线的名称、线型、线宽及应用

<table>
<tr><th>名称</th><th>线　型</th><th>线宽</th><th colspan="2">主要用途</th></tr>
<tr><td>粗实线</td><td></td><td>d</td><td colspan="2">表示可见轮廓</td></tr>
<tr><td>细实线</td><td></td><td rowspan="5">d/2</td><td colspan="2">表示尺寸线、尺寸界线、通用剖面线、引出线、重合断面的轮廓、过渡线</td></tr>
<tr><td>波浪线</td><td></td><td colspan="2">表示断裂处的边界、局部剖视的分界</td></tr>
<tr><td>双折线</td><td></td><td colspan="2">表示断裂处的边界</td></tr>
<tr><td>细虚线</td><td></td><td colspan="2">表示不可见轮廓。画长 12d，短间隔长 3d（d 为粗线宽度）</td></tr>
<tr><td>细点画线</td><td></td><td>表示轴线、圆中心线、对称线、轨迹线</td><td rowspan="3">长画长 24d、短间隔长 3d、短画长 6d</td></tr>
<tr><td>粗点画线</td><td></td><td>d</td><td>表示有特殊要求的表面的表示线</td></tr>
<tr><td>细双点画线</td><td></td><td>d/2</td><td>表示假想轮廓、断裂处的边界</td></tr>
</table>

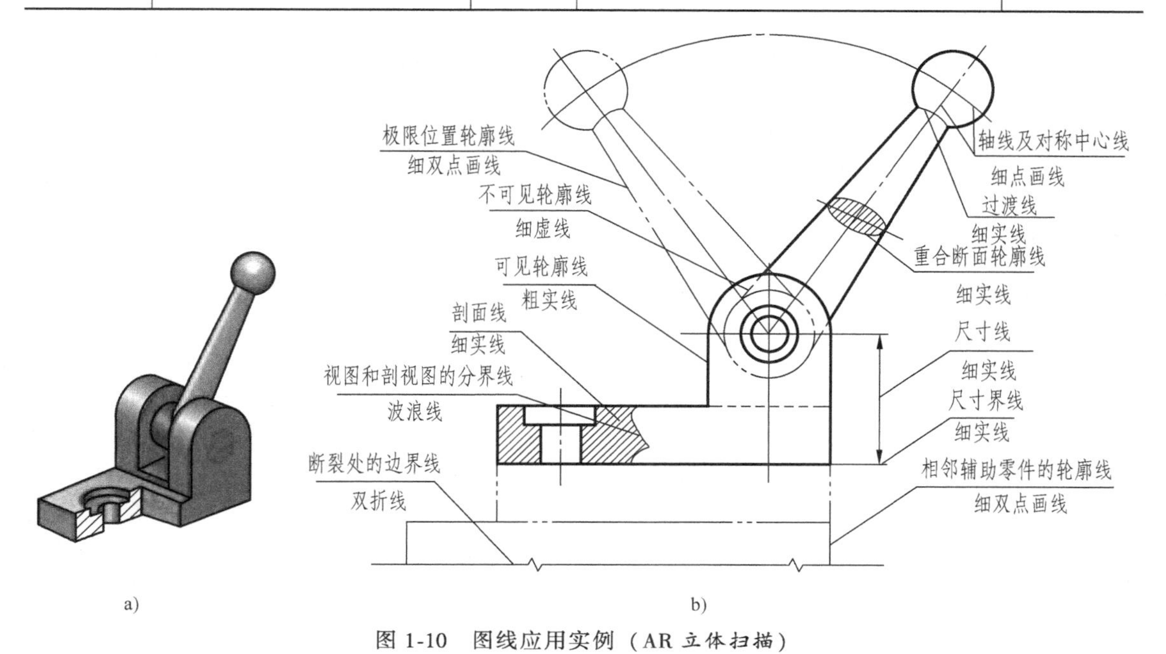

图 1-10　图线应用实例（AR 立体扫描）

2）画圆的中心线时，圆心应是细点画线的交点，细点画线的两端应超出圆外 3mm 左右；当圆的图形较小（如圆的直径小于 8m）时可用细实线代替细点画线，如图 1-11b 所示。

3）图线相交时，都应以细实线处相交，而不应在点或间隔处相交；当细虚线为粗实线的延长线时，虚线、实线之间应留空，如图 1-12 所示。

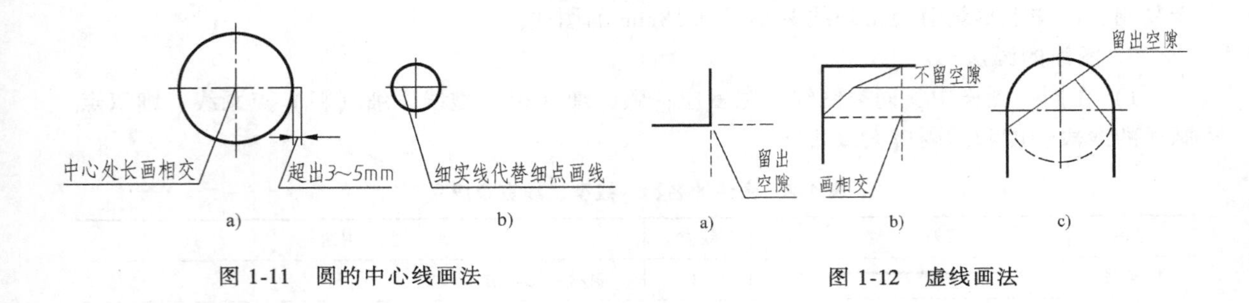

图 1-11　圆的中心线画法

图 1-12　虚线画法

【任务实施】

1. 了解图样中各使用线型概况

了解图样使用的图幅、比例，分析图中线型的使用、尺寸标注等情况。

2. 图线画法及注意事项

1）同一图样中同类图线的宽度应基本一致。

2）细（粗）虚线、细（粗）点画线及细双点画线的线段长度和间距应各自大致相等。

3）细（粗）点画线、细双点画线的首末两端应是线段，而不是短画，其中的点不是点，而是一个约 1mm 的短画。

4）绘制圆的中心线，圆心应为线段的交点。

5）在较小的图形上绘制细（粗）点画线或细双点画线有困难时，可用细实线代替。

6）虚线与虚线相交、虚线与点画线相交，应以线段相交；如果虚线、点画线是粗实线的延长线，应留有空隙；虚线与粗实线相交，不留空隙。

7）图线颜色的深浅程度要一致。

【拓展提高】

1）绘制图 1-1 的平面图形。

2）绘制图 1-2 的平面图形。

【实战演练】

1）几个正三角形可以拼成一个正六边形？蜂巢的造型是由哪些多边形构成的？仔细观察足球是由哪些多边形组合而成的？

2）参考下图在右边作五角星（比例放大一倍）。

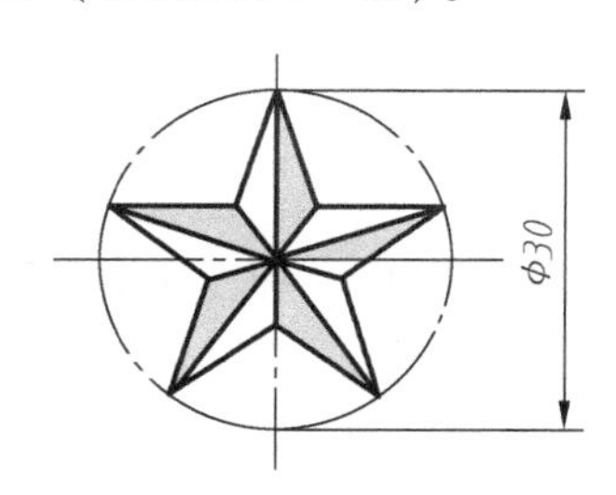

任务二　绘制复杂的平面图形

【学习目标】

1）掌握平面图形的基本作图方法。

2）学会圆弧连接的绘图方法。

【任务描述】

通过绘制图 1-13 所示的复杂平面图形，掌握绘制平面图形的方法和技巧，从而提高绘图的能力。

【任务分析】

本任务通过对复杂平面图形的绘制，掌握各种绘图工具的使用和配合方法，学会圆弧连接的绘图方法。

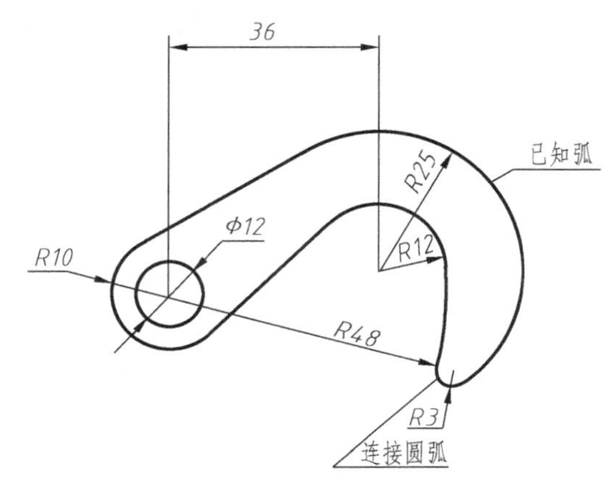

图 1-13　复杂平面图形（AR 立体扫描）

【知识链接】

一、圆弧连接

1. 概念

圆弧连接是用一段圆弧连接两个相邻已知线段（直线或圆弧），使其光滑过渡的作图方法。

2. 分类

圆弧连接分三种情形，如图 1-14、图 1-15 和图 1-16 所示。

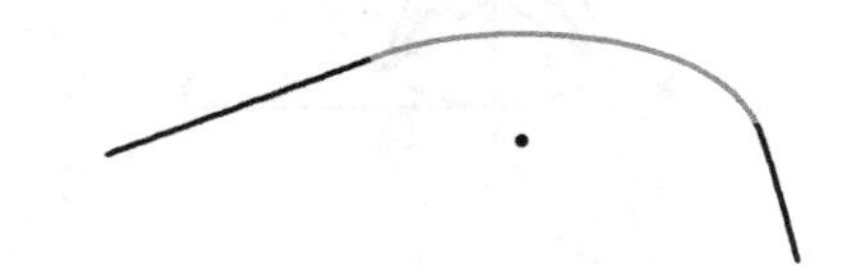

图 1-14　一圆弧连接两直线

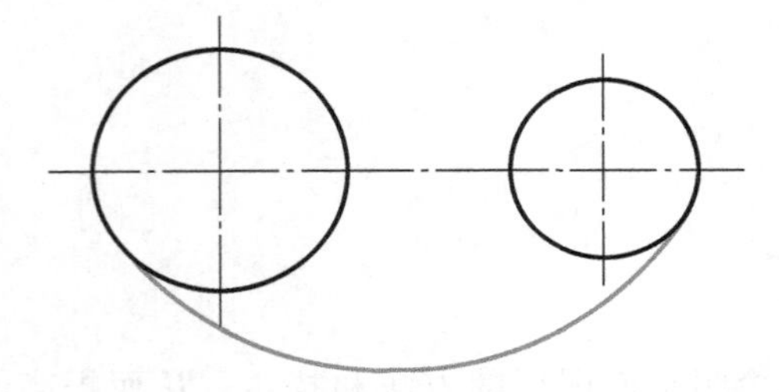

图 1-15　一圆弧连接两圆弧

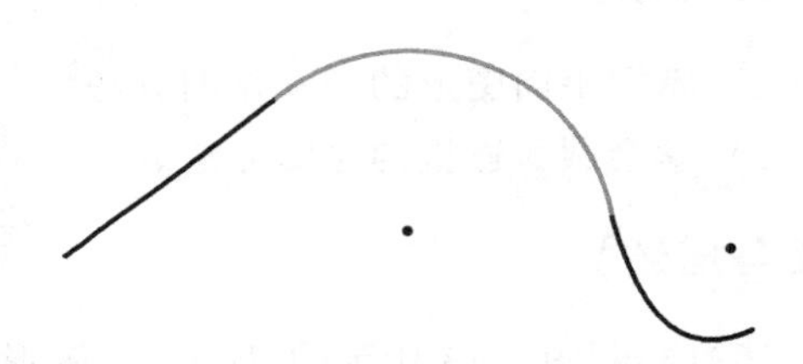

图 1-16　一圆弧连接一直线和一圆弧

圆弧光滑连接实质上是利用几何作图准确地求出连接圆弧的圆心和它与两个已知线段的连接点（即切点）。

3. 作图方法

求连接圆弧的圆心，定出切点的位置，在两连接点之间画出连接弧，如图 1-17 和图 1-18 所示。

与圆弧外切（或内切）时，连接圆弧与被连接圆弧的圆心连线（或其延长线）与被连接圆弧的交点，即为切点，如图 1-18 所示。

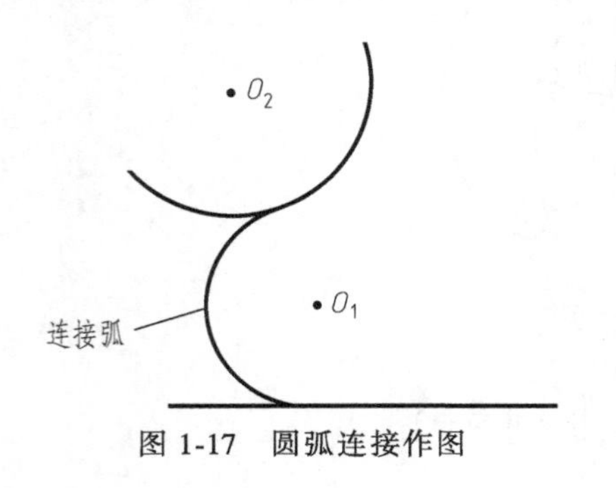

图 1-17　圆弧连接作图

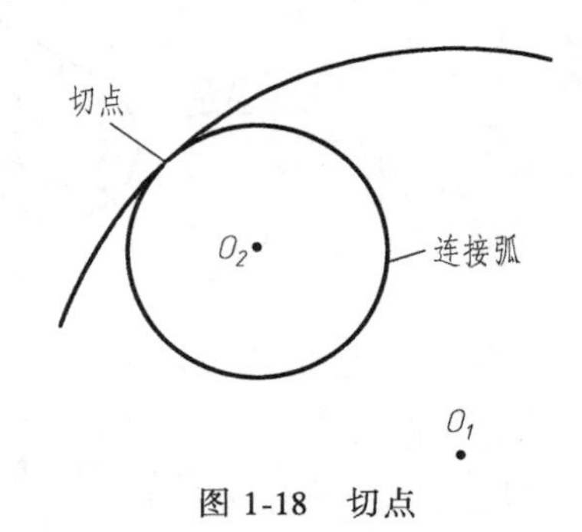

图 1-18　切点

【小技巧】

1）用半径为 R 的圆弧连接两已知直线，绘图方法如图 1-19 所示。

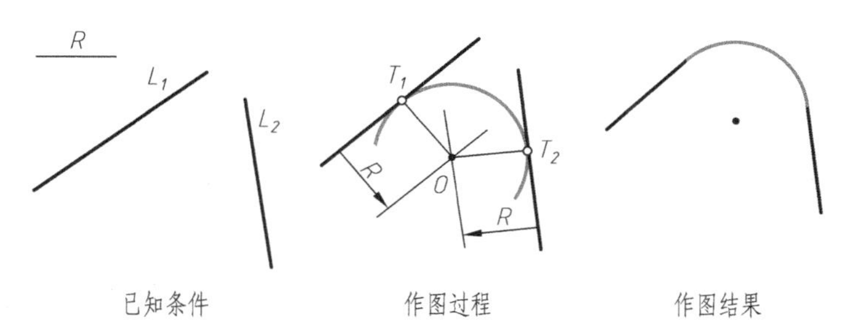

图 1-19　圆弧连接两已知直线

2）用半径为 R 的圆弧连接两个已知圆弧，绘图方法如图 1-20 所示。

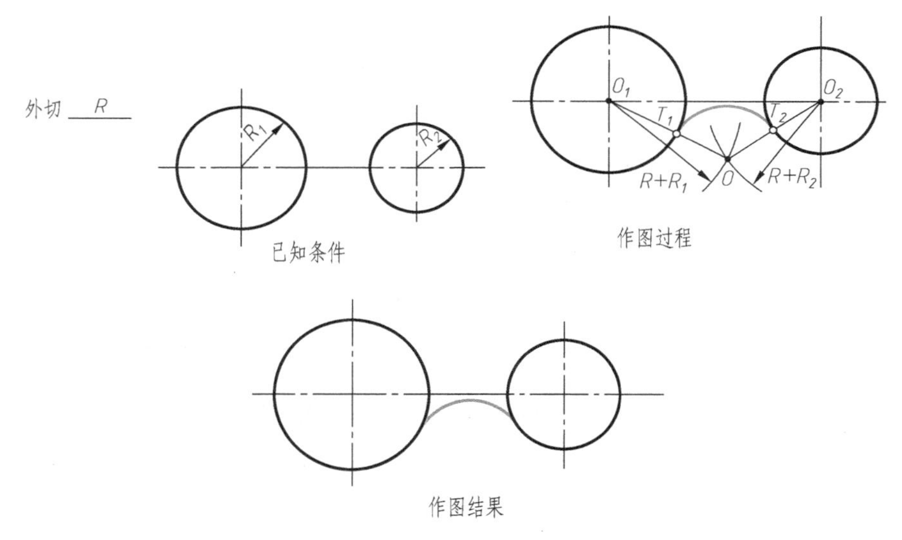

图 1-20　圆弧连接两个已知圆弧

【任务实施】

绘制图 1-21 所示平面图形。

作图步骤：

1. 准备工作

1）分析图形。

2）确定绘图比例，选定图幅，固定图纸。

2. 画底稿

1）画基准线：根据已知尺寸画出吊钩的中心线和定位线。

2）绘制已知线段：根据已知尺寸画出已

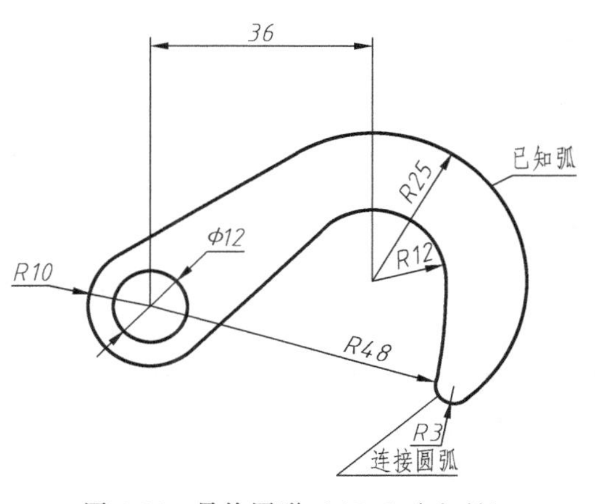

图 1-21　吊钩图形（AR 立体扫描）

知线段和作圆弧连接。

3. 描深

底稿完成后仔细校对，修正错误，并擦去多余的作图线，按线宽要求进行描深。

课题二　尺规绘图

【知识要点】

1）绘图工具的使用方法。

2）常用几何图形的画法。

3）平面图形的分析方法与作图步骤。

【技能要求】

1）能正确使用常用绘图工具。

2）能正确运用机械制图国家标准的相关规定抄画简单图形，能按要求描绘平面图形。

【任务书】

编号	任务	教学时间
1-2-1	绘制顶垫的平面图形	2 学时
1-2-2	绘制扳手的平面图形	2 学时

任务一　绘制顶垫的平面图形

【学习目标】

能正确使用常用绘图工具。

【任务描述】

本任务要求在 A4 图纸上按照 1∶1 的比例绘制千斤顶顶垫的平面图形。

【任务分析】

本任务通过抄画图 1-22 所示顶垫的平面图形，学会正确使用绘图仪器和工具。在画图过程中，培养画图技能和按照机械制图国家标准作图的规范意识，养成严谨的工作作风。

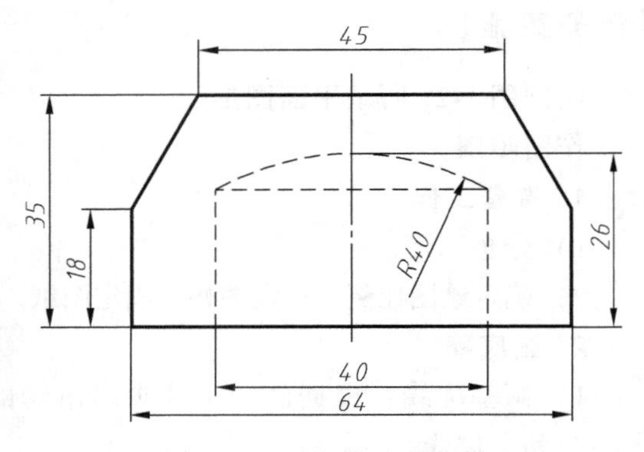

图 1-22　顶垫的平面图形

【知识链接】

一、几何图形的画法

1. 等分线段

将线段 AB 五等分。从线段 AB 的任意一端点处，如 A 点作任意斜线，在斜线上取五个距离相等的点 1、2、3、4、5；连接 $B5$，过点 1、2、3、4 作 $B5$ 的平行线，与线段 AB 的交点 1′、2′、3′、4′即为所求的等分点，如图 1-23 所示。

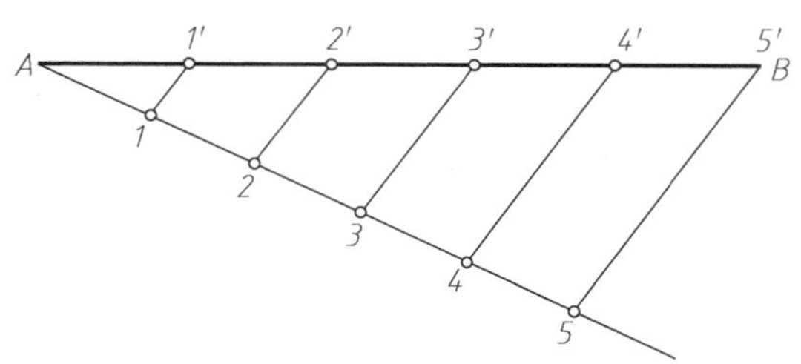

图 1-23　将线段 AB 五等分

2. 斜度与锥度

（1）斜度　斜度是指一直线（或平面）对另一直线（或平面）倾斜的程度。

斜度的大小通常以斜边（或斜面）的高与底边长的比值 $1:n$ 来表示，并加注斜度符号“∠”或“⊿”，如图 1-24a 所示。作图时先作斜度的辅助线，如图 1-24b 所示，再完成斜度的作图并标注尺寸，如图 1-24c 所示。斜度符号要与斜度方向一致。在 AutoCAD 中斜度的作法很简单，只需算出斜度两端的线段长度，然后用直线命令绘制即可。

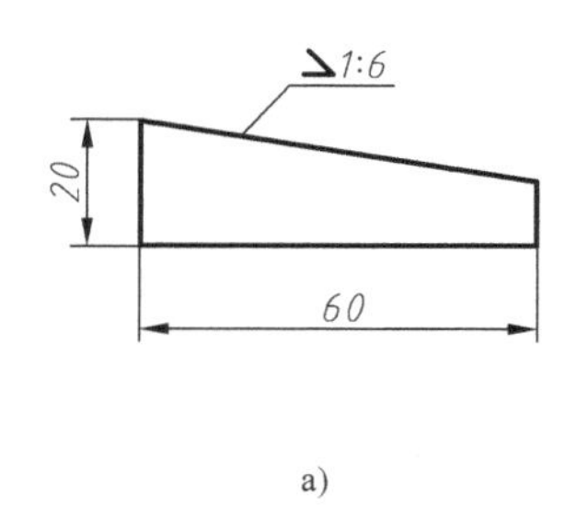

a)

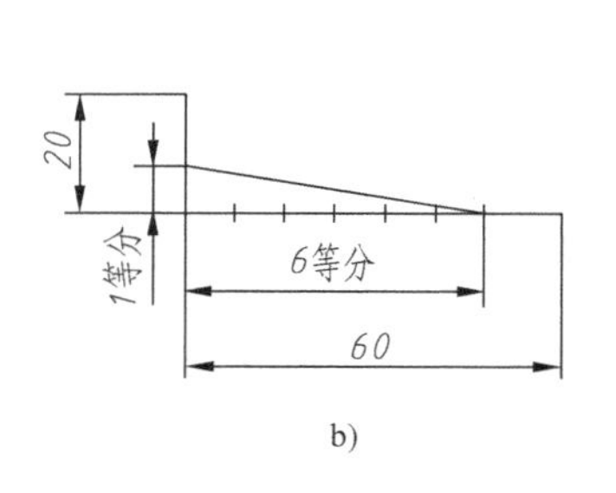

b)

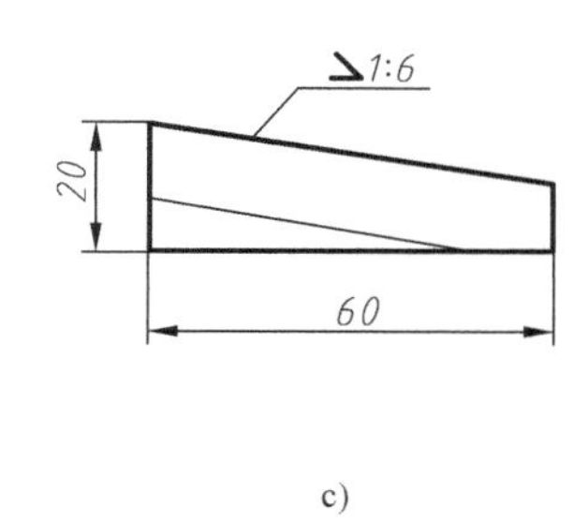

c)

图 1-24　斜度的画法及标注方法

（2）锥度　锥度是正圆锥的底圆直径与锥高之比，即 $D:L$。正圆台的锥度是两底圆直径之差与两底圆间距离之比，即 $(D-d):\lambda$，并加注锥度符号“▷”或“◁”。图 1-25a 为锥度示例。作图时先作锥度的辅助线，如图 1-25b 所示，再完成锥度的作图并标注尺寸，如图 1-25c 所示。锥度符号的尖端要与锥顶方向一致。AutoCAD 中锥度的作法很简单，只需

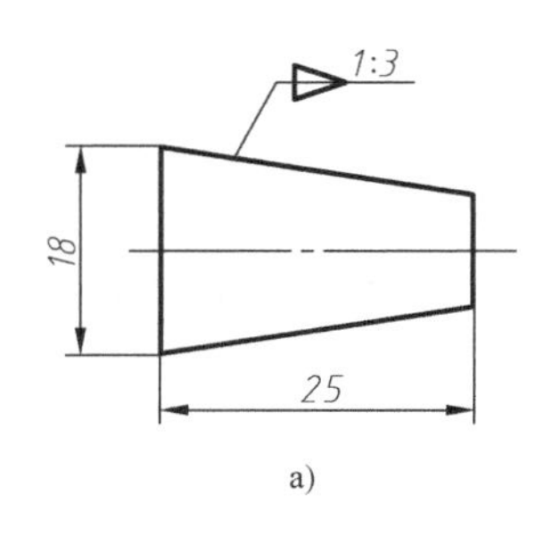

a)

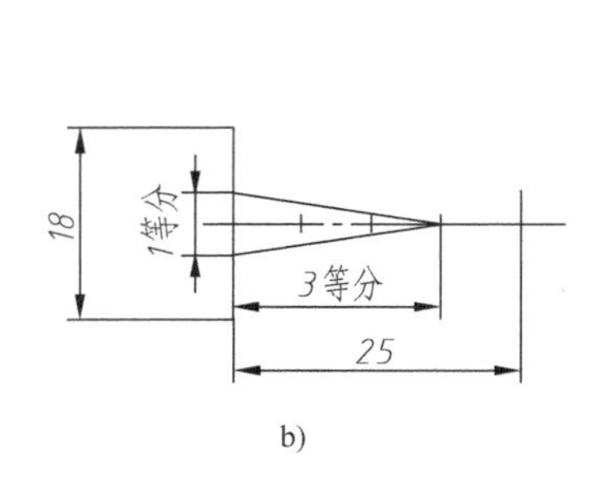

b)

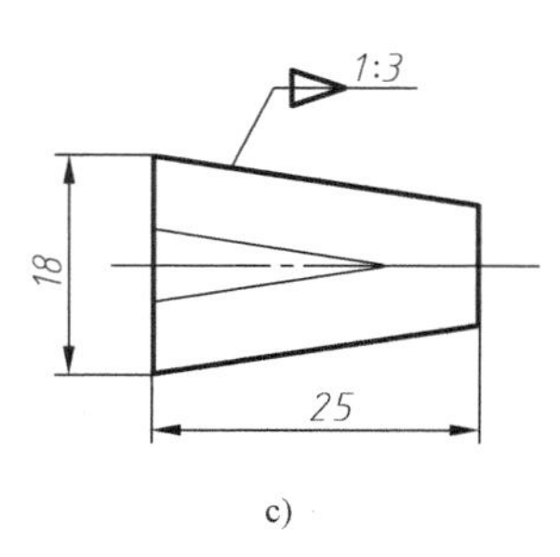

c)

图 1-25　锥度的画法及标注方法

算出锥度两端的线段长度，然后用直线命令绘制即可。

3. 作正多边形

作圆内接正六边形，可用圆规或丁字尺和三角板作图，作图方法如图 1-26 所示。在 AutoCAD 中正多边形有专门的命令绘制，也可单击绘图工具栏中的按钮 。作图步骤如下：

命令：polygon↙

输入边的数目 <4>:5↙ \\输入要绘制的正多边形边数

指定正多边形的中心点或［边(E)］:↙ \\用中心控制方式或边的控制方式绘制正多边形

输入选项［内接于圆(I)/外切于圆(C)］:I

\\选择以中心控制方式后有两种方式:内接、外切绘制正多边形

指定圆的半径:20↙

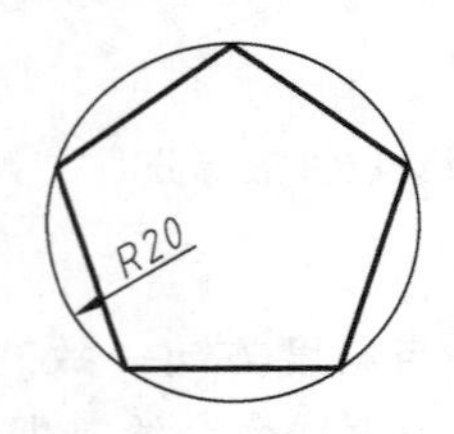

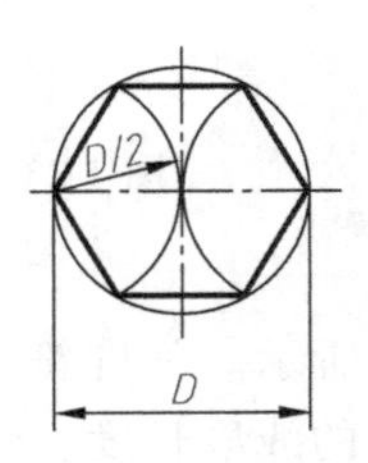

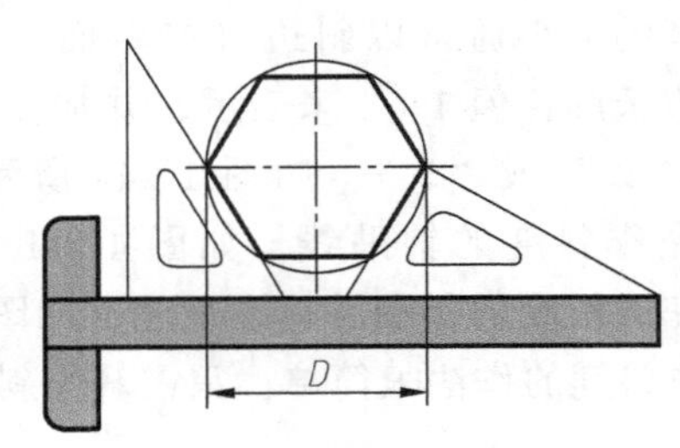

图 1-26 正六边形的画法

【任务实施】

顶垫的作图步骤见表 1-3。

表 1-3 顶垫的作图步骤

作图步骤	图 例	说 明
首先确定比例为 1∶1，画对称中心线，确定底边位置		布置图纸，在图纸中间位置画出图线
画外轮廓线		用丁字尺和三角板画出轮廓线

（续）

作图步骤	图　例	说　明
画出中间虚线		不可见轮廓线用细虚线画出
检查底稿，是否存在多画、漏画、错画问题，擦去多余线条，描深图线		描深底图顺序 1）先细后粗，先虚后实 2）先曲后直，先水平后垂直 3）自上而下，从左至右
标注尺寸		图样中的尺寸以 mm 为单位时，不必标注计量单位的符号

【拓展提高】

以目测估计图形与实物的比例，按一定画法要求徒手绘制的图样称为草图。草图是技术人员交流、创作、记录、构思的有效工具，徒手绘图是工程技术人员必须掌握的一种基本技能。

草图虽是徒手绘制，但绝不是潦草的图，仍应做到：图形正确，线型粗细分明，比例匀称，字体工整，标注尺寸无误，图面整洁。

【实战演练】

绘制图 1-27 所示吊钩的平面图形。

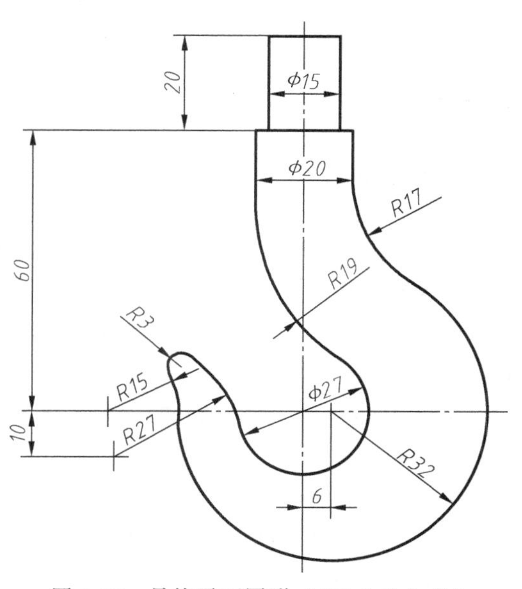

图 1-27　吊钩平面图形（AR 立体扫描）

任务二　绘制扳手的平面图形

【学习目标】

1）了解作图前的准备工作，掌握作图具体步骤。

2）能进行平面图形的尺寸分析和线段分析，熟练运用绘图工具绘制各种平面图形。

【任务描述】

本任务要求用 2∶1 的比例绘制图 1-28 所示扳手的平面图形。

【任务分析】

本任务通过对图 1-28 所示扳手的平面图形进行尺寸分析和线段分析，确定扳手的作图步骤，并标注尺寸。

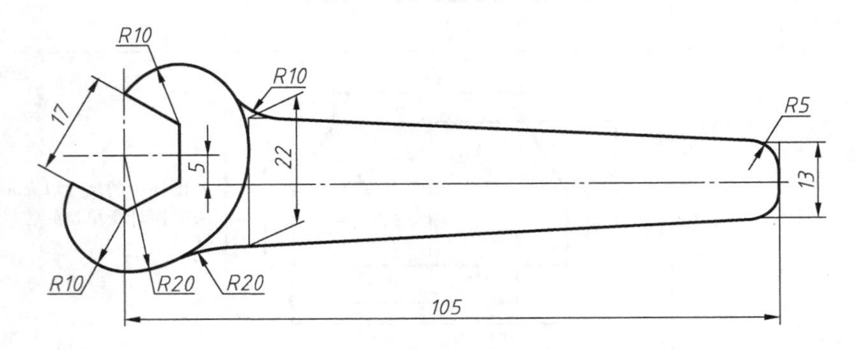

图 1-28　扳手的平面图形（AR 立体扫描）

【知识链接】

平面图形分析

在绘制平面图形前，应对图 1-28 所示图形进行尺寸分析和线段分析。

1. 尺寸分析

（1）定形尺寸　确定平面图形中各组成部分的形状和大小的尺寸称为定形尺寸。如 *R*10mm（3 处）、*R*20mm（2 处）、*R*5mm、13mm、22mm 等均为定形尺寸。

（2）定位尺寸　确定平面图形中各组成部分之间相对位置的尺寸称为定位尺寸。如 17mm、5mm、105mm 等均为定位尺寸。

（3）基准　基准是标注尺寸的起点。平面图形有水平和垂直两个方向的基准，有时一个方向还可以有两个或两个以上的基准，称为辅助基准。常采用图形的轴线、对称中心线或较长的轮廓直线作为尺寸基准。如图 1-28 中扳手头部的竖直中心线为水平方向基准，扳手的水平中心线为垂直方向基准。

2. 线段分析

（1）已知线段　定形尺寸和定位尺寸都注出的线段称为已知线段，作图时可直接画出。如扳手头部的 *R*10mm、*R*20mm 圆弧，扳手手柄上、下和右侧线段均属于已知线段。

（2）中间线段　注出定形尺寸和一个方向定位尺寸的线段称为中间线段。作图时另一个方向的定位尺寸必须根据其与相邻已知线段之间的几何关系（内切、外切）绘制。如扳手手柄尾部的 *R*5mm 圆弧。

（3）连接线段　注出定形尺寸，未注出定位尺寸的线段称为连接线段。作图时，需要根据线段两端与已知或中间线段之间的几何关系绘制。如扳手头部与手柄相连的 *R*10mm、*R*20mm 等圆弧连接线段。

【任务实施】

扳手平面图形的绘制方法

1. 准备工作

1）准备好绘图工具，保持整洁的绘图环境。

2）根据图形的大小、复杂程度选取合适的绘图比例（2∶1），确定图纸幅面（A4）横放。

3）鉴别图纸正反面，校正并固定图纸。

2. 画底稿（用 HB 铅笔）

1）画图框线和标题栏。

2）布置图面，画基准线。

3）画主要轮廓线，然后画细节之处。

4）检查、修改底稿，保留作图辅助线，擦去不必要的线条。

3. 描深图线

用 B 铅笔及圆规描深图线。每种宽度线条的描深顺序为：先描圆和圆弧，再由左向右描深水平线、由上而下描深垂直线，最后描深倾斜线。

4. 标注尺寸

标注尺寸，填写标题栏及其他文字。

作图步骤见表 1-4。

表 1-4　扳手平面图形的作图步骤（AR 立体扫描）

步　骤	图　例	说　明
画基准线和定位线	5 105 扳手 AR 立体扫描图	布置图面，在图面靠左位置画出水平和垂直方向两条基准线，并画出其他定位基准线

（续）

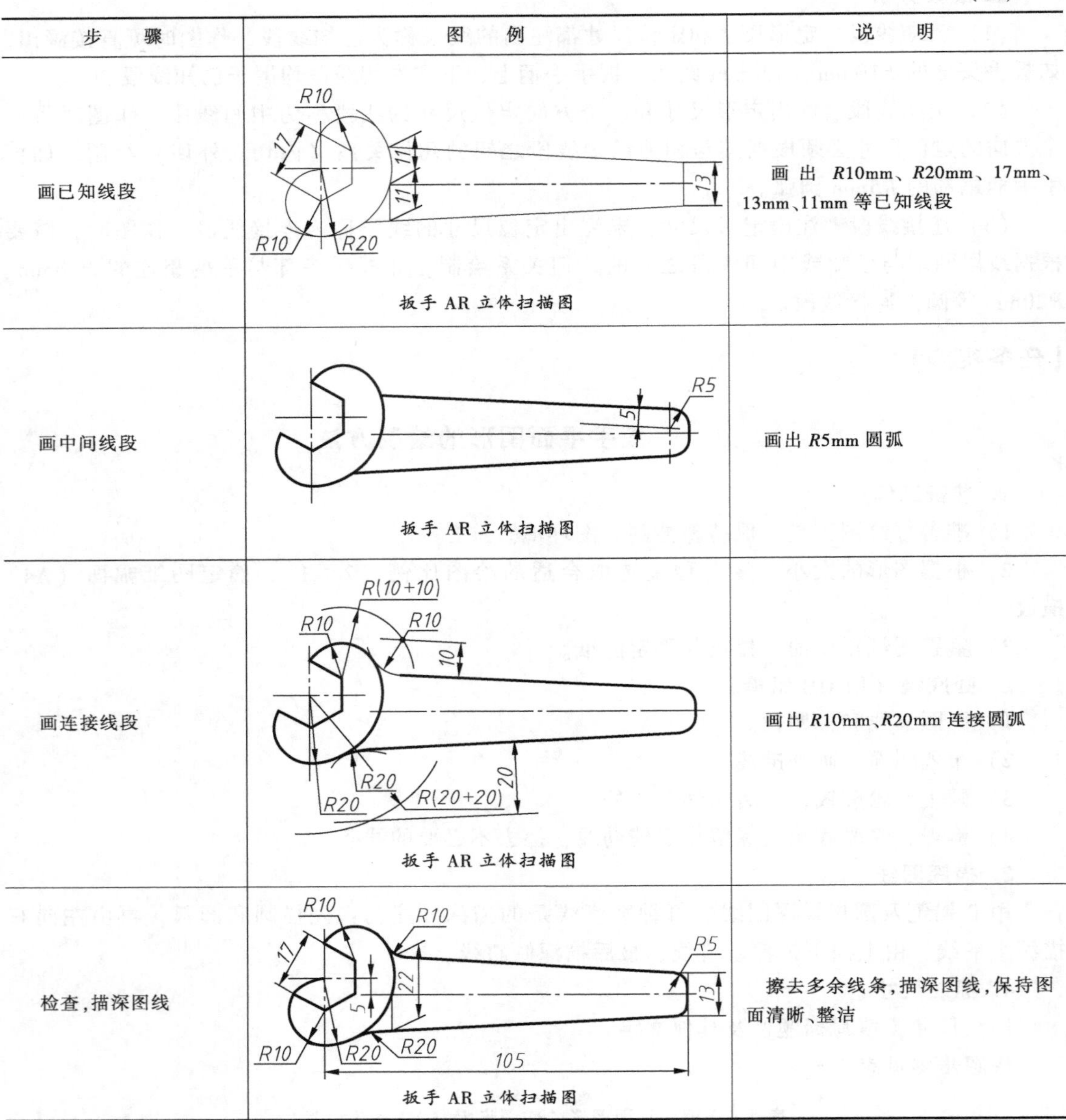

步骤	图例	说明
画已知线段	扳手 AR 立体扫描图	画出 *R*10mm、*R*20mm、17mm、13mm、11mm 等已知线段
画中间线段	扳手 AR 立体扫描图	画出 *R*5mm 圆弧
画连接线段	扳手 AR 立体扫描图	画出 *R*10mm、*R*20mm 连接圆弧
检查，描深图线	扳手 AR 立体扫描图	擦去多余线条，描深图线，保持图面清晰、整洁

【拓展提高】

1. 平面图形中的尺寸可以分为（　　　　）和（　　　　）两大类。

2. 平面图形中的线段，依其尺寸是否齐全可分为（　　　　）、（　　　　）和（　　　　）三类。

【实战演练】

完成表 1-5 中的要求。

表 1-5　平面图形分析（AR 立体扫描）

<table>
<tr><td>目的</td><td colspan="3">加深对平面图形的分析方法和作图步骤的理解</td></tr>
<tr><td>任务</td><td colspan="3">根据手柄图形，回答有关问题：
1. 指出水平方向尺寸基准与垂直方向尺寸基准的位置
2. 图中是定形尺寸的有__________，定位尺寸的有__________
3. 图中线段是已知线段的有__________，中间线段的有__________，连接线段的有__________
4. 列出画图步骤：____画中间线段____画基准线____画连接线段____画已知线段 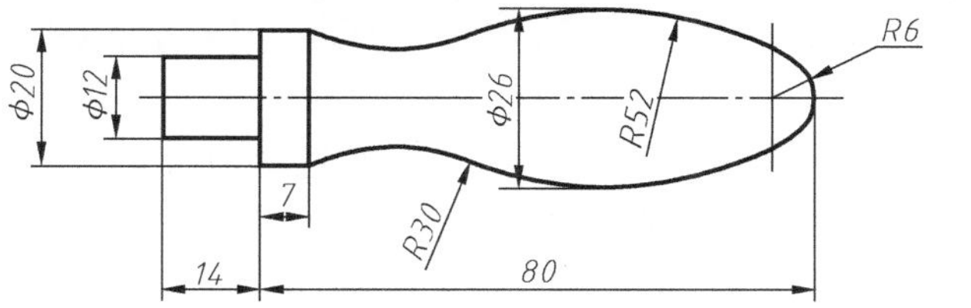
R6　φ20　φ12　φ26　R52　7　R30　14　80</td></tr>
<tr><td rowspan="5">评价</td><td>表现要求</td><td>已能达到</td><td>未能达到</td></tr>
<tr><td>能正确指出图中的尺寸基准</td><td></td><td></td></tr>
<tr><td>能正确认识定形尺寸和定位尺寸</td><td></td><td></td></tr>
<tr><td>能正确进行平面图形的线段分析</td><td></td><td></td></tr>
<tr><td>能熟悉画平面图形的方法和步骤</td><td></td><td></td></tr>
</table>

单元二

投影作图

本单元主要介绍投影作图的原理和方法。通过学习投影法及三视图的投影规律，掌握基本体的三视图和轴测图的绘制方法，以及立体表面交线的分析与简化画法，培养空间思维能力。

课题一　物体三视图的形成

【知识要点】

1）三视图的概念及形成过程。

2）三视图的投影规律。

【技能要求】

能绘制简单物体的三视图。

【任务书】

编号	任务	教学时间
2-1-1	绘制物体的正投影图	2学时
2-1-2	绘制基本形体的三视图	2学时

任务一　绘制物体的正投影图

【学习目标】

1）了解投影图的基本原理。

2）掌握正投影图的绘制方法。

【任务描述】

本任务要求根据图2-1a所示T形块立体，绘制正投影图（图2-1b）。

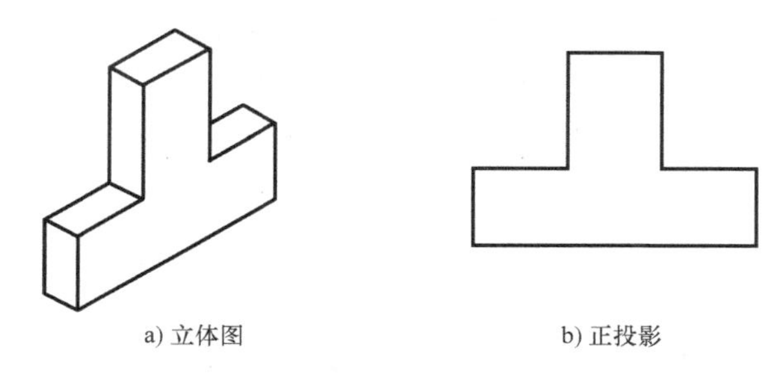

a) 立体图　　b) 正投影

图 2-1　T 形块立体图及正投影图

【任务分析】

本任务通过掌握投影图的基本原理，学会绘制简单形体的正投影图，并理解正投影图是如何形成的。

【知识链接】

1. 投影法及其分类

人在太阳光的照射下在地面上产生一个影子，和人的外形非常相似，如图 2-2 所示。根据这一自然现象加以抽象研究，得出了投影法，即投射线通过物体，向选定的面投射，并在该面上得到图形的方法。

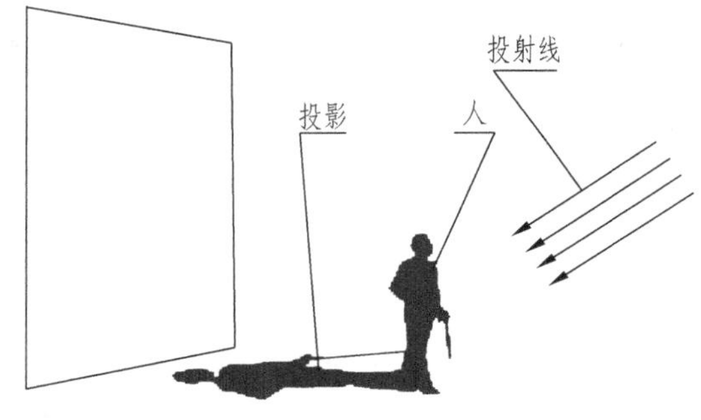

图 2-2　影子的形成

投影法分为两类，即中心投影法和平行投影法。

（1）中心投影法　投射线汇交于投射中心的投影法称为中心投影法，如图 2-3a 所示。日常生活中的照相、投影仪、放映电影等为中心投影的实例。

（2）平行投影法　投射线互相平行的投影法称为平行投影法。平行投影法分为正投影法与斜投影法两种。

1）正投影法：投射线与投影面相垂直的平行投影法，如图 2-3b 所示。

2）斜投影法：投射线与投影面相倾斜的平行投影法，如图 2-3c 所示。

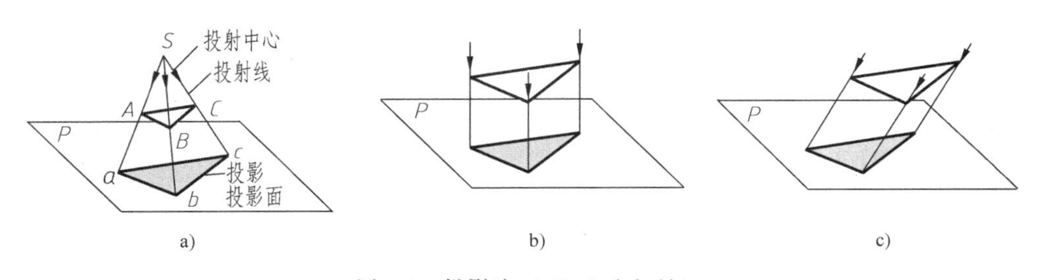

a)　b)　c)

图 2-3　投影法（AR 立体扫描）

如图 2-4 所示，根据正投影法所得到的图形称为正投影图，它能正确反映物体的真实形状和大小，且作图方便，度量性好，所以在工程上应用十分广泛。机械图样都是采用正投影法绘制的。

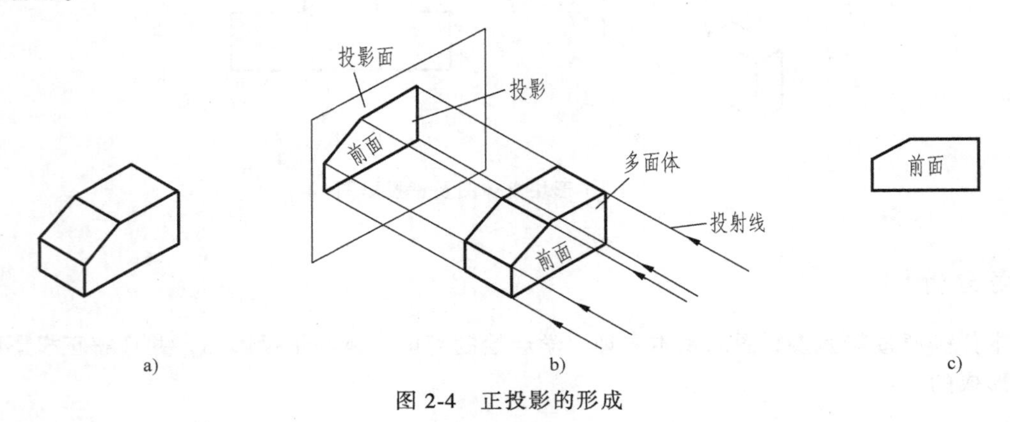

图 2-4　正投影的形成

2. 正投影的基本性质

正投影的基本性质有真实性、积聚性和类似性，见表 2-1。

表 2-1　正投影的基本性质

基本性质	图　例	说　明
1. 真实性 当直线或平面平行于投影面时，直线的投影反映实长，平面的投影反映实形		度量性好，能准确表达物体的形状
2. 积聚性 当直线或平面垂直于投影面时，直线的投影积聚成一点，平面的投影积聚成直线		作图简便
3. 类似性 当直线或平面倾斜于投影面时，直线的投影仍为直线，但小于实长；平面的投影是其原图形的类似形（类似形是指两图形相应线段间保持定比关系，即边数、平行关系，凹凸关系不变		图—物形状相对应

【任务实施】

T 形块正投影图的绘图步骤见表 2-2。

表 2-2　T 形块正投影图的绘图步骤

步骤	图　例	步骤	图　例
1. 画中心线 2. 测量上、下底面的长度，画水平线		3. 测量侧面的高度，画垂直线	

【实战演练】

根据表 2-3 中物体的三视图，找出对应的立体图，填上相应的序号。

表 2-3　根据物体的三视图找出对应的立体图

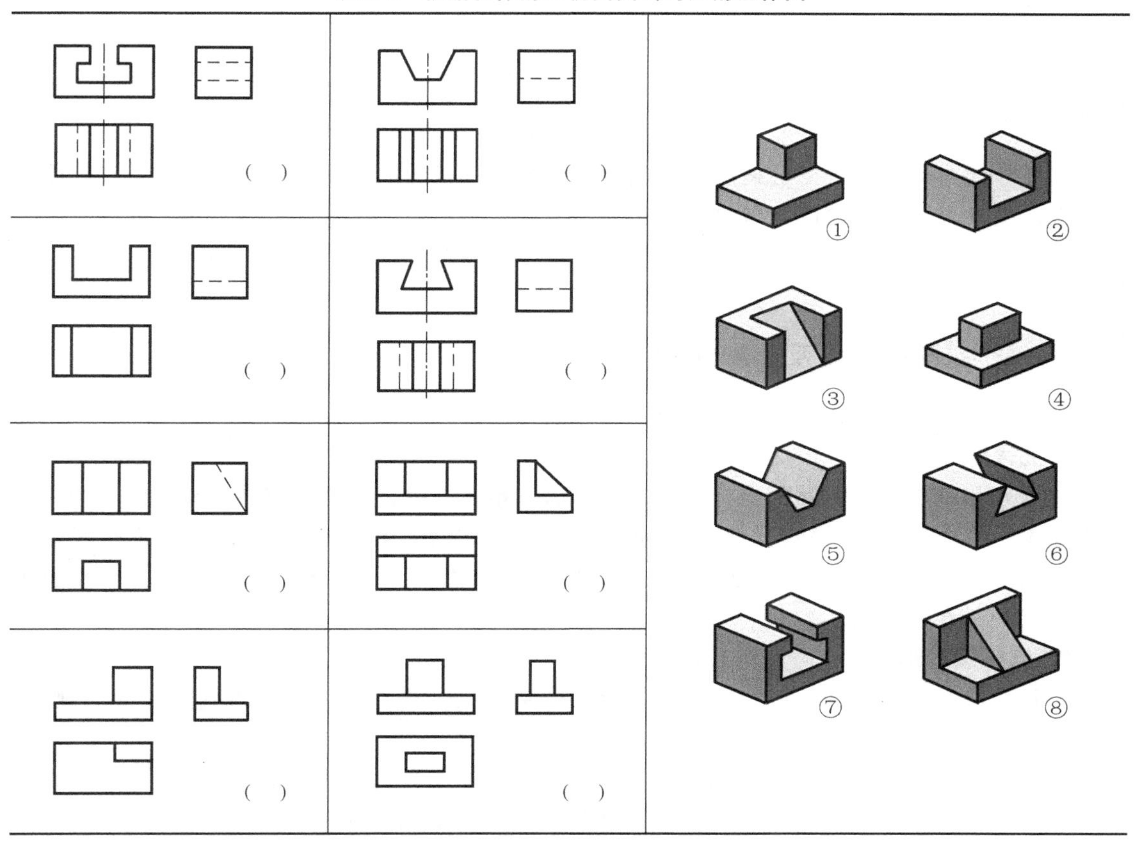

任务二　绘制简单形体的三视图

【学习目标】

1）理解三视图的概念及形成过程。

2）掌握三视图的绘制方法。

【任务描述】

本任务要求根据（图 2-5a）所示压块的立体图，绘制其三视图（图 2-5b）。

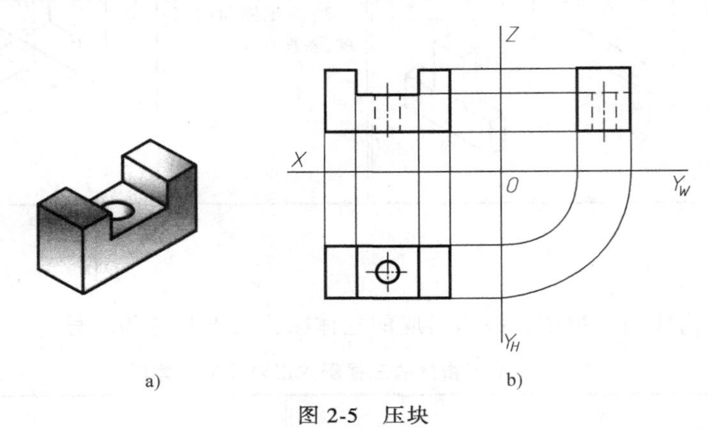

图 2-5　压块

【任务分析】

本任务通过理解三视图的概念及形成过程，熟悉三视图的投影规律，并在学习三视图投影特性的基础上，学会绘制简单物体的三视图。

【知识链接】

一、三视图的形成及投影规律

工程上常用三投影面体系来表达简单物体的形状。

1. 三投影面体系

三个互相垂直的投影面的组合称为三投影面体系，其中正对着观察者的投影面称为正立投影面 V（简称正面），还有水平投影面 H（简称水平面）和侧立投影面 W（简称侧面）。投影面的交线 OX、OY、OZ 称为投影轴，分别代表物体长、宽、高三个方向。三个投影轴交于一点 O，称为原点。

2. 三视图的形成

将物体放在三投影面体系中，按正投影法分别向三个投影面投射，得到物体的三视图，如图 2-6 所示。

（1）主视图　将物体由前向后向正面投射得到的视图称为主视图。

（2）俯视图　将物体由上向下向水平面投射得到的视图称为俯视图。

（3）左视图　将物体由左向右向侧面投射得到的视图称为左视图。

为了将三个视图画在一张图纸上，需将相互垂直的三个投影面展开到一个平面上。如图2-6b所示，规定正面不动，将水平面和侧面沿 OY 轴分开，并将水平面绕 OX 轴向下旋转90°，将侧面绕 OZ 轴向右旋转90°，使水平面、侧面与正面处在同一平面上。旋转后，俯视图在主视图的下方，左视图在主视图的右方（图2-6c）。画三视图时不必画出投影面的边框，得到图2-6d所示的三视图。

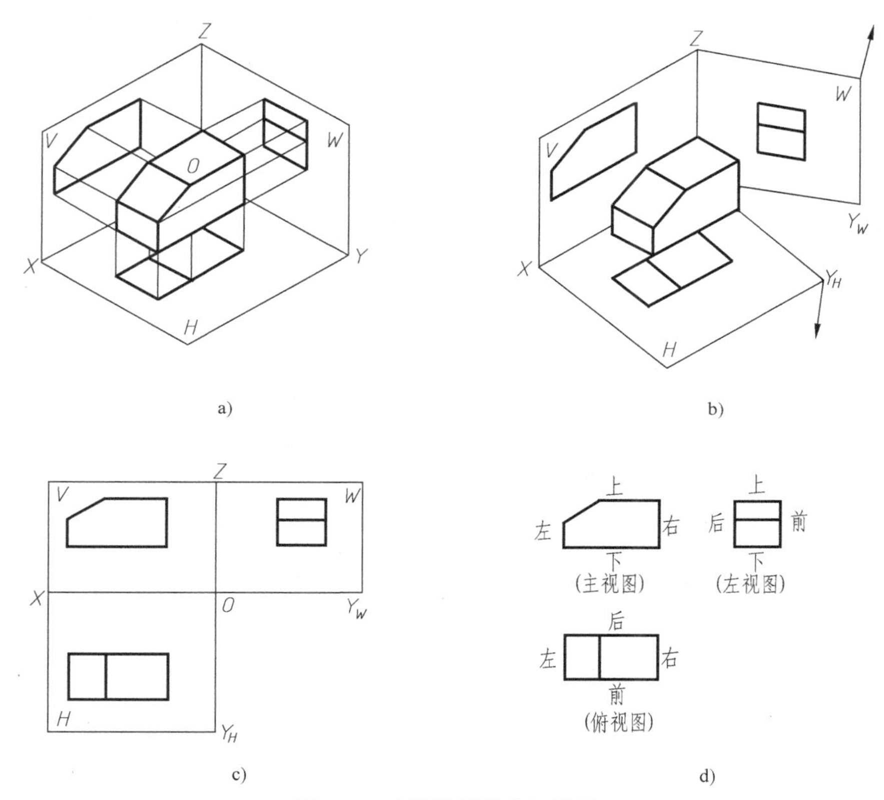

图2-6　三视图的形成与展开

3. 三视图的投影规律

（1）投影对应关系　物体有长、宽、高三个方向的尺寸（图2-7a）。通常规定：物体左右面之间的距离为长（X）；前后面之间的距离为宽（Y）；上下面之间的距离为高（Z）。如图2-7b所示，主视图反映了物体的长和高，俯视图反映了物体的长和宽，左视图反映了物体的高和宽。可归纳出三视图的投影规律（图2-7c）：

1）主视图和俯视图长对正。

2）主视图和左视图高平齐。

3）俯视图和左视图宽相等。

以上简称“长对正，高平齐，宽相等”规律，它是画图和看图的重要依据。

（2）方位对应关系　如图2-8a所示，物体有上、下、左、右、前、后六个方位。从图2-8b可以看出：

1）主视图反映物体的上、下和左、右的相对位置关系。

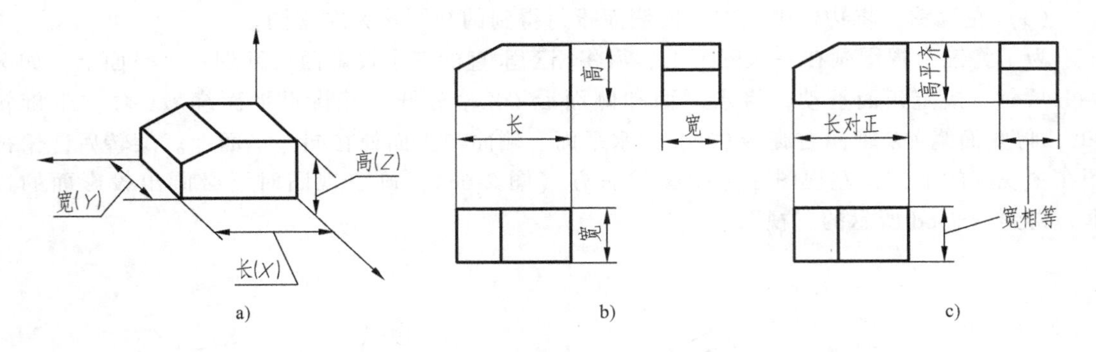

a)　　b)　　c)

图 2-7　三视图的投影规律

2）俯视图反映物体的前、后和左、右的相对位置关系。

3）左视图反映物体的前、后和上、下的相对位置关系。

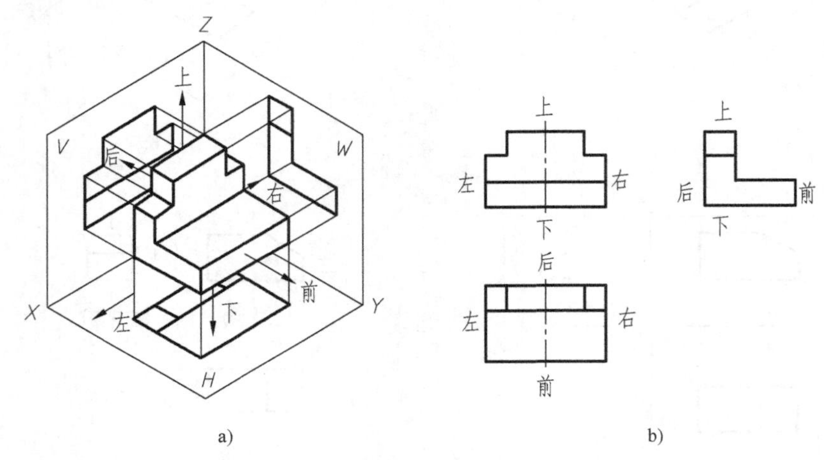

a)　　b)

图 2-8　三视图的方位关系

【小技巧】

长对正：即主视图与俯视图的长对正。

高平齐：即主视图与左视图的高平齐。

宽相等：即俯视图与左视图的宽必须相等。

【拓展提高】

例题：已知四边形 $ABCD$ 的正面投影 $a'b'c'd'$ 及 A、B、C 三点的水平投影 a、b、c，作出此四边形的水平投影，如图 2-9 所示。

作图步骤：

1）在正投影图中连线 $b'd'$ 和 $a'c'$，两直线相交于点 m'。

2）在水平投影图中连线 ac；过点 m' 向下引 OX 轴的垂线，与直线 ac 相交于点 m。

3）延长直线 bm，与过点 d' 所引 OX 轴的垂线相交于点 d。

4）连接 $abcd$ 四点，即为所求四边形的水平投影。

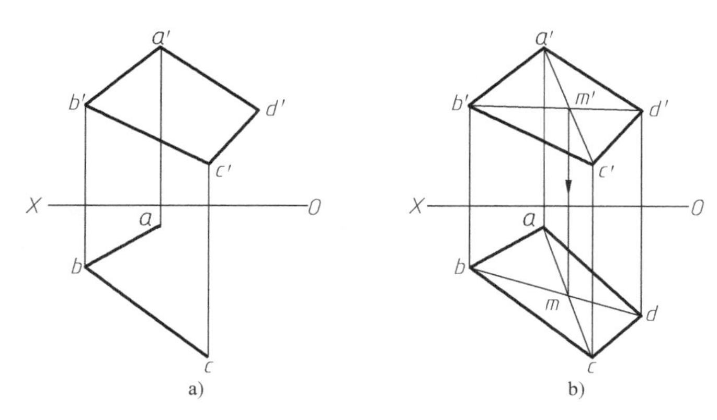

图 2-9　补全投影

【任务实施】

表 2-4 为压块三视图的绘图步骤，通过学习，能举一反三，按照绘图方法与步骤绘制各种简单形体的三视图。

表 2-4　压块三视图的绘图步骤

步　　骤	图　　例	说　　明
1. 画投影图	Z X O Y_W Y_H	布置图面
2. 画主视图	Z X O Y_W Y_H	根据高度和长度，画出主视图
3. 画俯视图	Z X O Y_W Y_H	根据宽度和“长对正”规律画俯视图
4. 画左视图	Z X O Y_W Y_H	根据“高平齐”及“宽相等”规律画左视图

（续）

步　　骤	图　　例	说　　明
5. 画矩形槽口的主视图		因为槽口在主视图的投影具有积聚性，因此槽口的主视图积聚为直线
6. 画矩形槽口的俯视图		根据“长对正”及“高平齐”规律画出槽口的左视图和俯视图 注意：图线是实线（俯视图）还是虚线（左视图）
7. 画小孔的三视图		先画出小孔的俯视图，再画出其主视图和左视图 注意：主视图和左视图均为虚线，不得遗漏中心线、轴线（细点画线）

【实战演练】

如下图所示，水平放置的圆柱体的三视图是（　　）。

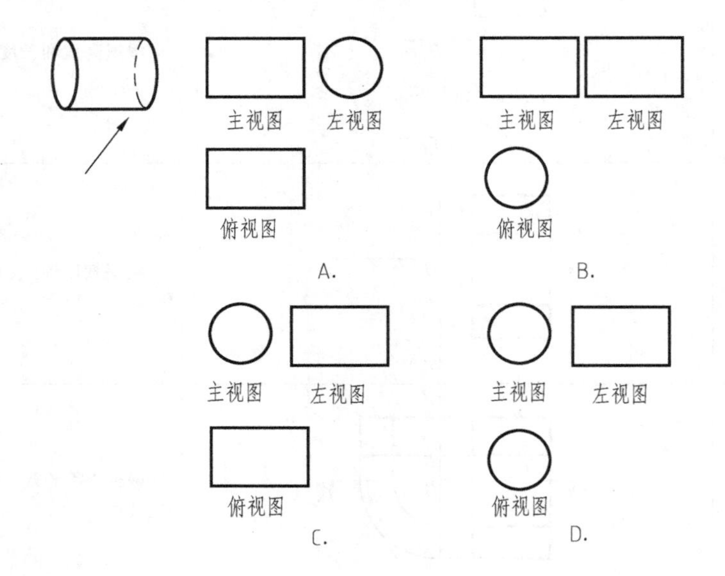

课题二　基本形体的三视图

【知识要点】

1）基本形体的三视图及其尺寸标注。

2）简单叠加体的三视图及其尺寸标注。

3）圆柱截交线的形状和画法。

【技能要求】

1）能绘制简单物体的三视图。

2）能识读简单叠加体的三视图。

【任务书】

编号	任务	教学时间
2-2-1	认识简单零件	3 学时
2-2-2	绘制接头的截交线和相贯线	3 学时

任务一　认识简单零件

【学习目标】

1）熟练掌握基本体的三视图和尺寸标注。

2）初步培养学生的空间想象和表达能力。

【任务描述】

本任务要求认识图 2-10 所示简单零件。

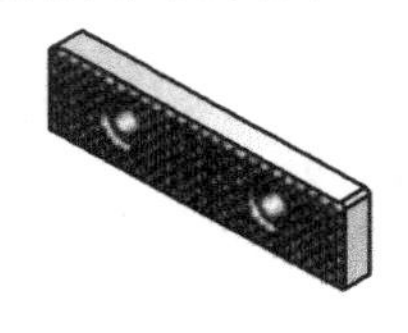

a) 钳口板

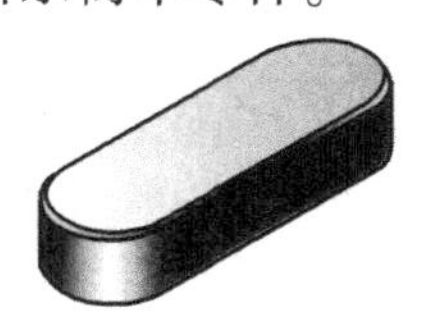

b) 键

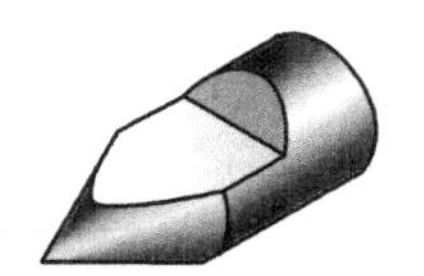

c) 顶尖

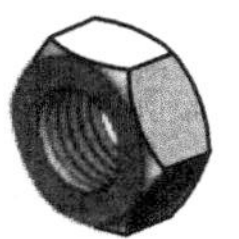

d) 六角螺母

图 2-10　简单零件（AR 立体扫描）

【任务分析】

本任务要求认识工程实际中的常用零件。这些零件形状虽然简单，但从几何形体来说，却有一定的代表性。如图 2-10a 所示，钳口板的基本体是棱柱体，其表面都是平面，属于平面体。如图 2-10c 所示，顶尖的基本体是圆柱、圆锥，其表面是回转面，属于曲面体。通过过认识简单零件的立体图，初步建立“实物—图形”的思维转换能力。

【知识链接】

基本体包括平面体和曲面体两类。平面体的每个表面都是平面，曲面体至少有一个表面是曲面，表 2-5 列出了常见基本体的投影特点及其尺寸标注。

表 2-5　常见基本体的投影特点及其尺寸标注

名称	三视图和立体图	投影特点	对比说明
四棱柱	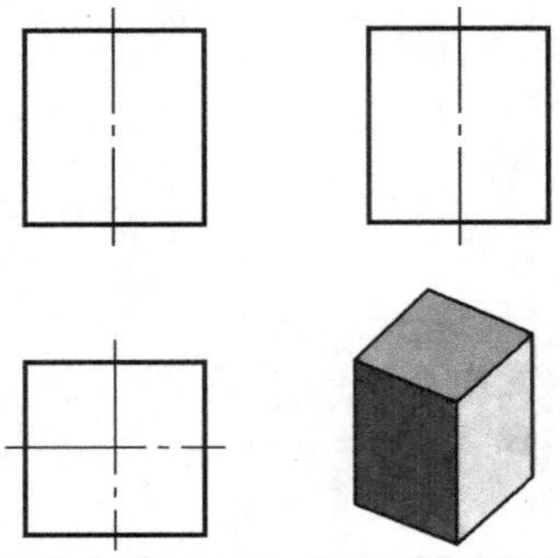	四棱柱的三个视图均为矩形	
圆柱	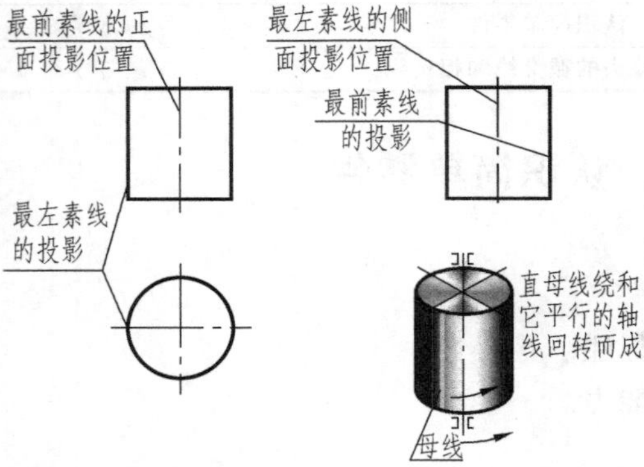 最前素线的正面投影位置 最左素线的侧面投影位置 最前素线的投影 最左素线的投影 直母线绕和它平行的轴线回转而成 母线	圆柱轴线垂直于水平面时，水平面的视图为圆，另两个视图是矩形	四棱柱和圆柱轴线垂直水平面时的主、左视图相同，俯视图不同：一个是矩形，一个是圆 圆柱的轴线所垂直的投影面不同时，有两个视图是矩形，一个视图是圆，但矩形和圆的位置有变化
圆柱	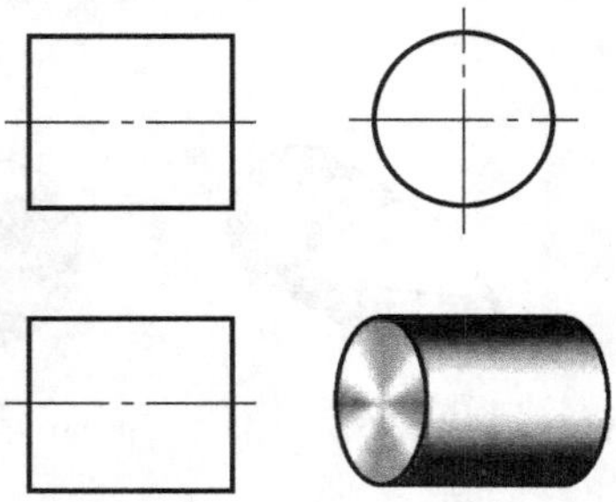	圆柱轴线垂直于侧面时，侧面的视图为圆，另两个视图是矩形	
四棱锥	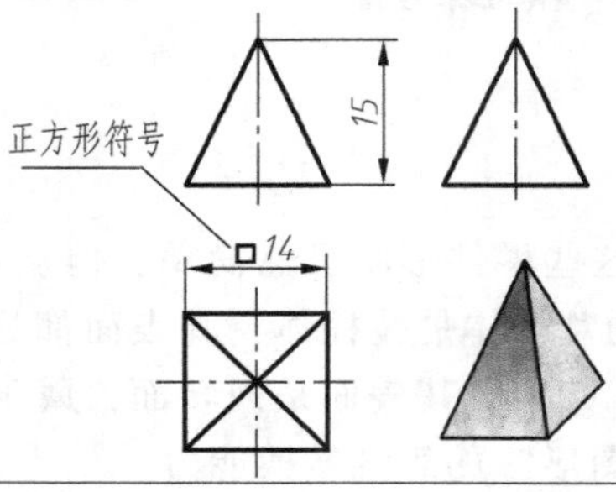 15 正方形符号 □14	正四棱锥的两个视图是三角形，一个视图是有对角线的正方形	四棱锥和圆锥的主、左两个视图相同，俯视图不同：一个是多边形，一个是圆。这是区别棱锥、圆锥的依据

（续）

名称	三视图和立体图	投影特点	对比说明
圆锥	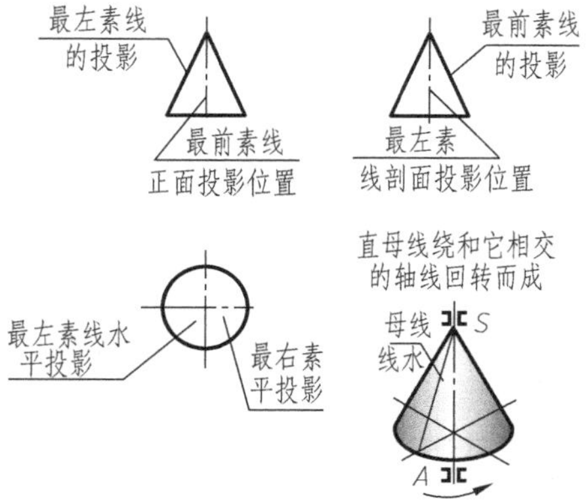 最左素线的投影 最前素线正面投影位置 最前素线的投影 最左素线剖面投影位置 最左素线水平投影 最右素平投影 直母线绕和它相交的轴线回转而成 母线 线水 S A	圆锥轴线垂直于投影面时，两个视图是三角形，一个视图是圆	
四棱台	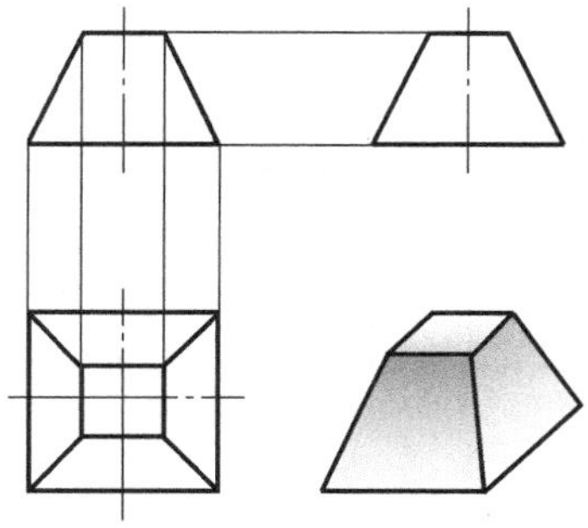	四棱台的两个视图是等腰梯形，一个视图是直线围成的多边形	根据不同的俯视图区别棱台和圆台
圆台	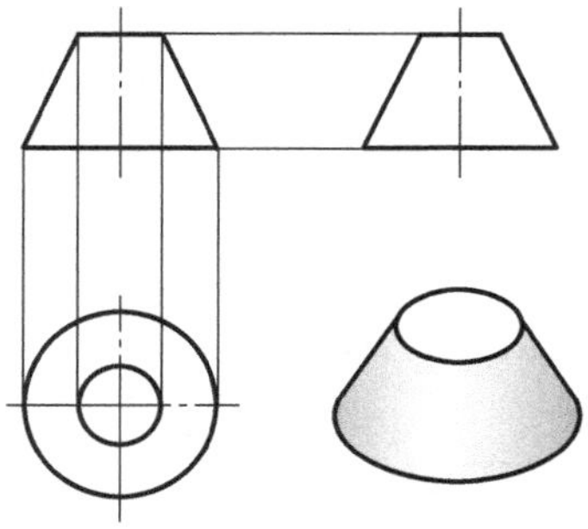	圆台轴线垂直于投影面时，两个视图是等腰梯形，一个视图是两个同心圆	
六棱柱	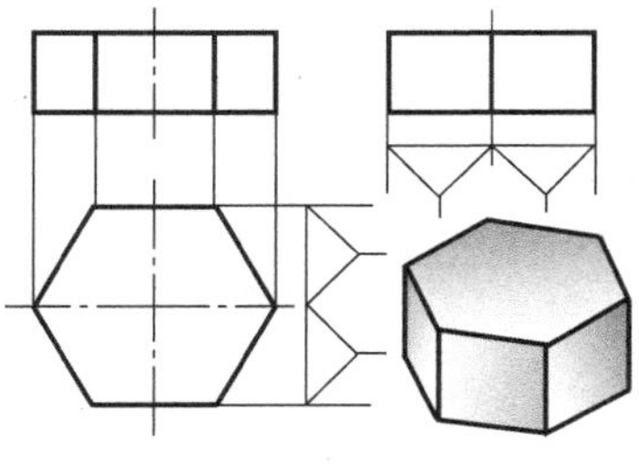	六棱柱的三个视图形状不一样，主视图是并列的三个矩形，俯视图是正六边形，左视图是并列的两个矩形	

（续）

名称	三视图和立体图	投影特点	对比说明
圆球	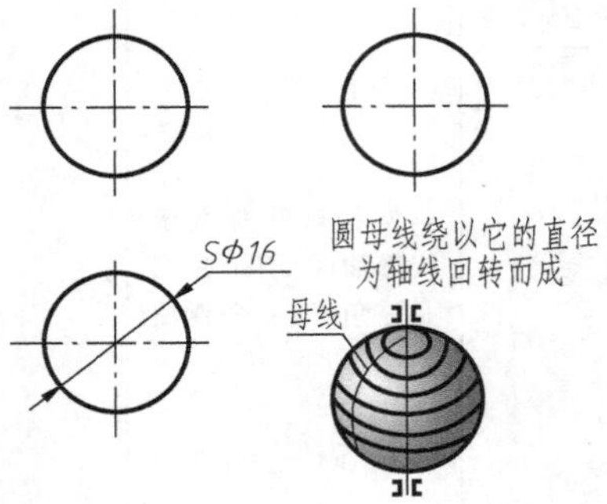 SΦ16 圆母线绕以它的直径为轴线回转而成 母线	三个视图都是等直径的圆	

【任务实施】

对照零件的实物看懂三视图，见表 2-6。

表 2-6 简单零件的三视图（AR 立体扫描）

简单零件	三　视　图	说　　明
	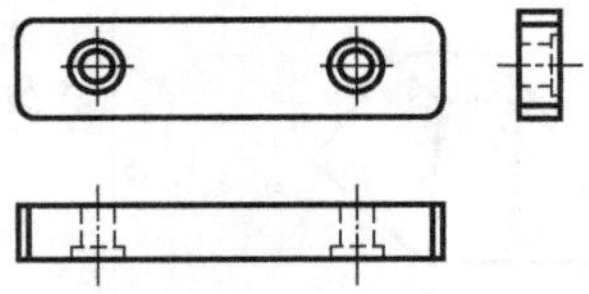	钳口板是四棱柱，中间有两个小圆柱孔
	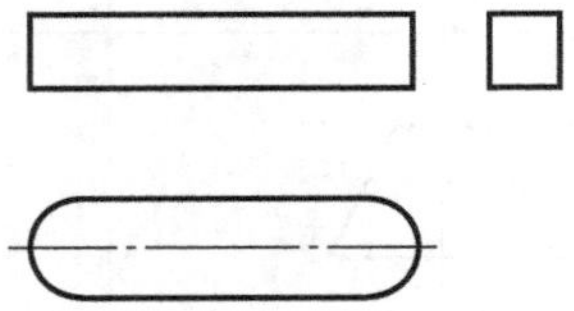	键的主要结构是四棱柱，左右端各有半个圆柱
	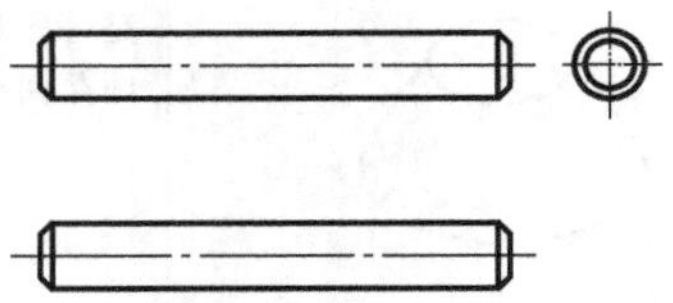	销的基本形体是圆柱，两端为圆台
	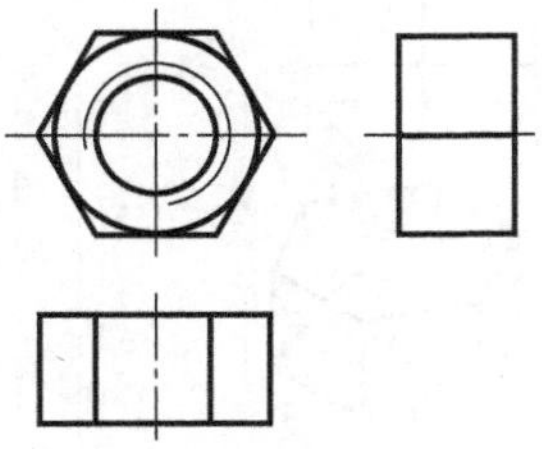	六角螺母是六棱柱，两端加工倒角，中间有圆柱孔

（续）

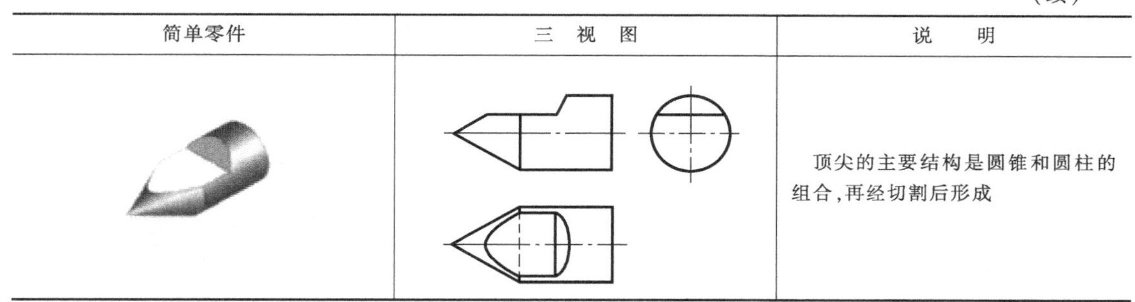

简单零件	三　视　图	说　　明
		顶尖的主要结构是圆锥和圆柱的组合，再经切割后形成

【小技巧】

基本体的投影特点分析：

1）三视图中若有两个视图的外形轮廓为矩形，该基本体为“柱”；若为三角形，该基本体为“锥”；如果是梯形，则该基本体一般为棱台或圆台。

2）三视图全是多边形，该基本体为平面体；若至少有一个视图是圆，则该基本体为回转体。

3）两个形状不同的基本体，它们的视图可能有一个或两个相同，但不会三个都相同。

【拓展提高】

根据以下立体示意图找出三视图，并在括号内填写相应的编号。

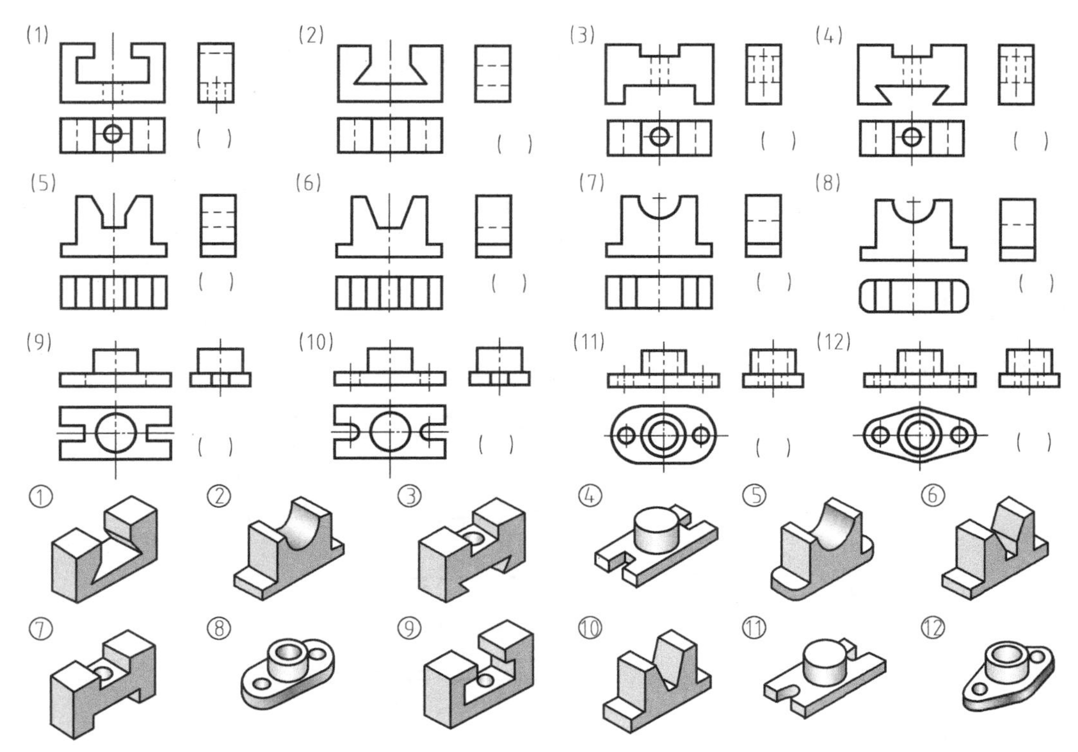

【实战演练】

对照以下立体图，看懂三视图，在括弧内填上相应的编号。

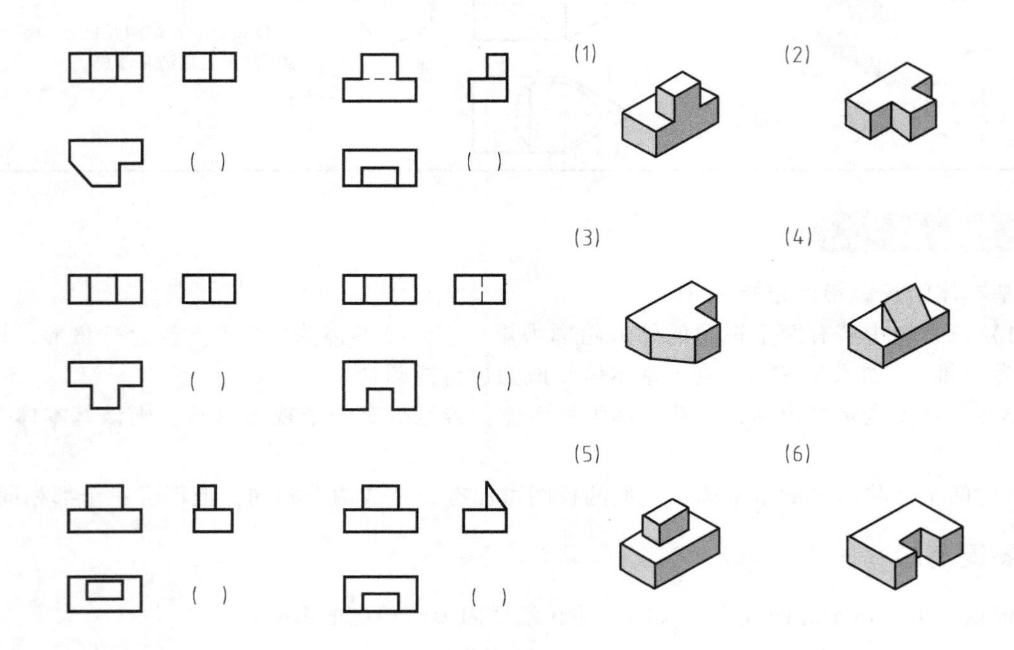

任务二　绘制接头的截交线和相贯线

【学习目标】

1）认识切割体，掌握截交线的画法与识读方法。
2）认识相贯体，掌握相贯线的画法与识读方法。

【任务描述】

根据图 2-11a 所示接头的立体图，绘制接头三视图（图 2-11b）。

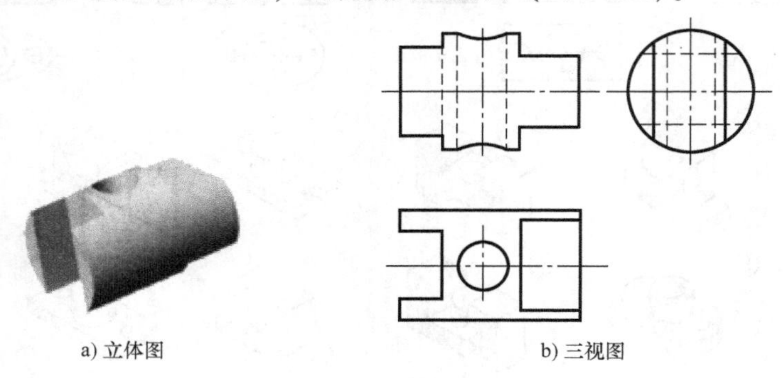

a) 立体图　　b) 三视图

图 2-11　接头（AR 立体扫描）

【任务分析】

通过对圆柱截交线和相贯线的学习，绘制接头的三视图，作图过程包括作截交线与简化相贯线。

【知识链接】

一、圆柱截交线

1. 截交线的概念

用平面切割立体，则平面与立体表面的交线称为截交线，该平面称为截平面，如图 2-12 所示。

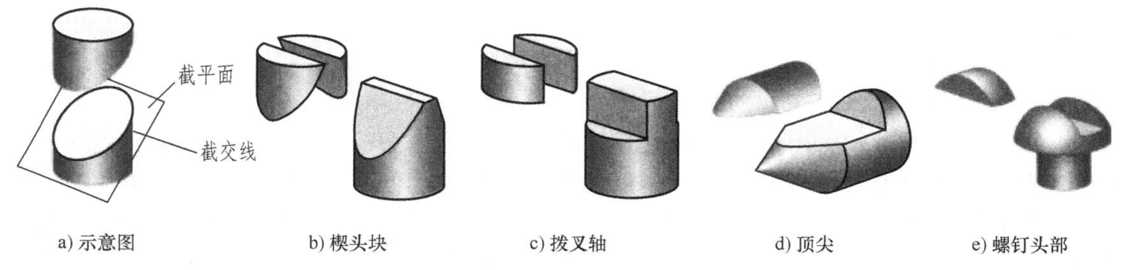

a) 示意图　b) 楔头块　c) 拨叉轴　d) 顶尖　e) 螺钉头部

图 2-12　截交线的常见形式（AR 立体扫描）

2. 圆柱截交线的类型

根据截平面与圆柱轴线的相对位置不同，圆柱被平面截切后产生的截交线有圆、矩形和椭圆三种情况（表 2-7）。

表 2-7　平面截割圆柱

截平面位置	平行于轴线	垂直于轴线	倾斜于轴线
立体图	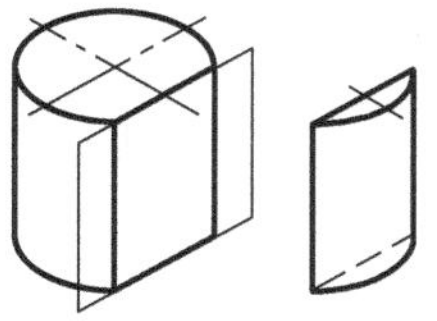	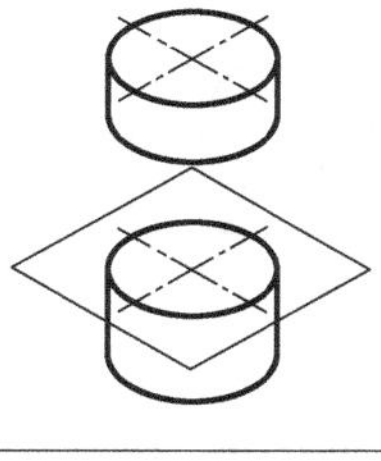	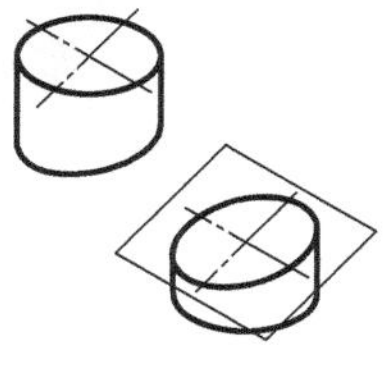
投影图	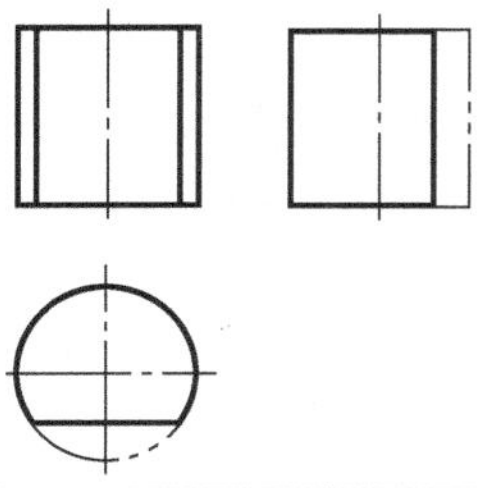	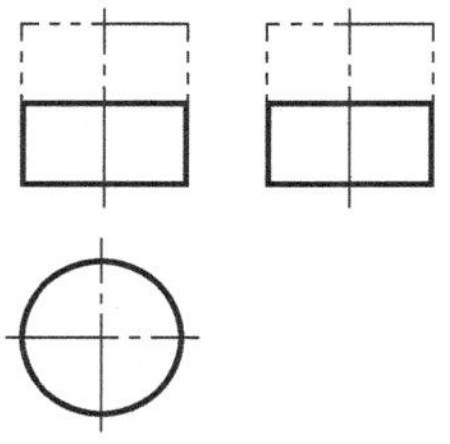	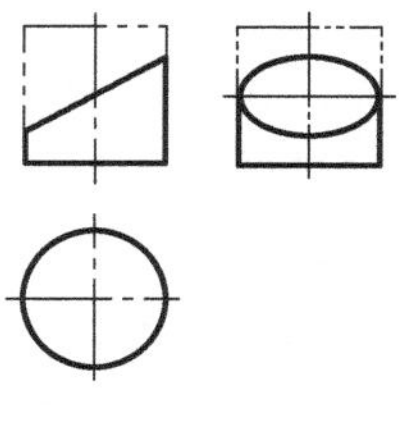
截交线形状	矩形	圆	椭圆

二、圆柱相贯线

1. 相贯线的概念

两回转体相交，表面形成的交线称为相贯线，如图 2-13 所示。

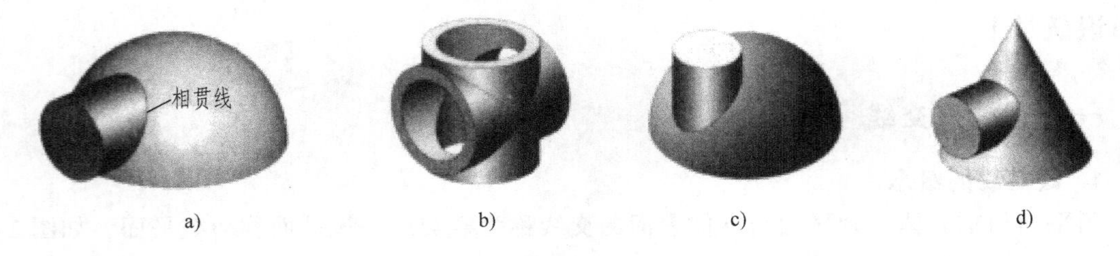

图 2-13　相贯线的常见形式

2. 相贯线的画法

（1）两圆柱正交的相贯线的简化画法

1）分析：如图 2-14a 所示，两圆柱轴线垂直相交，直立圆柱的直径小于水平圆柱的直径，其相贯线为封闭的空间曲线，且前后、左右对称。由于直立圆柱的水平投影和水平圆柱的侧面投影都积聚成一圆，所以相贯线的水平投影和侧面投影分别积聚在它们的投影圆上，因此，只需作相贯线的正面投影。由于相贯线的前后、左右对称，因此在其正面投影中可见的前半部和不可见的后半部重合，左右部分对称。

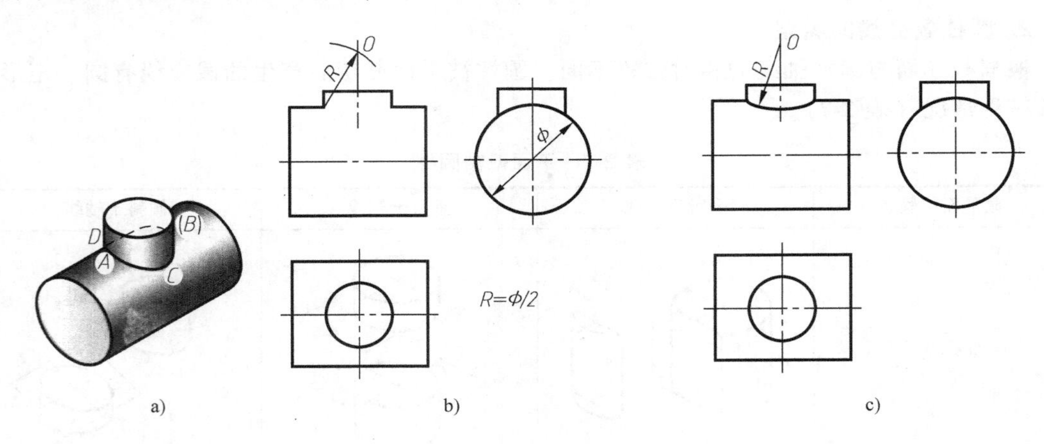

图 2-14　两圆柱正交的相贯线的简化画法

2）作图：国家标准规定，允许采用简化画法作出相贯线的投影，即以圆弧代替非圆曲线。相贯线圆弧的半径为大圆柱的半径 R，其圆弧关于小圆柱的轴线对称，作图步骤如图 2-14b、c 所示。

（2）两圆柱正交的相贯线的变化情况，正交圆柱的相贯线与两圆柱半径的相对大小变化有关，如图 2-15 所示。

1）当 $\phi_1>\phi_2$ 时，相贯线为上、下两条封闭的空间曲线，其正面投影为上下对称的曲线

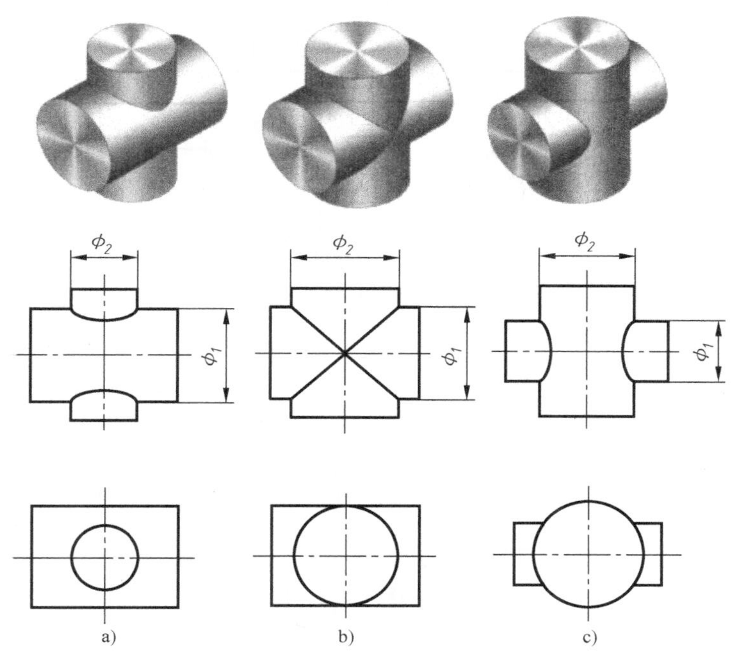

图 2-15　两不同直径圆柱正交的相贯线的变化情况

（图 2-15a）。

2）当 $\phi_1=\phi_2$ 时，相贯线为两条封闭的平面曲线（椭圆），其正面投影为两条相交的直线（图 2-15b）。

（3）内外圆柱表面正交的相贯线画法

圆柱穿孔后，圆柱面上的部分最外素线消失。圆柱孔与圆柱面相贯、两圆柱孔相贯的相贯线投影作图的方法与步骤与两外圆柱面正交相贯时相同，如图 2-16 所示。

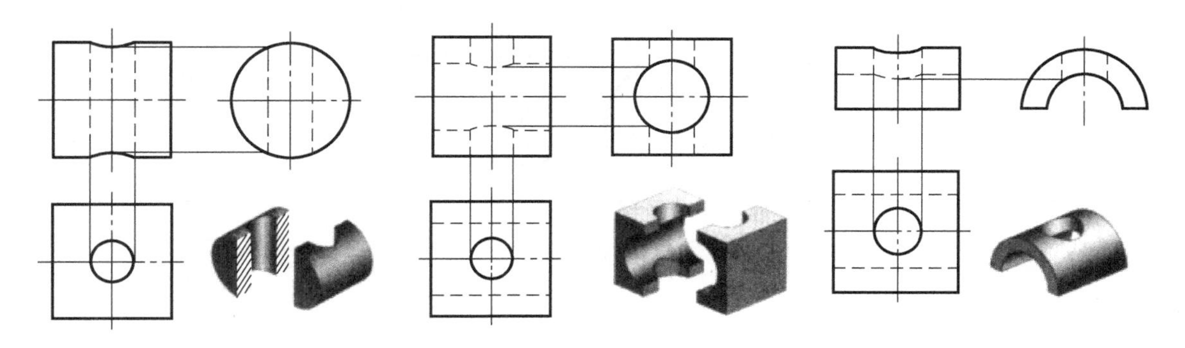

图 2-16　内外圆柱表面正交

【小技巧】

常见立体的截交线见表 2-8。

表 2-8　常见立体的截交线

截平面位置		立体图与投影图	截交线形状
截平面垂直于圆锥轴线		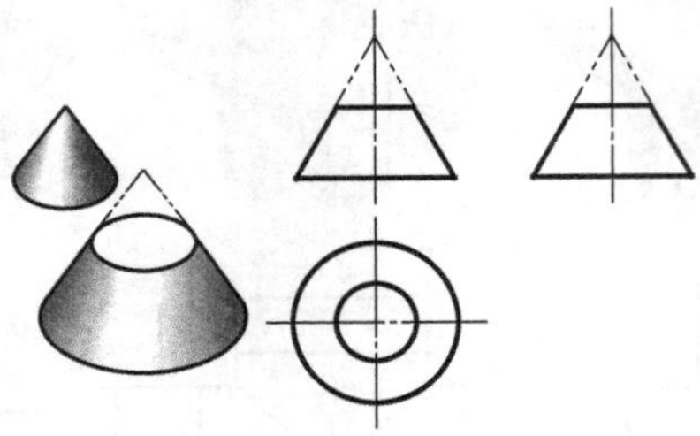	圆
截平面倾斜于圆锥轴线	$\alpha<\theta$	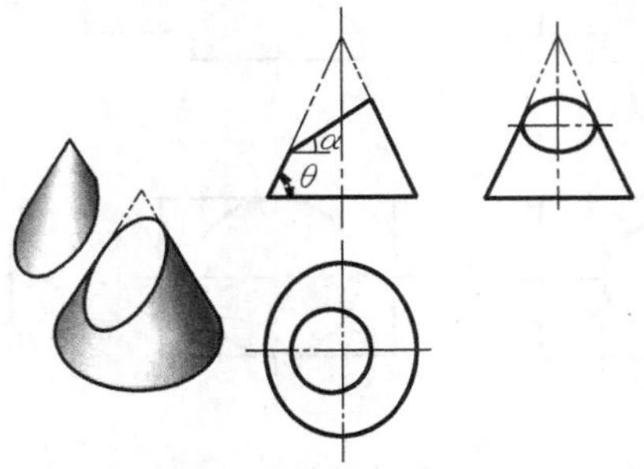	椭圆或椭圆弧加直线
	$\alpha>\theta$	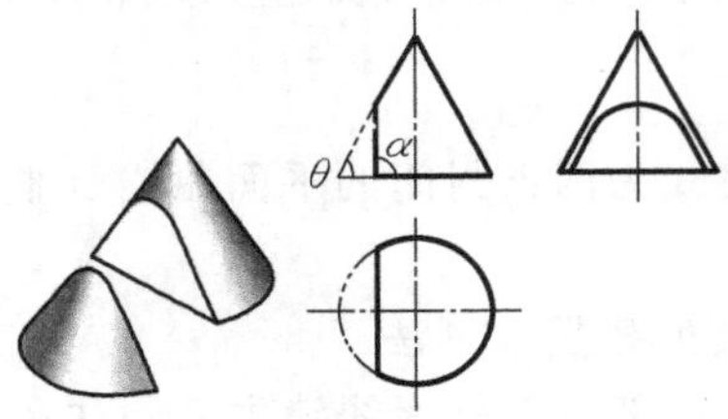	双曲线加直线
	$\alpha=\theta$	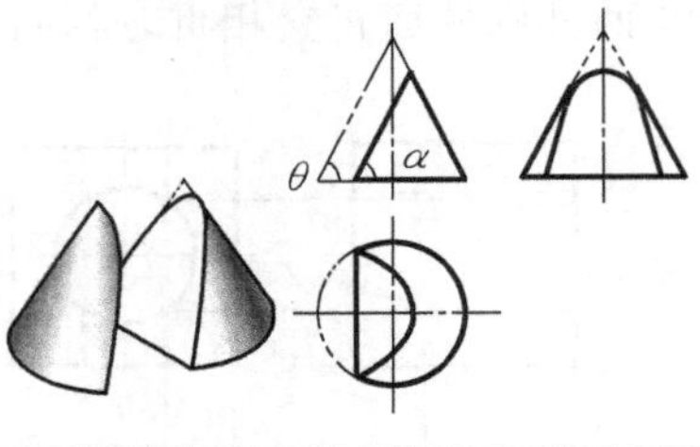	抛物线加直线
截平面过圆锥锥顶		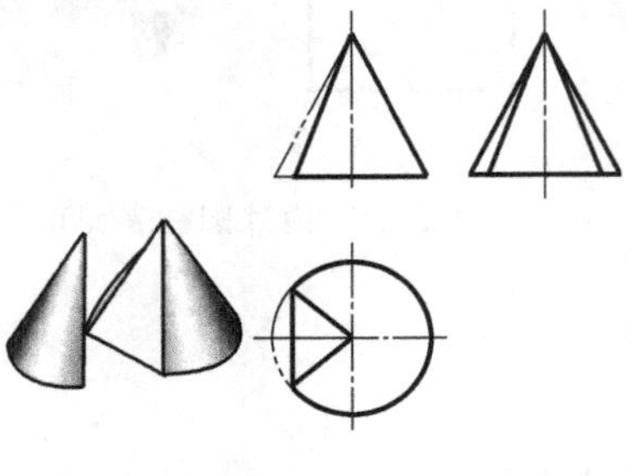	等腰三角形加直线

（续）

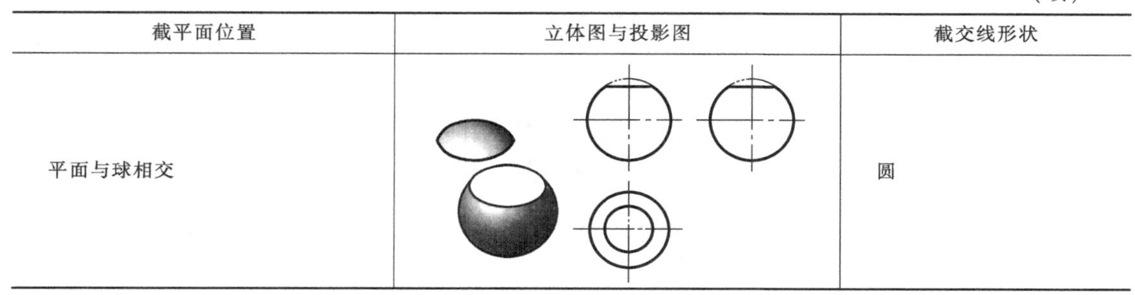

截平面位置	立体图与投影图	截交线形状
平面与球相交		圆

【任务实施】

如图 2-11a 所示，接头的基本体为圆柱，左边切槽，右边上、下切肩产生截交线，中间挖有直立圆柱孔产生相贯线。其作图步骤见表 2-9。

表 2-9　接头三视图的作图步骤

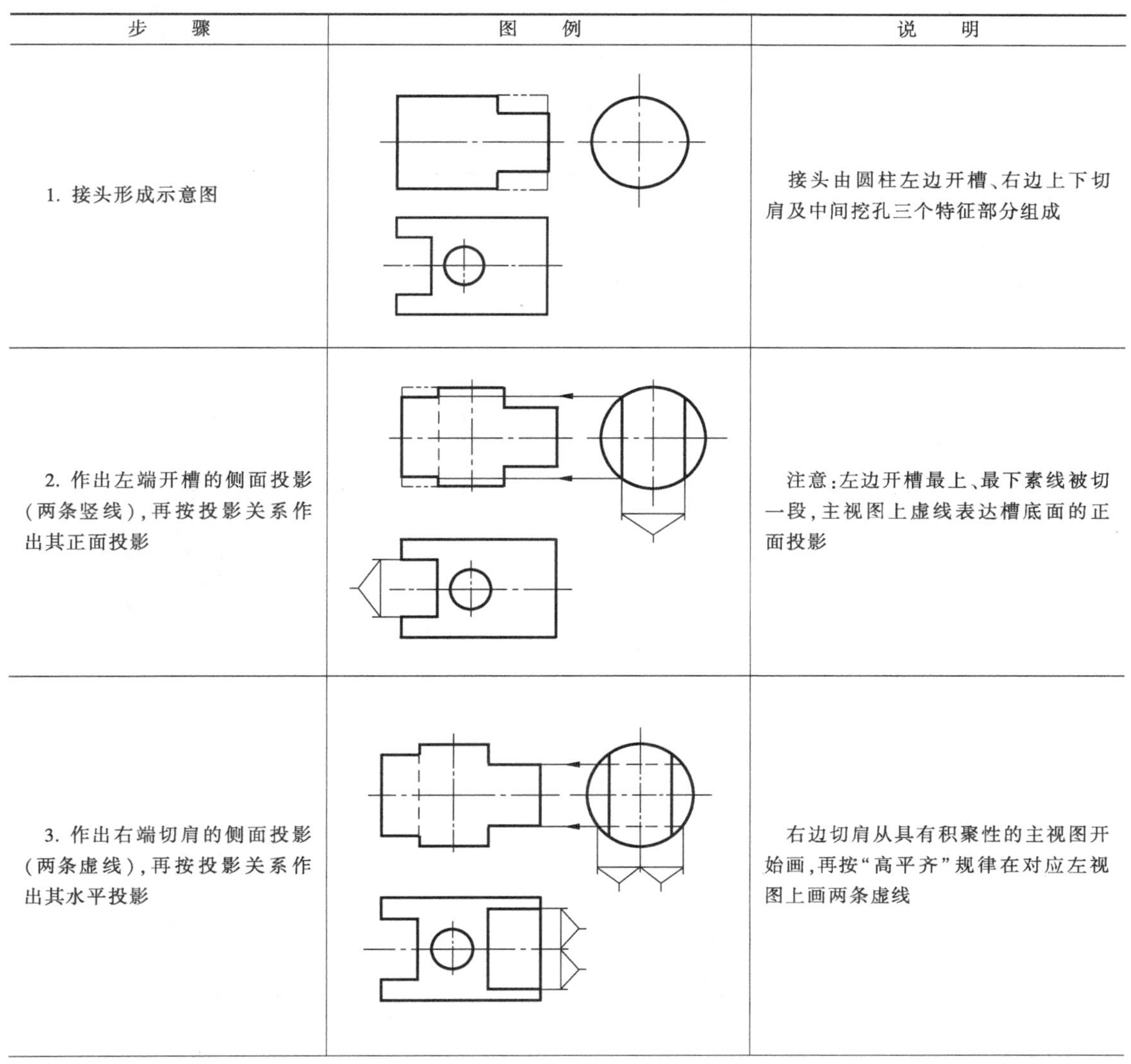

步　　骤	图　　例	说　　明
1. 接头形成示意图		接头由圆柱左边开槽、右边上下切肩及中间挖孔三个特征部分组成
2. 作出左端开槽的侧面投影（两条竖线），再按投影关系作出其正面投影		注意：左边开槽最上、最下素线被切一段，主视图上虚线表达槽底面的正面投影
3. 作出右端切肩的侧面投影（两条虚线），再按投影关系作出其水平投影		右边切肩从具有积聚性的主视图开始画，再按“高平齐”规律在对应左视图上画两条虚线

（续）

步　骤	图　例	说　明
4. 作出圆柱孔的正面投影和侧面投影（各两条虚线），并作出与圆柱体相交产生相贯线的正面投影	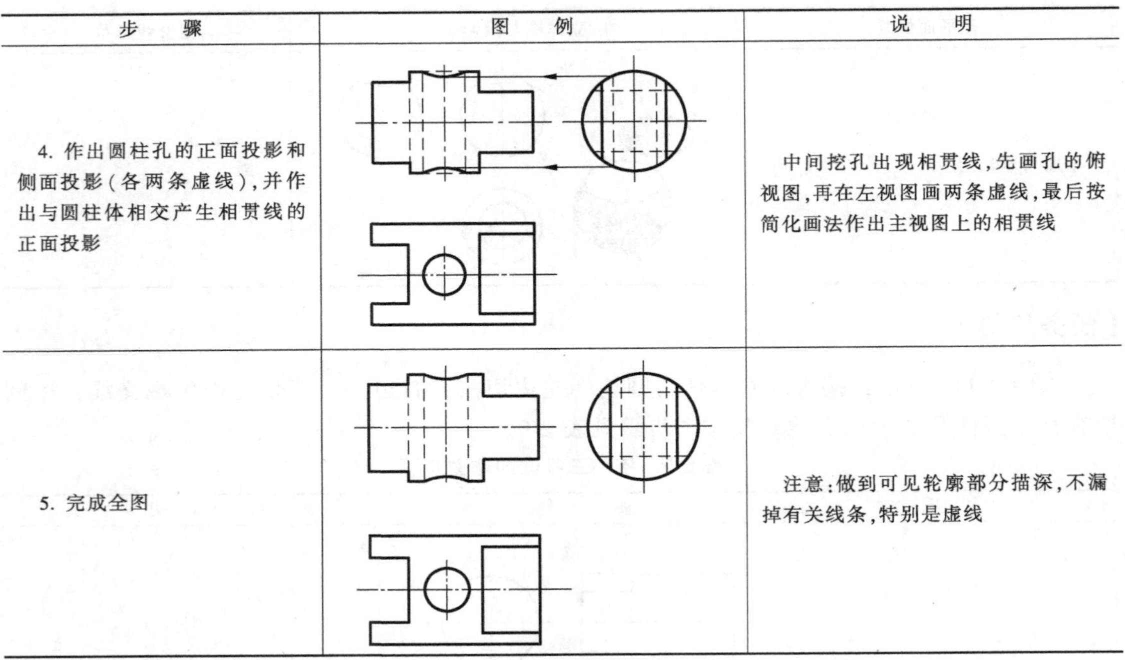	中间挖孔出现相贯线，先画孔的俯视图，再在左视图画两条虚线，最后按简化画法作出主视图上的相贯线
5. 完成全图		注意：做到可见轮廓部分描深，不漏掉有关线条，特别是虚线

【拓展提高】

补画以下三视图。

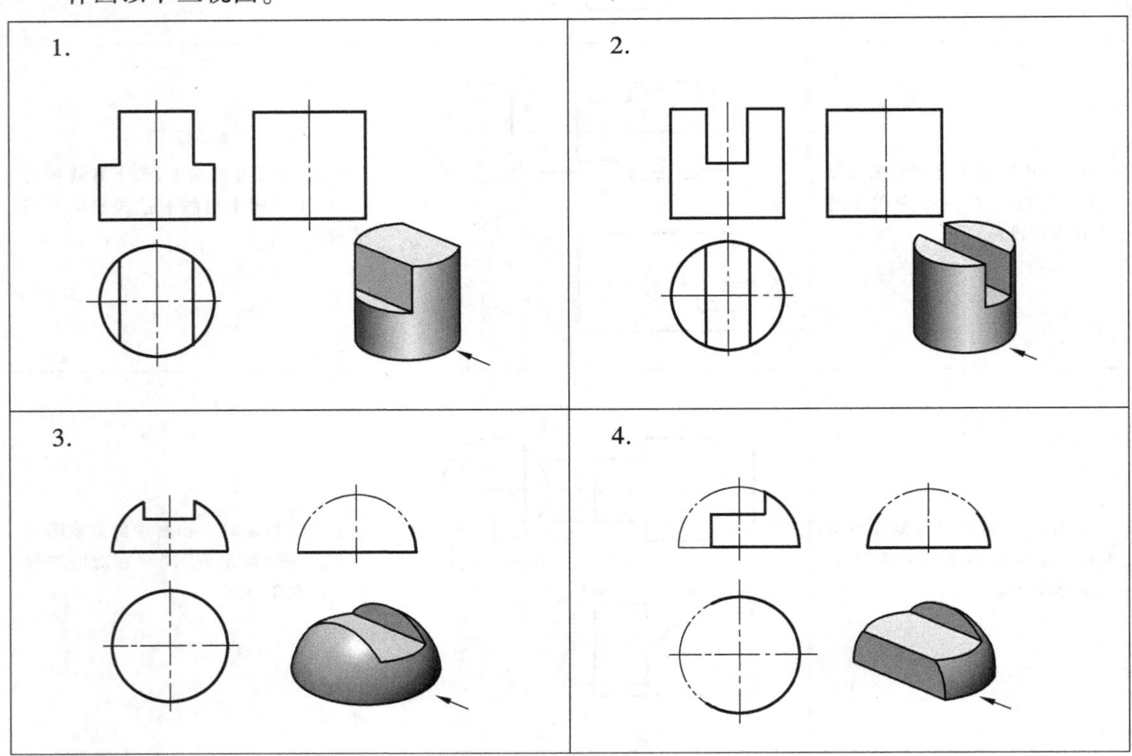

【实战演练】

画相贯线，并补画俯视图。

1.

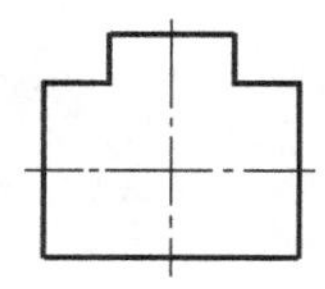

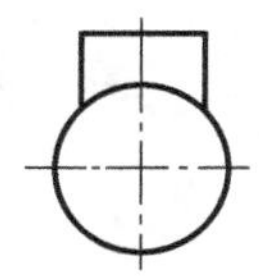

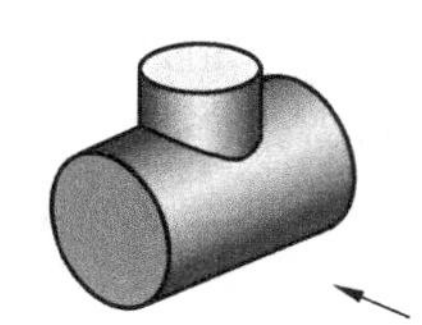

2.

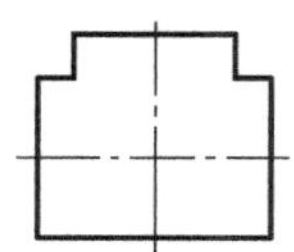

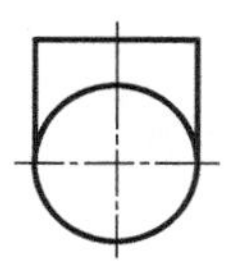

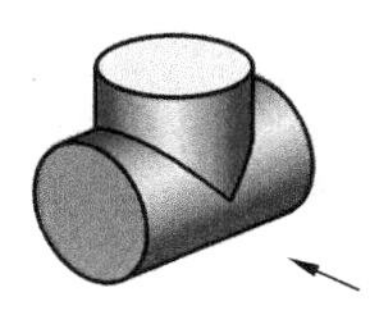

单元三

组 合 体

任何机器零件从几何角度看都是由一些基本体按照一定的方式组合而成的。通常由两个或两个以上的基本几何体所组成的类似机件的形体称为组合体。掌握组合体三视图的画法、尺寸标注和读图方法是识读、绘制零件图的基础。

课题一　组合体视图的绘制

【知识要点】

掌握组合体的组合形式、形体表面连接方式及连接处的画法，能用形体分析法对组合体进行分析。

【技能要求】

运用形体分析法对组合体进行分析，能正确进行组合体视图的绘制；能标注简单组合体的尺寸。

【任 务 书】

编号	任务	教学时间
3-1-1	绘制轴承座三视图	4学时
3-1-2	绘制支座三视图	4学时

任务一　绘制轴承座三视图

【学习目标】

1）掌握形体分析法。
2）认识组合体的组合形式，熟悉形体表面连接方式的各种画法。
3）掌握组合体三视图的绘制方法。

【任务描述】

本任务在多媒体教室进行，学生准备好手工绘图工具，绘制轴承座视图，如图3-1所示。

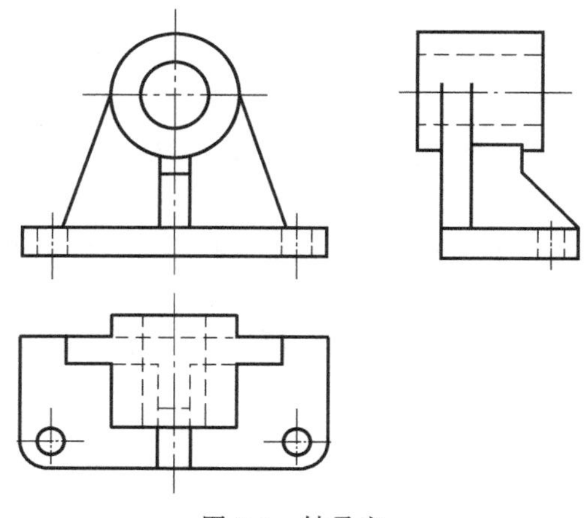

图 3-1　轴承座

【任务分析】

通过轴承座三视图的绘制，让学生掌握组合体的组合方式及形体表面连接方式的各种画法，并学会对组合体的组合形式进行相应的分析，掌握绘制叠加组合体三视图的方法和步骤。

【知识链接】

一、形体分析法

识读组合体的视图时，通常按照组合体的结构特点和各组成部分的相对位置，把它划分为若干个基本几何体（这些基本几何体可以是完整的，也可以是不完整的），并分析各基本几何体之间连接处的特点和画法，然后组合起来画出视图或想像出其形状。这种分析组合体的方法称为形体分析法。形体分析法是画图和读图的基本方法。如图 3-2 所示。

1）连接板的前后面与小圆筒、大圆筒外圆柱面相切。

2）肋板与小圆筒、大圆筒相交。

3）肋板与连接板相错叠加。

4）连接板与小圆筒底面平齐、与大圆筒底面不平齐。

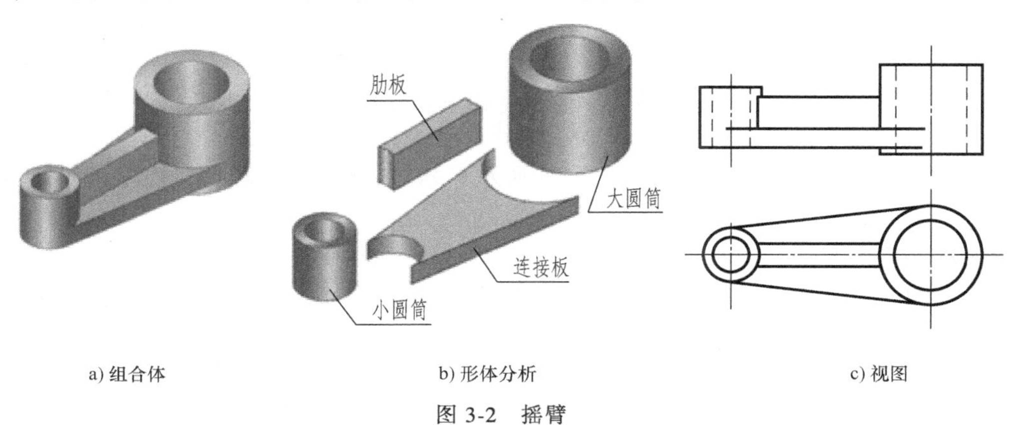

a) 组合体　　b) 形体分析　　c) 视图

图 3-2　摇臂

二、组合体的构成方式

组合体按其构成方式分为叠加、切割和综合三种。多数组合体是既有叠加又有切割的综合型。在识读和绘制组合体的视图时，要应用形体分析法。

1. 叠加

叠加式组合体是由基本几何体叠加而成的。按照形体表面接触的方式不同，又可分为相错叠加、平齐叠加、相切叠加三种。

（1）两基本体表面相错叠加　如图 3-3 所示，相邻表面 *A*、*C* 相错，主视图要画分界线。

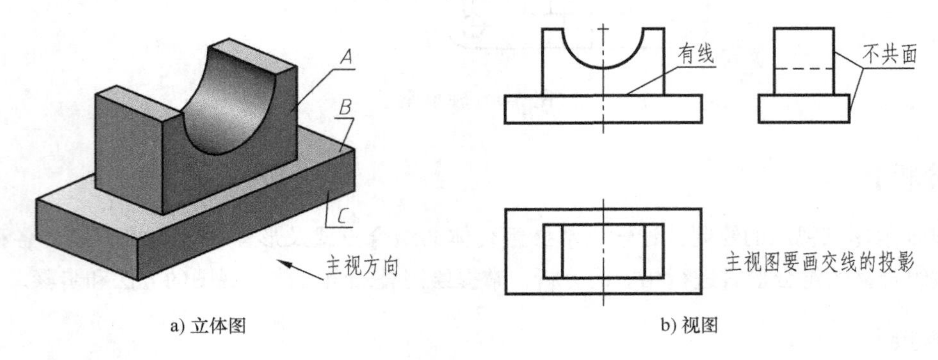

图 3-3　机座

（2）两基本体表面平齐叠加　如图 3-4 所示，相邻表面 *A*、*B* 平齐，视图共面处不画分界线。

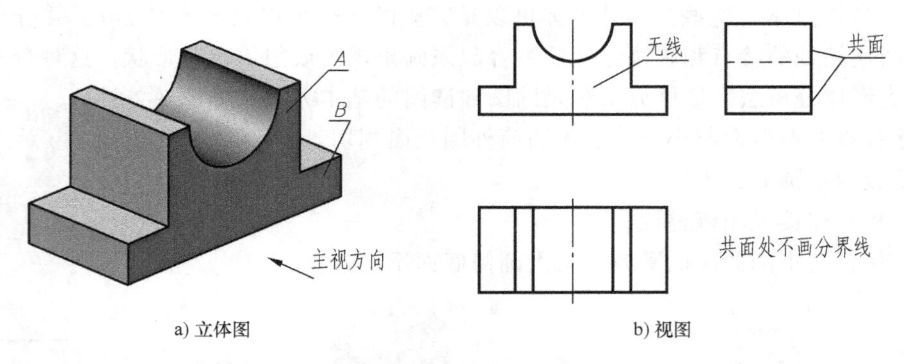

图 3-4　机座（AR 立体扫描）

（3）两基本体表面相切叠加　如图 3-5 所示，相邻表面 *A*、*B* 相切，视图相切处不画切线投影。

2. 切割

切割式组合体可以看成是在基本几何体上进行切割、钻孔、挖槽等所构成的形体。绘图时，被切割后的轮廓线必须画出来，如图 3-6 所示。

3. 综合

常见的组合体多是综合式组合体，既有叠加又有切割，如图 3-2 所示。

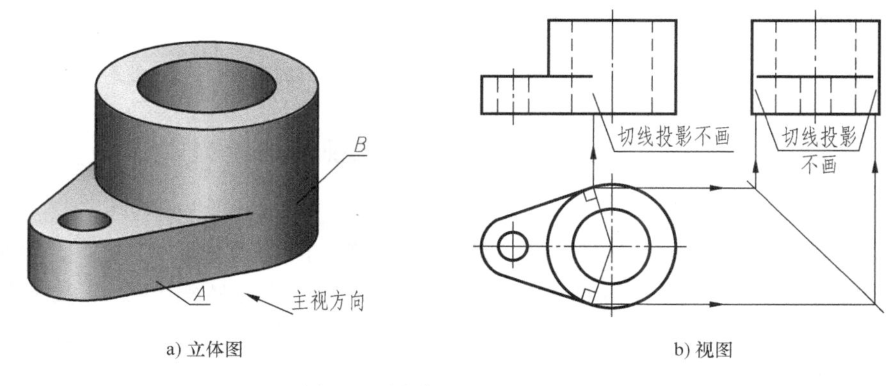

a) 立体图　　b) 视图

图 3-5　摇臂（AR 立体扫描）

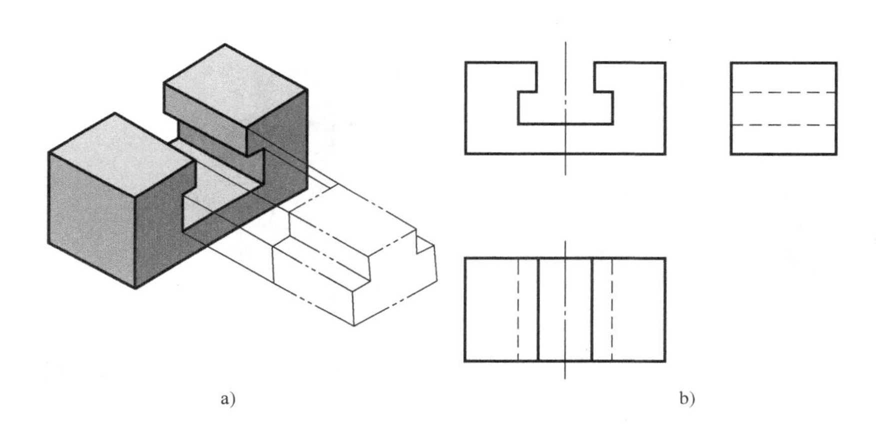

a)　　b)

图 3-6　T 形槽

三、叠加型组合体视图的画法

在画叠加型组合体视图时，先进行形体分析，然后从大到小或从下到上，画出每一个基本体的三视图，再根据组合形式将基本形体之间的交线画好，最后检查、加深图线。

四、组合体上相邻表面之间的连接关系

从组合体的整体来看，构成组合体的各基本体之间都有一定的相对位置，并且组合体上相邻表面之间也存在一定的连接关系。

1. 两基本体表面共面

当相邻两基本体的表面互相平齐，连成一个平面时，连接处没有界线。画图时主视图的上、下形体之间不应画线，如图 3-4 所示机座。

2. 两基本体表面相交

两个基本体表面相交所产生的交线（截交线或相贯线），应在视图中画出其投影。

3. 两基本体表面相切

相切是指两个基本体的相邻表面（平面与曲面或曲面与曲面）光滑过渡，相切处不存

在轮廓线，在视图上不画出分界线，如图 3-5 摇臂所示。

【任务实施】

案例一　轴承座三视图的绘制

1. 形体分析

图 3-7 所示轴承座由底板、支撑板、肋板、圆筒和凸台组成，底板、支撑板和肋板之间在空间相互垂直；支撑板侧面与圆筒表面相切；肋板与圆筒相交，截交线由圆弧和直线构成；凸台与圆筒表面相交，中间有圆柱通孔；底板上有两个圆柱通孔，底面有一矩形槽。

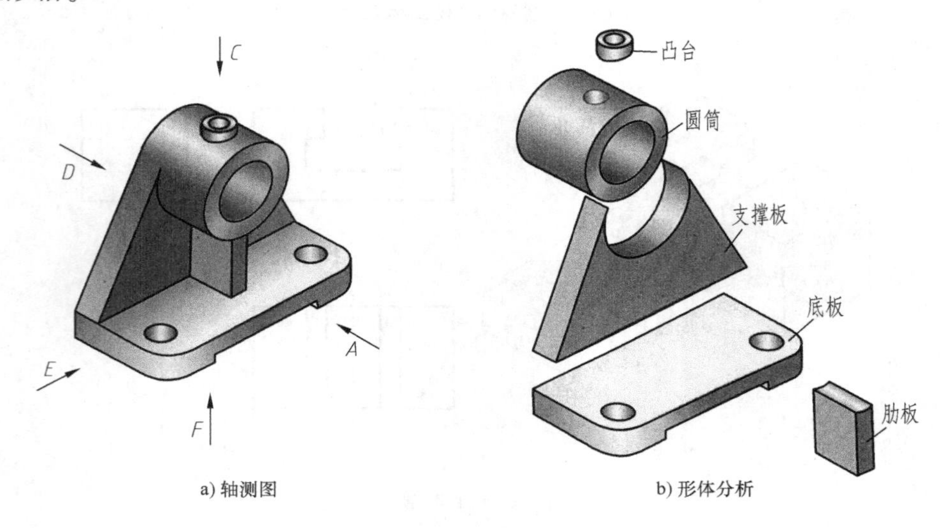

图 3-7　轴承座（AR 立体扫描）

2. 选择视图

主视图投射方向的选择应使主视图能较多地表达组合体各部分的形状特征及相对位置，同时考虑组合体的安放位置。一般选取大平面作为底面，保证放置稳定。本例选择 A 向作为主视图的投射方向能满足上述基本要求。其次确定其他视图，俯视图主要表达底板的形状和两孔中心的位置；左视图主要表达肋板的形状。可见需要用三个视图才能清楚地表达该组合体的形状。

3. 绘图步骤

（1）布置视图　选择绘图比例，确定图幅，画出各视图的基准线。同时要注意所选幅面的大小应留有余地，以便标注尺寸，画标题栏和书写技术要求等。

（2）在形体分析的基础上画出每一个基本体的三视图　轴承座三视图绘图过程如图 3-8 所示，先画出底板的三视图，再画圆筒和圆凸台的三个视图，以及画支撑板和肋板的三个视图，最后补画底板上的圆角、圆孔、通槽。

（3）检查、描深图线并标注尺寸　描深时应注意全图线型保持一致，切忌选用过粗的实线而影响图形的美观。最后标注全图尺寸，注意不要重复标注，也不要遗漏。

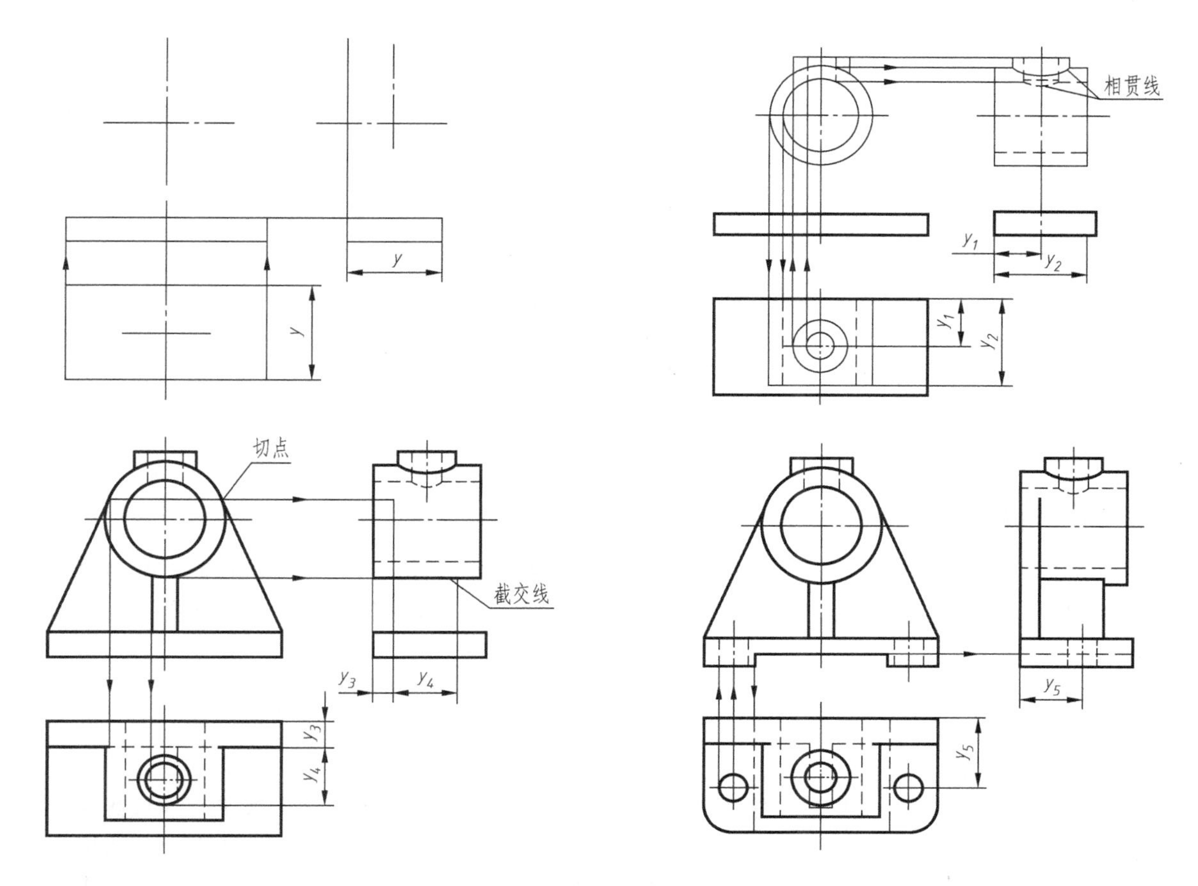

图 3-8　轴承座三视图绘图过程

任务二　绘制支座三视图

【学习目标】

1）掌握形体分析法。

2）掌握组合体的组合形式，熟悉形体表面连接方式的各种画法。

3）掌握切割式组合体三视图的绘制方法。

【任务描述】

本任务在多媒体教室进行，学生准备好手工绘图工具，绘制支座三视图，如图 3-9 所示。

【任务分析】

通过支座三视图的绘制，让学生掌握切割式组合体三视图的画法，并强化对组合体组合形式的分析，掌握绘制切割式组合体三视图的方法和步骤。

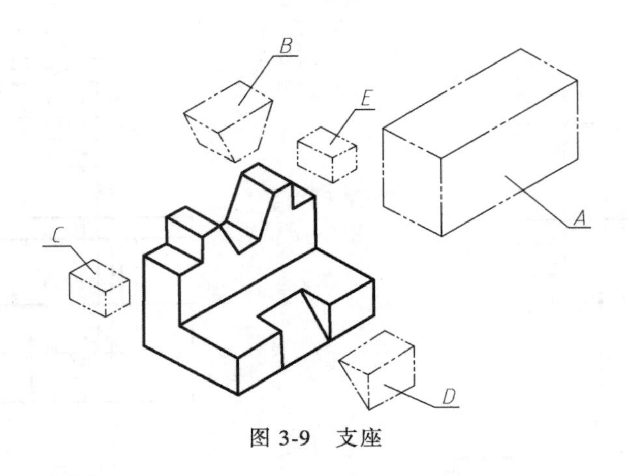

图 3-9 支座

【知识链接】

切割式组合体三视图的画法：在画切割式组合体三视图时，首先分析截切面，然后画没有切割的原始形体三视图，再按先大后小的切割顺序画出截交线，最后检查图稿、加深图线。

【任务实施】

1. 形体分析

从基本体上切割掉一些基本体所得的形体，称为切割式组合体。切割式组合体假想为一个被切割去某些部位的基本体。如图 3-9 所示，该组合体可以看成是先切割掉一个四棱柱 *A*，然后被切割掉 *B*、*C*、*D*、*E* 四块多余部分后形成的。绘制此类形体的三视图时，应先画出未被切割时基本体的三视图，然后逐个画出被切割部位的投影；并根据它们的形状特征，先画出最能反映其实形的投影，然后按“三等”关系画出其余投影。

2. 选择视图

首先选择 *A* 面法向作为主视图的投射方向，其次确定其他视图，俯视图主要表达支座顶面形状；左视图主要表达支座的侧面形状。通过三个视图才能清楚地表达组合体的形状。

3. 画图步骤

(1) 布置视图　选择绘图比例，确定图幅，画出各视图的基准线。同时，要注意所选幅面的大小应留有余地，以便标注尺寸，画标题栏和注写说明等。

(2) 在形体分析的基础上画出每个基本体的三视图

1) 画中心线和长方体，如图 3-10a 所示。

2) 在长方体前方，画切去部分的长方体，如图 3-10b。

3) 画切去的梯形槽，如图 3-10c 所示。

4) 画切去的左右两个长方块，如图 3-10d 所示。

5) 画切去的三角块，如图 3-10e 所示。

(3) 检查图稿，描深图线并标注尺寸　如图 3-10f 所示，描深时应注意全图线型保持一致，切忌选用过粗的实线而影响图形的美观。最后标注全图尺寸，注意不要重复标注，也不要遗漏。

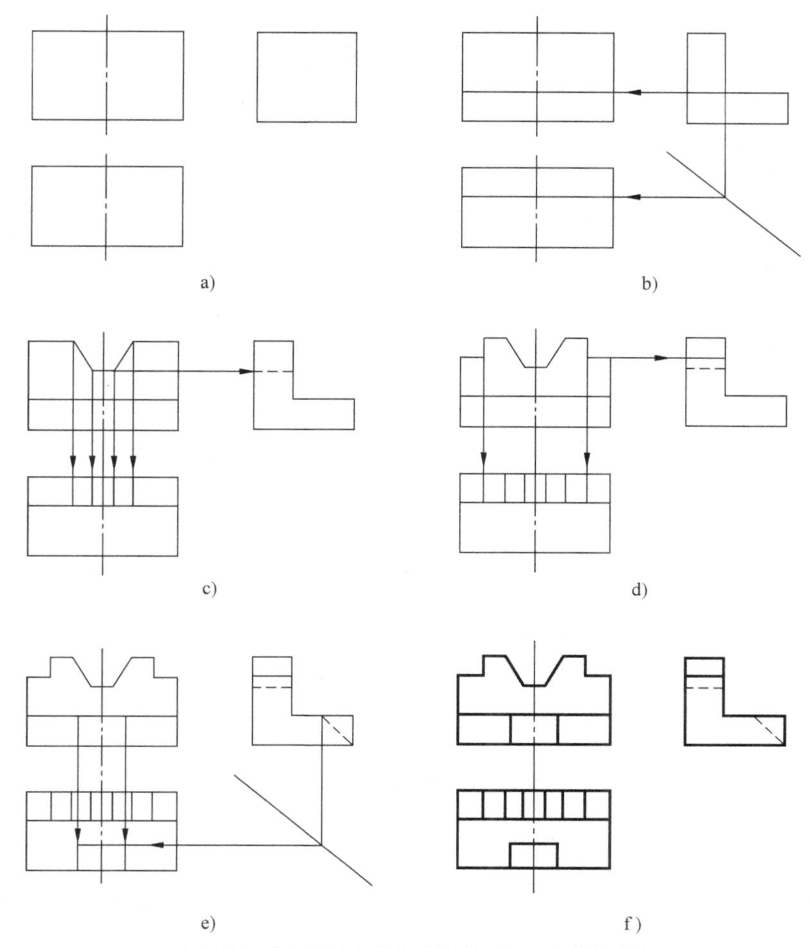

图 3-10　支座三视图绘图过程（AR 立体扫描）

【实战演练】

画出图 3-11 所示切割式组合体的三视图，尺寸从图中直接量取。

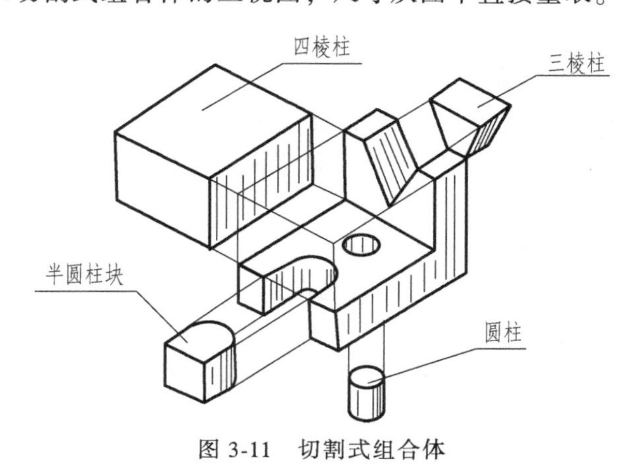

图 3-11　切割式组合体

课题二　组合体视图的标注

组合体视图的标注要点和标注方法。

【技能要求】

能独立完成组合体视图的标注。

【任 务 书】

编号	任务	教学时间
3-2-1	支座的标注	2 学时
3-2-2	轴承盖的标注	2 学时

任务一　支座的标注

【学习目标】

了解组合体尺寸标注的要求，掌握组合体视图标注的基本方法。

【任务描述】

本任务在多媒体教室进行，学生准备好绘图工具，通过图 3-12 所示支座的尺寸标注，让学生掌握组合体的尺寸标注方法。

【任务分析】

通过支座的尺寸标注，掌握组合体视图的尺寸标注方法。

【知识链接】

1. 组合体尺寸标注的基本要求

1）正确——符合国家标准的相关规定，且数值正确。

2）完全——确定该组合体的全部尺寸不得遗漏，也不可重复。

3）清晰——应便于识图。

2. 组合体尺寸标注的基准与尺寸类型

（1）尺寸基准　尺寸基准是标注尺寸的起点。

（2）尺寸基准的选用原则

1）在长、宽、高三个方向上应各有一个基准，如图 3-21 所示。

2）常用尺寸基准有基准面、基准线和基准点。

基准面：长度基准是左右对称面或左、右端面；宽度基准是前后对称面或后端面；高度

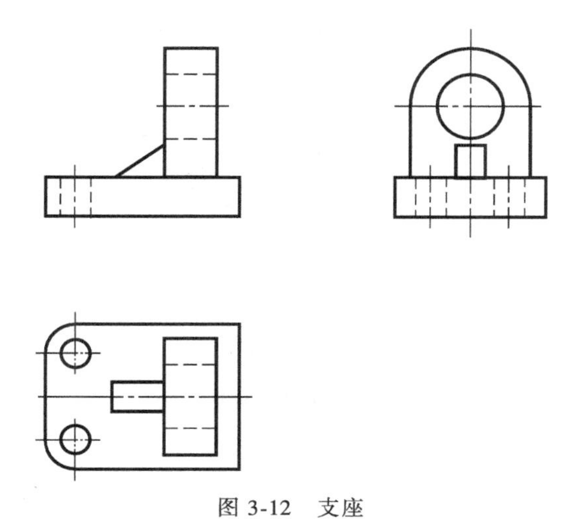

图 3-12　支座

基准是上下对称面或底平面。图 3-13 为基准面标注范例。

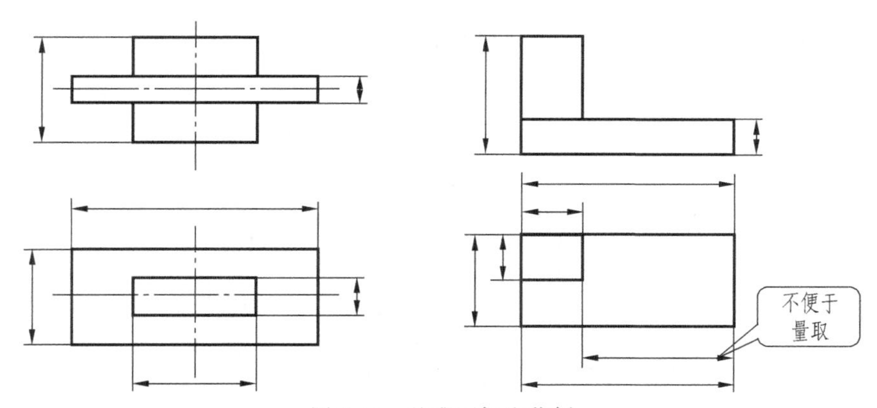

图 3-13　基准面标注范例

基准线：指对称中心线、回转轴线，图 3-14 为基准线标注范例。

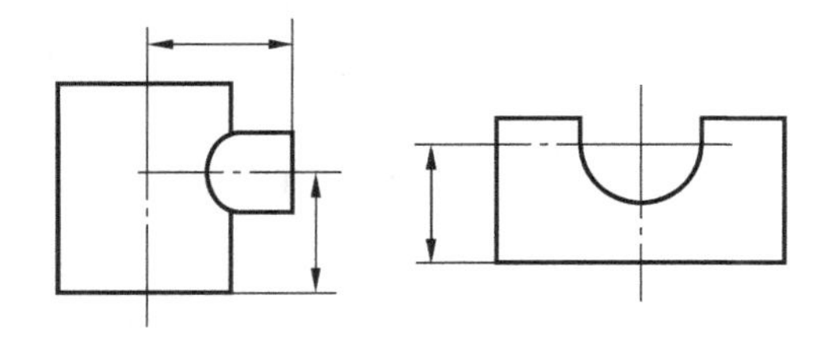

图 3-14　基准线标注范例

基准点：指圆心及坐标原点，图 3-15 为基准点标注范例。

(3) 尺寸类型

定形尺寸：确定各基本形体的形状和大小的尺寸。

定位尺寸：确定各基本形体间相对位置的尺寸。

总体尺寸：指组合体的总长、总宽、总高尺寸。

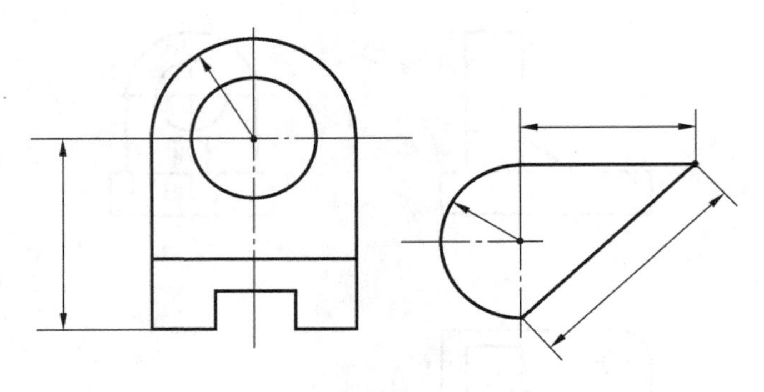

图 3-15　基准点标注范例

【任务实施】

1. 支座的尺寸标注

1）首先作形体分析，确定尺寸基准。

2）标注各基本体的尺寸，如图 3-16 所示。

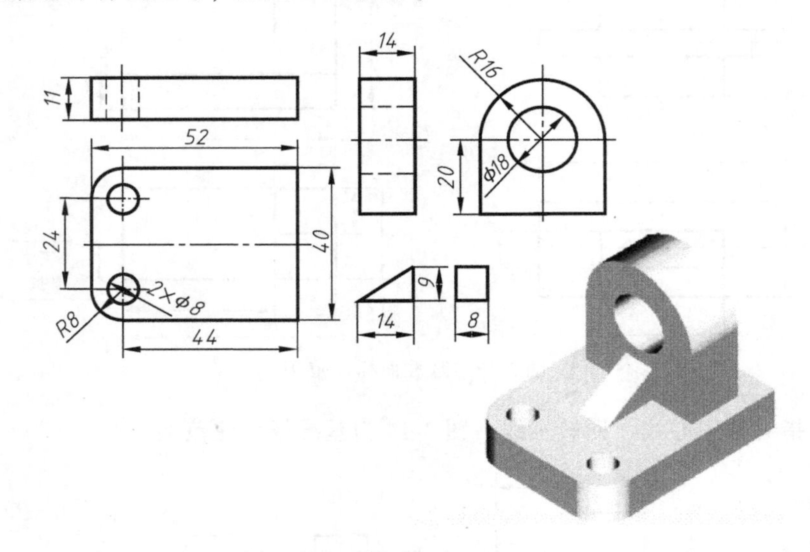

图 3-16　组成支座的基本体标注

3）标注基本体间定位尺寸，如图 3-17 所示。

4）标注总体尺寸，如图 3-18 所示。

5）检查图稿，核对尺寸，如图 3-19 所示。

2. 注意事项

1）按形体分析方法，逐个基本形体标注尺寸。先注主要基本形体，后注次要基本形体；先注定位尺寸，后注定形尺寸。三个方向上的尺寸都要标注。

2）回转体尺寸尽量注于非圆投影上，但不宜注在虚线上。

3）圆弧≤180°时，标注半径；圆弧>180°时，标注直径，均标注在反映圆弧的投影上。

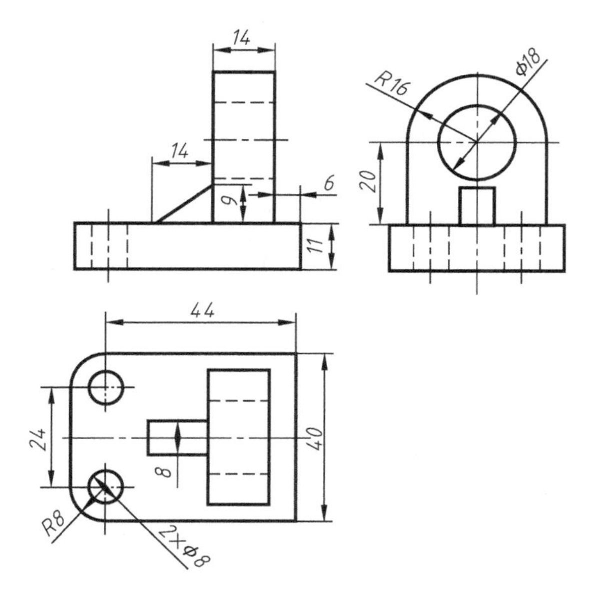

图 3-17　组成支座的基本体的定位尺寸标注

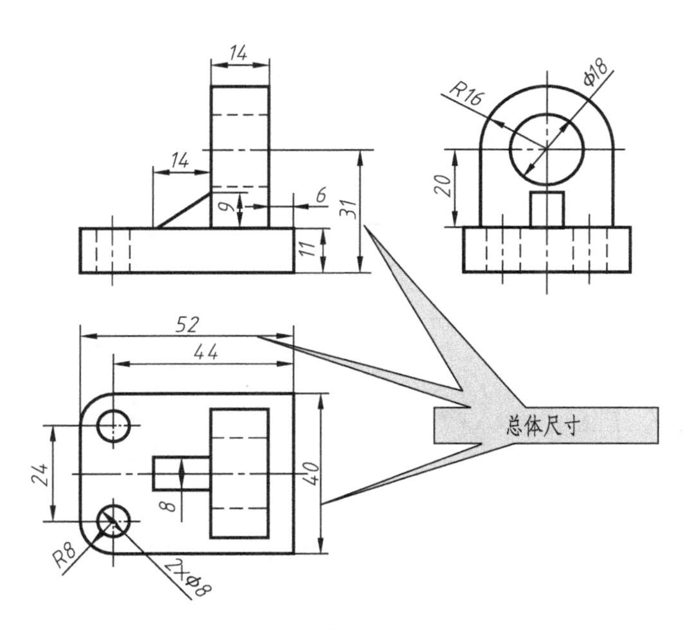

图 3-18　支座总体尺寸标注

4）尺寸尽量注于投影图的外面，并最好注在两投影图之间。小尺寸在内，大尺寸在外。

5）关于基准的对称尺寸，应合起来标注。

6）通过标注孔、轴等回转体轴线的位置，来确定孔等的位置。

7）避免标注封闭尺寸链。

8）交线、交点上不应标注尺寸。

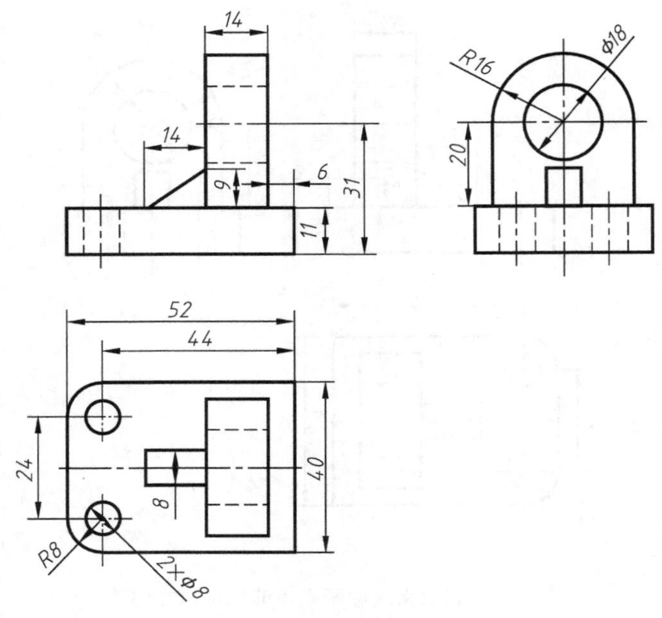

图 3-19 支座尺寸标注

【拓展提高】

常见底板、凸缘尺寸标注示例，如图 3-20 所示。

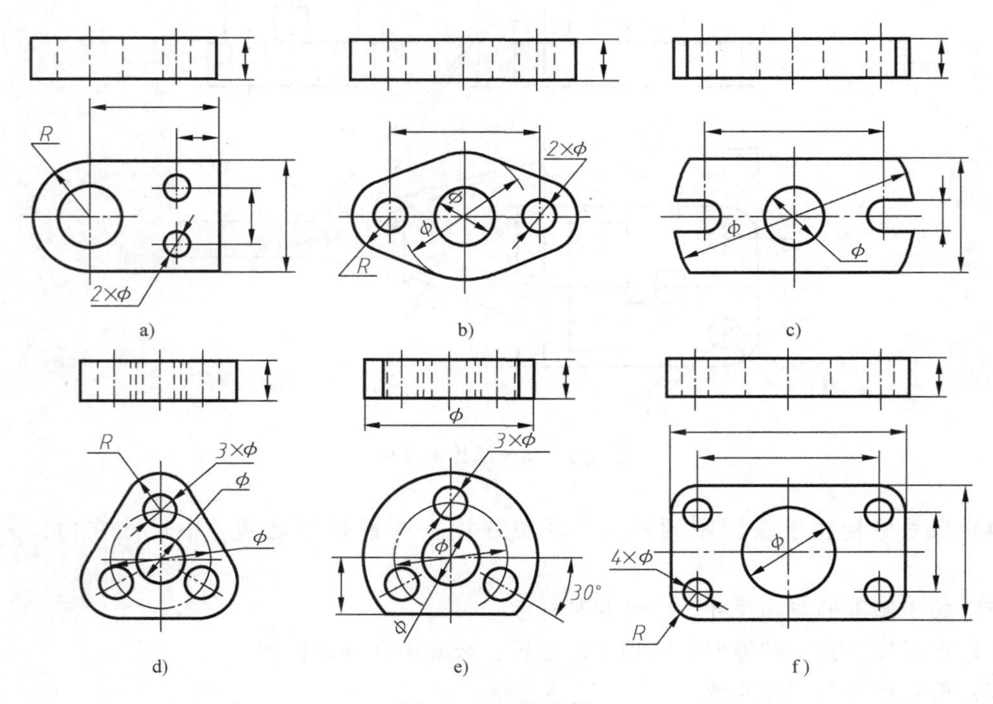

图 3-20 标注范例

任务二　轴承座的标注

【学习目标】

了解组合体尺寸标注的要求，掌握组合体视图标注的基本方法。

【任务描述】

本任务在多媒体教室进行，学生准备好绘图工具，通过实践让学生掌握组合体的标注方法。

【任务分析】

通过轴承座（图 3-8）的尺寸标注，掌握组合体视图的尺寸标注方法。

【知识链接】

1. 标注形式

标注形式如图 3-21 所示。

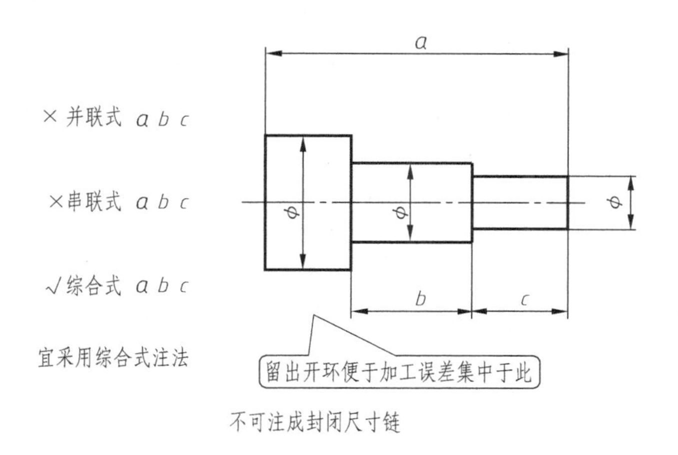

图 3-21　标注形式

2. 标注要点

1）重要尺寸（如总体长、宽、高尺寸，孔的中心位置等）应直接注出，而不应由其他尺寸计算求得，如图 3-22 所示。

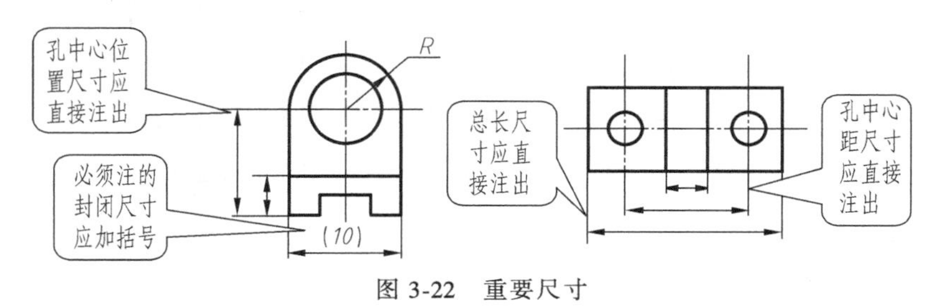

图 3-22　重要尺寸

2）不能注成封闭尺寸链，应选择允许误差最大处作开环，如图 3-23 所示。

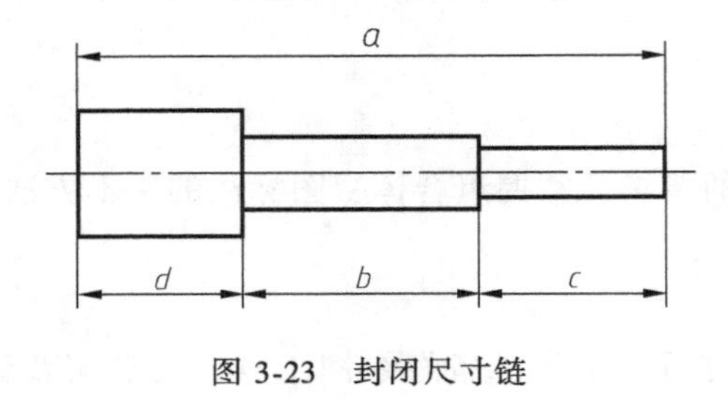

图 3-23　封闭尺寸链

3）对称结构的标注应将对称中心线两边结构合起来标注，不可只注一边或分两边标注，如图 3-24 所示。

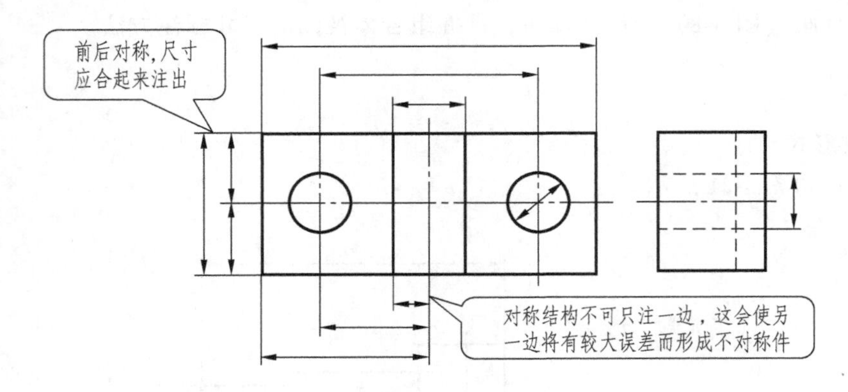

图 3-24　对称标注

4）尽量避免在虚线处标注尺寸。

5）对斜角、凸台、圆、圆弧、槽等结构应将尺寸标注在反映其特征的图形上，圆弧应标注 R，整圆应标注 ϕ，球应标注 $S\phi$，半球应标注 $R\phi$。如图 3-25 所示。

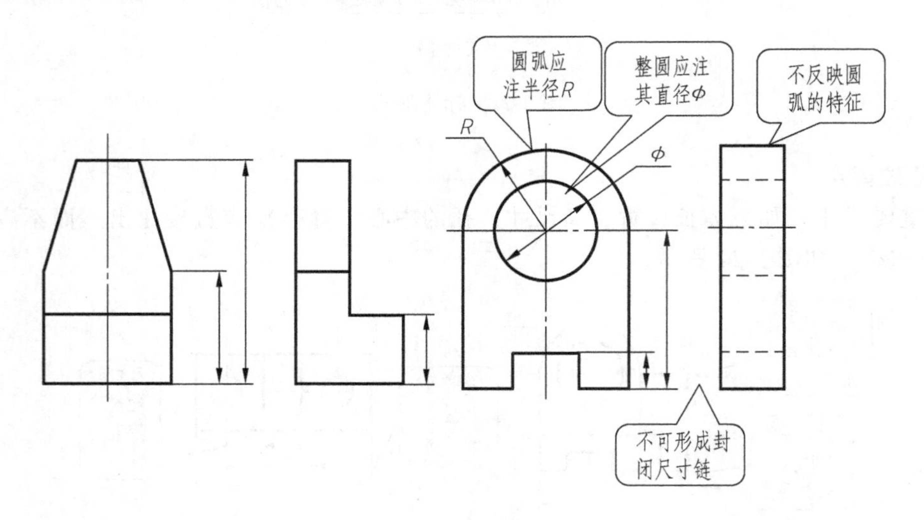

图 3-25　特征标注

6）圆柱、圆锥的定形尺寸应尽量集中标注在非圆形的视图上，如图 3-26 所示。

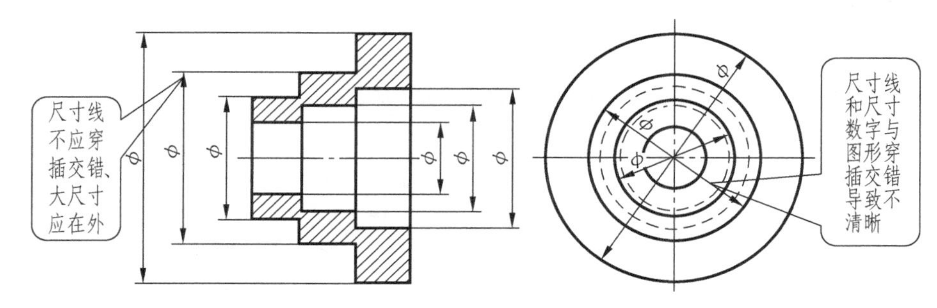

图 3-26　非圆视图标注

7）平行尺寸应使大尺寸在外，小尺寸在内，尺寸线不得互相穿插。每一结构尺寸只标注一次，不可重复标注。

8）内形尺寸和外形尺寸最好分别标注在图形的两边。

9）尺寸数字一律垂直于尺寸线且在尺寸线上方或左方，字头向上或向左。如图 3-27 所示。

10）有多个相同直径的圆形或圆角规律分布时，应将尺寸标注在反映圆形或圆角的视图上，只注其中一个即可。圆形应注明数目，圆角则不注数目，如图 3-27 所示。

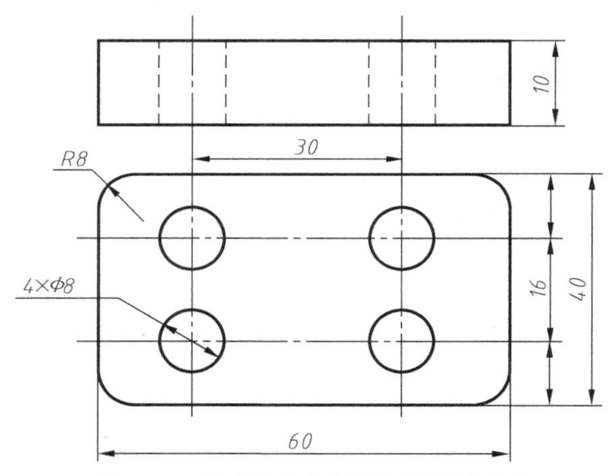

图 3-27　尺寸数字方向及相同几何元素

11）零件上的相贯线、截交线处不标注尺寸（可由投影关系求得），尽量将尺寸集中标注在主视图上，如图 3-28 所示。

12）零件上的角度尺寸线为弧线，角度数值一律正写，不可倾斜，如图 3-29 所示。

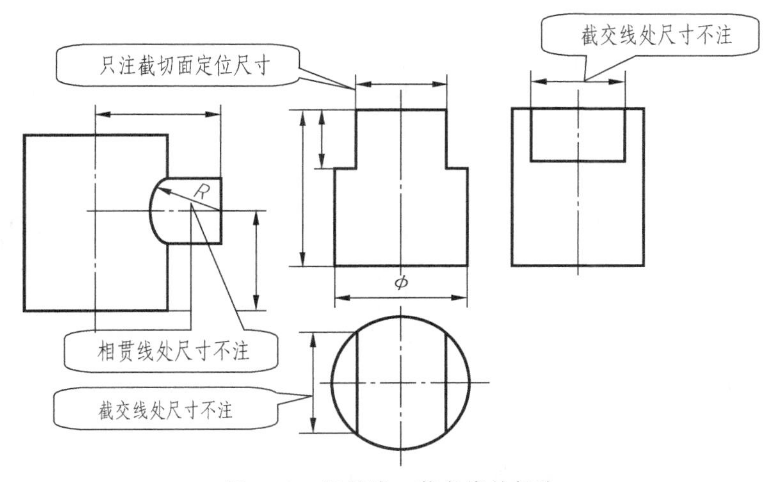

图 3-28　相贯线、截交线的标注

【任务实施】

轴承座的尺寸标注：

1）首先作形体分析，确定尺寸基准，如图 3-30 所示。

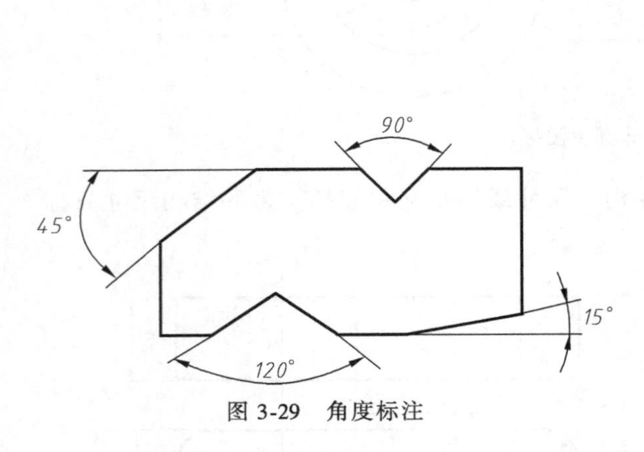

图 3-29 角度标注

图 3-30 轴承座尺寸基准

2）标注各基本体的尺寸，如图 3-31 所示。

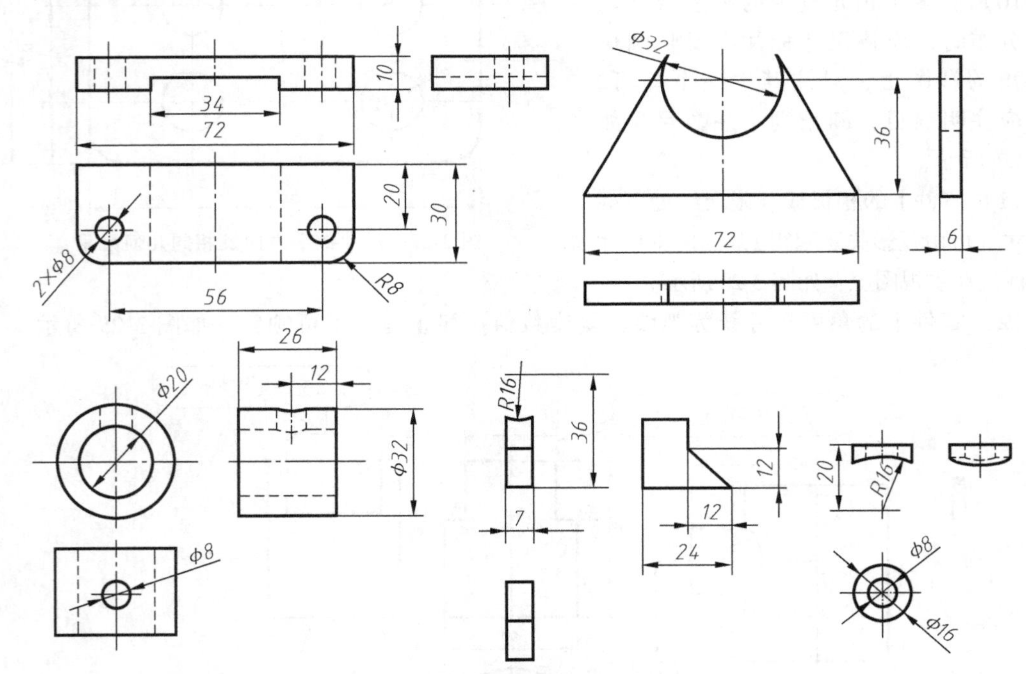

图 3-31 组成轴承座的基本体标注

3）标注基本体间定位尺寸，如图 3-32 所示。

4）标注总体尺寸，如图 3-32 所示。

5）检查图稿，核对尺寸，结果如图 3-32 所示。

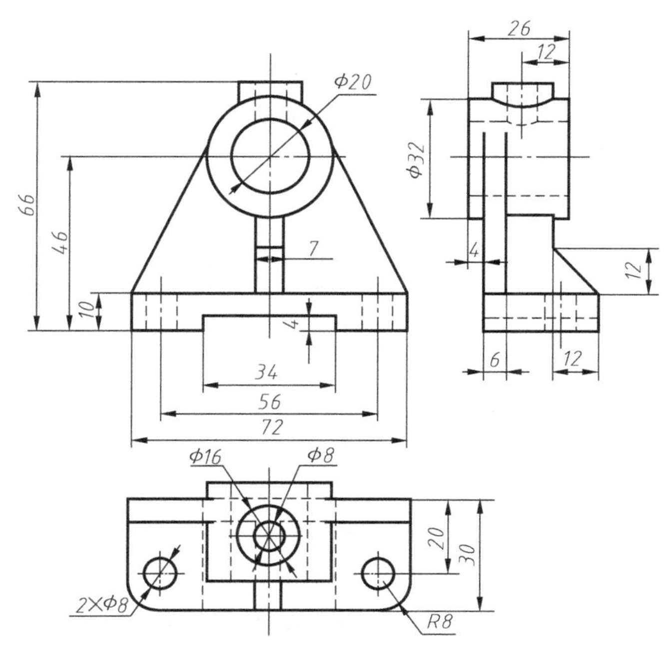

图 3-32　轴承座的定位尺寸及总体尺寸标注

课题三　轴测图的绘制

【知识要点】

轴测投影的概念及轴测图的种类；轴测投影的特性；正等轴测图的画法。

【技能要求】

能根据视图画出形体的正等轴测图。

【任务书】

编号	任务	教学时间
3-4-1	绘制螺母块的正等轴测图	2 学时
3-4-2	绘制开槽圆柱体的正等轴测图	2 学时
3-4-3	支座斜二等轴测图	2 学时

任务一　绘制螺母块的正等轴测图

【学习目标】

了解轴测投影的概念及轴测图的种类；能根据视图画出形体的正等轴测图或斜二等轴

测图。

【任务描述】

通过绘制图 3-33 所示六棱柱的轴测图，培养绘制轴测图的初步能力。

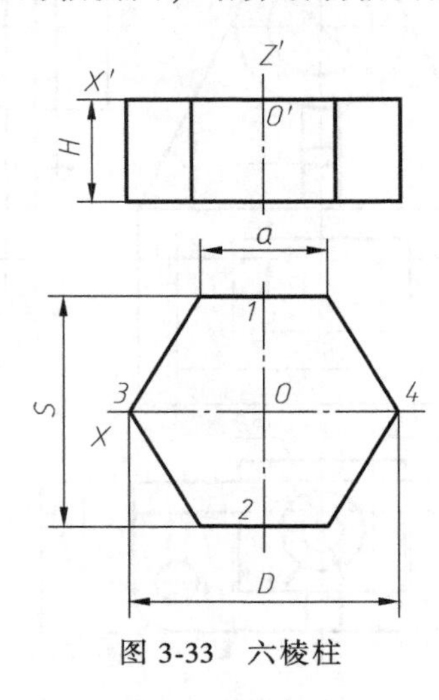

图 3-33　六棱柱

【任务分析】

通过本任务，了解轴测投影的概念及轴测图的种类，能根据视图画出形体的正等轴测图。

【知识链接】

一、轴测图的形成（GB/T 4458.3-2013）

1. 轴测图的术语

轴测投影是将物体连同直角坐标体系，沿不平行于任意一坐标平面的方向，用平行投影法将其投射在单一投影面上所得到的图形，简称为轴测图。

1）轴测投影的单一投影面称为轴测投影面，如图 3-34 中的 *P* 平面。

2）在轴测投影面上的坐标轴 *OX*、*OY*、*OZ*，称为轴测投影轴，简称轴测轴。

3）轴测投影中，任意两根轴测轴之间的夹角称为轴间角。

4）轴测轴上的单位长度与相应直角坐标轴上的单位长度的比值称为轴向伸缩系数。*OX*、*OY*、*OZ* 轴上的轴向伸缩系数分别用 p_1、q_1、r_1 表示。

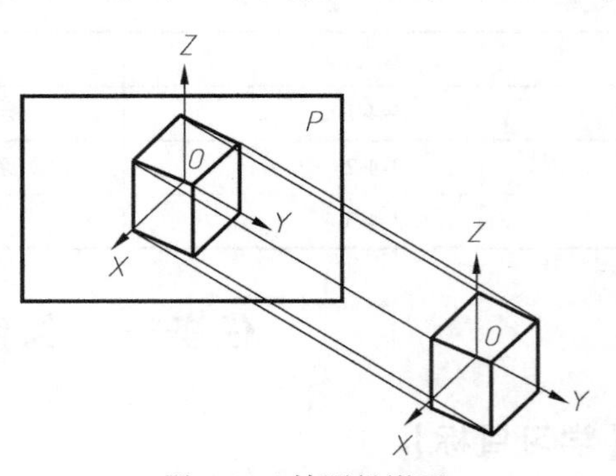

图 3-34　轴测投影面

2. 正等轴测图的形成

1）如图 3-35a 所示，正方体的前、后面平行于一个投影面 *P* 时，从前往后能看到一个正方形。

2）如图 3-35b 所示，将正方体绕 *OZ* 轴转一个角度，从前往后就能看到正方体的两个面。

3）如图 3-35c 所示，将正方体再向前倾斜一个角度（至三个轴间角同时为 120°），从前往后就能看到正方体的三个面。这种轴测图称为正等轴测图，简称正等测。

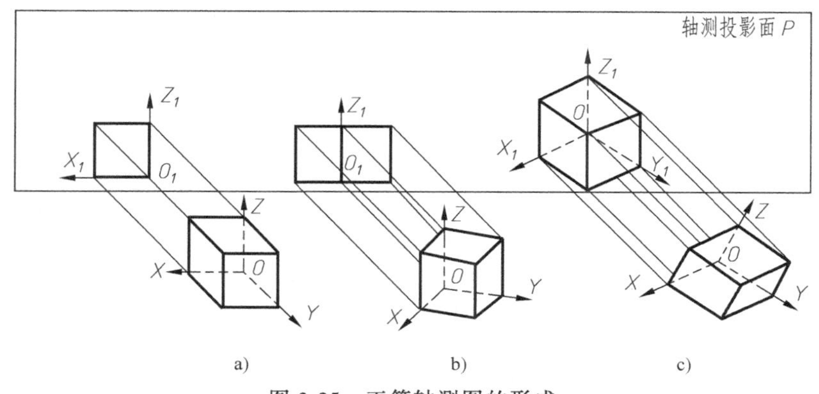

图 3-35　正等轴测图的形成

3. 轴测图的投影特性

1）平行性：空间两平行直线的轴测投影平行。

2）定比性：两条直线或同一直线上的两线段长度之比，在轴测图上保持不变。

3）实形性：平行于轴测投影面的直线和平面，在轴测图上反映其实长和实形。如图 3-36 所示。

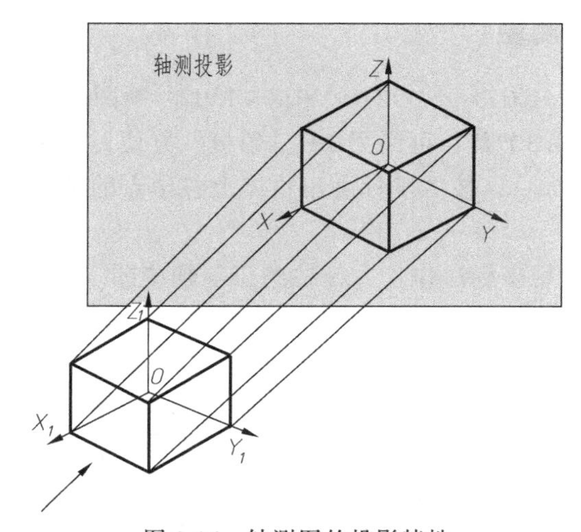

图 3-36　轴测图的投影特性

二、轴测图的种类

工程上常用的轴测图有正等轴测图和斜二等轴测图。

为了便于作图，绘制轴测图时，对轴向伸缩系数进行简化，使其比值成为简单的数值。简化伸缩系数分别用 p、q、r 表示。常用轴测图的轴间角和简化伸缩系数见表 3-1。

表 3-1 常用轴测图参数

	正等轴测图	斜二等轴测图
轴间角		
轴向伸缩系数	$p_1=q_1=r_1=0.82$	$p_1=r_1=1q_1=0.5$
简化伸缩系数	$p=q=r=1$	无
图例		

【任务实施】

用坐标法作正等轴测图：

正等轴测图的轴间角 $\angle XOY=\angle XOZ=\angle YOZ=120°$。画图时，一般使 OZ 轴处于垂直位置，OX、OY 轴与水平线成 30°角，可利用 30°三角板，方便地画出 3 根轴测轴。然后根据物体的特点，建立合适的坐标系，按照坐标画出物体上各顶点的轴测投影，再由点连成物体的轴测图。

例： 如图 3-37 所示，用坐标法作正六棱柱的正等轴测图。

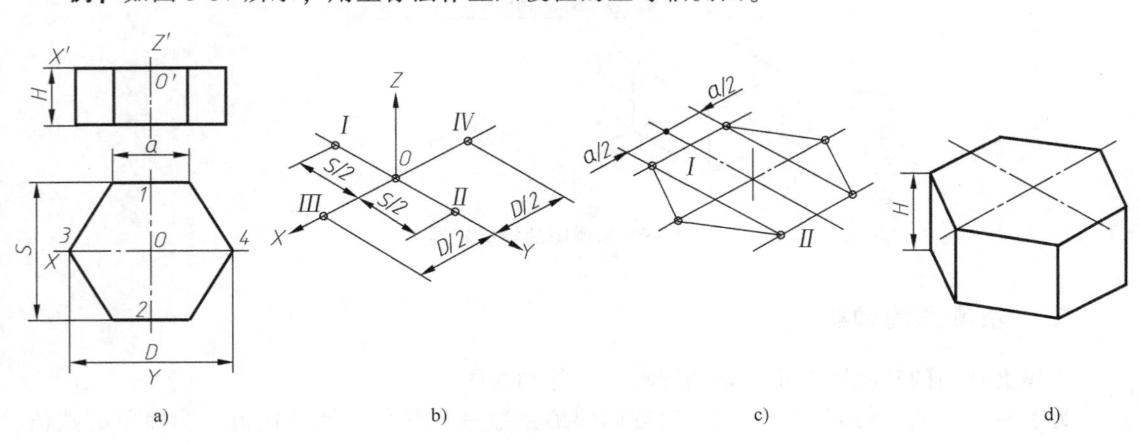

a) b) c) d)

图 3-37 用坐标法作正六棱柱的正等轴测图

作图方法及步骤：

1）在视图上确定坐标原点和坐标轴。由于正六棱柱前后、左右对称，因此选择顶面的中心为坐标原点，两对称线分别为 OX，OY 轴，棱柱的轴线为 OZ 轴，如图 3-37a 所示。

2）画出轴测轴，根据尺寸 S 和 D 确定 Ⅰ、Ⅱ、Ⅲ、Ⅳ各点，如图 3-37b 所示。

3）过 Ⅰ、Ⅱ两点作直线平行于 OX 轴，并对称各取其 $a/2$ 距离点，依次连接各棱端点，得到顶面的轴测图，如图 3-37c 所示。

4）过各顶点向下画侧棱，各侧棱平行于 OZ 轴，取尺寸 H 为其厚度；依次连接各棱端点，画底面各边，得到底面的轴测图，然后擦去多余的图线并描深，即完成正六棱柱的正等轴测图，如图 3-37d 所示。

【拓展提高】

已知组合体的三视图，如图 3-38 所示，画出其正等轴测图。

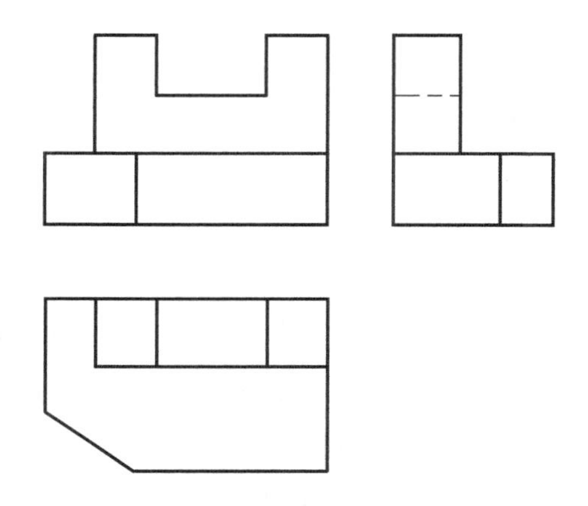

图 3-38　组合体的三视图

【实战演练】

已知棱锥的三视图，运用坐标法画棱锥的正等轴测图。

任务二　绘制开槽圆柱体的正等轴测图

【学习目标】

掌握圆、圆柱、圆角的正等轴测图画法。能根据视图画出回转体的正等轴测图。

【任务描述】

绘制图 3-39 所示开槽圆柱的正等轴测图。

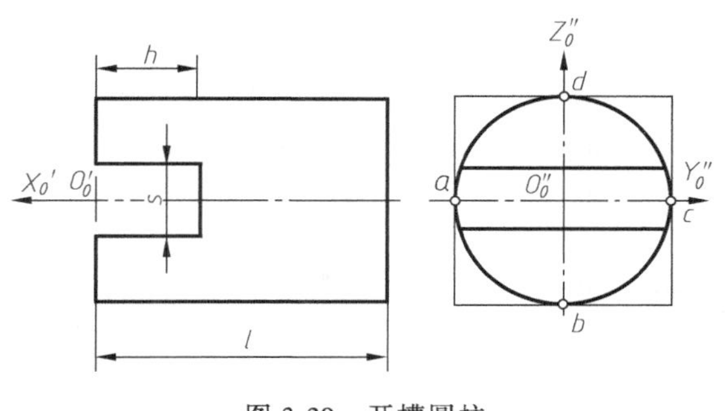

图 3-39　开槽圆柱

【任务分析】

通过本任务，掌握回转体正等轴测图的画法，培养学生绘制回转体轴测图的能力。

【知识链接】

一、圆的正等轴测图画法

用四心法画平行 H 面的圆正等轴测图：

1）确定坐标轴并作圆外切正方形 *abcd*，如图 3-40 所示。

2）作轴测轴 *OX*、*OY*，并在 *OX*、*OY* 轴截取 $O\,\mathrm{I}=O\mathrm{III}=O\mathrm{II}=O\mathrm{IV}=D/2$，得切点 Ⅰ、Ⅱ、Ⅲ、Ⅳ，过这些点分别作 *OX*、*OY* 轴平行线，得辅助菱形 *ABCD*，如图 3-41 所示。

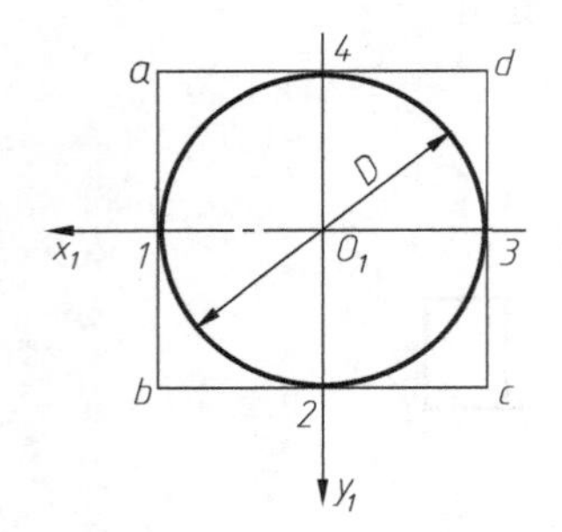

图 3-40　圆外切正方形

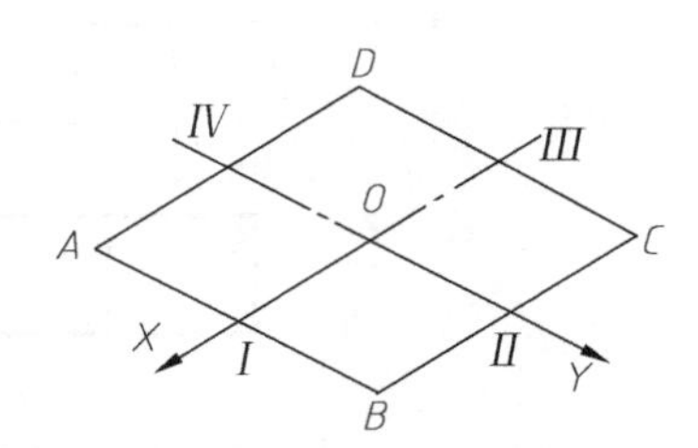

图 3-41　辅助菱形 *ABCD*

3）分别以点 *B*、*D* 为圆心，*B*Ⅲ为半径作弧 ⅢⅣ和 ⅠⅡ，如图 3-42 所示。

4）连接 *B*Ⅲ和 *B*Ⅳ交 *AC* 于 *E*、*F*，分别以 *E*、*F* 为圆心，*E* Ⅳ为半径作弧 ⅠⅣ和 ⅡⅢ，即得到由四段圆弧组成的近似椭圆，如图 3-43 所示。

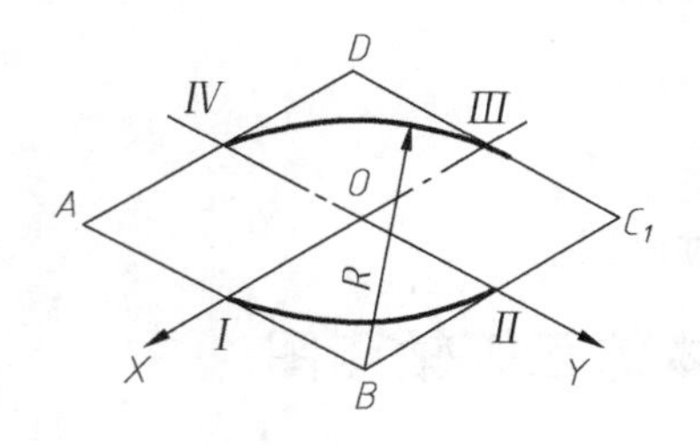

图 3-42　椭圆长弧

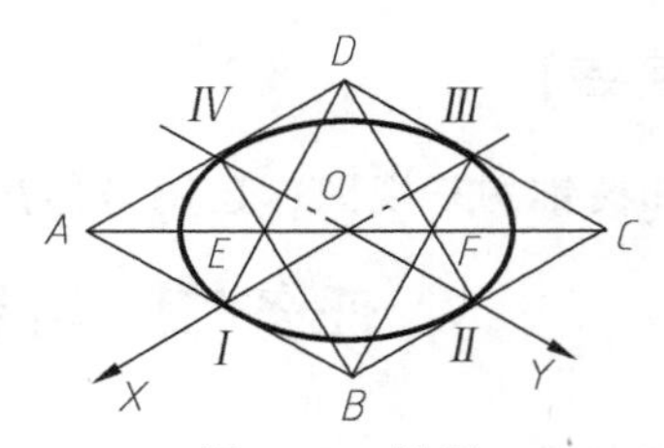

图 3-43　椭圆

图 3-44 所示为平行三个不同坐标面的圆的正等轴测图。三个坐标面上都是椭圆，但方向各不相同。各椭圆的长轴都在外切菱形的长对角线上，短轴在短对角线上，长轴垂直于相应的轴测轴，短轴与相应的轴测轴平行。

二、圆柱的正等轴测图画法

1）确定坐标轴，在投影为圆的视图上作圆的外切正方形，如图 3-45 所示。

2）作轴测轴 *OX*、*OY*、*OZ*：在 *OZ* 轴上截取圆柱高度 *H*，并作 *OX*、*OY* 轴的平行线，

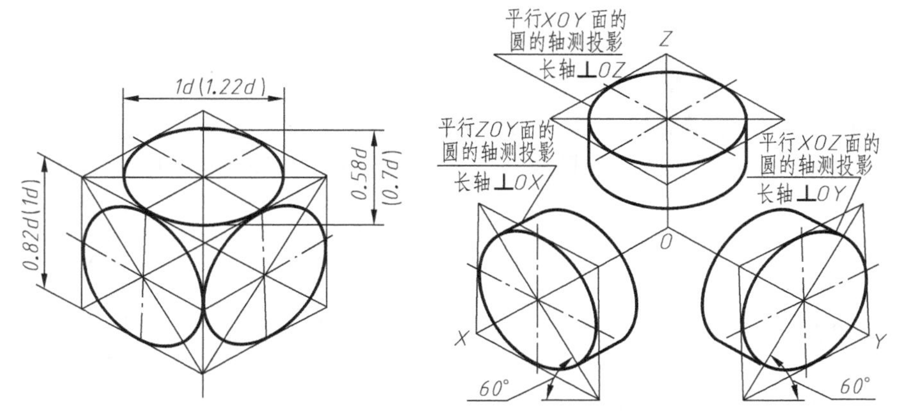

图 3-44 平行三个不同坐标面的圆的正等轴测图

如图 3-46 所示。

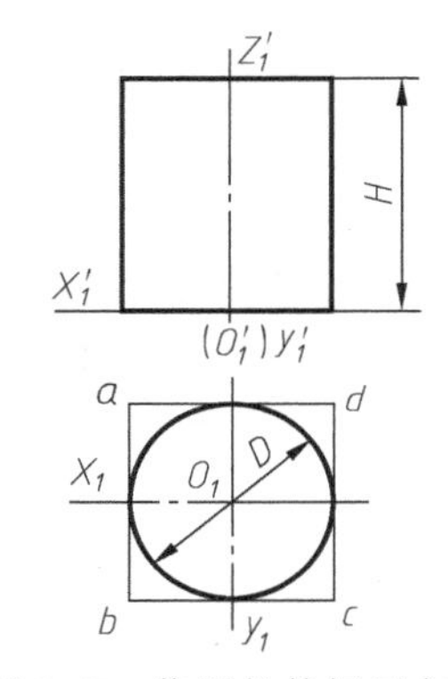
图 3-45 作圆的外切正方形

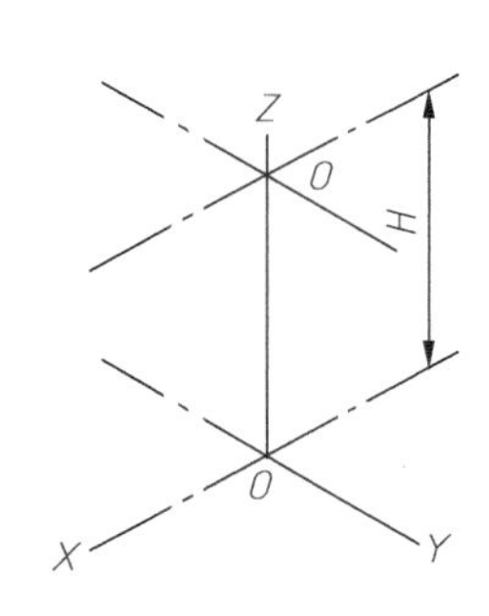
图 3-46 作轴测轴

3） 作圆柱上、下底圆轴测投影的椭圆，如图 3-47 所示。

4） 作两椭圆的公切线，对可见轮廓线描粗、加深（虚线省略不画），如图 3-48 所示。

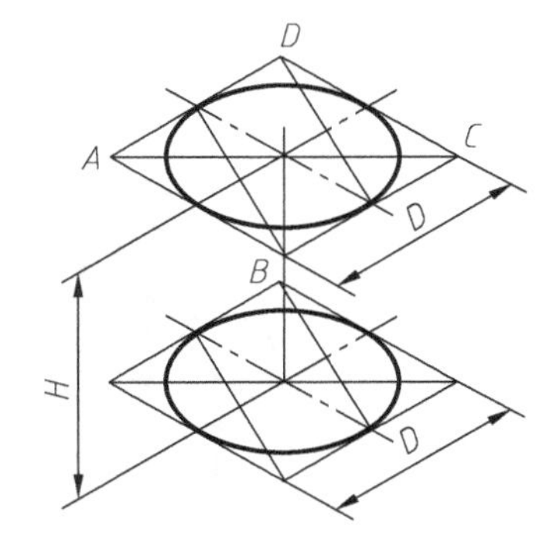

图 3-47 圆柱上、下底圆轴测投影的椭圆

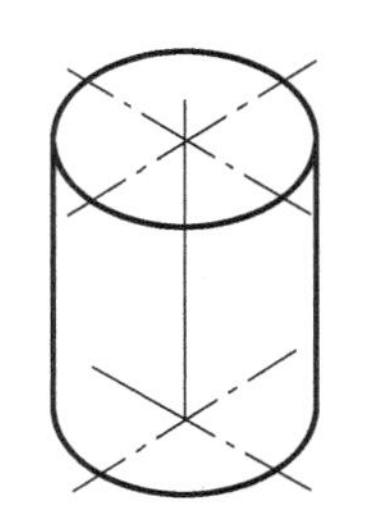
图 3-48 圆柱正等轴测图

【任务实施】

用切割法作开槽圆柱的正等轴测图：

作图步骤：

1）作轴测轴 OY、OZ，画出圆柱左端面的轴测椭圆。

2）由左端面圆心右移槽口深度 h，作槽口底面。

3）量取槽口宽度 s，作出槽口部分的轴测图。

4）描深可见轮廓线，完成开槽圆柱体的正等轴测图，如图3-49所示。

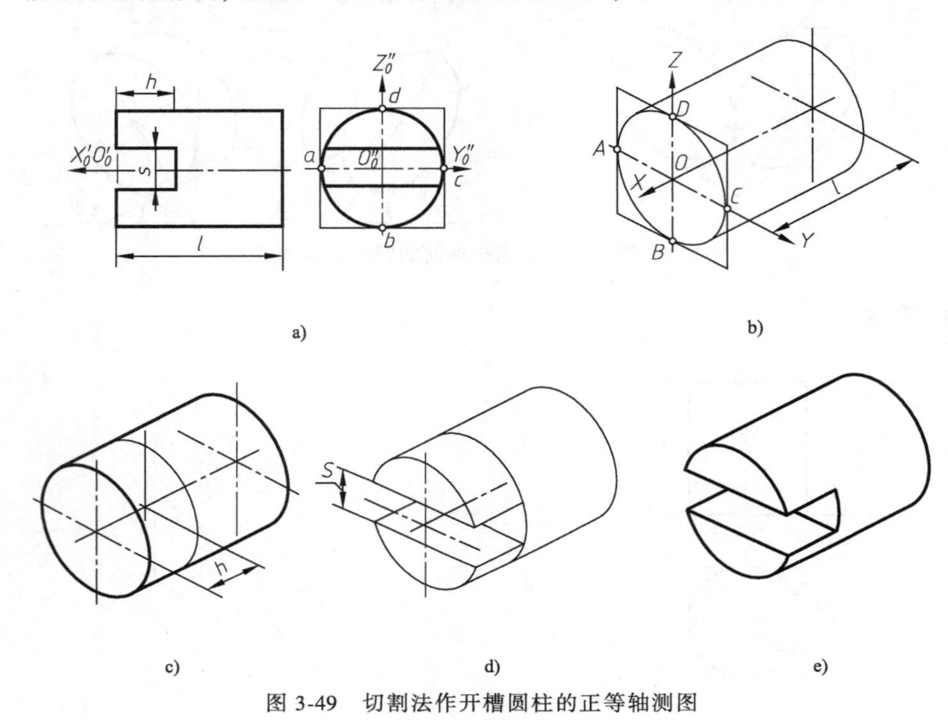

图3-49　切割法作开槽圆柱的正等轴测图

【拓展提高】

根据两视图画正等轴测图。该形体左右对称，立板与底板后面平齐。先用叠加法画出底板和立板的轴测图，再画出三个通孔的轴测图，如图3-50所示。

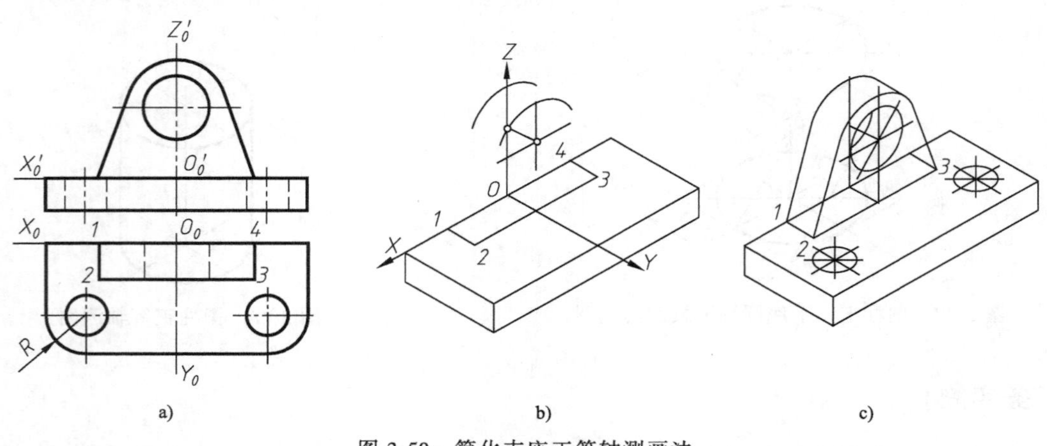

图3-50　简化支座正等轴测画法

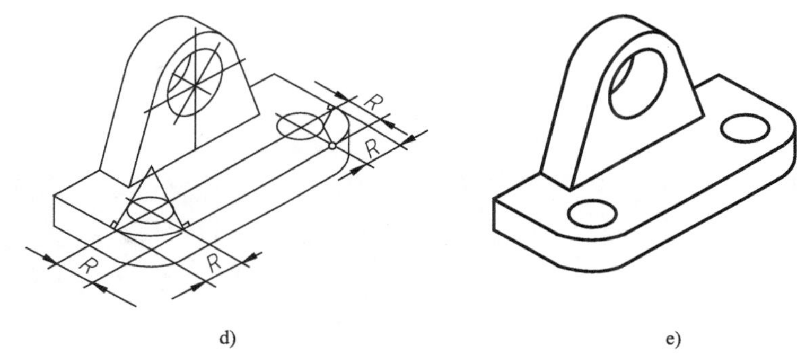

图 3-50 简化支座正等轴测画法（续）

【实战演练】

已知圆台主视图、俯视图，画圆台的正等轴测图。

单元四

视图的表达

课题一　选择机件视图的表达方案

【知识要点】

图样画法中视图的用途及画法。

【技能要求】

能够正确运用视图，表达机件的结构形状。

【任 务 书】

编号	任务	教学时间
4-1-1	选择压紧杆的表达方案	2 学时

任务　选择压紧杆的表达方案

【学习目标】

了解视图的种类，能正确运用视图表达机件的结构形状。

【任务描述】

制定压紧杆表达方案，绘制图 4-1 所示压紧杆表达视图。

【任务分析】

通过压紧杆视图的绘制，了解视图的概念及视图的种类，能运用视图表达机件形体，从而具备绘制机件视图的初步能力。

【知识链接】

一、视图的概念

视图是应用正投影法将机件向各投影面投射所得到的图形，主要用来表达机件的外部

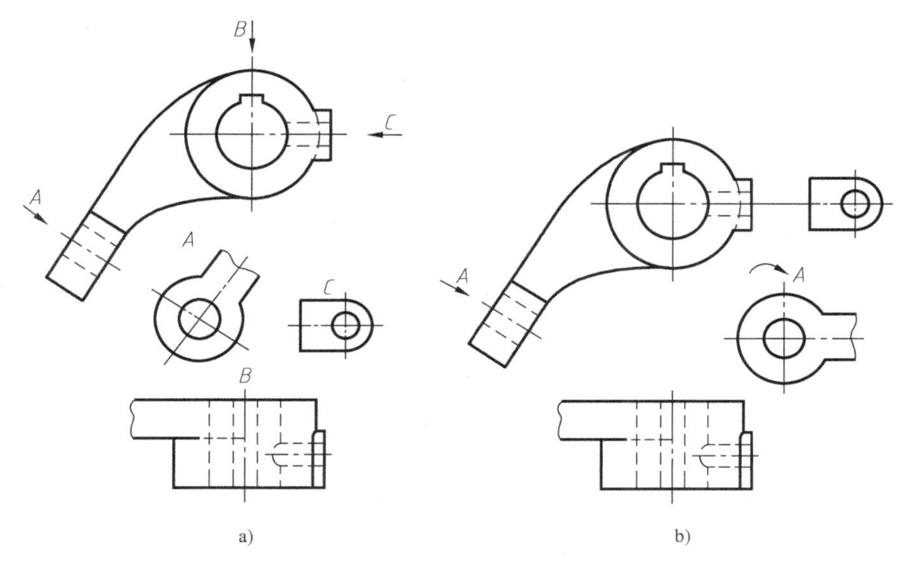

图 4-1　压紧杆

形状。

二、视图的种类

视图分为基本视图、向视图、局部视图和斜视图四种。

1. 基本视图

（1）基本视图的形成　物体向基本投影面投射所得的视图，称为基本视图。采用正六面体的 6 个面为基本投影面，将物体放在正六面体中，由前、后、左、右、上、下 6 个方向分别向 6 个基本投影面投射得到 6 个视图，如图 4-2 所示。

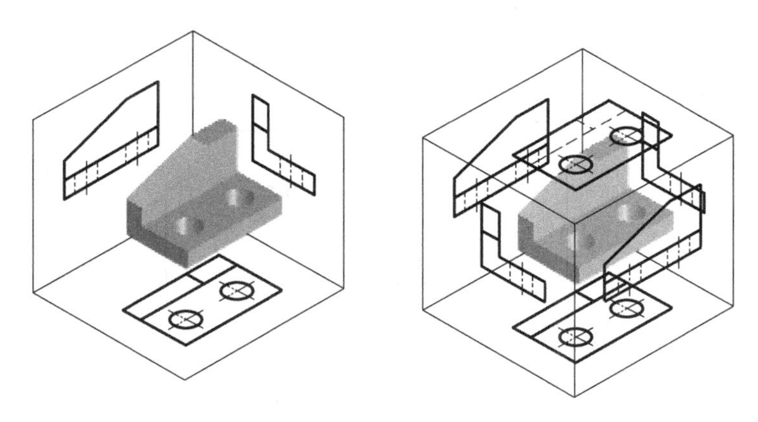

图 4-2　基本视图的形成

（2）基本视图的展开　按图 4-3 所示的展开方法展开，便得到位于同一平面的 6 个基本视图。

（3）基本视图的投影关系　6 个基本视图之间，必须符合“长对正”“高平齐”“宽相

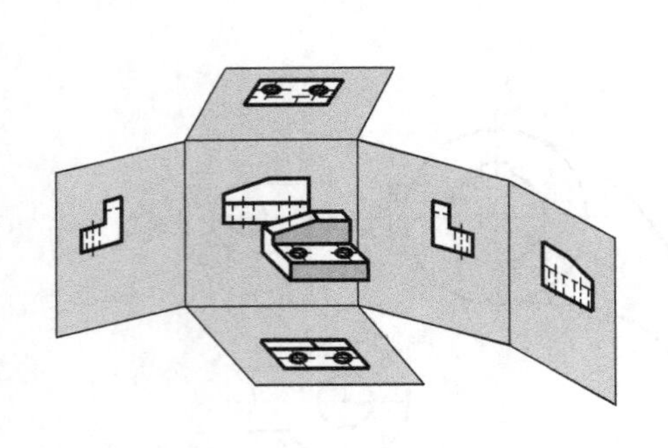

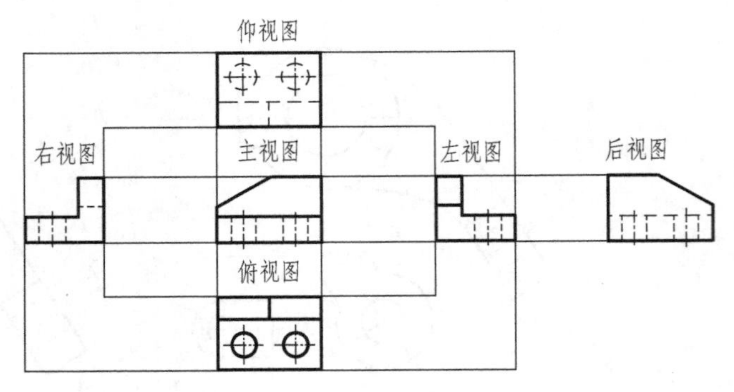

图 4-3 基本视图的展开（AR 立体扫描）

等”的投影关系。

仰视图与俯视图反映物体长、宽方向的尺寸；

右视图与左视图反映物体高、宽方向的尺寸；

后视图与主视图反映物体长、高方向的尺寸。

基本视图主要用于表达机件在基本投射方向上的外部形状。在绘制零件图样时，应根据机件的结构特点，按实际需要选用视图。一般应优先考虑选用主、俯、左三个基本视图，然后再考虑其他的基本视图。总的要求是视图表达完整、清晰，又不重复，使视图数量最少。

2. 向视图

向视图是移位配置的基本视图。当某视图不能按投影关系配置时，可按向视图绘制。

向视图必须在图形上方中间位置处注出视图名称“×”（“×”为大写拉丁字母，下同），并在相应的视图附近用箭头指明投射方向，注写相同的字母。如图 4-4 所示。

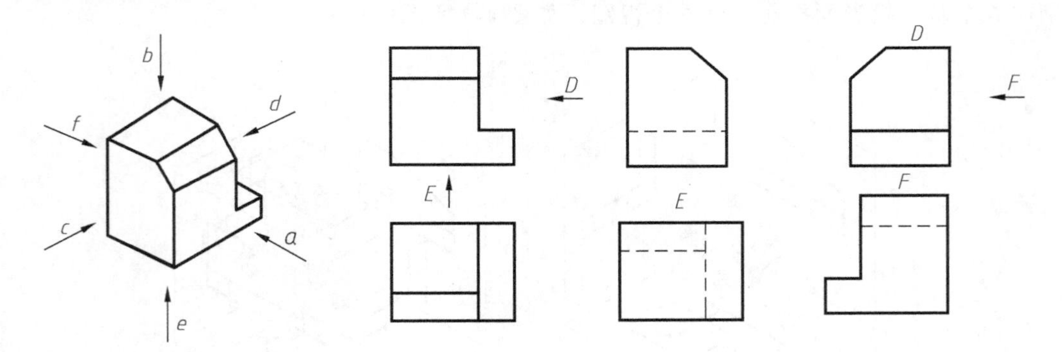

图 4-4 向视图

3. 局部视图

局部视图可按基本视图的配置形式配置，也可按向视图的配置形式配置并标注。当局部视图按投影关系配置，中间又没有其他图形隔开时，可省略标注。

局部视图的断裂边界应以波浪线或双折线表示。当它们所表达的局部结构完整，且外轮廓线又呈封闭时，断裂边界线可省略不画。如图 4-5 所示。

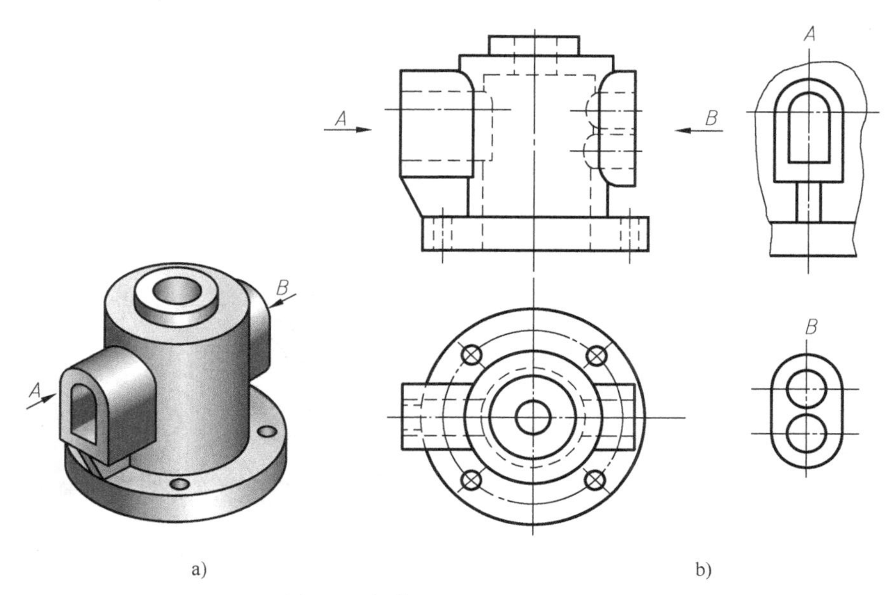

图 4-5　阀体（AR 立体扫描）

4. 斜视图

物体向不平行于基本投影面的平面投射所得的视图称为斜视图。斜视图主要用来表达物体上倾斜部分的实形，所以其余部分不必全部画出而用波浪线或双折线断开。

斜视图通常按向视图的配置形式配置并标注。必要时，允许将斜视图旋转配置；标注时，表示该视图名称的大写拉丁字母应靠近旋转符号的箭头端。如图 4-6 所示。

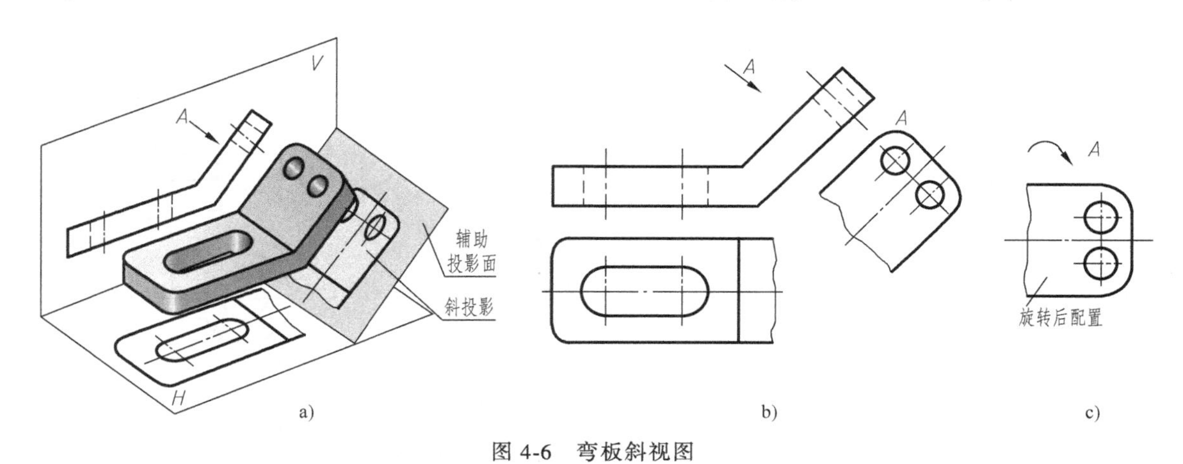

图 4-6　弯板斜视图

【任务实施】

1. 制定压紧杆的表达方案

由于压紧杆左端耳板是倾斜的，所以俯视图和左视图都不反映实形，画图比较困难。为了清晰表达倾斜结构，可在平行于耳板的正垂面上作出耳板的斜视图，以反映耳板的实形。

如图 4-7 所示。

2. 选择压紧杆的表达方案

方案一：采用一个基本视图（主视图），一个斜视图（*A*）和两个局部视图（*B* 和 *C*）。如图 4-8a 所示。

方案二：采用一个基本视图（主视图）、一个配置在俯视图位置上的局部视图（不必标注）、一个旋转配置的斜视图 *A*，以及画在右端凸台附近、按第三角画法配置的局部视图（用细点画线连接，不必标注）。如图 4-8b 所示。

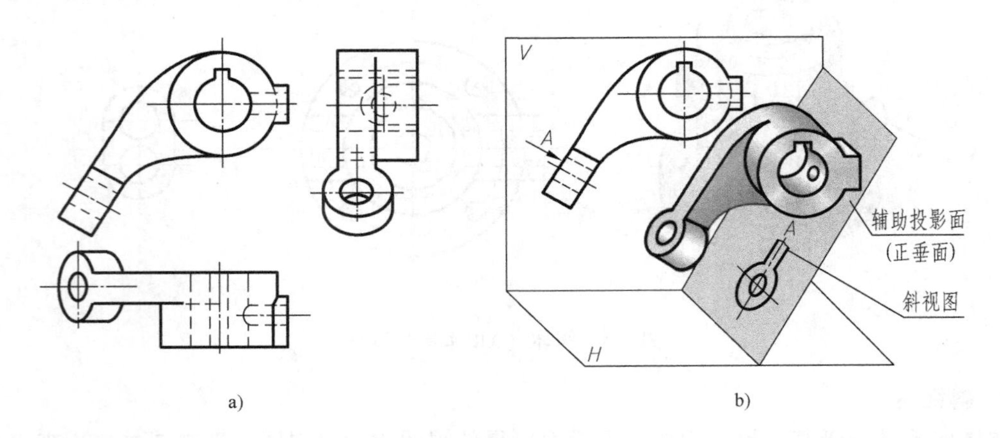

图 4-7　压紧杆的表达方案一（AR 立体扫描）

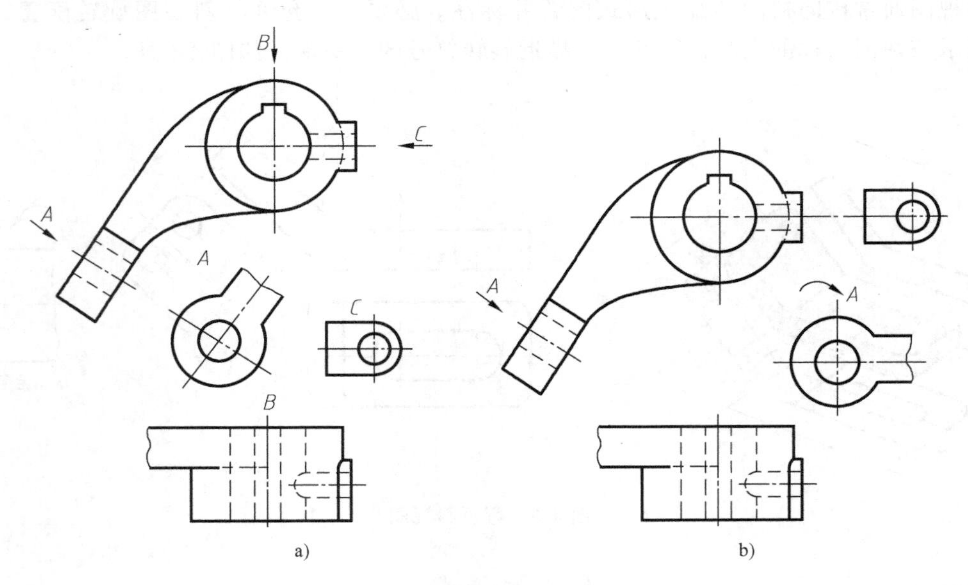

图 4-8　压紧杆的表达方案二

【拓展提高】

根据物体的轴测图和主视图，按箭头方向画出局部视图和斜视图，如图 4-9 所示。

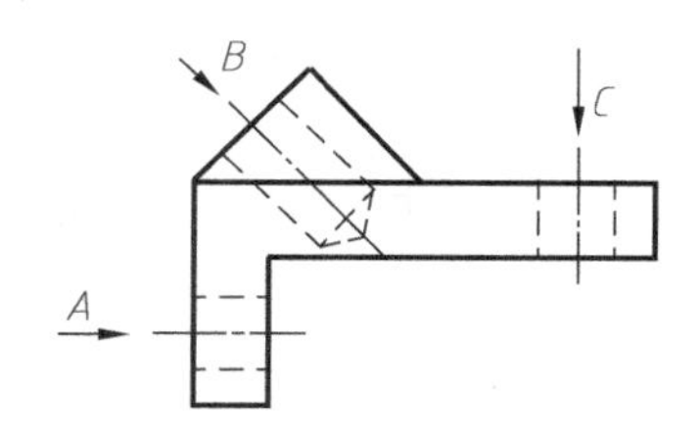

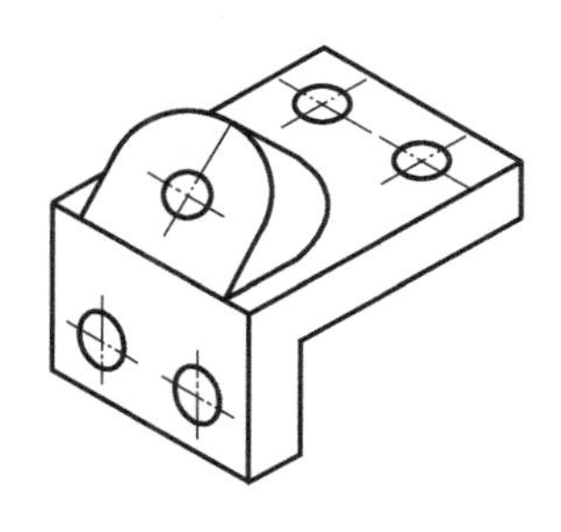

图 4-9　斜视图案例

【实战演练】

已知物体的主、俯、左视图，画出其他三个基本视图，如图 4-10 所示。

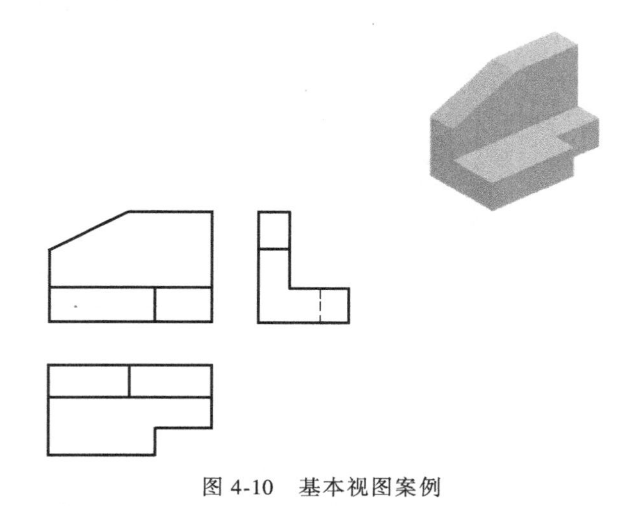

图 4-10　基本视图案例

课题二　绘制和识读剖视图

【知识要点】

剖视图的概念及种类；剖视图的画法；剖视图应用场合。

【技能要求】

合理应用剖视图，正确表达机件内部形状结构。

【任务书】

编号	任务	教学时间
4-2-1	绘制定位块的剖视图	2学时
4-2-2	绘制支座的剖视图	2学时

任务一　绘制定位块的剖视图

【学习目标】

了解剖视图的概念及剖视图的种类，掌握全剖视图画法。能根据机件表达需要，正确绘制机件的全剖视图。

【任务描述】

绘制图4-11a所示定位块的剖视图（图4-11c）。

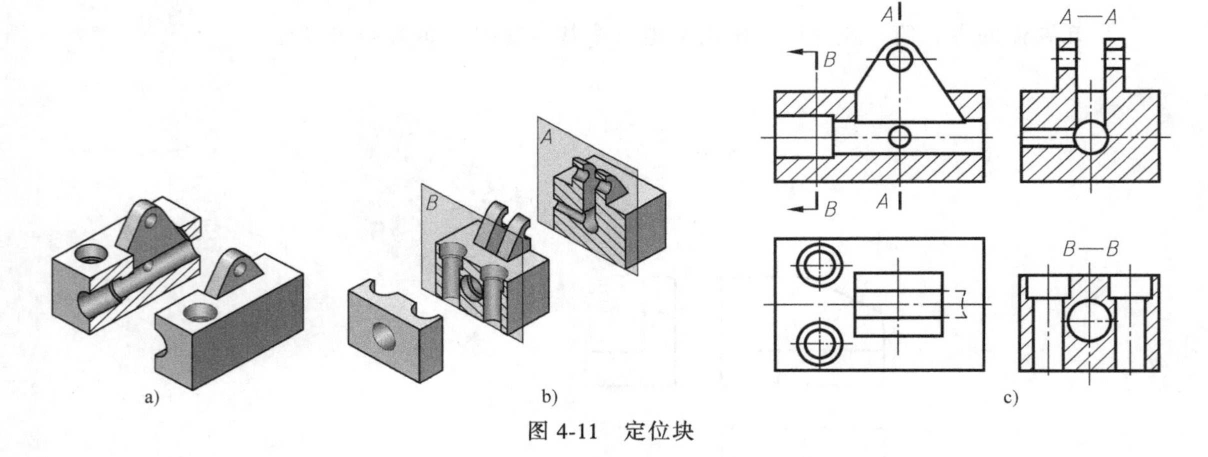

图4-11　定位块

【任务分析】

通过定位块剖视图的绘制，掌握运用全剖视图表达机件的内部形状结构的方法，从而培养绘制机件全剖视图的能力。

【知识链接】

一、剖视图的形成和画法

视图主要用来表达零件的外部形状，如果零件的内部形状结构比较复杂，视图上会出现较多的细虚线、实线交叉重叠等情况，既不便于看图，也不便于画图和标注尺寸。为了能够清晰地表达机件的内部结构，采用剖视的方法画图。

1. 剖视图的概念

假想用剖切面剖开物体，将处在观察者和剖切面之间的部分移去，而将其余部分向投影面投射所得的图形称为剖视图，简称剖视，如图 4-12 所示。

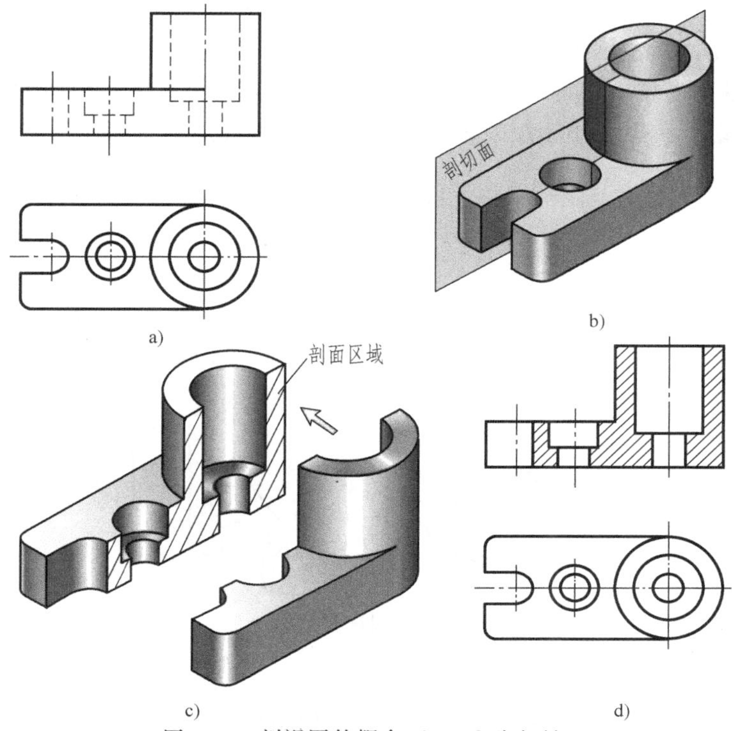

图 4-12　剖视图的概念（AR 立体扫描）

2. 剖切符号

剖视图中剖面区域一般应画出特定的剖面符号。物体材料不同，剖面符号也不相同。画机械图样时应采用国家标准中规定的剖面符号，见表 4-1。

表 4-1　剖面符号（摘自 GB/T 4457.5—2013）

材料名称		剖面符号	材料名称	剖面符号
金属材料（已有规定剖面符号者除外）			线圈绕组元件	
非金属材料（已有规定剖面符号者除外）			转子、变压器等的叠钢片	
型砂、粉末冶金、陶瓷、硬质合金等			玻璃及其他透明材料	
木质胶合板（不分层数）			格网（筛网、过滤网等）	
木材	纵剖面		液体	
	横剖面			

注：1. 剖面符号仅表示材料的类别，材料的名称和代号必须另行注明。
2. 叠钢片的剖面线方向应与束装中叠钢片的方向一致。
3. 液面用细实线绘制。

3. 剖视图的标注

(1) 标注方法

一般应在剖视图的上方标注剖视图的名称“ ×—×”(×为大写拉丁字母或阿拉伯数字)。在相应的视图上用剖切符号表示剖切位置和投射方向，并标注相同的字母。剖切符号是指剖切面起、讫和转折（用粗短线表示）及投射方向（用箭头表示）的符号。如图 4-13 所示。

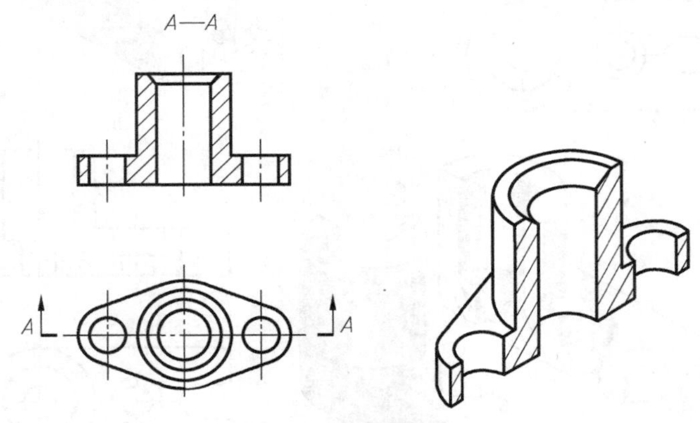

图 4-13　剖视图的标注

(2) 省略标注的场合

1) 当剖视图按投影关系配置，中间又没有其他图形隔开时，可省略箭头。

2) 当单一剖切平面通过物体的对称平面或基本对称的平面，且剖视图按投影关系配置，中间又没有其他图形隔开时，可省略标注。

3) 当单一剖切平面的剖切位置明显时，局部剖视图的标注可省略。

4. 剖切面的选用

画剖视图时应根据物体的结构特点，选用不同的剖切面，以便清晰、准确地表达物体的内部形状。

常用的剖切面有三种：

(1) 单一剖切平面　平行于某一基本投影面的单一剖切平面，如图 4-14 所示。

(2) 阶梯剖　当零件的内部结构位于几个平行平面时，可采用几个相互平行的剖切平面从不同位置的孔轴线剖切开，这样在一个剖视图上可以把几个孔的形状和位置表达清楚，如图 4-15 所示。作剖视图时要用符号标注转折处位置，但不要画出两个剖切面转折处的投影。

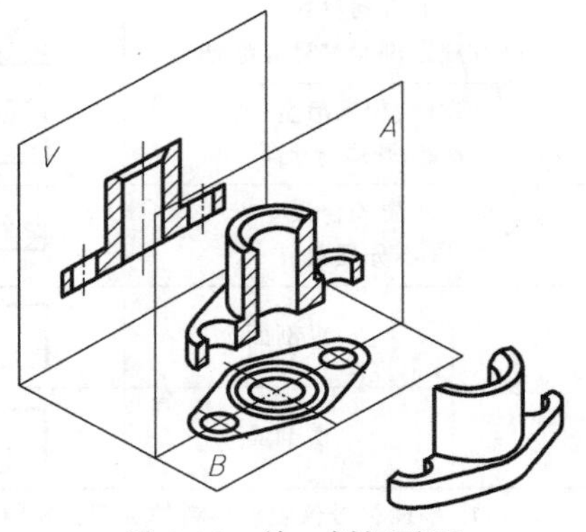

图 4-14　单一剖切平面

(3) 几个相交的剖切平面　当零件具有回转轴时，用单一剖切平面不能完整表达内部形状，可采用两个或两个以上的相交剖切面在回转轴处剖开零件，将剖开后结构旋转到选定的投影面平行后再投射，其剖视图和标注方法如图 4-16 所示。

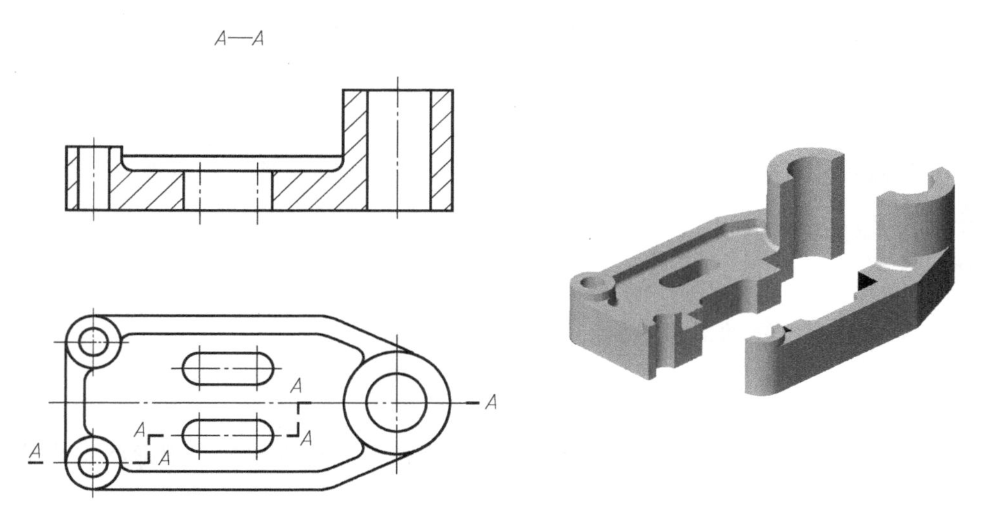

图 4-15　平行剖切平面（AR 立体扫描）

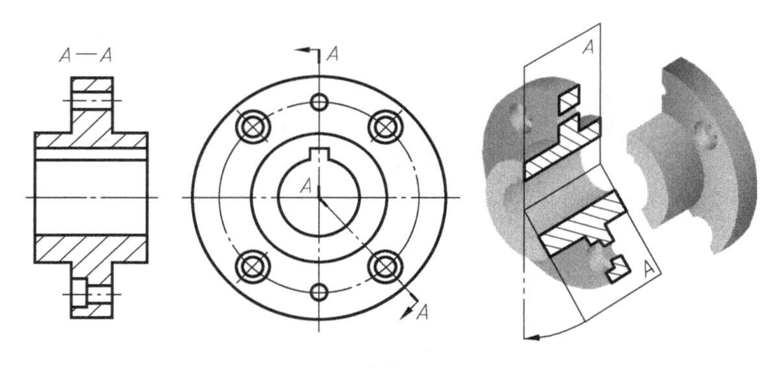

图 4-16　相交剖切面（AR 立体扫描）

二、剖视图的种类

按机件被剖切范围划分，剖视图可分为全剖视图、半剖视图和局部剖视图三种。

全剖视图

用剖切面完全地剖开机件所得的剖视图称为全剖视图。全剖视图一般适用于外形比较简单、内部结构较为复杂的机件。

【任务实施】

绘制定位块的剖视图：

1）确定剖切面的位置。

2）画剖视图。

3）在剖面区域内画剖面线，描深图线，标注剖切符号和视图名称，校核图稿完成作图。如图 4-11c 所示。

任务二　绘制支座的剖视图

【学习目标】

掌握半剖视图、局部剖视图画法。能根据机件表达需要，正确绘制机件的半剖视图和局部剖视图。

【任务描述】

绘制图 4-17 所示支座的剖视图。

【任务分析】

通过支座剖视图的绘制，掌握运用半剖、局部剖视图表达机件的内部形状结构的方法，培养绘制机件半剖、局部剖视图的能力。

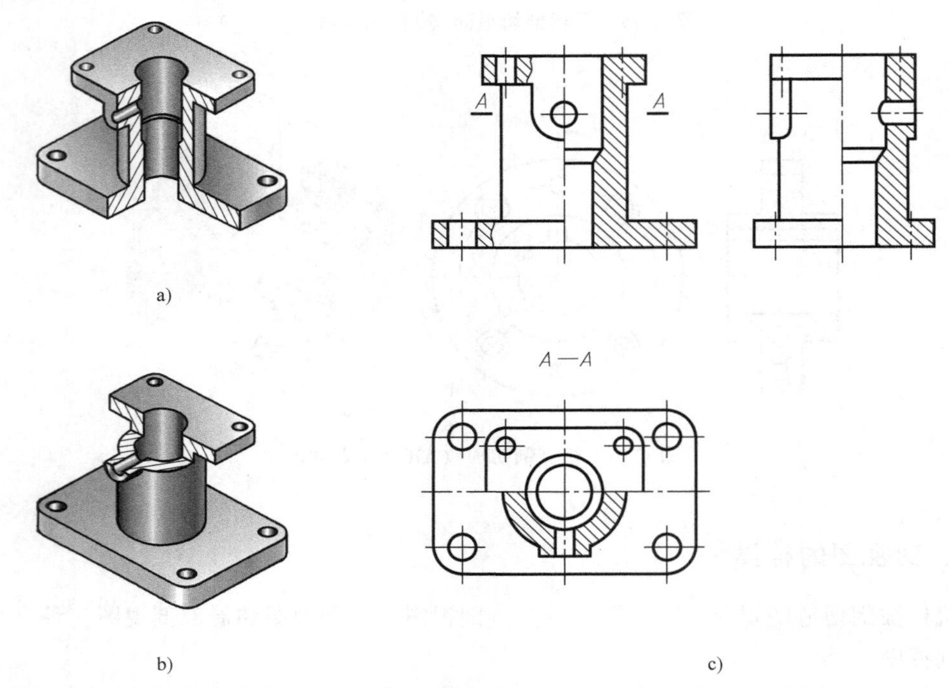

图 4-17　支座（AR 立体扫描）

【知识链接】

一、半剖视图

当机件具有对称平面时，以对称平面为界，用剖切面剖开机件的一半所得的剖视图称为半剖视图。半剖视图既表达了机件的内部形状，又保留了外部形状，所以常用于表达内、外形状都比较复杂的对称机件。如图 4-18 所示。

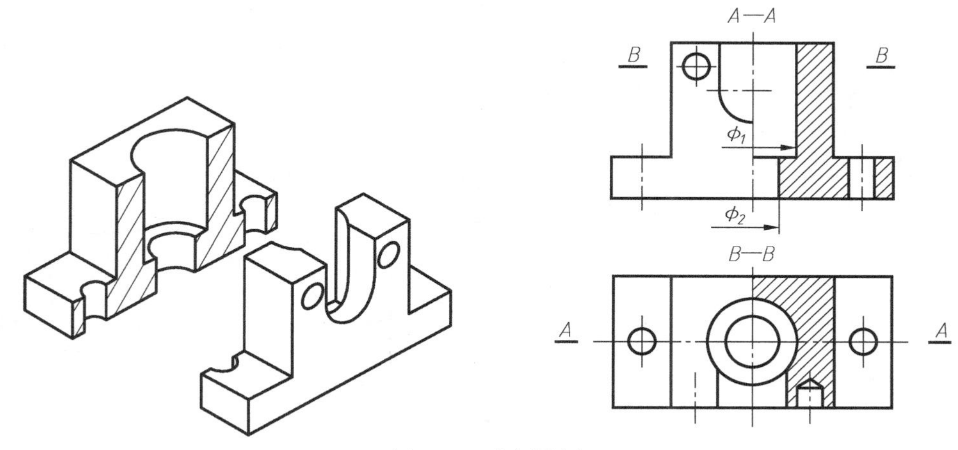

图 4-18　半剖视图

应注意事项：

1）视图与剖视图的分界线应是对称中心线（细点画线），而不应画成粗实线，也不应与轮廓线重合。

2）机件的内部形状在半剖视图中已表达清楚，在另一半视图上不必再画出虚线，但对于孔或槽等结构应画出中心线位置。

二、局部剖视图

局部剖视图是用剖切面局部地剖切机件所得的剖视图。它可以兼顾内外结构形状的表达，如图 4-19 所示。

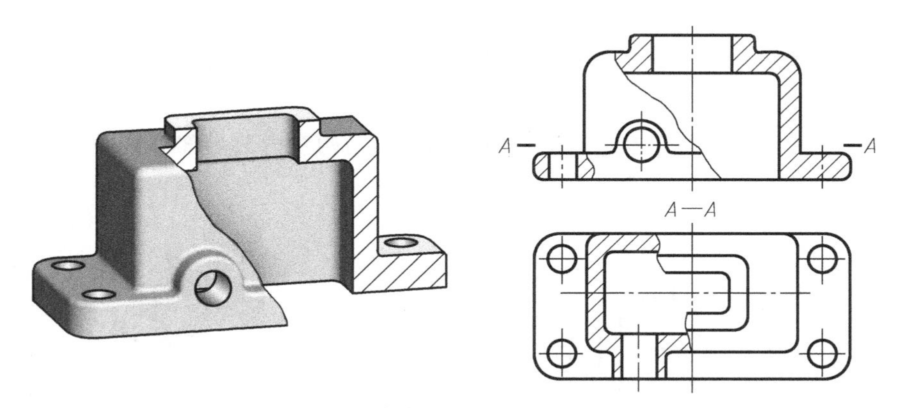

图 4-19　局部剖视图（AR 立体扫描）

应注意事项：

1）局部剖视图用波浪线或双折线分界，波浪线、双折线不应和图样上其他图线重合，如图 4-20 所示。

2）当被剖结构为回转体时，允许将该结构的轴线作为局部剖视图与视图的分界线，如图 4-21 所示。

3）当单一剖切面的剖切位置明显时，局部剖视图可以省略标注。

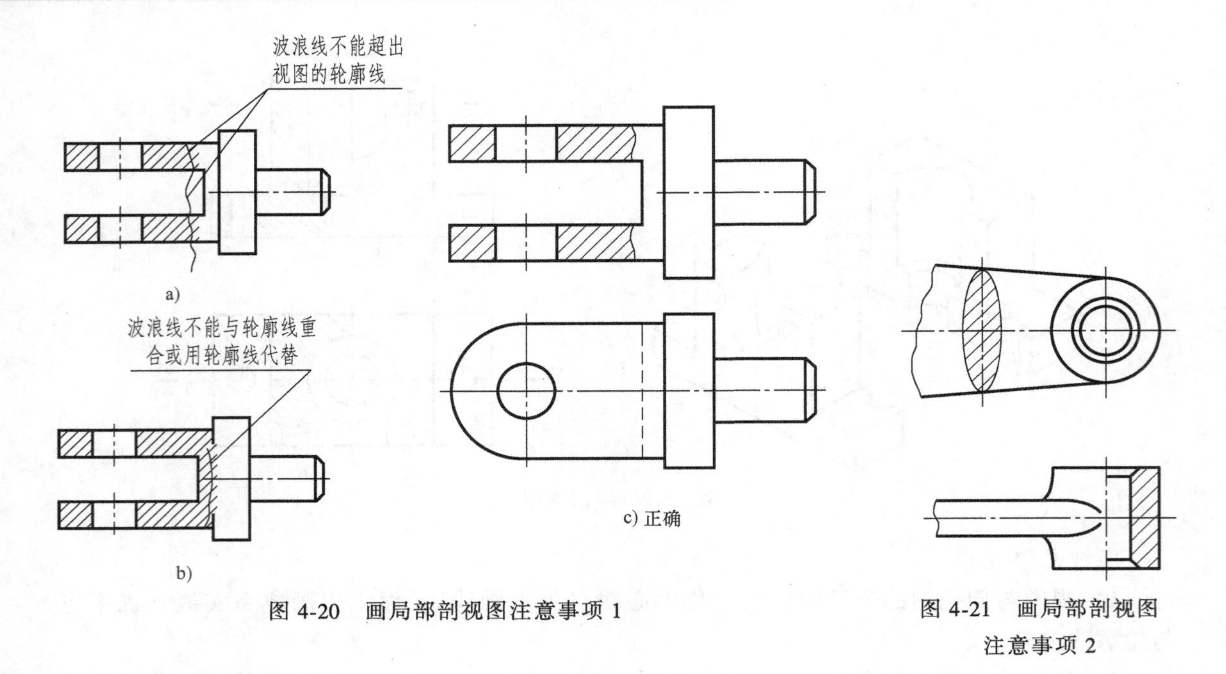

图 4-20　画局部剖视图注意事项 1

图 4-21　画局部剖视图注意事项 2

【任务实施】

绘制支座的剖视图：支座的外部形状和内部结构都比较复杂，但它的前后、左右都对称，采用半剖视图表达支座的内外形状最合适。绘图如图 4-17 所示。

【实战演练】

已知支座的轴测图、部分主视图及俯视图，补画主视图为半剖视图，并求作左视图，如图 4-22 所示。

分析：主视图、俯视图已表达出机件的外部形状结构和内部的部分结构，左视图需表达剩余部分的内部形状结构，应采用全剖视图。

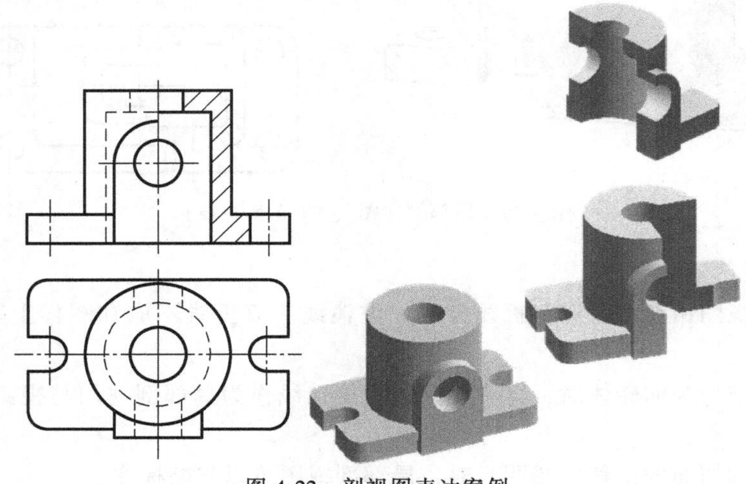

图 4-22　剖视图表达案例

单元五

标准件及常用件

常用件是指机器中广泛使用的螺栓、螺母、螺钉、键、销、齿轮、轴承和弹簧等零件。许多常用件的结构、尺寸和技术要求均已标准化，称之为标准件，由标准件厂组织生产，如螺栓、螺母等。有些零件虽然不是标准件，但其结构要素的几何参数也已标准化，如螺纹、齿轮等。通过本单元的学习，使学生掌握标准件的画法及标注等相关知识。

课题一　绘制螺纹及螺纹紧固件

【知识要点】

1）螺纹的形成。
2）螺纹的基本要素。
3）内、外螺纹的画法。
4）国家标准中螺纹及螺纹紧固件的画法及标注。

【技能要求】

能够通过查阅国家标准正确绘制螺纹及螺纹紧固件并标注。

【任务书】

编号	任务	教学时间
5-1-1	螺栓连接的画法与标注	2 学时
5-1-2	螺钉连接的画法与标注	2 学时

任务一　螺栓连接的画法与标注

【学习目标】

通过绘制螺栓连接的装配图，掌握螺纹连接的画法、螺栓的应用场合，通过查表了解工具书的使用，进一步提升识图和绘图能力。

【任务描述】

本任务在制图室进行，让学生通过绘制图 5-1 所示螺栓连接图，掌握螺栓连接的相关知识，提高绘图能力。

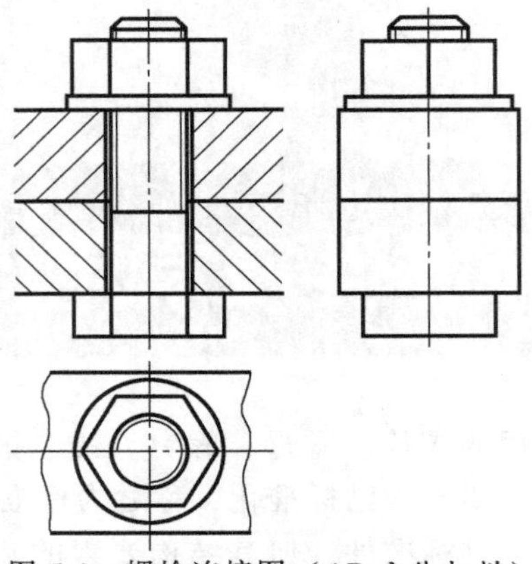

图 5-1 螺栓连接图（AR 立体扫描）

【任务分析】

通过对螺栓连接的绘制，掌握内、外螺纹连接的画法以及应注意的事项，提高对标准件的绘制能力，为绘制装配图打基础，同时提高对机械装配的认识。

【知识链接】

一、螺纹的形成

螺纹是在圆柱或圆锥表面上，沿着螺旋线形成的具有相同剖面形状的连续凸起和沟槽。在圆柱或圆锥外表面所形成的螺纹称为外螺纹，在圆柱或圆锥内表面所形成的螺纹称为内螺纹。用于连接的螺纹称为连接螺纹；用于传递运动或动力的螺纹称为传动螺纹。

螺纹加工大部分采用机械化批量生产。外螺纹采用车床加工，如图 5-2 所示。内螺纹可以在车床上加工，也可以先在工件上钻孔，再用丝锥攻制而成，如图 5-3 所示。

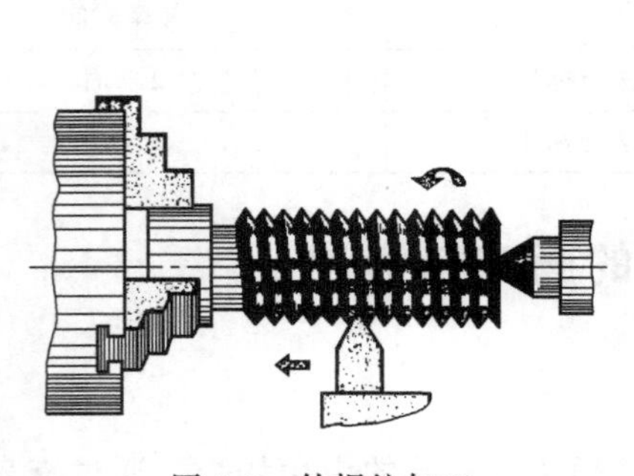

图 5-2 外螺纹加工

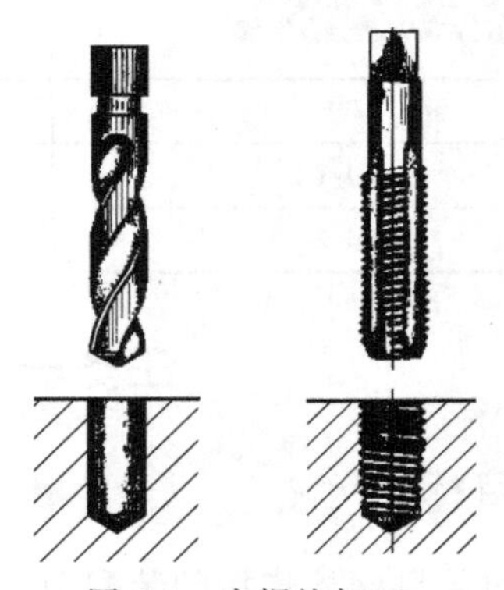

图 5-3 内螺纹加工

二、螺纹的基本要素

螺纹的基本要素包括牙型、直径（大径、小径、中径）、螺距（导程）、线数及旋向等。

1. 牙型

在通过螺纹轴线的剖面上螺纹的轮廓形状称为螺纹牙型。常见的螺纹牙型有三角形（60°、55°）、梯形、锯齿形及矩形。

2. 螺纹的直径（图 5-4）

（1）大径 d、D　与外螺纹的牙顶或内螺纹的牙底相切的假想圆柱或圆锥的直径。内螺纹的大径用大写字母表示，外螺纹的大径用小写字母表示。

（2）小径 d_1、D_1　与外螺纹的牙底或内螺纹的牙顶相切的假想圆柱或圆锥的直径。

（3）中径 d_2、D_2　假想的一个圆柱或圆锥的直径，该圆柱或圆锥的母线通过牙型上沟槽和凸起宽度相等的地方。

（4）公称直径　代表螺纹尺寸的直径，指螺纹大径。

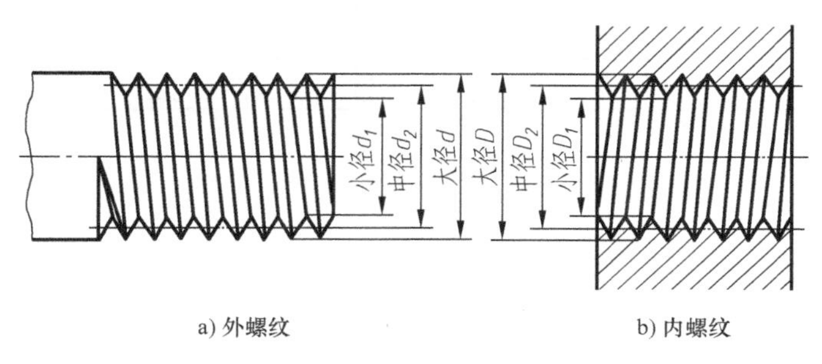

a) 外螺纹　　b) 内螺纹

图 5-4　螺纹的直径

3. 线数

形成螺纹的螺旋线条数称为线数，用字母 n 表示。沿一条螺旋线形成的螺纹称为单线螺纹，沿两条或两条以上螺旋线形成的螺纹称为多线螺纹，如图 5-5 所示。

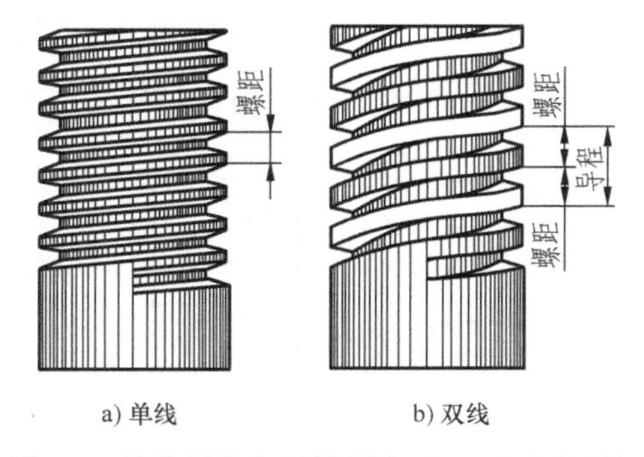

a) 单线　　b) 双线

图 5-5　单线螺纹和双线螺纹（AR 立体扫描）

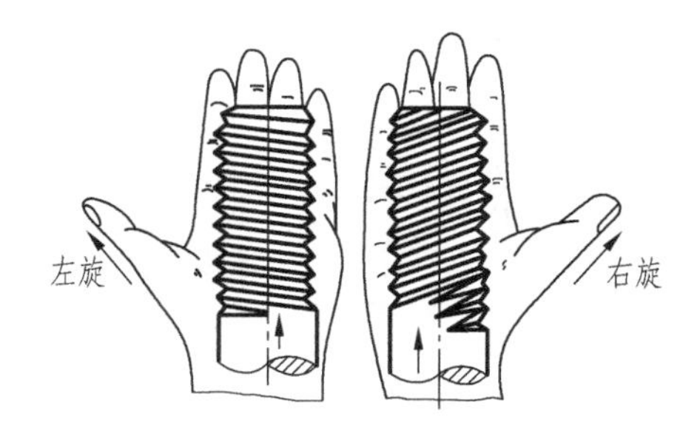

图 5-6　螺纹的旋向

4. 螺距和导程

相邻两牙在中径线上对应两点间的轴向距离称为螺距，螺距用字母 P 表示；同一条螺旋线上相邻两牙在中径线上对应两点间的轴向距离称为导程，导程用字母 P_h 表示，如图 5-5 所示。线数 n、螺距 P 和导程 P_h 的之间的关系为：$P_h=Pn$。

5. 旋向

螺纹分为左旋螺纹和右旋螺纹两种。顺时针旋转时旋入的螺纹是右旋螺纹；逆时针旋转时旋入的螺纹是左旋螺纹。将外螺纹轴线垂直放置时，螺纹的可见部分是左低右高者为右旋螺纹，左高右低者为左旋螺纹，如图 5-6 所示。工程上常用右旋螺纹。

三、螺纹的规定画法和标注

螺纹一般不按真实投影作图，而是采用机械制图国家标准规定的画法以简化作图过程。

（1）外螺纹的画法　外螺纹的大径用粗实线表示，小径用细实线表示。螺纹小径按大径的 0.85 倍绘制。在不反映圆的视图中，小径的细实线应画入倒角内，螺纹终止线用粗实线表示，如图 5-7a 所示。当需要表示螺纹收尾时，螺纹尾部的小径用与轴线成 30°的细实线绘制，如图 5-7b 所示。在反映圆的视图中，表示小径的细实线圆只画约 3/4 圈，螺杆端面上的倒角圆省略不画。剖视图中的螺纹终止线和剖面线画法如图 5-7c 所示。

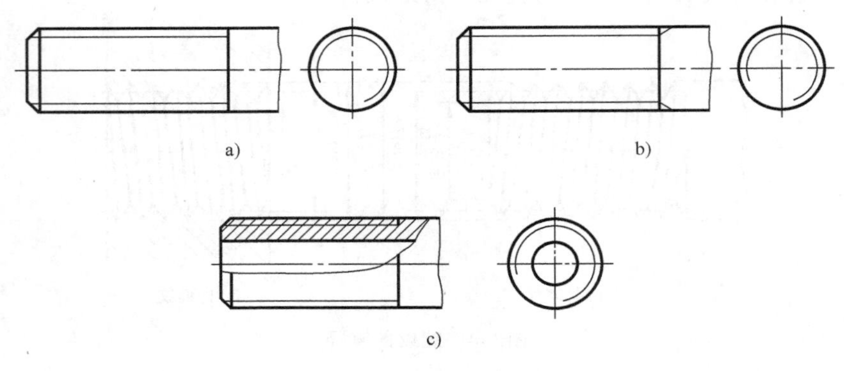

图 5-7　外螺纹画法

（2）内螺纹的画法　内螺纹通常采用剖视图表达，在不反映圆的视图中，大径用细实线表示，小径和螺纹终止线用粗实线表示，且小径取大径的 0.85 倍，注意剖面线应画到粗实线；若是不通孔，螺纹终止线到孔的末端的距离可按 0.5 倍大径绘制；在反映圆的视图中，大径用约 3/4 圈的细实线圆绘制，孔口倒角圆不画，如图 5-8a、b 所示。当螺纹孔相交

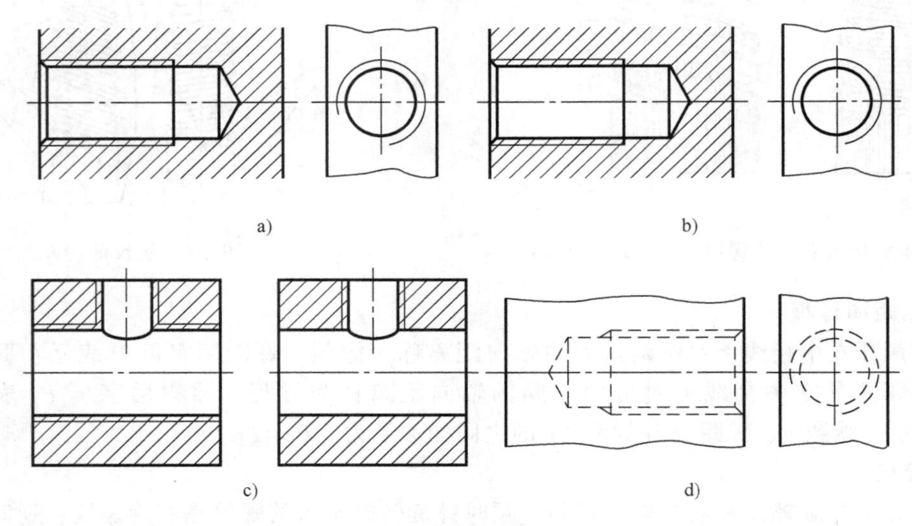

图 5-8　内螺纹的画法

时，其相贯线的画法如图 5-8c 所示。当螺纹的投影不可见时，所有图线均画成细虚线，如图 5-8d 所示。

（3）内、外螺纹旋合的画法　只有当内、外螺纹的五项基本要素相同时，内、外螺纹才能连接。用剖视图表示螺纹连接时，旋合部分按外螺纹的画法绘制，未旋合部分按各自原有的画法绘制。如图 5-9 所示。

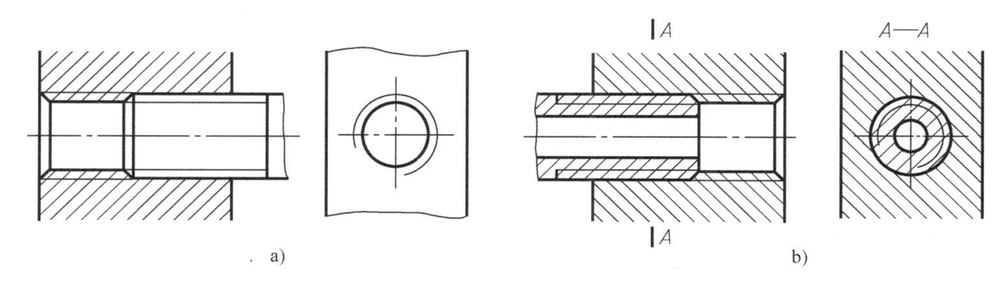

图 5-9　内、外螺纹旋合画法（一）

画图时注意：表示内、外螺纹大径的细实线和粗实线，以及表示内、外螺纹小径的粗实线和细实线应分别对齐；在剖切平面通过螺纹轴线的剖视图中，实心螺杆按不剖绘制，如图 5-10 所示。

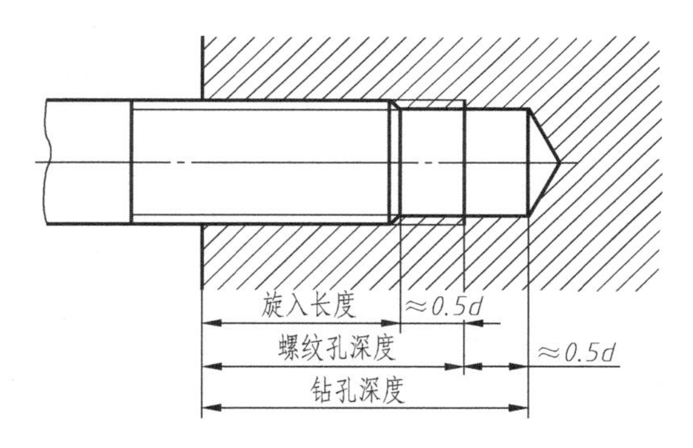

图 5-10　内、外螺纹旋合画法（二）

（4）螺纹牙型的表示法　螺纹牙型一般不需要在图形中画出，当需要表示螺纹的牙型时，可按图 5-11 所示的形式绘制。

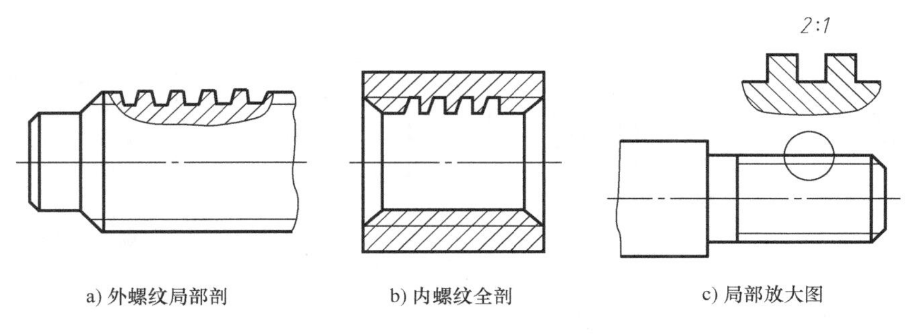

a) 外螺纹局部剖　　b) 内螺纹全剖　　c) 局部放大图

图 5-11　螺纹牙型的表示法

（5）圆锥内、外螺纹画法　具有圆锥内、外螺纹的零件，其螺纹部分在投影为圆的视图中，只需画出一端螺纹视图，如图 5-12 所示。

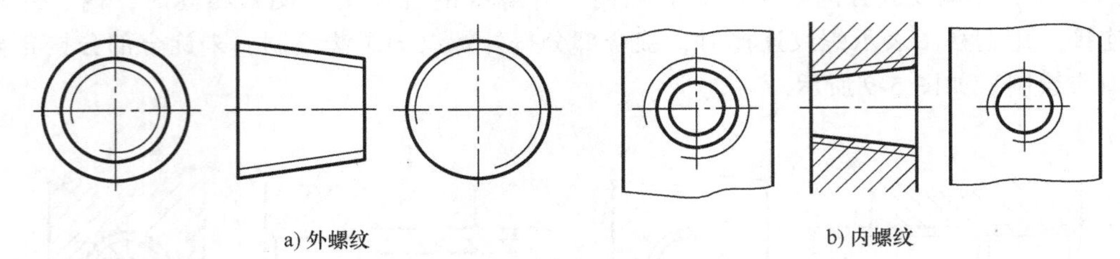

a) 外螺纹　　b) 内螺纹

图 5-12　圆锥内、外螺纹的画法

四、螺纹标记

螺纹标记的样式

螺纹代号　公称直径×螺距(导程/线数)　公差带代号　旋合长度代号　旋向

注意事项：

1）粗牙螺纹允许不标螺距。

2）单线螺纹允许不标导程和线数。

3）右旋螺纹省略“右”，左旋螺纹则标注 LH。

4）旋合长度代号：长——L；中——N；短——S，N 可省略不标。

标注示例：

M20 ×2-5g6g-s-LH

M——普通螺纹；

20——公称直径（螺纹大径）为 20mm；

2——螺距；

5g6g——中顶径公差带代号；

s——短旋合长度。

LH——左旋；

常用标准螺纹的种类、标记和标注见表 5-1。

表 5-1　常用标准螺纹的种类、标记和标注

螺纹类别		特征代号	牙型	标注示例	说明
连接和紧固用螺纹	粗牙普通螺纹	M	60°	M16	**粗牙普通螺纹** 公称直径为 16mm；中径公差带和大径公差带均为 6g(省略不标)；中等旋合长度；右旋
	细牙普通螺纹			M16×1	**细牙普通螺纹** 公称直径为 16mm，螺距为 1mm；中径公差带和小径公差带均为 6H(省略不标)；中等旋合长度；右旋

（续）

螺纹类别			特征代号	牙　型	标注示例	说　明
55°管螺纹	55°非密封管螺纹		G		G1A G1	55°非密封管螺纹 G——螺纹特征代号 1——尺寸代号 A——外螺纹公差等级代号
	55°密封管螺纹	圆锥内螺纹	Rc	55°	$Rc1\frac{1}{2}$ $Rp1\frac{1}{2}$	55°密封管螺纹 Rc——圆锥内螺纹 Rp——圆柱内螺纹 R_1——与圆柱内螺纹相配合的圆锥外螺纹 R_2——与圆锥内螺纹相配合的圆锥外螺纹 1½——尺寸代号
		圆柱内螺纹	Rp			
		圆锥外螺纹	R_1 R_2			

五、螺栓连接的画法

螺纹连接是运用一对内、外螺纹的连接作用来连接紧固一些零部件。常用的螺纹连接件有六角头螺栓、双头螺柱、螺钉、垫圈及螺母。

1. 螺纹连接的画法

1）剖切平面通过实心零件或标准件（螺栓、螺柱、螺钉、螺母、垫圈等）的轴线时，这些零件均按不剖绘制，只画外形。

2）相邻两零件的接触面只画一条轮廓线，不接触面需画两条轮廓线。

3）相邻两零件的剖面线的方向应相反，或方向一致、间隔不同，以示区别。

绘制螺纹连接件的零件图和装配图时，可按零件的规定标记（即标准件代号），从有关标准中查出绘图所需的尺寸。为了提高绘图速度，通常采用比例画法，即螺纹连接件的各有关尺寸都取成与螺纹大径 d 成一定比例，如图5-13所示。

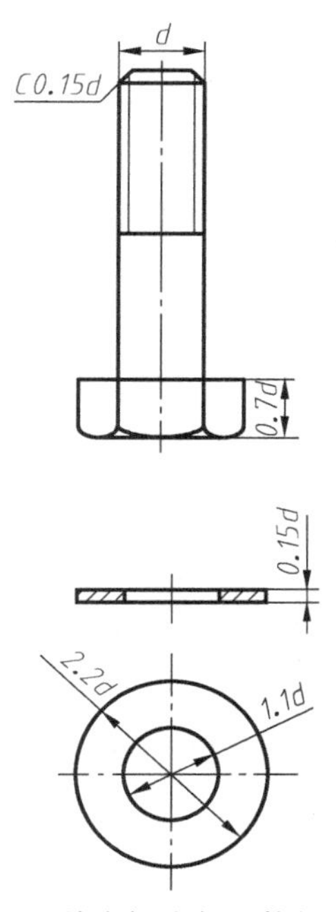

图5-13　单个螺纹紧固件的画法

2. 螺栓连接的画法

螺栓连接用于连接两个不太厚的零件和需要经常拆卸的场合。将螺栓穿入两个被连接件的光孔，再套上垫圈，然后用螺母拧紧。垫圈的作用是防止损伤零件的表面，并能增加支承面积，使其受力均匀。

螺栓连接的比例画法如图5-14所示，在装配图中也可采用简化画法。画螺栓连接图时，应注意以下几点：

1）螺栓公称长度 L 应按下式估算：

$$L=\delta_1+\delta_2+b+H+a$$

式中　δ_1、δ_2——被连接件的厚度；

$a=(0.3\sim0.4)d$;

$b=0.15d$;

$H=0.8d$。

用上式计算出的 L 值应圆整，使其符合标准规定的长度系列。

2）图 5-14 中其他尺寸与 d 的比例关系为：

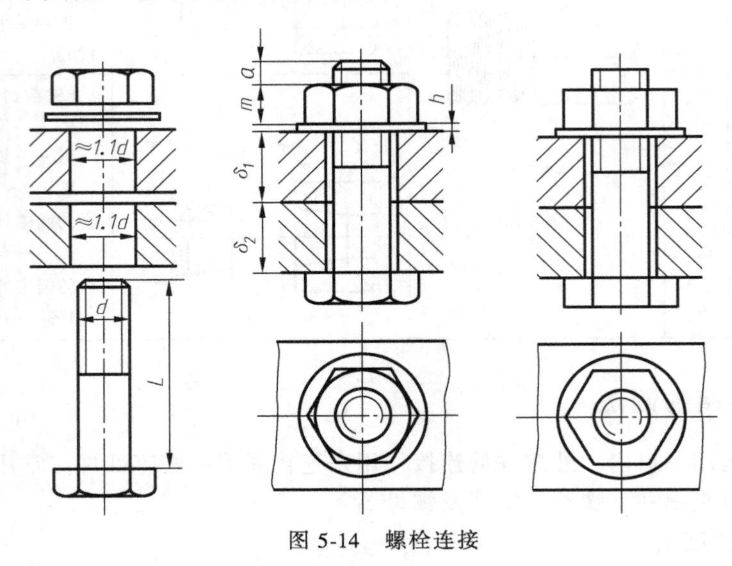

图 5-14 螺栓连接

六、常用连接件的标记示例（表 5-2）

表 5-2 常用连接件的标记示例

名称	标记示例	标记形式	说明
螺栓	螺栓 GB/T 5782 M10×50	名称 标准编号 螺纹代号×公称长度	螺纹规格为 M10、公称长度 $l=50$mm（不包括头部）的六角头螺栓
双头螺柱	螺柱 GB/T 898 M12×40	名称 标准编号 螺纹代号×公称长度	螺纹规格为 M12、公称长度 $l=40$mm（不包括旋入端）的双头螺柱
螺母	螺母 GB/T 6170 M16	名称 标准编号 螺纹代号	螺纹规格为 M16 的六角螺母
平垫圈	垫圈 GB/T 97.2 16-140HV	名称 标准编号 公称尺寸-性能等级	公称规格 16mm、硬度等级为 140HV 级、不经表面处理，产品等级为 C 级的平垫圈
弹簧垫圈	垫圈 GB/T 93 20	名称 标准编号 规格	规格为 20mm、材料为 65Mn，表面氧化的标准型弹簧垫圈
键	GB/T 1096 键 16×10×100	标准编号 名称 键的宽度×高度×长度	普通 A 型平键、宽度 $b=16$mm、高度 $h=10$mm、长度 $L=100$mm
销	销 GB/T 119.1 10 m6×50	名称 标准编号 公称直径 公差×公称长度	公称直径 $d=10$mm、公差为 m6、公称长度 $l=50$mm、材料为钢、不经淬火、不经表面处理的圆柱销

【任务实施】

1. 首先掌握内外螺纹的画法以及螺纹连接的画法
2. 了解螺栓连接的应用场合
3. 按比例画法计算出各部分尺寸
4. 计算螺栓长度 L 并查表圆整
5. 按步骤进行画图
6. 画螺栓连接时应注意以下事项

1）被连接件的孔径必须大于螺栓大径，$d_0=1.1d$，否则成组装配时，由于孔间距误差而无法实现装配。

2）在螺栓连接剖视图中，被连接零件的接触面（投影图上为线）画到螺栓大径。

3）螺母及螺栓的三个视图应符合投影关系。

4）螺栓的螺纹终止线必须画到垫圈之下（应在被连接两零件接触面的上方），否则螺母可能无法紧固。

【拓展提高】

采用比例画法画出用 M16 螺栓连接两个厚度均为 20mm 被连接件的连接图。

任务二　螺钉连接的画法与标注

【学习目标】

1. 了解螺钉的应用场合
2. 掌握螺钉连接的画法及标注

【任务描述】

本任务在制图室进行，让学生通过绘制图 5-15 所示连接图，掌握螺钉连接的相关知识，提高绘图能力。

【任务分析】

通过绘制螺钉连接的装配图，提高绘图能力，为学好装配图打基础，提高对机械零件的理解和认识能力。

【知识链接】

一、螺钉的应用

螺钉连接不用螺母，而将螺钉直接拧入被连接件的螺孔中。螺钉连接适用于受力不大的零件间的连接，不经常拆卸的场合。连接时一连接件钻通孔，其直径比螺纹大径略大，另一连接件加工成螺纹孔，然后将螺钉穿过通孔拧入，用螺钉头压紧被连接件。螺钉的螺纹部分要有一定的长度，以保证连接的可靠性。螺钉形式有开槽、内六角圆柱头、半圆头、沉头螺钉等。

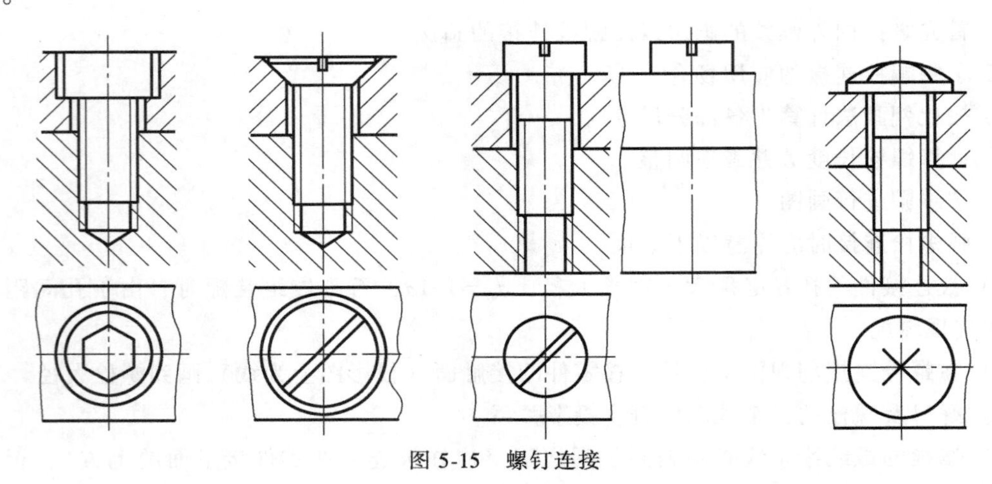

图 5-15　螺钉连接

二、螺钉连接的画法

画螺钉连接图时应注意以下几点：

1）螺钉的公称长度 L 可按下式估算

$$L=\delta_1+b_m$$

式中，b_m 根据被旋入零件的材料而定，然后将估算出的数值 L 圆整成标准系列值。

2）螺纹终止线必须超出两被连接件的结合面，同时不应与螺孔孔口平齐，而应高出孔口。如图 5-16 所示。

3）螺钉头部的开槽可按粗实线绘制，并在俯视图中与水平线成 45°角，若槽宽小于或等于 2mm，应将开槽涂黑，如图 5-16 所示。

4）紧定螺钉用于固定两个零件的相对位置，使它们不产生相对运动，其形式有锥端紧定螺钉及平端紧定螺钉。

【任务实施】

1. 首先掌握内、外螺纹的画法以及螺纹连接的画法
2. 了解螺钉连接的应用场合
3. 按比例画法计算出各部分尺寸
4. 按步骤进行画图
5. 画螺栓连接时应注意以下事项

1）螺钉的螺纹终止线必须超出被连接件的结合面。

2）绘制具有沟槽的螺钉头部时，与轴线平行的视图上的沟槽应放正，而与轴线垂直的视图上的沟槽画成与水平线倾斜 45°。

3）螺钉有效长度要先计算，再查表进行校正。

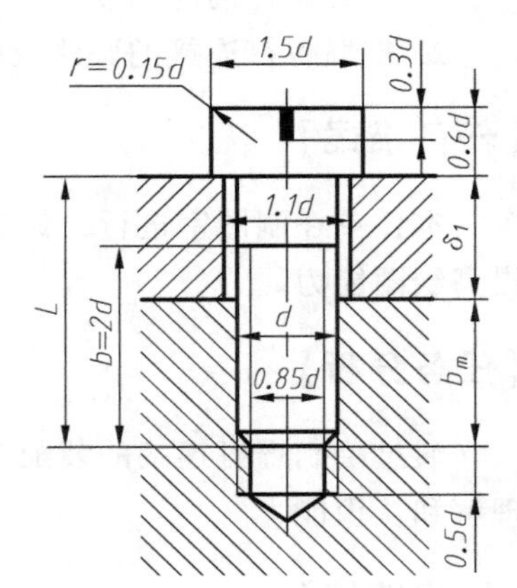

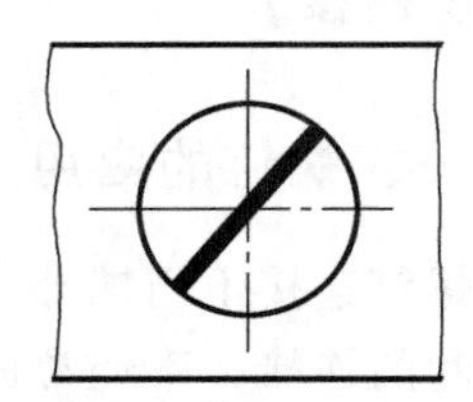

图 5-16　螺钉连接

课题二　绘制键连接与销连接

【知识要点】

1）键和销的应用场合。

2）键和销的分类。

3）国家标准中键与销在机械连接中的画法及标注。

【技能要求】

能够通过查阅国家标准正确绘制键连接与销连接并标注。

【任务书】

编号	任务	教学时间
5-2-1	键与销零件图的绘制	2学时

任务　键与销零件图的绘制

【学习目标】

掌握键与销的应用场合，通过查表正确绘制键连接与销连接图并进行合理标注。

【任务描述】

通过绘制键、键槽及键与键槽的连接，掌握键与销在机械中的作用，并通过查表绘制键与销的零件图。

【任务分析】

通过键与销的图样，根据所给数据，学会查阅国家标准并绘制图形。

【知识链接】

一、键连接

键连接是一种可拆连接，用于轴和轴上的传动件（如齿轮、带轮等）的连接，起着传递转矩的作用。

键是标准件，常用的有普通平键，如图5-17所示，普通平键有三种形式：A型、B型和C型。

图5-18所示为普通平键的连接，在轴和轮毂上分别加工出键槽，装配时先将键嵌入轴的键槽内，再将轮毂上的键槽对准轴上的键，把齿轮装在轴上。

绘制时键是标准件不必画出零件图，但要画出零件上与键相配合的键槽。采用普通平键

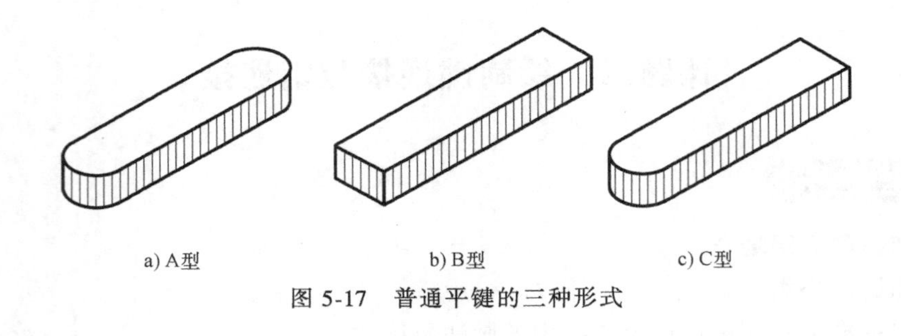

a) A型　　b) B型　　c) C型

图 5-17　普通平键的三种形式

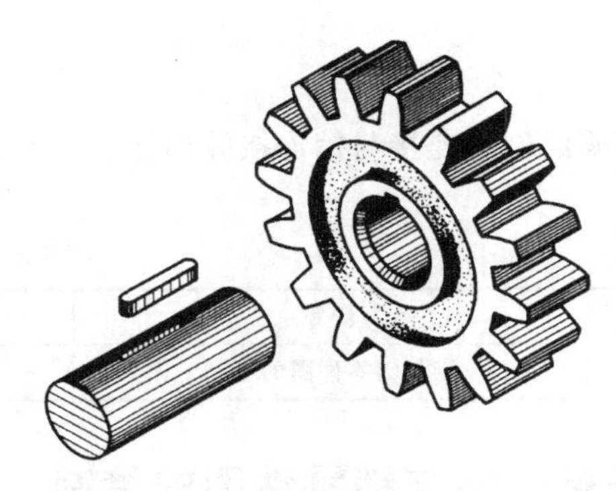

图 5-18　普通平键的连接（AR 立体扫描）

连接时，键的长度 L 和宽度 b 要根据轴的直径 d 和传递的转矩从标准中选取适当值。轴和轮毂上键槽的表达方法如图 5-19 所示，普通平键的连接画法如图 5-20 所示。

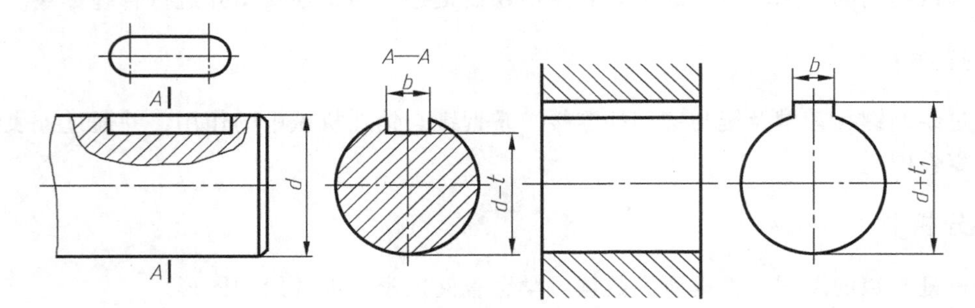

图 5-19　轴和轮毂上的键槽

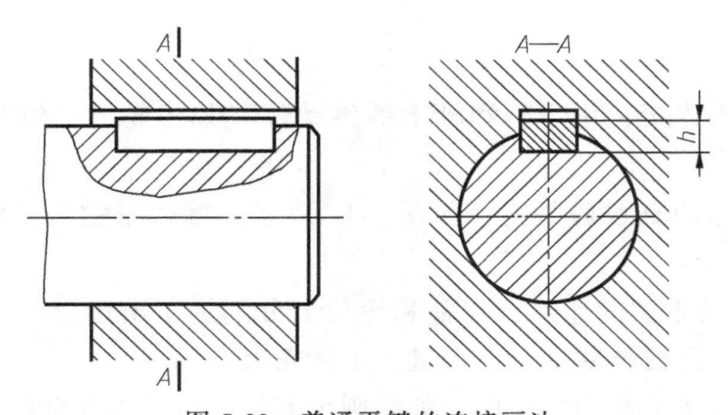

图 5-20　普通平键的连接画法

二、销连接

销主要用来固定零件之间的相对位置，起定位作用，也可用于轴与轮毂的连接，传递载荷不大的场合，还可作为安全装置中的过载剪断元件。销的常用材料有35、45钢。

销有圆柱销和圆锥销两种基本类型，圆柱销利用微量过盈固定在销孔中，经过多次装拆后，连接的紧固性及精度降低，故只用于不常拆卸处。圆锥销有1∶50的锥度，其装拆比圆柱销方便，多次装拆对连接的紧固性及定位精度影响较小，因此应用广泛。如图5-21所示。

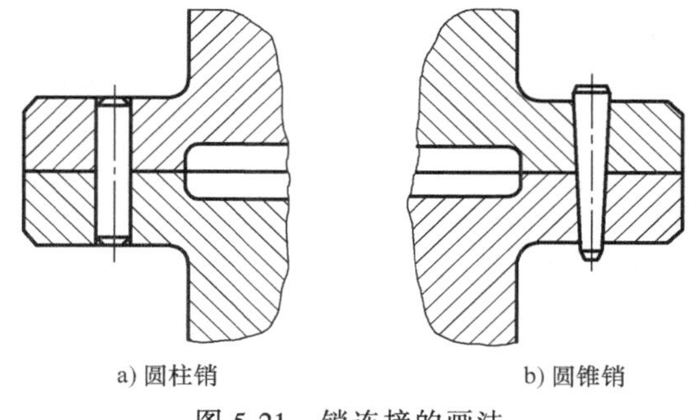

图5-21　销连接的画法

【任务实施】

1）根据已知条件从表5-3中查取各参数值。

2）根据各参数和例题画出该键连接。

【拓展提高】

已知齿轮和轴用A型普通平键连接，轴的直径为40mm，键的长度为40mm。

1）写出键的规定标记；

2）查阅国家标准（表5-3）确定键和键槽的尺寸，参考图5-19和图5-20完成键槽及键连接的图形。

表5-3　平键（摘自GB/T 1095—2003、GB/T 1096—2003）

1. GB/T 1095—2003　平键　键槽的剖面尺寸

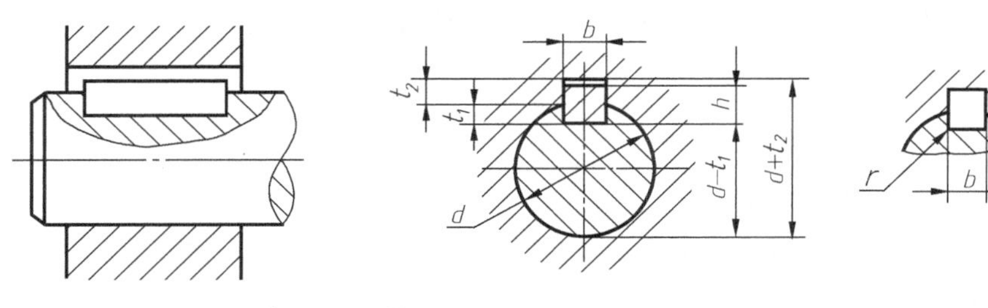

2. GB/T 1096—2003　普通型　平键

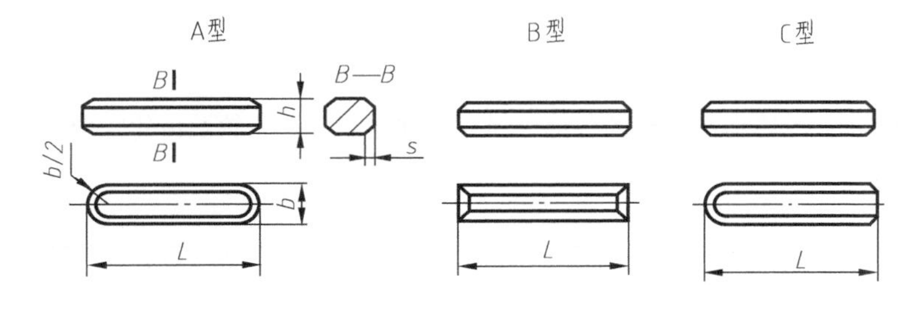

（单位：mm）

（续）

直径 d（参考）	键尺寸				键槽										
					宽度 b						深度				半径 r
						极限偏差					轴 t_1		毂 t_2		
	宽度 b	高度 h	长度 L	倒角或倒圆 s	公称尺寸	松连接		正常连接		紧密连接					
						轴 H9	毂 D10	轴 N9	毂 JS9	轴和毂 P9	基本尺寸	极限偏差	基本尺寸	极限偏差	Min（max）
>10~12	4	4	8~45	0.16~0.25	4	+0.030 0	+0.078 +0.030	0 -0.030	±0.015	-0.012 -0.042	2.5	+0.10	1.8	+0.10	0.08 (0.16)
>12~17	5	5	10~56	0.25~0.40	5						3.0		2.3		0.16 (0.25)
>17~22	6	6	14~70		6						3.5		2.8		
>22~30	8	7	18~90		8	+0.36 0	+0.098 +0.040	0 -0.036	±0.018	-0.015 -0.051	4.0	+0.20	3.3	+0.20	
>30~38	10	8	22~100	0.40~0.60	10						5.0		3.3		0.25 (0.40)
>38~44	12	8	28~140		12	+0.043 0	+0.120 +0.050	0 -0.043	±0.0215	-0.018 -0.061	5.0		3.3		
>44~50	14	9	36~160		14						5.5		3.8		
>50~58	16	10	45~80		16						6.0		4.3		
L(系列)	…22、25、28、32、36、40、45、50、56、63、70、80、90、100…														

【实战演练】

已知齿轮和轴用 A 型普通平键连接，轴径为 24mm，根据轴径从国家标准中查出键与键槽的尺寸：$b=8$mm，$h=7$mm，$L=20$mm，$t_1=4$mm，$t_2=3.3$mm。用 1∶1 比例画出键、轴、齿轮的键槽及连接图。

课题三　绘制齿轮及齿轮啮合图

【知识要点】

1）齿轮的作用和常见的齿轮传动形式。
2）直齿圆柱齿轮各部分的名称与尺寸关系。
3）单个直齿圆柱齿轮的画法。
4）直齿圆柱齿轮啮合的画法。

【技能要求】

能够根据所给的齿轮参数通过计算得出齿轮的各部分尺寸，并绘制单个齿轮及齿轮啮合图形。

【任务书】

编号	任务	教学时间
5-3-1	单个齿轮零件图的绘制	2 学时
5-3-2	齿轮啮合图的绘制	2 学时

任务一　单个齿轮零件图的绘制

【学习目标】

1）了解齿轮的作用及类型。

2）掌握直齿圆柱齿轮各部分的名称及尺寸关系。

3）掌握单个齿轮及齿轮啮合的画法。

【任务描述】

通过所给齿轮的参数，计算齿轮的几何尺寸，绘制齿轮的零件图。

【任务分析】

通过对齿轮零件图的绘制，掌握齿轮的主要参数及几何尺寸的计算，提高绘图能力。

【知识链接】

齿轮是机器设备中应用十分广泛的传动零件，用来传递运动和动力，改变两轴的旋向和转速。常见的齿轮传动有三种：圆柱齿轮传动——用于两平行轴间的传动；锥齿轮传动——用于两相交轴间的传动；蜗杆传动——用于两交错轴间的传动，如图 5-22 所示。

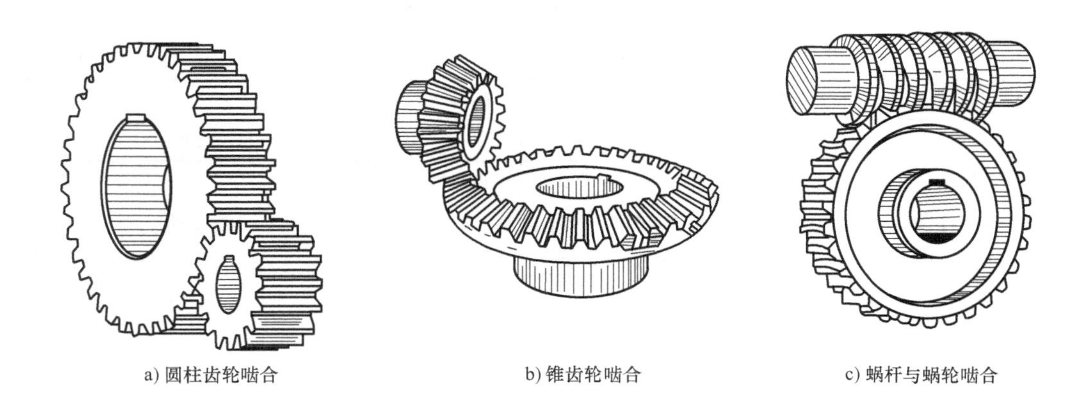

a) 圆柱齿轮啮合　　b) 锥齿轮啮合　　c) 蜗杆与蜗轮啮合

图 5-22　齿轮传动形式（AR 立体扫描）

一、直齿圆柱齿轮各部分的名称及参数

圆柱齿轮的轮齿有直齿、斜齿、人字齿等。分度圆柱面齿线为直母线的圆柱齿轮称为直齿轮。如图 5-23 所示。

1）齿数 z：齿轮上轮齿的个数。

2）齿顶圆直径 d_a：通过齿顶的圆柱面直径。

3）齿根圆直径 d_f：通过齿根的圆柱面直径。

4）分度圆直径 d：分度圆是一个假想的圆，在该圆上齿厚 s 与槽宽 e 相等。

5）齿高 h：齿顶圆和齿根圆之间的径向距离。

6）齿顶高 h_a：齿顶圆和分度圆之间的径向距离。

7）齿根高 h_f：分度圆与齿根圆之间的径向距离。

8）齿距 p：在分度圆上相邻两齿对应齿廓之间的弧长。

9）齿厚 s：在分度圆上一个齿的两侧对应齿廓之间的弧长。

10）齿宽 b：一个齿的两侧端面齿廓之间的分度圆弧长。槽宽与齿厚各为齿距的一半，即 $s=e=p/2$。

11）模数 m：由于分度圆的周长 $\pi d=pz$，所以 $d=\frac{p}{\pi}z$，$\frac{p}{\pi}$称为齿轮的模数。模数 m 为有理数，模数越大，轮齿就越大，齿轮的承载能力大。相互啮合的两齿轮，其齿距 p 和模数 m 都相等。为了减少加工齿轮刀具的数量，国家标准对圆柱齿轮的模数做了统一的规定，见表 5-4。

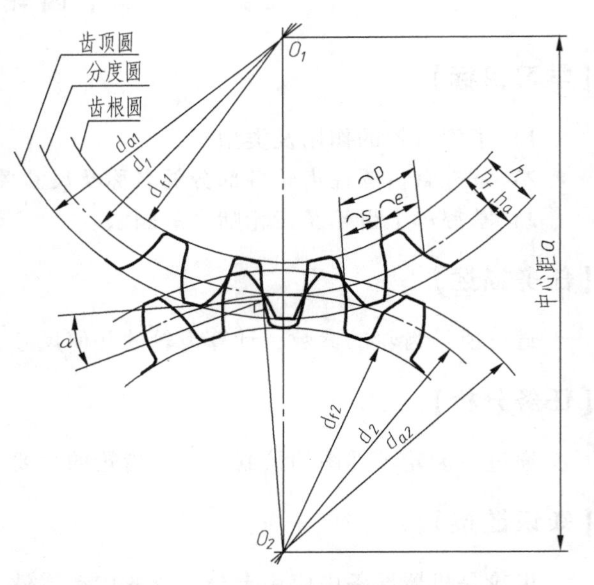

图 5-23　直齿轮轮齿的各部分名称和代号

表 5-4　标准模数（GB/T 1357—2008）　　（单位：mm）

第一系列	1.25,1.5,2,2.5,3,4,5,6,8,10,12,16,20,25,32,40,50
第二系列	1.75,2.25,2.75,(3.25),3.5,(3.75),4.5,5.5,(6.5),7,9,(11),14,18,22,28,36,45

注：在选用模数时，应优先采用第一系列，括号内的模数尽可能不用。

12）压力角 α：两啮合齿轮受力方向（齿廓曲线的公法线方向）与运动方向之间所夹的锐角。同一齿廓上不同点的压力角不同，在分度圆上的压力角称为标准压力角。国家标准规定，标准压力角为 20°。如图 5-24 所示。

13）中心距 a：两啮合齿轮轴线之间的距离。如图 5-25 所示。

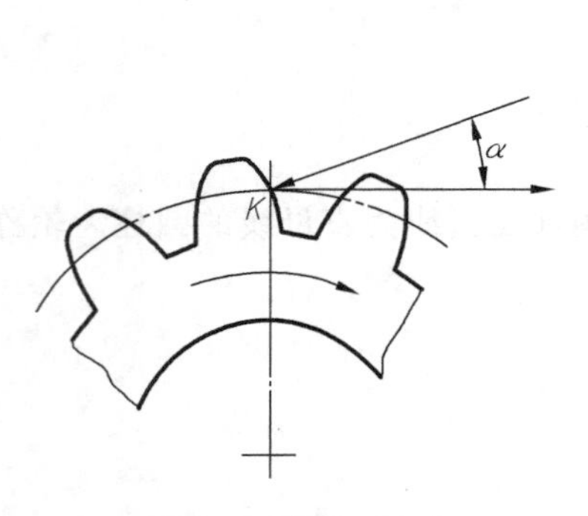

图 5-24　齿轮压力角

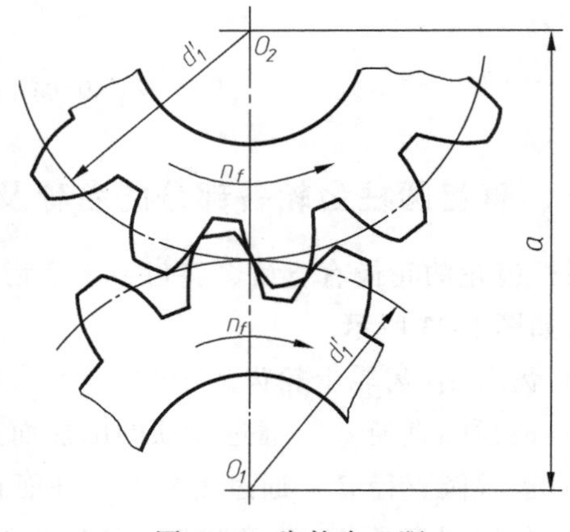

图 5-25　齿轮中心距

二、直齿圆柱齿轮的尺寸计算

标准直齿圆柱齿轮各基本尺寸计算公式见表 5-5。

表 5-5　标准直齿圆柱齿轮各基本尺寸计算公式

基本参数:模数 m 和齿数 z			
序号	名称	代号	计算公式
1	齿距	p	$p=\pi m$
2	齿顶高	h_a	$h_a=m$
3	齿根高	h_f	$h_f=1.25m$
4	齿高	h	$h=2.25m$
5	分度圆直径	d	$d=mz$
6	齿顶圆直径	d_a	$d_a=m(z+2)$
7	齿根圆直径	d_f	$d_f=m(z-2.5)$
8	中心距	a	$a=m(z_1+z_2)/2$

三、直齿圆柱齿轮的规定画法

单个齿轮一般用两个视图表示，齿顶圆和齿顶线用粗实线绘制，分度圆和分度线用细点画线绘制，齿根圆和齿根线用细实线绘制（也可以省略不画）。在剖视图中，齿根线用粗实线绘制，不能省略。当剖切平面通过齿轮轴线时，轮齿一律按不剖绘制。单个直齿圆柱齿轮的规定画法如图 5-26 所示。

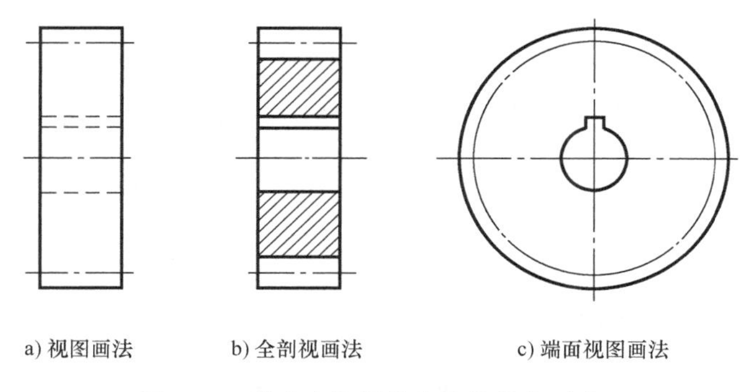

a) 视图画法　　b) 全剖视画法　　c) 端面视图画法

图 5-26　单个直齿圆柱齿轮的规定画法

【任务实施】

1）根据给定的齿轮参数，计算齿轮的几何尺寸。

2）根据齿轮的几何尺寸确定图幅。

3）画边框线和标题栏。

4）根据尺寸进行布图。

5）按步骤画图。

6）标注尺寸。

7）填写技术要求。

【拓展提高】

已知直齿圆柱齿轮的齿数 $z=18$，模数 $m=3\text{mm}$，齿宽 $b=24\text{mm}$，轴孔直径 $d=20\text{mm}$，孔口两边倒角 $C2$，参照图 5-26，按 1：1 的比例画出两面视图，并标注尺寸。

【实战演练】

1）已知直齿圆柱齿轮的齿数 $z=20$，齿顶圆直径 $d_a=44\text{mm}$，齿宽 $b=24\text{mm}$，轴孔直径 $d=20\text{mm}$，孔口两边倒角 $C2$，参照图 5-26，按 1：1 的比例画出两面视图并标注尺寸。

2）测绘减速器中的齿轮，绘制齿轮的零件图。

任务二　齿轮啮合图的绘制

【学习目标】

1）掌握两个齿轮正确啮合的条件。

2）掌握两啮合齿轮的画法及尺寸标注。

3）了解齿轮啮合的技术要求。

【任务描述】

已知两个齿轮的齿数及中心距，完成一对啮合的直齿圆柱齿轮的两个视图。

【任务分析】

通过对两啮合齿轮的绘制，掌握两齿轮正确啮合的条件以及齿轮中心距的计算方法。重点掌握两啮合齿轮的画法。

【知识链接】

一、直齿圆柱齿轮正确啮合的条件

两个直齿圆柱齿轮能够正确啮合必须具备的条件是模数相等和压力角相等。

二、两齿轮啮合的规定画法

一般采用两个视图来表达，在垂直于圆柱齿轮轴线的投影面的视图中（反映为圆的视图），啮合区内的齿顶圆均用粗实线绘制，分度圆相切，如图 5-27b 所示，也可用省略画法，如图 5-27d 所示。在不反映圆的视图上，啮合区的齿顶线不需画出，分度线用粗实线绘制，如图 5-27c 所示。采用剖视图表达时，在啮合区内将一个齿轮的齿顶线用粗实线绘制，另一个齿轮的轮齿被遮挡，其齿顶线用虚线绘制，如图 5-27a、5-28 所示。

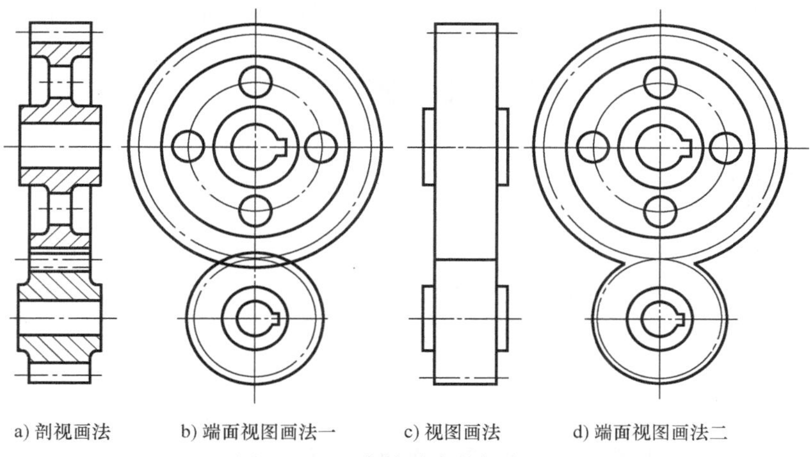

图 5-27　两齿轮啮合的规定画法

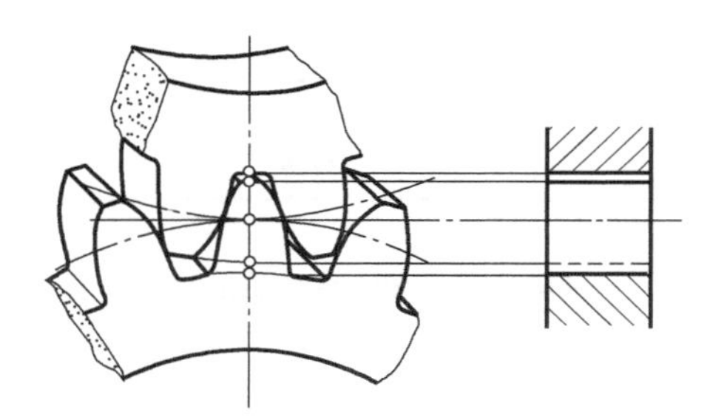
图 5-28　轮齿啮合区在剖视图中的画法

【任务实施】

1）根据中心距和两个齿轮的齿数求出模数。
2）分别计算出两个齿轮的几何尺寸。
3）选择图纸幅面。
4）画边框线及标题栏。
5）根据尺寸进行布图。
6）按要求进行画图。
7）进行尺寸标注。
8）填写技术要求。

【拓展提高】

已知一对直齿圆柱齿轮的模数 $m=4\text{mm}$，齿数 $z_1=30$，$z_2=18$，计算有关尺寸后，选择适当的比例画出两齿轮的啮合图。

【实战演练】

已知一对相啮合的直齿圆柱齿轮，其中大齿轮 $m=3\text{mm}$，$z_1=20$，另一小齿轮 $z_2=14$，孔径为 18mm，两轮宽度相等均为 24mm，中心距 $a=51$mm，画出两齿轮啮合图。

课题四 弹　　簧

【知识要点】

1）弹簧的分类及用途。
2）圆柱压缩弹簧各部分名称及尺寸关系。
3）圆柱压缩弹簧的规定画法及画图步骤。

【技能要求】

能够正确绘制弹簧零件图，并了解弹簧的简化画法。

【任务书】

编号	任务	教学时间
5-4-1	绘制弹簧	2 学时

任务　绘制弹簧

【学习目标】

1）了解弹簧的用途及分类。
2）掌握圆柱压缩弹簧各部分名称及尺寸关系。
3）能够绘制弹簧的零件图。

【任务描述】

通过给定弹簧的簧丝直径、弹簧外径、节距、支承圈数、有效圈数、旋向、等参数绘制弹簧的零件图，并填写技术要求。

【任务分析】

通过绘制弹簧零件图，了解弹簧的用途、分类及画法，掌握弹簧类零件的画法，以及掌握弹簧零件图的标注。

【知识链接】

弹簧是利用材料的弹性和结构特点，通过变形和储存能量工作的一种机械零件。弹簧一般用在减振、夹紧、自动复位、测力和储存能量等方面。弹簧的种类很多，常见的弹簧有螺旋弹簧（图 5-29a）、蜗卷弹簧（图 5-29b）和碟形弹簧（图 5-29c）。根据受力情况，呈圆柱形的螺旋弹簧又可分为压缩弹簧（图 5-30a）、拉伸弹簧（图 5-30b）、扭转弹簧（图 5-30c）。

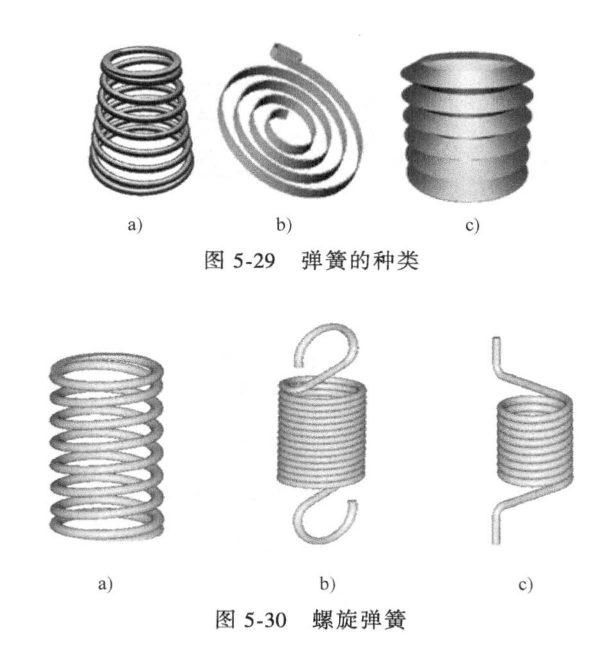

a)　b)　c)

图 5-29　弹簧的种类

a)　b)　c)

图 5-30　螺旋弹簧

一、圆柱螺旋压缩弹簧各部分名称和尺寸关系（图 5-31）

1）簧丝直径 d：指弹簧钢丝的直径。

2）弹簧外径 D、内径 D_1、中径 D_2：$D=(D_1+D_2)/2$。

3）有效圈数 n、总圈数 n_1、支撑圈数 n_2：n_2 常取 1.5、2 或 2.5，$n_1=n+n_2$。

4）节距 t：指弹簧相邻两圈上对应点之间的距离。

5）自由高度 H_0：在未受载荷作用时的弹簧高度。

$$H_0=nt+(n_2-0.5)d$$

6）展开长度 L：

$$L\approx n_1\sqrt{(\pi D_2)^2+t^2}$$

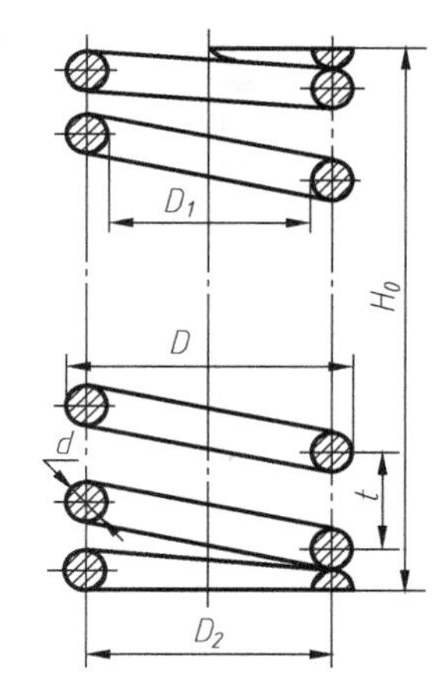

图 5-31　圆柱螺旋压缩弹簧

二、圆柱螺旋压缩弹簧的规定画法

1）圆柱螺旋压缩弹簧在平行于弹簧轴线的投影面的视图中，各圈的轮廓线应画成直线，以代替螺旋线的投影，如图 5-32c 所示。

2）在图样上左旋或右旋圆柱螺旋压缩弹簧均可画成右旋；左旋弹簧不论画成左旋还是右旋，一律加注“左”字。

3）如果要求圆柱螺旋压缩弹簧两端并紧且磨平时，不论支承圈的圈数多少和末端贴紧情况如何，均可按图 5-32a 的形式绘制，必要时也可按支承圈的实际结构绘制。

4）有效圈数在 4 圈以上的圆柱螺旋压缩弹簧，允许每端只画 1～2 圈（支承圈除外），中间各圈可省略不画。当中间部分不画时，可适当缩短图形的长度，如图 5-32b 所示。

5）在装配图中弹簧被挡住的结构一般不画，可见部分从弹簧的外轮廓线或簧丝断面中

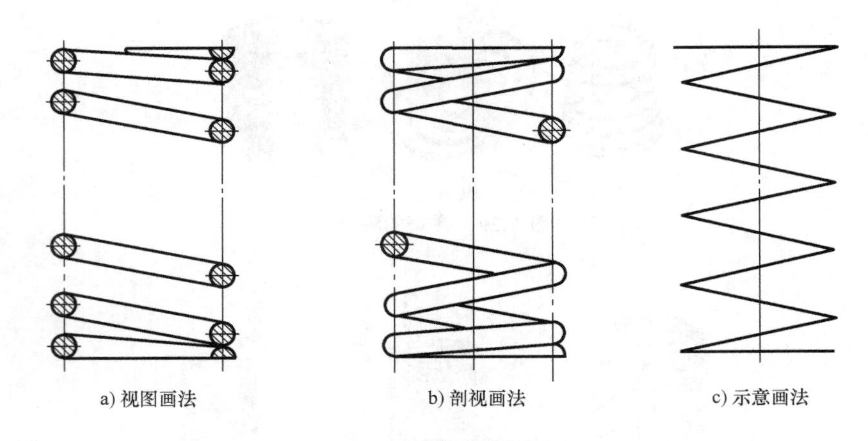

图 5-32　螺旋弹簧的画法

心线画起；当弹簧被剖切时，簧丝断面直径在图形上小于 2mm 时，断面可以涂黑；簧丝断面直径小于 1mm 时，可用示意画法，如图 5-33 所示。

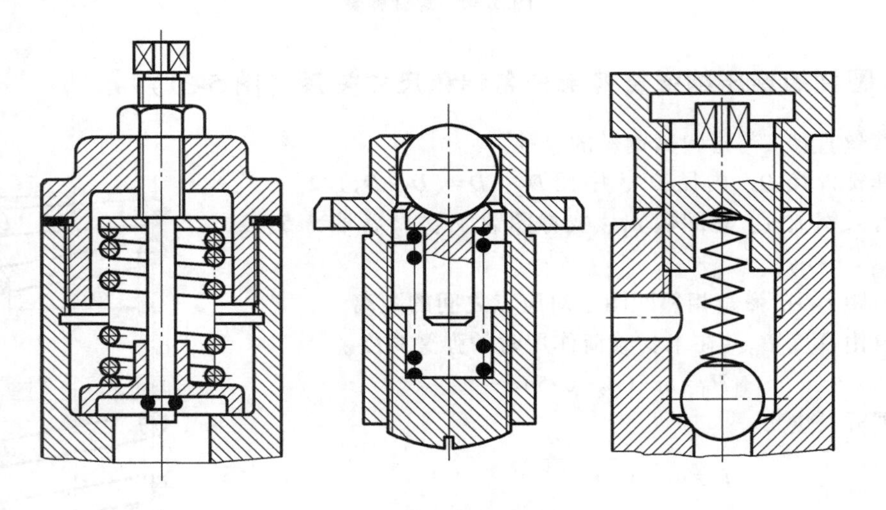

图 5-33　装配中弹簧的画法

三、圆柱螺旋压缩弹簧的作图步骤

1）根据 D_2 作出中径（两条平行的点画线），定出自由长度 H_0。

2）根据 d 画出两端支承圈。

3）根据节距 t 画出中间各圈。

4）按右旋方向作相应圆的公切线，再画上剖面符号，完成全图，如图 5-34 所示。

图 5-35 为圆柱螺旋压缩弹簧的零件图，一般用一个或两个视图表示。图上标注 d、D（或 D_1），L、H_0 等尺寸。在主视图上方用斜线表示出外力与弹簧变形之间的关系，F_1、F_2 为工作负载，F_j 为极限负载。技术要求中应填写旋向、有效圈数、总圈数、工作极限应力和热处理要求，各项检查要求等内容。

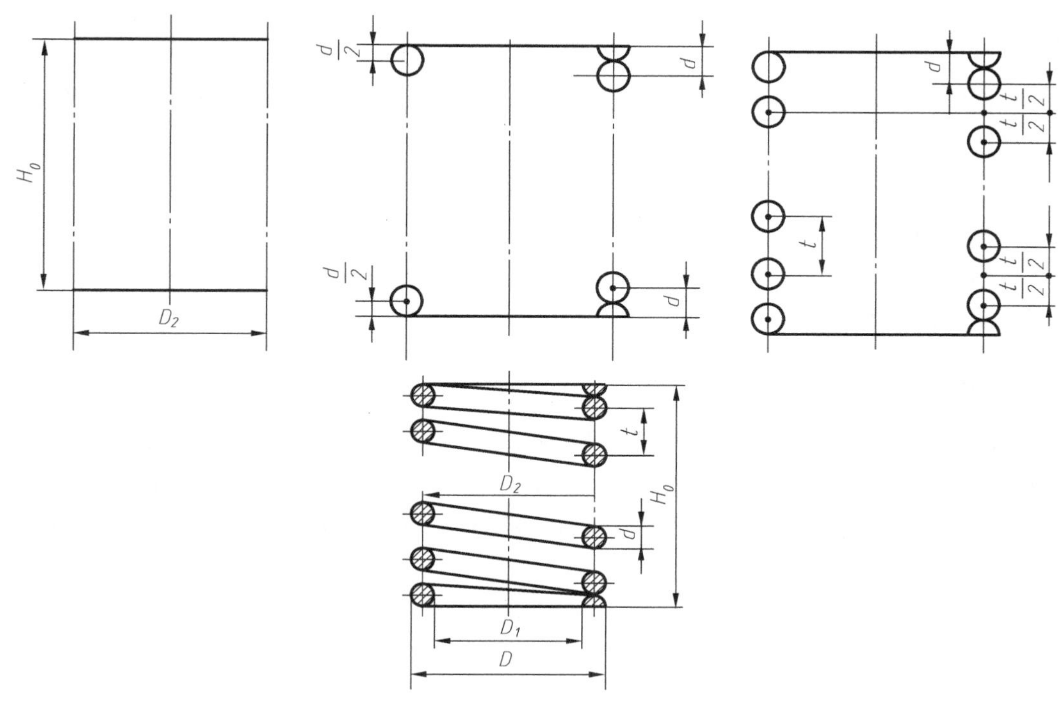

图 5-34　圆柱螺旋压缩弹簧的画法步骤

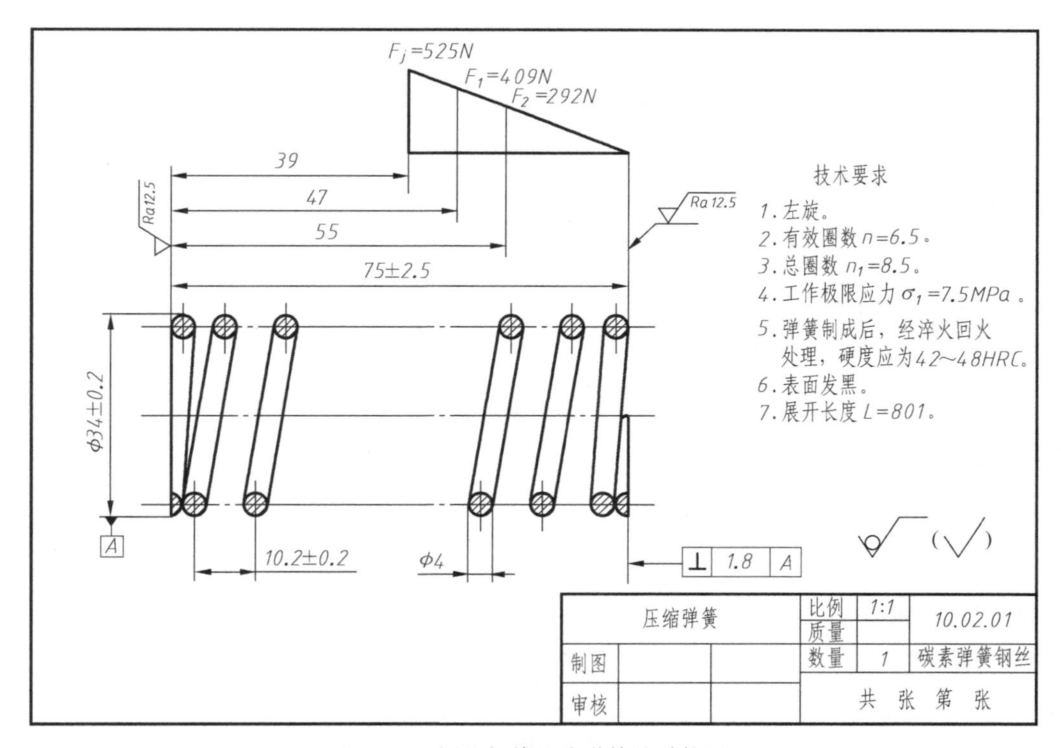

图 5-35　圆柱螺旋压缩弹簧的零件图

【任务实施】

1）确定圆柱螺旋压缩弹簧各部分尺寸，计算出自由高度 H_0 和弹簧钢丝的展开长度 L。
2）将 A4 图纸横放，画边框线及标题栏。
3）进行布图，参照图 5-34 的画图步骤画底稿。
4）检查图形，然后加深图线。
5）标注尺寸。
6）填写技术要求。

【拓展提高】

已知圆柱螺旋压缩弹簧的簧丝直径为 ϕ4mm，弹簧中径 34mm，节距为 10.2mm，弹簧自由长度为 76mm，支承圈数为 2.5，右旋，在 $F_1=292N$、$F_2=409N$、$F_j=525N$ 等不载荷作用下，弹簧的相应长度分别为 55mm、47mm、39mm，画出该弹簧的零件图并填写技术要求。

课题五　滚动轴承

【知识要点】

1）滚动轴承的用途。
2）滚动轴承的分类及选用。
3）滚动轴承的组成结构。
4）滚动轴承的代号及滚动轴承的画法。

【技能要求】

1）能够通过代号正确识读滚动轴承。
2）能够绘制滚动轴承的零件图，并进行标注以及填写技术要求。

【任务书】

编号	任务	教学时间
5-5-1	滚动轴承零件图的绘制	2 学时

任务　滚动轴承零件图的绘制

【学习目标】

1）能够识读滚动轴承的零件图。

2）正确绘制滚动轴承零件图。

【任务描述】

通过给定的滚动轴承代号，在指定位置画出滚动轴承并进行标注。

【任务分析】

通过绘制深沟球轴承和圆锥滚子轴承的零件图，掌握识读滚动轴承的代号及结构，通过查表掌握轴承的规定画法和特征画法。

【知识链接】

滚动轴承是支承轴并承受轴上载荷的标准组件。由于它具有摩擦力小、结构紧凑等特点，因此得到了广泛的应用。滚动轴承的种类很多，并已标准化，选用时查阅有关国家标准。

一、滚动轴承的结构和类型

滚动轴承的结构一般由四部分组成，如图 5-36 所示。

1）外圈：装在机体或轴承座内，一般固定不动。

2）内圈：装在轴上，与轴紧密配合且随轴转动。

3）滚动体：装在内外圈之间的滚道中，有滚珠、滚柱、滚锥等类型。

4）保持架：用来均匀分隔滚动体，防止滚动体之间相互摩擦与碰撞。

滚动轴承按承受载荷的方向分为以下三种类型：

1）向心轴承：主要承受径向载荷，常用的向心轴承有深沟球轴承。

2）推力轴承：只承受轴向载荷，常用的推力轴承有推力球轴承。

3）向心推力轴承：同时承受轴向和径向载荷，常用的有圆锥滚子轴承。

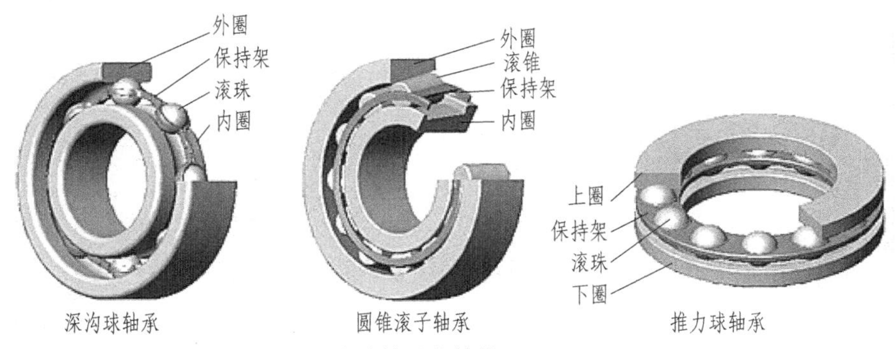

图 5-36　滚动轴承的结构（AR 立体扫描）

二、滚动轴承的基本代号

基本代号表示滚动轴承的基本类型、结构及尺寸，是滚动轴承代号的基础。基本代号由类型代号、尺寸系列代号和内径代号构成（滚针轴承除外），即

类型代号　尺寸系列代号　内径代号

类型代号用数字和字母表示，见表 5-6。

表 5-6　滚动轴承类型代号（GB/T 272—2017）

代号	轴承类型	代号	轴承类型
0	双列角接触球轴承	6	深沟球轴承
1	调心球轴承	7	角接触球轴承
2	调心滚子轴承	8	推力圆柱滚子轴承
3	圆锥滚子轴承	N	圆柱滚子轴承 双列或多列用字母 NN 表示
4	双列深沟球轴承	U	外球面球轴承
5	推力球轴承	QJ	四点接触球轴承

尺寸系列代号由轴承宽（高）度系列代号和直径系列代号组成，用两位数字表示。它主要用于区分内径相同，而宽（高）度和外径不同的滚动轴承。

内径代号表示滚动轴承的公称直径，用两位数字表示，见表 5-7。

表 5-7　滚动轴承内径代号（GB/T 272—2017）

轴承公称内径/mm		内径代号	示例
10~17	10	00	深沟球轴承 6200 $d=10$mm
	12	01	
	15	02	
	17	03	
20~480（22、28、32 除外）		公称内径除以 5 的商数，商数为个位数，需在商数左边加“0”，如 08	调心滚子轴承 23208 $d=40$mm

滚动轴承的基本代号示例：

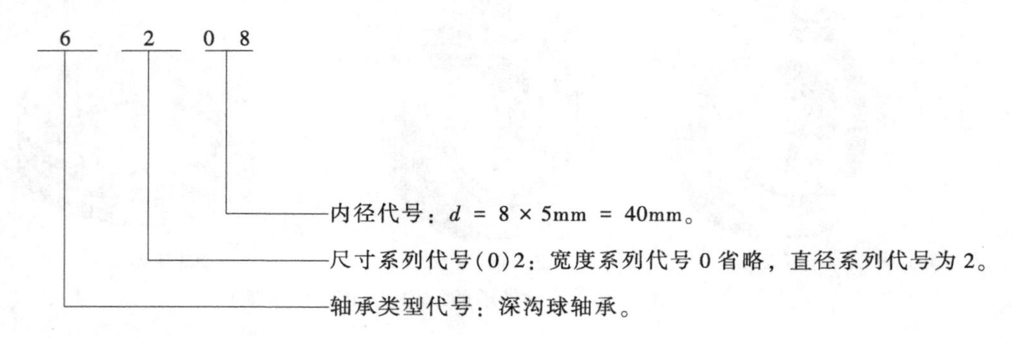

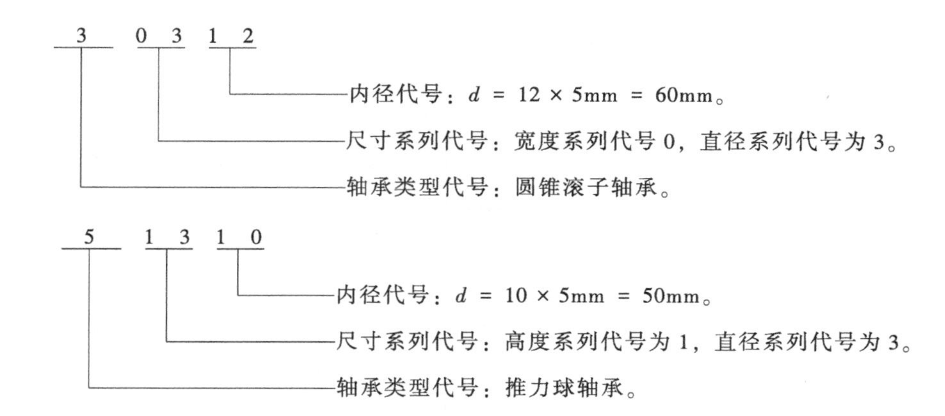

三、滚动轴承的标记

当在图样上表示滚动轴承时，有简化画法和规定画法，简化画法又分为通用画法和特征画法两种。

1. 简化画法

用简化画法绘制滚动轴承时，应采用通用画法和特征画法。但在同一图样中，一般只采用其中的一种画法。

（1）通用画法　在剖视图中，当不需要确切地表示滚动轴承的外形轮廓、载荷特征、结构特征时，可用矩形线框以及位于线框中央正立的十字形符号来表示。矩形线框和十字形符号均用粗实线制，十字形符号不应与矩形线框接触，如图 5-37 所示。

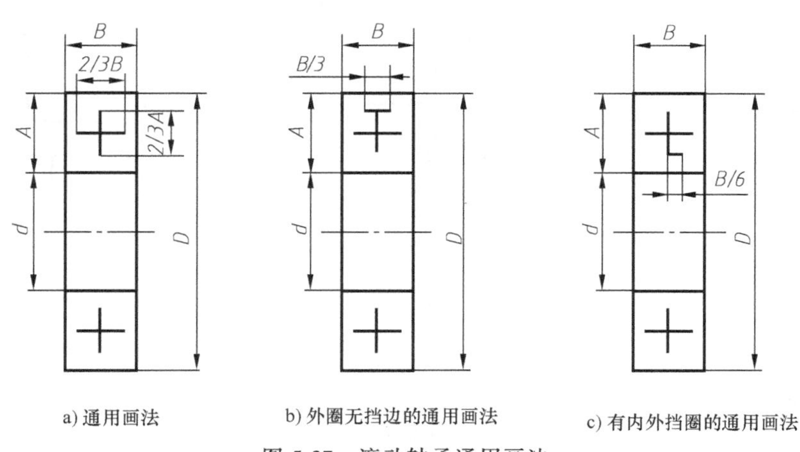

a) 通用画法　b) 外圈无挡边的通用画法　c) 有内外挡圈的通用画法

图 5-37　滚动轴承通用画法

（2）特征画法　在剖视图中，如果需要比较形象地表示滚动轴承的结构特征时，可采用在矩形线框内画出其结构要素符号的方法表示。矩形线框、结构要素符号均用粗实线绘制。如图 5-38 所示。

2. 规定画法

在滚动轴承的产品图样、产品样本及说明书等图样中，滚动轴承可采用规定画法绘制。采用规定画法绘制滚动轴承的剖视图时，轴承的滚动体不画剖面线，其内、外圈画成方向和间隔相同的剖面线，滚动轴承的保持架及倒角等可省略不画。规定画法一般绘制在轴的一

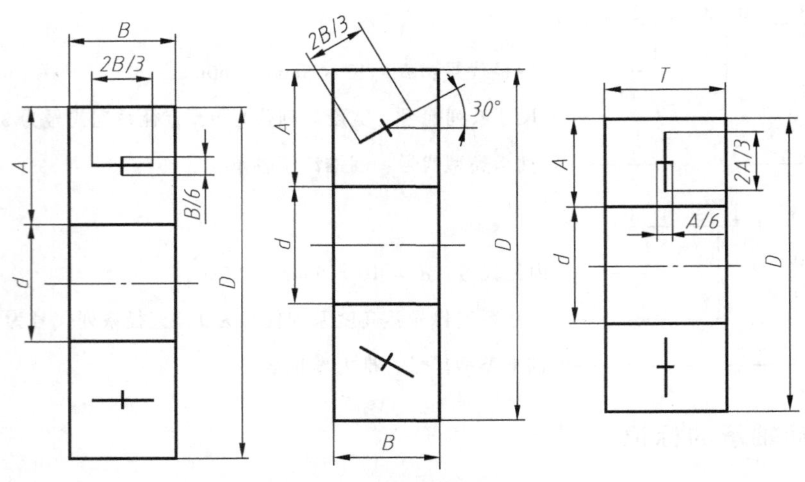

图 5-38　滚动轴承特征画法

侧，另一侧可按通用画法绘制，如图 5-39 所示。

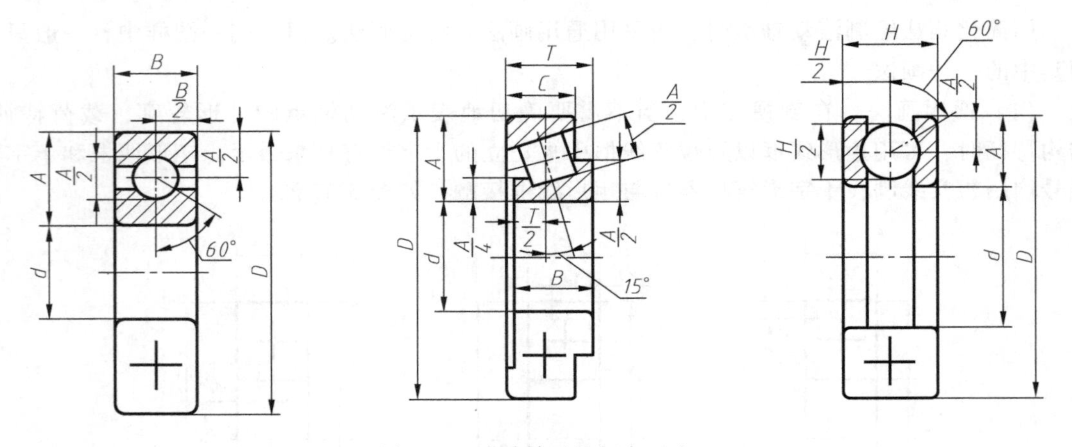

图 5-39　滚动轴承的规定画法

【任务实施】

1）分析滚动轴承代号的含义。

2）查表 5-8 和表 5-9 确定滚动轴承的各部分尺寸。

3）采用规写画法画出滚动轴承。

4）采用特征画法画出滚动轴承。

【拓展提高】

1）解释滚动轴承 6005 的含义，并分别采用规定画法和特征画法画出 6005 的滚动轴承的图样。

2）解释滚动轴承 30304 的含义，并分别采用规定画法和特征画法画出 30304 的滚动轴承的图样。

表 5-8　深沟球轴承（摘自 GB/T 276—2013）

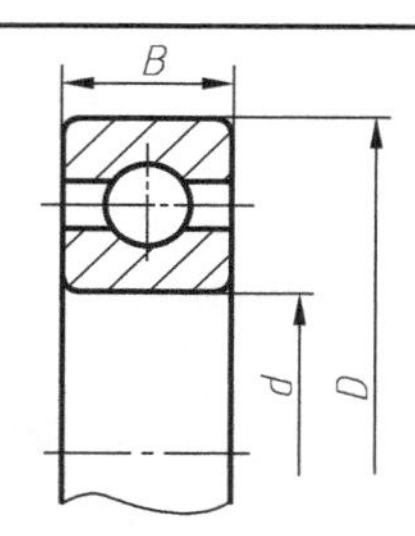

类型代号 6
代号示例
尺寸系列代号为(02)、内径代号为 06 的深沟球轴承:6206

轴承型号		外形尺寸/mm			轴承型号		外形尺寸/mm		
		d	*D*	*B*			*d*	*D*	*B*
01 系列	6004	20	42	12	04 系列	6404	20	72	19
	6005	25	47	12		6405	25	80	21
	6006	30	55	13		6406	30	90	23
	6007	35	62	14		6407	35	100	25
	6008	40	68	15		6408	40	110	27
	6009	45	75	16		6409	45	120	29
	6010	50	80	16		6410	50	130	31
	6011	55	90	18		6411	55	140	33
	6012	60	95	18		6412	60	150	35
	6013	65	100	18		6413	65	160	37
	6014	70	110	20		6414	70	180	42
	6015	75	115	20		6415	75	190	45
	6016	80	125	22		6416	80	200	48

表 5-9　圆锥滚子轴承（摘自 GB/T 297—2015）

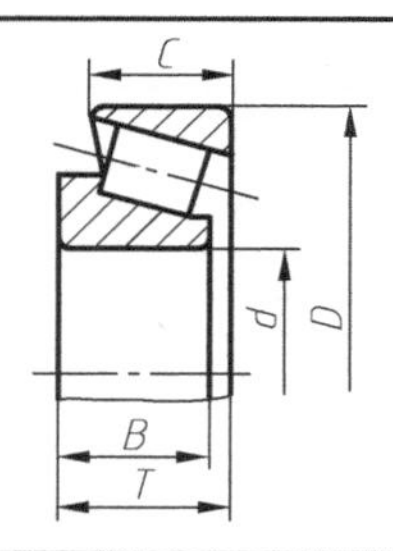

类型代号 3
代号示例
尺寸系列代号为 03、内径代号为 12 的圆锥滚子轴承:30312

轴承型号		外形尺寸/mm					轴承型号		外形尺寸/mm				
		d	*D*	*T*	*B*	*C*			*d*	*D*	*T*	*B*	*C*
03 系列	30304	20	52	16.25	15	13	23 系列	32304	20	52	22.25	21	18
	30305	25	62	18.25	17	15		32305	25	62	25.25	24	20
	30306	30	72	20.75	19	16		32306	30	72	28.75	27	23
	30307	35	80	22.75	21	18		32307	35	80	32.75	31	25
	30308	40	90	25.25	23	20		32308	40	90	35.25	33	27
	30309	45	100	27.25	25	22		32309	45	100	38.25	36	30
	30310	50	110	29.25	27	23		32310	50	110	42.25	40	33
	30311	55	120	31.50	29	25		32311	55	120	45.50	43	35
	30312	60	130	33.50	31	26		32312	60	130	48.50	46	37
	30313	65	140	36	33	28		32313	65	140	51	48	39
	30314	70	150	38	35	30		32314	70	150	54	51	42
	30315	75	160	40	37	31		32315	75	160	58	55	45
	30316	80	170	42.50	39	33		32316	80	170	61.50	58	48

单元六

零件图的绘制

课题一　轴套类零件图的识读与绘制

零件图的作用和内容相关知识，识读和绘制零件图的方法。

【技能要求】

能够识读和绘制中等复杂程度的轴套类零件图，正确、完整、清晰、合理地标注零件图的尺寸，标注和识读零件图的尺寸公差和表面粗糙度等技术要求。

【任 务 书】

编号	任务	教学时间
6-1-1	轴套类零件表达方案的选择	2 学时
6-1-2	轴套类零件图的识读与绘制	4 学时

任务一　轴套类零件表达方案的选择

【学习目标】

1）了解轴套类零件的结构特点。
2）掌握轴套类零件的表达方案。
3）掌握轴套类零件的读图方法。

【任务描述】

通过识读图 6-1 所示齿轮轴的零件图，能够识读中等复杂程度的轴套类零件图，具备识图和绘图的能力。

【任务分析】

通过齿轮轴零件图的识读，学会读零件图的步骤，分析表达方案，分析尺寸、技术要求等。

【知识链接】

1. 轴套类零件的结构特点

轴类零件一般是由同一轴线、不同直径的圆柱体（或圆锥体）所构成，图6-1所示为齿轮轴的立体图。轴类零件一般设有键槽、砂轮越程槽（或退刀槽）。为使传动件或轴承在轴上定位，有时还要设置挡圈槽、销孔、螺纹等标准结构，还有倒角、中心孔等工艺结构。

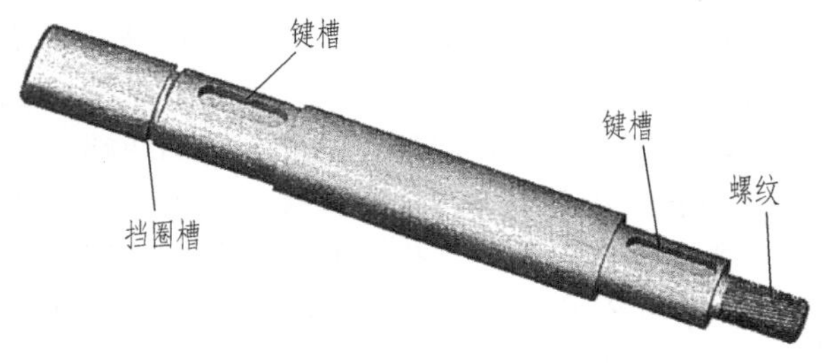

图6-1　齿轮轴的立体图

2. 轴套类零件的表达方案

轴套类零件一般在车床上加工，所以应按形状特征和加工位置确定主视图，将轴线水平放置，大头在左，小头在右。轴套类零件的主要结构形状是回转体，一般只画一个主要视图。如键、螺纹退刀槽、砂轮越程槽和螺纹孔等可以用局部剖视、断面、局部视图和局部放大图等加以补充。对形状简单且较长的零件还可以采用断面图的方法表示。

对于空心套零件，则需要剖开表达它的内部结构形状，外部结构形状简单的可采用全剖视，外部较复杂的则用半剖视（或局部剖视），内部简单的也可不剖或采用局部剖视。

图6-2所示为轴的零件图，采用一个基本视图及一系列尺寸就能表达轴的主要形状及尺寸，轴上的键槽等采用移出断面图，既表达了它们的形状，又便于标注尺寸。其他局部结构，如砂轮越程槽等采用局部放大图来表达，中心孔采用局部剖视图来表达。

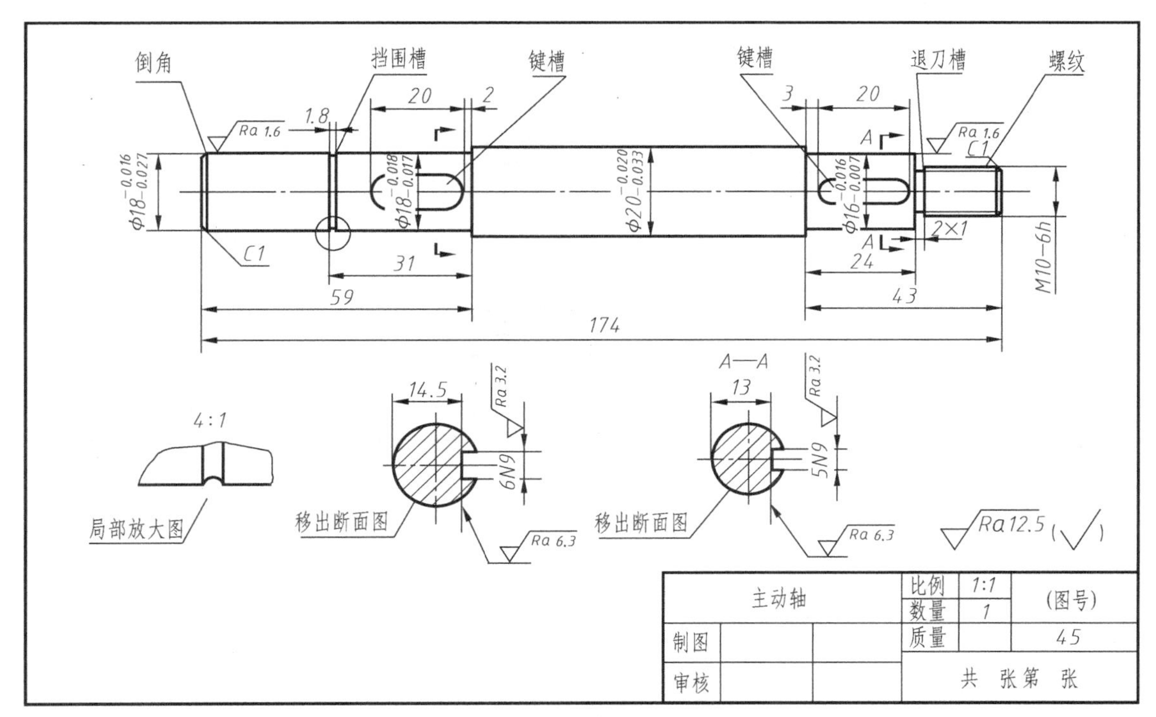

图6-2　主动轴零件图

3. 轴套类零件尺寸标注

1）轴套类零件的尺寸分径向尺寸（即高度尺寸与宽度尺寸）和轴向尺寸。径向尺寸表示轴上各回转体的直径，它以水平放置的轴线作为径向尺寸基准，重要的安装端面（轴肩），如轴的右端面是轴向尺寸基准。轴的两端一般作为辅助尺寸基准（测量基准）。

2）功能尺寸必须直接标注出来，其余尺寸多按加工顺序标注。

3）为了使图样清晰和便于测量，在剖视图上内外结构形状的尺寸分开标注。

4）零件上的结构，如倒角、退刀槽、砂轮越程槽、键较多，应按国家标准要求标注，见表6-1。平键及键槽各部分尺寸的规定见表6-2。

表6-1 常见结构的表达方法及标准

结构名称	表达方法	标准代号
倒角、倒圆	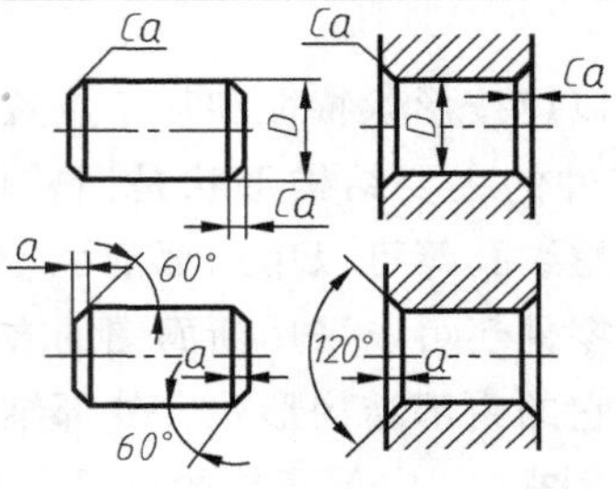 倒角 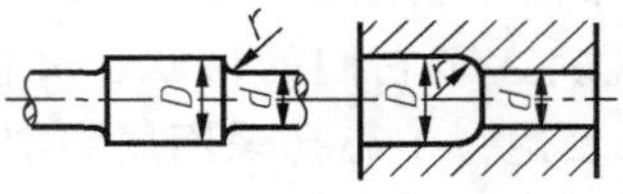 倒圆	GB/T 6403.4—2008
磨圆、磨端面	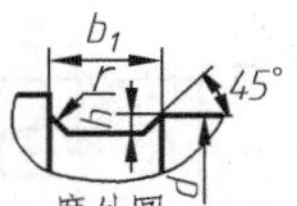 磨外圆 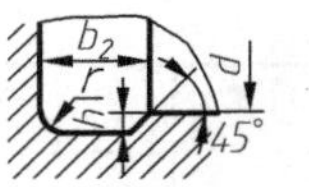　磨内圆 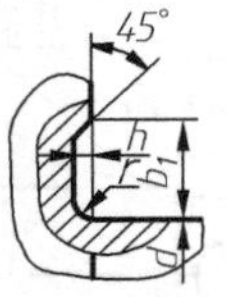　磨外端面 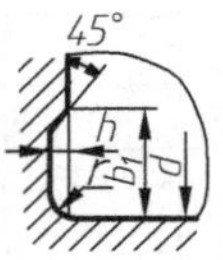磨内端面 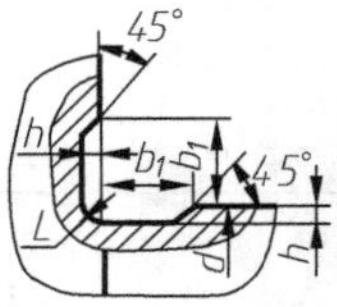　磨外圆及端面 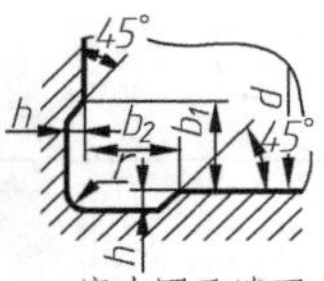　磨内圆及端面	GB/T 6403.4—2008
中心孔	 GB/T 4459.5—B2.5/B 保留中心孔 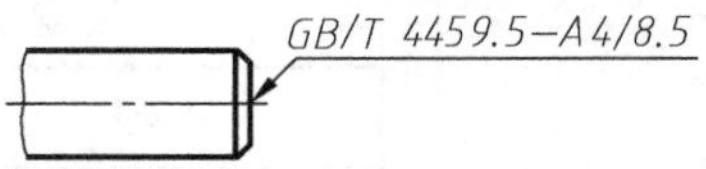 GB/T 4459.5—A4/8.5 是否保留都可以  GB/T 4459.5—A1.6/3.35 不保留中心孔	GB/T 4459.5—1999

表 6-2 平键及键槽各部分尺寸

轴径	键	键槽											
公称直径 *d*	公称尺寸 *b*×*h*	宽度						深度				中径 *r*	
		b	偏差					轴 *t*		轴 t_1			
			较松		一般		较紧						
			轴 H9	毂 D10	轴 N8	毂 JS9	轴数 P9	公称尺寸	极限偏差	公称尺寸	极限偏差	最大值	最小值
6~8	2×2	2	+0. 025 0	+0. 06 +0. 02	-0. 004 -0. 029	±0. 0125	-0. 006 -0. 031	1. 2	+0. 1 0	1	+0. 1 0	0. 08	0. 16
>8~10	3×3	3						1. 8		1. 4			
>10~12	4×4	4	+0. 03 0	+0. 078 +0. 03	0 -0. 03	±0. 015	-0. 012 -0. 042	2. 5		1. 8			
>12~17	5×5	5						3. 0		2. 3		0. 16	0. 25
>17~22	6×6	6						3. 5		2. 8			
>22~30	8×7	8	+0. 036 0	+0. 098 +0. 04	0 -0. 036	±0. 018	-0. 015 -0. 051	4. 0	+0. 2 0	3. 3	+0. 2 0		
>30~38	10×8	10						5. 0		3. 3			
>38~44	12×8	12	+0. 043 0	+0. 12 +0. 05	0 -0. 043	±0. 0215	-0. 018 -0. 061	5. 0		3. 3		0. 25	0. 40
>44~50	14×9	14						5. 5		3. 8			
>50~58	16×10	16						6. 0		4. 3			
>58~65	18×11	18						7. 0		4. 4			
>65~75	20×12	20	+0. 052 0	+0. 149 +0. 065	0 -0. 052	±0. 026	-0. 022 -0. 074	7. 5		4. 9		0. 40	0. 60
>75~85	22×14	22						9. 0		5. 4			
>85~95	25×14	25						9. 0		5. 4			
>95~110	28×16	28						10. 0		6. 4			
>110~130	32×18	32	+0. 062 0	+0. 18 +0. 08	0 -0. 062	±0. 031	-0. 026 -0. 088	11. 0		7. 4			
>130~150	36×20	36						12. 0	+0. 3 0	8. 4	+0. 3 0	0. 70	1. 00
>150~170	40×22	40						13. 0		9. 4			
>170~200	45×25	45						15. 0		10. 4			
>200~230	50×28	50						17. 0		11. 4			
>230~260	56×32	56	+0. 074 0	+0. 22 +0. 1	0 -0. 074	±0. 037	0. 032 -0. 106	20. 0		12. 4		1. 20	1. 60
>260~290	63×32	63						20. 0		12. 4			
>290~330	70×36	70						22. 0		14. 4			
>330~380	80×40	80						25. 0		15. 4		2. 00	2. 50
>380~440	90×45	90	+0. 087 0	+0. 26 +0. 12	0 -0. 087	±0. 0135	-0. 037 -0. 124	28. 0		17. 4			
>440~500	100×50	100						31. 0		19. 5			

4. 轴套类零件技术要求

1）有配合要求的表面，表面粗糙度值比较低；无配合要求的表面，其表面粗糙度值较高。

2）有配合关系的外圆和内孔应标注出直径尺寸的极限偏差。与标准化结构（如齿轮、蜗杆等）有关的轴孔，或与标准化零件配合的轴孔尺寸的极限偏差应符合标准化结构或零件的要求。如与滚动轴承配合的轴的公差带应按国家标准选用，与滚动轴承配合的孔的公差带应按国家标准选用。

3）重要阶梯轴的轴向位置尺寸或长度尺寸应标注出极限偏差值，如装配尺寸链的长度和轴向位置尺寸等。

4）有配合关系的轴孔和端面应标注出必要的形状和位置公差，如圆柱表面的圆度、圆柱度，轴线间的同轴度、平行度，定位轴肩的平面度以及对轴线的垂直度等。

5）提出必要的热处理要求、检验要求以及其他技术要求。

【任务实施】

轴类零件的主视图按加工位置选择，一般将轴线水平放置，垂直轴线方向作为主视图的投射方向，使它符合车削和磨削的加工位置，如图 6-2 所示。主视图清楚地反映了阶梯轴的各段形状及相对位置，也反映了轴上各局部结构的轴向位置。轴上的局部结构，一般采用断面图、局部剖视图、局部放大图和局部视图来表达；用移出断面图反映键槽的深度，用局部放大图表达挡圈槽的结构。

【拓展提高】

用 AutoCAD 软件绘制本任务零件图。

任务二　轴套类零件图的识读与绘制

【学习目标】

掌握轴套类零件的识读方法。

【任务描述】

通过绘制图 6-3 所示齿轮轴的零件图，能够绘制中等复杂程度的轴套类零件图，正确标注零件图的尺寸、尺寸公差和表面粗糙度等技术要求，培养识图和绘图的能力。

【任务分析】

1. 分析表达方案

该零件由主视图和移出断面图组成，轮齿部分用局部剖视图来表达。最大直径圆柱上制有轮齿，最右端圆柱上有一个键槽，零件两端及轮齿两端都有倒角，*C*、*D* 两端面处有砂轮越程槽。移出断面图用于表达键槽深度和进行相关标注。

2. 分析尺寸

齿轮轴中两个 ϕ35k6 轴段及 ϕ20r6 轴段用于安装滚动轴承及联轴器，径向尺寸的基准是齿轮轴的轴线。端面 *C* 用于安装挡油环及作轴向定位，所以端面 *C* 是长度方向的主要尺寸

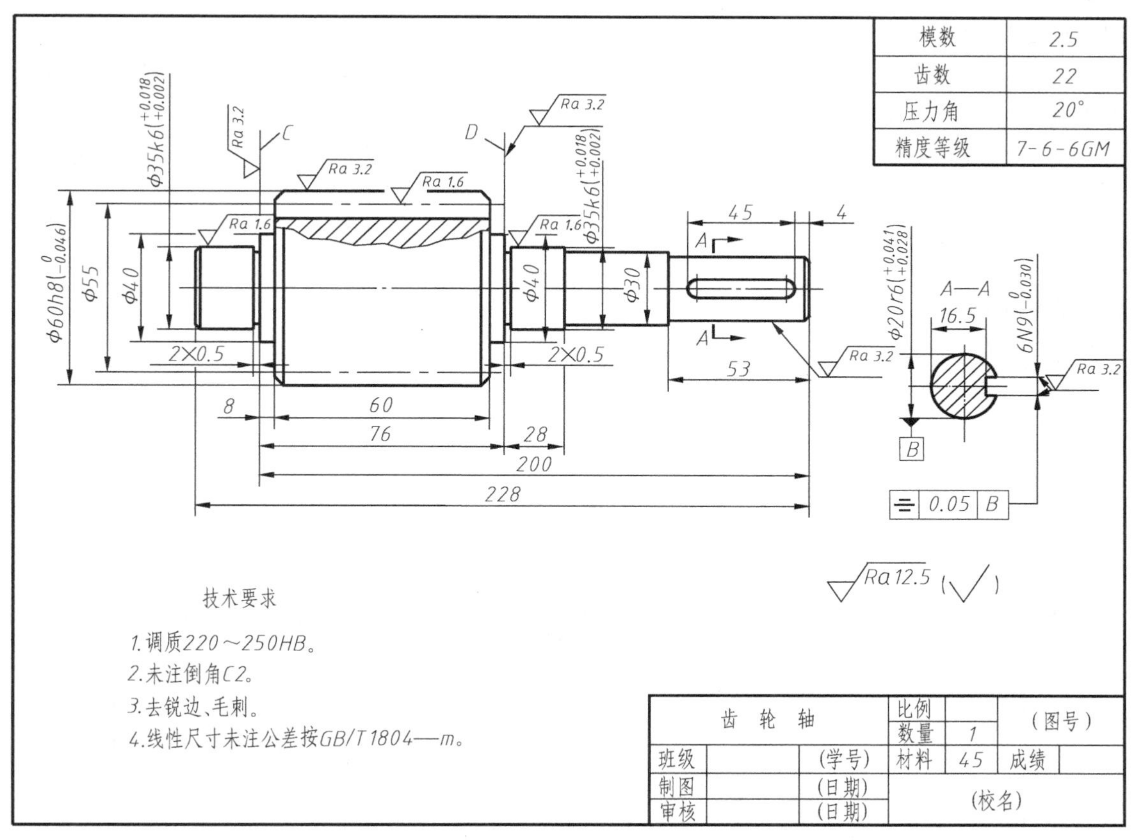

图 6-3　齿轮轴

基准，注出了尺寸 2、8、76 等。端面 *D* 是长度方向的第一辅助尺寸基准，注出了尺寸 2、28。齿轮轴的右端面是长度方向尺寸的另一辅助基准，注出了尺寸 4、53 等。键槽长度 45、齿轮宽度 60 等是轴向的重要尺寸，已直接注出。

3. 分析技术要求

两个 $\phi35$ 及 $\phi20$ 的轴颈处有配合要求，尺寸精度较高，均为 6 级公差，相应的表面粗糙度值也较小，分别为 $Ra1.6\mu m$ 和 $Ra3.2\mu m$；对键槽提出了对称度要求；对热处理、倒角、未注尺寸公差等提出了 4 项技术要求。

通过上述看图分析，对齿轮轴的作用、结构形状、尺寸、主要加工方法及加工中的主要技术要求都有了较清楚的认识。综合起来，即可得出齿轮轴的总体印象，如图 6-4 所示。

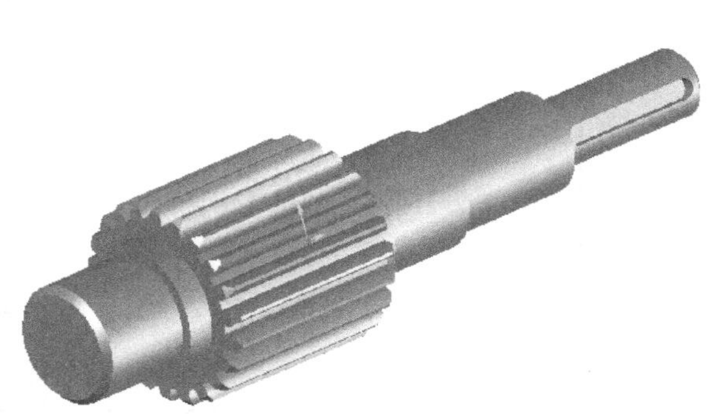

图 6-4　齿轮轴的立体图（AR 立体扫描）

【任务实施】

画出图 6-3 所示齿轮轴的零件图。

（1）看标题栏　由标题栏可知，零件

名称为齿轮轴，属于轴套类零件。材料为45钢，比例为1∶2。从零件的名称分析它的功用，由此可对零件有个概括的了解。

(2) 分析视图　根据视图的布置和有关的标注，首先找到主视图，接着根据投影规律，看懂其他各视图以及所采用的各种表达方法。

(3) 看尺寸标注　看懂图样上标注的尺寸很重要，轴套类零件的主要尺寸是径向尺寸和轴向尺寸。

(4) 看技术要求

【拓展提高】

用AutoCAD软件把本任务中的零件画出来。

【实战演练】

读图6-5所示交换齿轮轴零件图并回答问题。

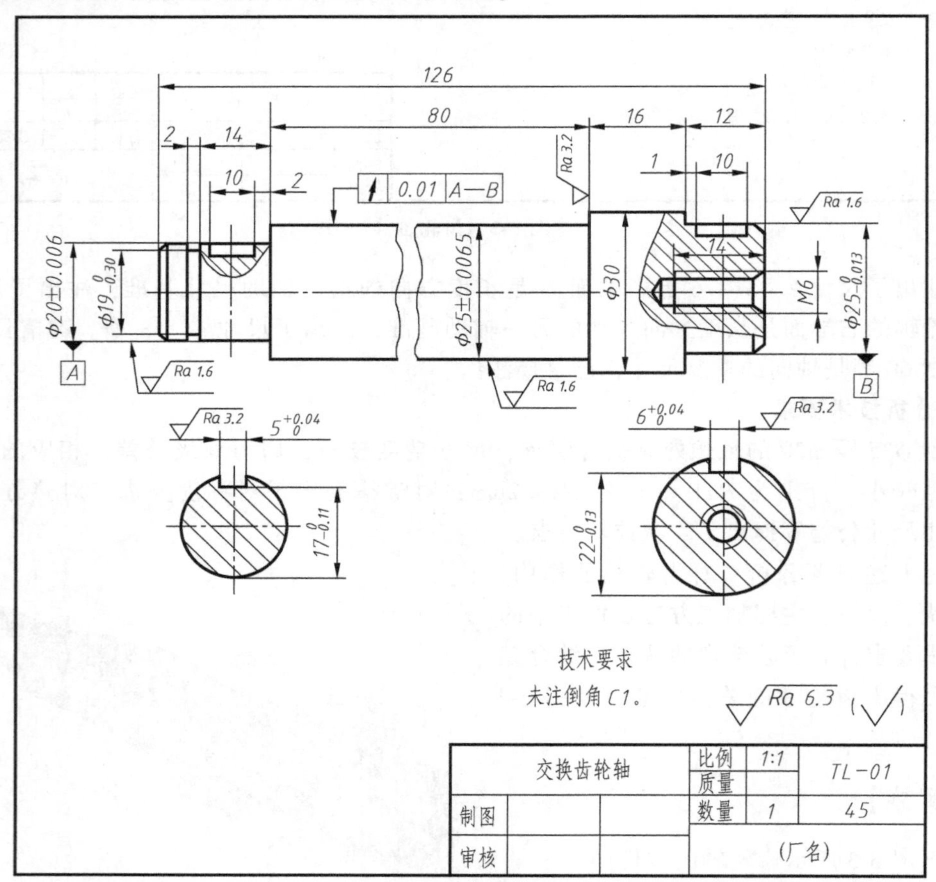

图6-5　交换齿轮轴

1）该零件的名称是＿＿＿＿＿＿＿，材料是＿＿＿＿＿，比例是＿＿＿＿＿。

2）该零件共采用＿＿＿＿＿＿个图形来表达，主视图中共有＿＿＿＿＿＿处作了＿＿＿＿＿＿＿，并采用了＿＿＿＿＿画法，另两个图形的名称是＿＿＿＿＿＿＿。

3）在轴的右端有一个＿＿孔，其大径是＿＿＿＿，螺孔深度是＿＿＿＿，旋向是＿＿＿＿。

4）在轴的左端有一个键槽，其长度是＿＿＿＿＿，宽度是＿＿＿＿＿，深度是＿＿＿＿＿，定位尺寸是＿＿＿＿＿，键槽两侧面的表面粗糙度值是＿＿＿＿＿。

5）尺寸 $\phi 25 \pm 0.0065$ 的公称尺寸是＿＿＿＿＿，上极限尺寸是＿＿＿＿＿，下极限尺寸是＿＿＿＿＿，公差值是＿＿＿＿＿。

6）图中未注倒角的尺寸是＿＿＿＿，未注表面粗糙度符号的表面其 Ra 值是＿＿＿＿ μm。

课题二　轮盘类零件图的识读与绘制

【知识要点】

1）轮盘类零件的结构特点。

2）轮盘类零件的表达方案。

3）轮盘类零件的读图方法。

【技能要求】

能够识读中等复杂程度的轮盘类零件图，正确、完整、清晰、合理地标注零件图的尺寸、尺寸公差和表面粗糙度等技术要求。

【任务书】

编号	任务	教学时间
6-2-1	任务一　轮盘类零件表达方案的选择	2 学时
6-2-2	任务二　轮盘类零件图的识读与绘制	2 学时

任务一　轮盘类零件表达方案的选择

【学习目标】

了解轮盘类零件图的结构特点及表达方案，能绘制轮盘类零件图并合理地标注尺寸。

【任务描述】

通过识读图 6-6 所示盘盖类零件，能够识读中等复杂程度的轮盘类零件图，具备识图和绘图的能力。

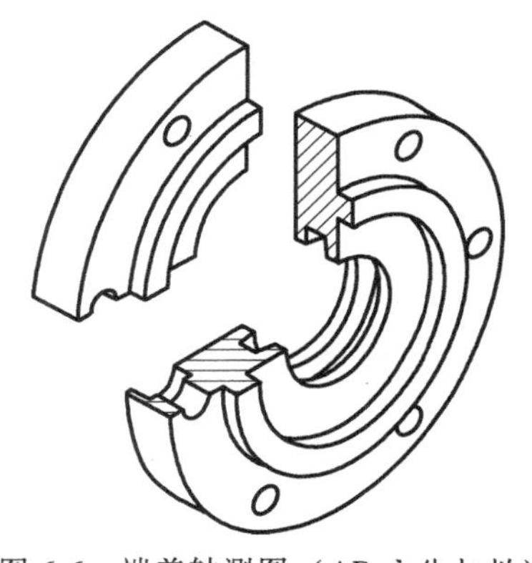

图 6-6　端盖轴测图（AR 立体扫描）

【任务分析】

通过轮盖类零件图的识读，学会读零件图的步骤，分析表达方案，尺寸、技术要求等。

【知识链接】

1. 轮盘类零件的结构特点

轮盘类零件包括手轮、带轮、端盖、盘座等，主要结构是由同一轴线不同直径的若干回转体组成，这一特点与轴类零件类似，但其径向尺寸远大于轴向尺寸。

2. 轮盘类零件的表达方案

1）轮盘类零件主要在车床上加工，主视图将轴线水平放置，采用单一剖切平面剖得全剖视图，表达各孔深度情况；左视图采用基本视图，表达各孔的分布位置。

2）轮盘类零件的其他结构形状，如轮辐，可用移出断面图或重合断面图表示。

3）根据轮盘类零件的结构特点，若视图具有对称平面时，可作半剖视；无对称平面时，可作全剖视。

3. 轮盘类零件的尺寸标注

1）轮盘类零件的宽度和高度方向以回转轴线为主要基准，长度方向的主要基准一般选择经过加工的大端面。图 6-7 所示泵盖是选用右端面作为长度方向的尺寸基准，由此注出 7、45 等尺寸。

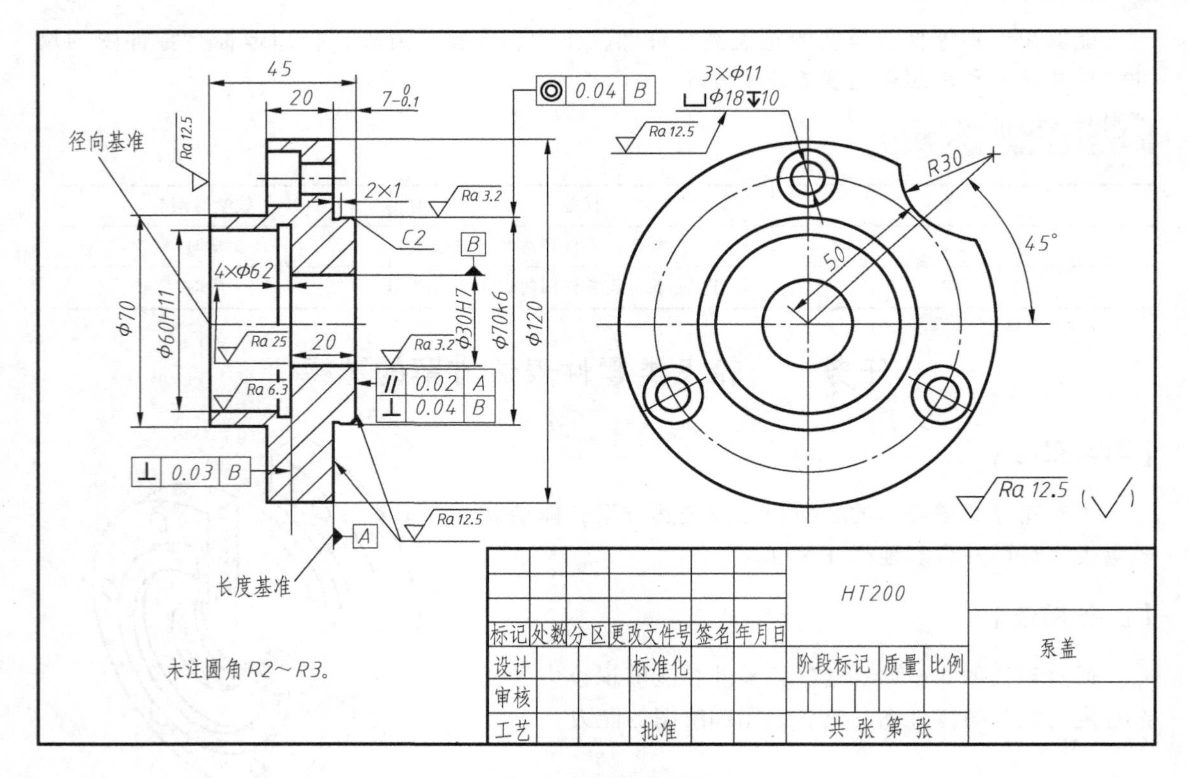

图 6-7　泵盖零件图

2）定形尺寸和定位尺寸需标注清楚，尤其是在圆周上分布小孔的定位圆直径是这类零件的典型定位尺寸，多个小孔一般采用如“6×Φ10EQS”形式标注，如果均布很明显，EQS也可不加标注。

3）内外结构形状应分开标注。

4. 轮盘类零件技术要求

1）凡是有配合要求的内、外圆表面，都应有尺寸公差。

2）轮盘类零件常用的毛坯有铸件和锻件，铸件以灰铸铁居多，常用材料为HT100、HT200等，也有采用非铁金属材料的，常用的有铝合金。对于铸造毛坯，一般应进行时效热处理，以消除内应力，并要求铸件不得有气孔、缩孔、裂纹等缺陷；对于锻件，则应进行正火或退火热处理，不能有锻造缺陷。

【任务实施】

1. 本任务中零件图的结构特点

轮盘类零件的基本形状是扁平的盘状，主体部分多为回转体，如图6-8所示，材料是HT200。

2. 本任务中零件图的表达方法

根据轮盘类零件的结构特点，主要加工表面以车削为主，因此在表达这类零件时，其主视图是将轴线水平放置，用全剖视图来表达。如图6-8所示，采用一个全剖的主视图基本上清楚地表达了端盖的结构。另外，采用一个局部放大图，用以表达密封槽的结构，便于标注密封槽的尺寸。

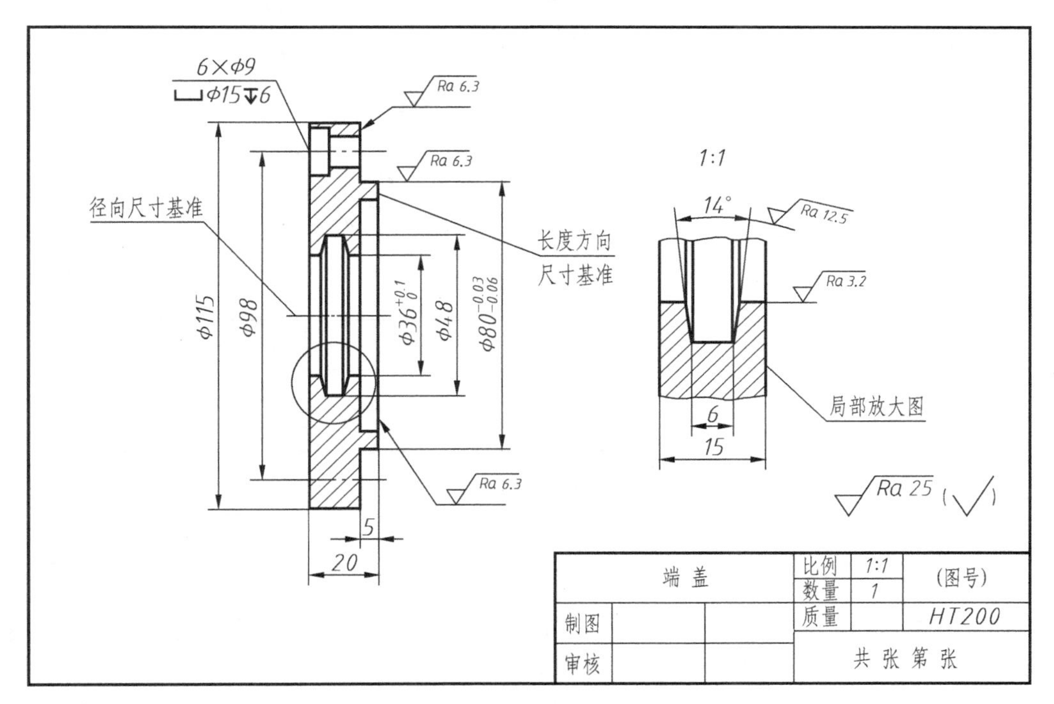

图6-8 端盖零件

【拓展提高】

用 AutoCAD 软件将本任务中的端盖零件画出来。

【实战演练】

读图 6-9 所示压紧盖零件图并回答问题。

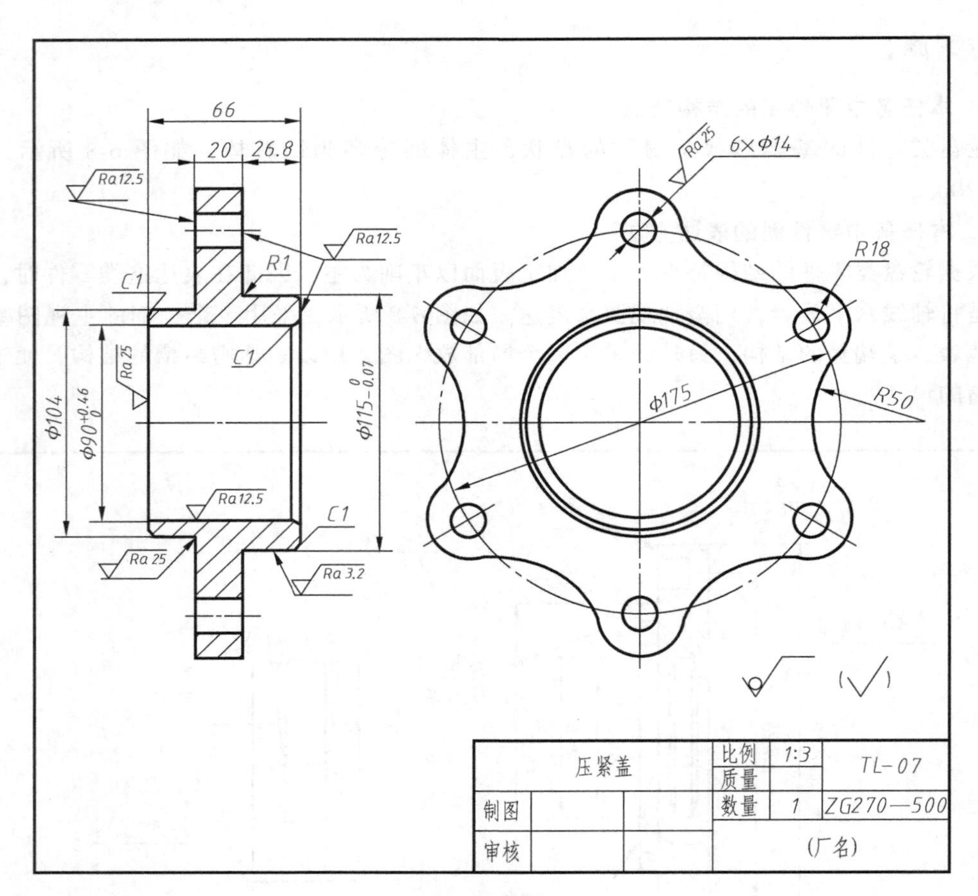

图 6-9　压紧盖

1）该零件的名称是________，材料是________，比例是________，属于________比例。

2）该零件的外形轮廓由________段圆弧连接而成，已知圆弧的半径是________，定位尺寸是________圆周的六等分，连接圆弧的半径是________。

3）尺寸 6×ϕ14 表示有________个直径是________的通孔。

4）该零件上有________处倒角，其倒角尺寸是________。

5）该零件表面粗糙度 *Ra* 值要求最小的是________，最大的是________，表面粗糙度代号是________。

6）该零件的总体尺寸中长为________，宽和高均为________。

任务二　轮盘类零件图的识读与绘制

【学习目标】

掌握轮盘类零件的读图方法。

【任务描述】

通过绘制图 6-10 所示阀盖零件图，能够绘制中等复杂程度的轮盘类零件图，正确标注零件图的尺寸、尺寸公差和表面粗糙度等技术要求，培养识图和绘图的能力。

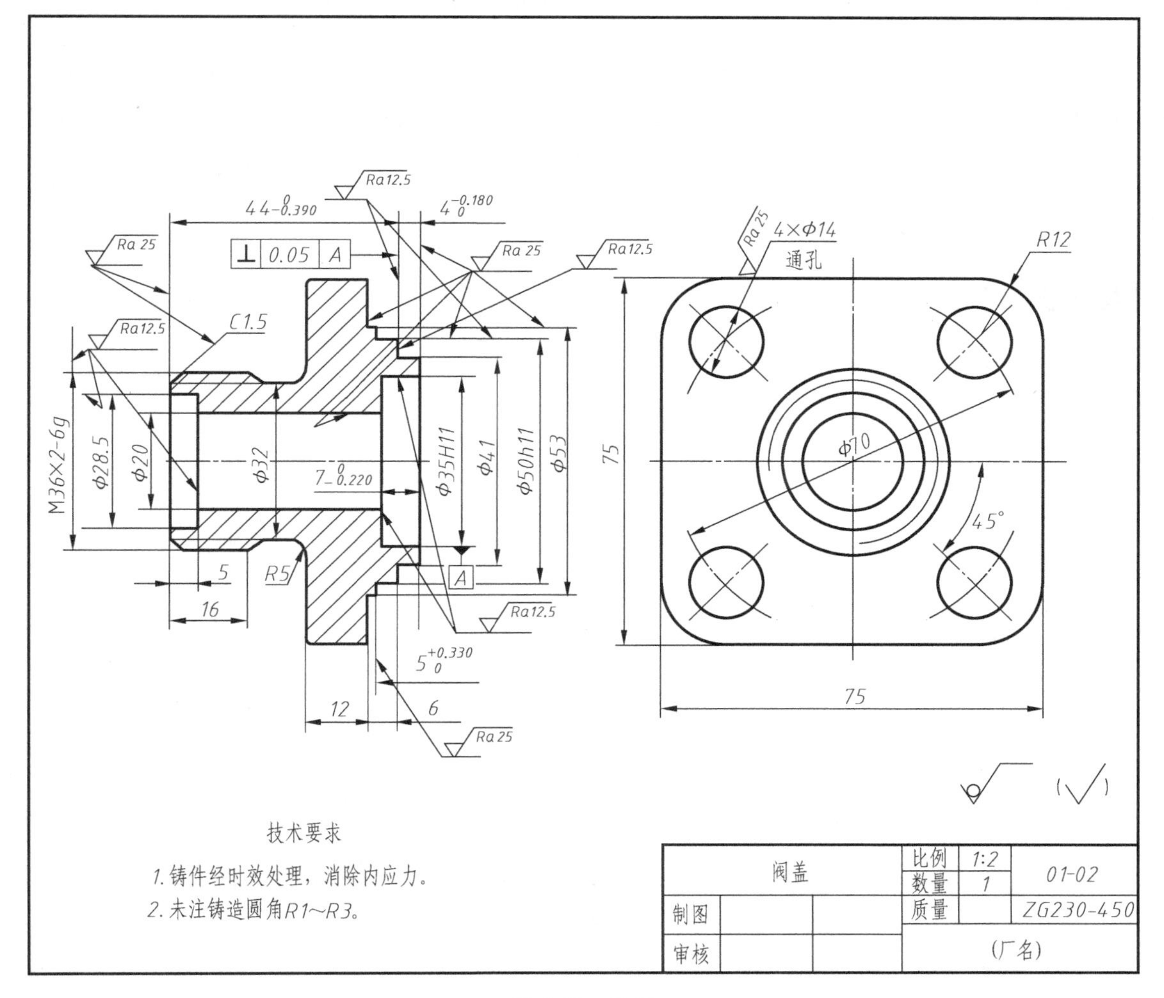

图 6-10　阀盖

【任务分析】

通过阀盖零件图的识读，掌握识读零件图的步骤，分析表达方案、尺寸、技术要求等。

【任务实施】

（1）看标题栏　从标题栏中的零件名称“阀盖”可知，该零件属于盘盖类零件；材料为ZG230—450；1件说明每台球阀部件上需要一个阀盖；图样的比例是1∶2，说明实物大小比图上大一倍。

（2）根据投影规律分析图形　本零件图采用主、左视图表达，主视图采用全剖视，反映出阀盖的内部结构，左端有外螺纹M36mm×2mm连接管路；左视图表达出带圆角的75mm×75mm方形凸缘和均匀布置的4个ϕ14mm通孔，用于安装连接阀盖和阀体的4个双头螺柱。

（3）看尺寸标注　选用通过轴孔的水平轴线作为径向尺寸基准，作为标注方形凸缘高、宽方向的尺寸基准。长度方向尺寸基准是重要的端面，即表面粗糙度值Ra12.5μm的右端凸缘作为长度方向的尺寸基准，由此注出4mm、44mm等尺寸。

（4）看技术要求　对于重要的端面，尺寸精度和位置精度都有要求，例如，ϕ35H11、ϕ50h11、垂直度0.05mm等；零件的接触表面也有表面粗糙度要求，例如表面粗糙度Ra12.5μm。图中还有文字表述的技术要求，例如铸件经时效处理，消除内应力；未注铸造圆角$R1\sim R3$mm。

绘制阀盖零件图。

【拓展提高】

用AutoCAD软件画出阀盖零件图。

【实战演练】

读图6-11所示卡盘零件图并回答问题。

（1）该零件的名称是________，材料是________，比例是________，公差是________，M表示________。

（2）尺寸2×M6—7H中，2表示____________________。

（3）该零件共用了__________个基本视图，其中主视图采用了__________，目的是表达__________。

（4）该零件中有一个砂轮越程槽，其定形尺寸是________，定位尺寸是________。

（5）主视图中①所指的表面是________面。

（6）该零件热处理要求是________________。

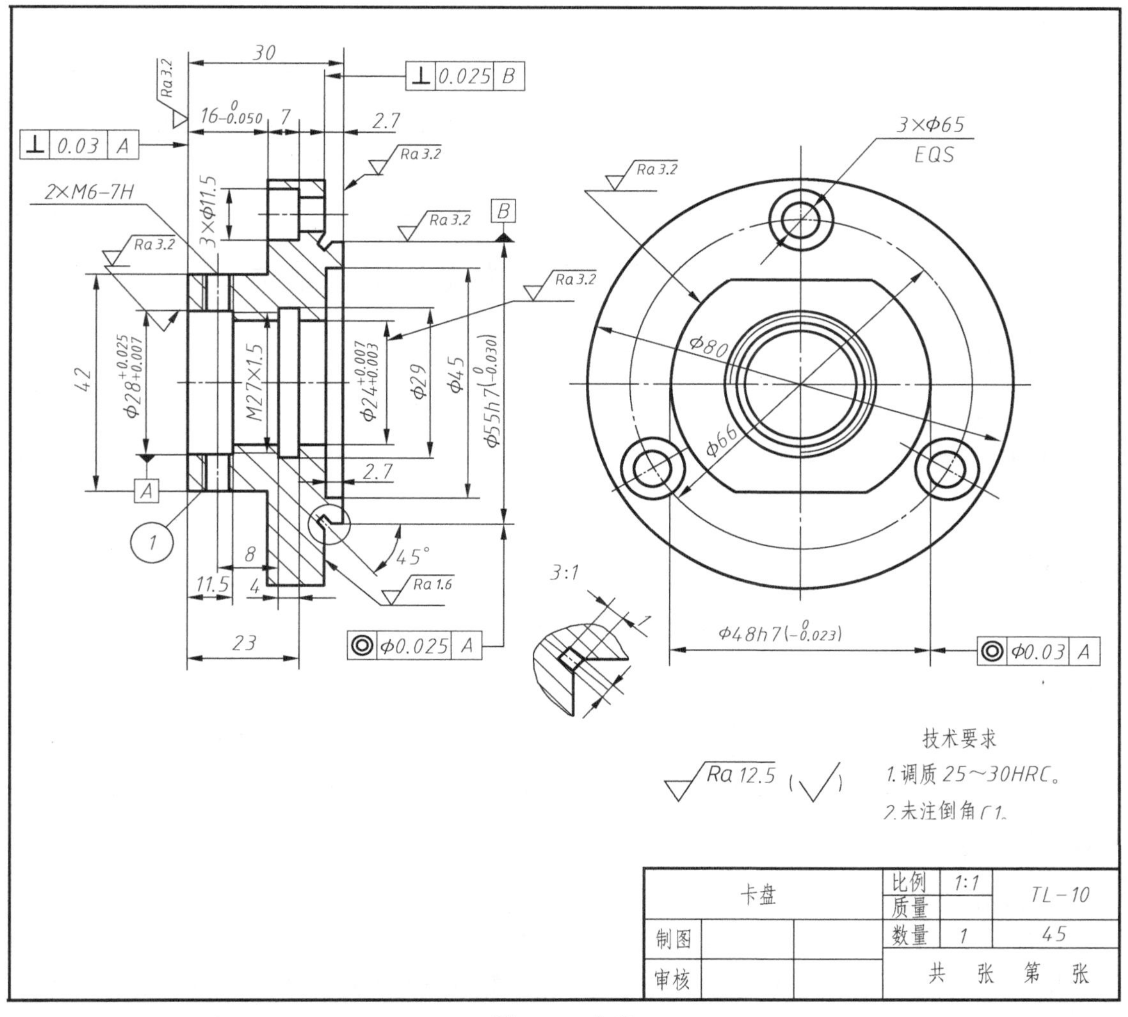

图 6-11　卡盘

课题三　零件图的识读与绘制

【知识要点】

1）零件图的常见工艺结构。

2）零件图上的技术要求。

3）零件图上的尺寸要求。

【技能要求】

能够正确、完整、清晰并合理地标注零件图的尺寸、尺寸公差和表面粗糙度等技术要求。

【任务书】

编号	任务	教学时间
6-3-1	任务一　识读零件上常见工艺结构	2学时
6-3-2	任务二　识读零件图上的技术要求	4学时
6-3-3	任务三　识读零件图上的尺寸标注	2学时

任务一　识读零件图上常见的工艺结构

【学习目标】

1）了解工艺结构的概念。

2）掌握各工艺结构的标注形式。

3）掌握工艺结构的识读方法。

【任务描述】

通过学习能够识读零件图上的各种工艺结构。

【任务分析】

零件的结构形状是根据它在机器中的作用来决定的。除了满足设计要求外，还要考虑零件在加工、测量、装配过程中的一系列工艺要求，使零件具有合理的工艺结构。

【知识链接】

1. 铸造工艺结构

铸件是用铸造方法得到的零件。铸造过程：首先根据零件的形状和大小按1：1的比例制作模型，并将模型放入砂箱、填入型砂并夯实；然后翻开上砂箱拔出模型后即形成型腔，最后将熔化的金属液体通过浇口注入型腔，直至冒口中出现金属液体为止；待金属液体冷却凝固后，去除型砂，即得到铸件，如图6-12所示。

（1）起模斜度　为了将模型从砂型中顺利取出，常在铸件内、外壁上沿起模方向设计出1：20（约3°）的斜度，即起模斜度。

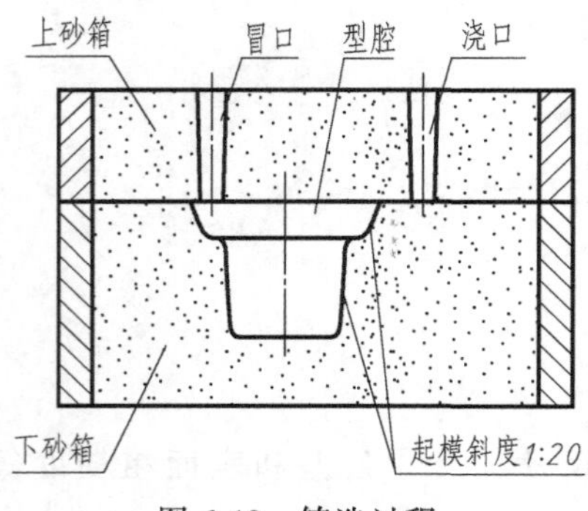

图6-12　铸造过程

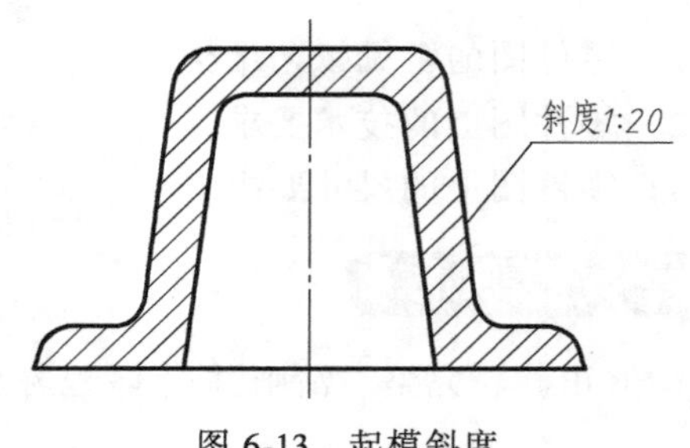

图6-13　起模斜度

由于起模斜度一般很小，零件图中可不画出、也不必标注；必要时可画出斜度并标注或者在技术要求中用文字说明。

（2）铸造圆角　为了在造型时便于起模，防止浇注的金属液体将砂型转角处冲坏，避免铸件在冷却时产生裂纹或缩孔，一般将铸件毛坯上的各种尖角制成圆角称为铸造圆角。

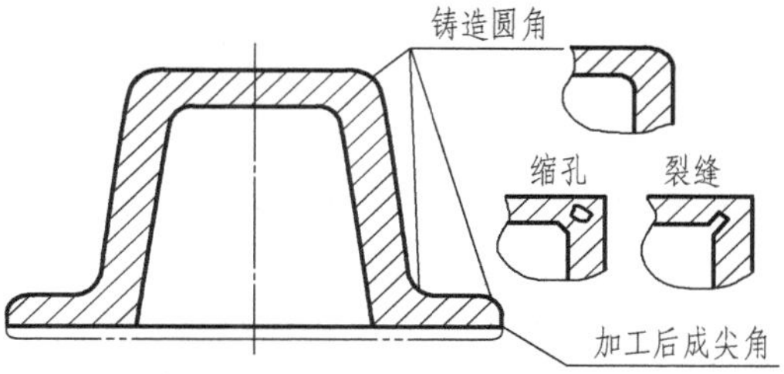

图 6-14　铸造圆角

铸造圆角在零件图上需要画出，其圆角半径要与铸件的壁厚相适应，一般为 $R3 \sim R5$mm，可标在图中或集中注写在技术要求中。当表面需要切削加工时，圆角则被削掉而成为尖角，如图 6-14 所示。

（3）铸造壁厚　为了防止铸件在浇注时因壁厚不均匀使液态金属冷却速度不同而产生缩孔、裂纹等铸造缺陷，铸件壁厚应尽量均匀或逐渐变化，如图 6-15 所示。

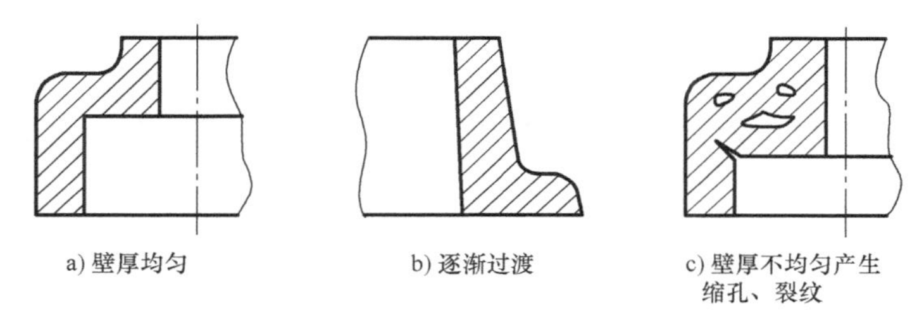

a) 壁厚均匀　b) 逐渐过渡　c) 壁厚不均匀产生缩孔、裂纹

图 6-15　铸造壁厚

（4）过渡线　由于铸件表面的转角处有圆角，因此其表面产生的交线不清晰。为了看图时便于区分不同的表面，在图中仍然画出理论上的交线，但两端不与轮廓线接触，此线称为过渡线。过渡线用细实线绘制。图 6-16 所示为两圆柱面相交的过渡线画法。

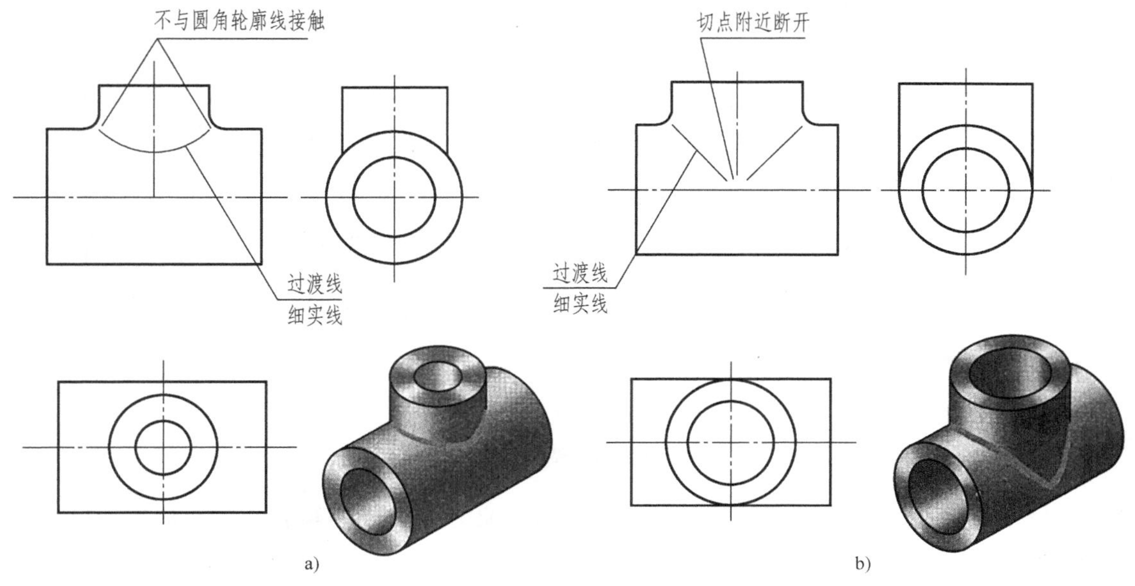

a)　b)

图 6-16　过渡线

2. 机械加工中的工艺结构

(1) 倒角和圆角　为了便于装配和安全，常在轴或孔的端部加工成倒角，常见的倒角是45°，也有30°、60°等。

为了避免因应力集中而产生裂纹，在轴肩处常加工成圆角的过渡形式，称为倒圆。倒角和圆角的尺寸注法，如图6-17所示。

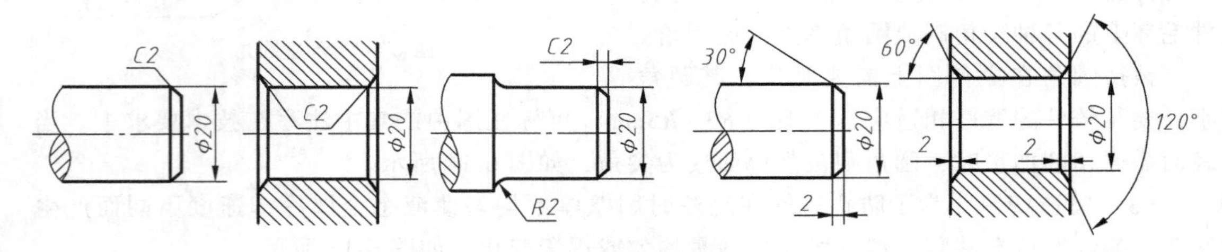

图6-17　倒角和圆角

(2) 退刀槽和砂轮越程槽　在切削或磨削加工时，为了易于退出刀具，保证加工质量，且在装配时能与相关零件靠紧，常在零件被加工表面的终止处预先加工出退刀槽或砂轮越程槽，如图6-18所示。

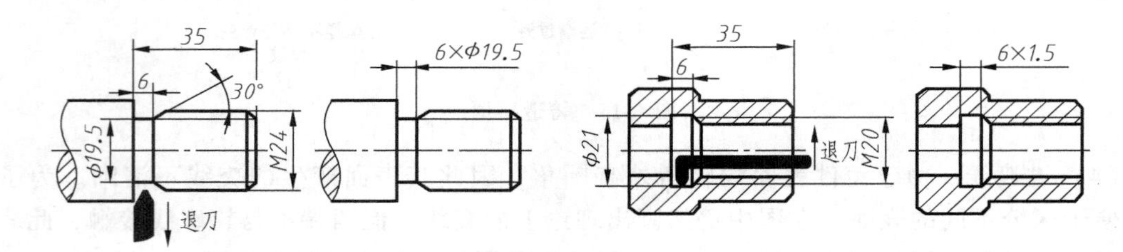

图6-18　退刀槽和砂轮越程槽

注：寸注法常按“槽宽×槽深”或“槽宽×直径”的形式集中标注。

(3) 钻孔结构　钻孔时为了避免钻头单边受力而造成弯曲或折断，钻头的轴线应垂直于钻孔零件的端面。如果钻孔处的表面为曲面或斜面，则应预先加工出与孔轴线垂直的平面、凸台或凹坑，如图6-19所示。

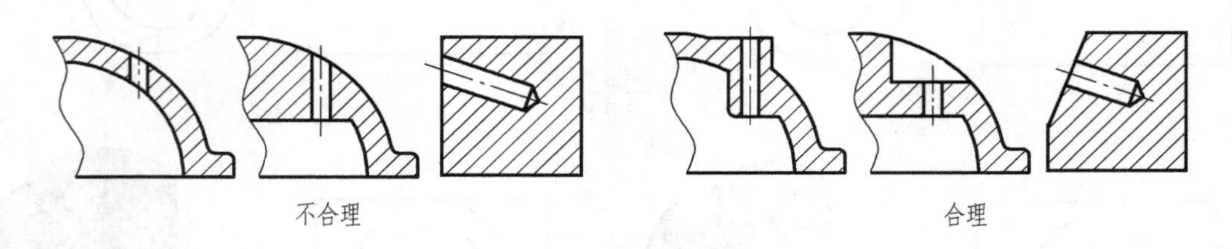

图6-19　钻孔结构

(4) 凸台和凹坑　为了保证零件表面之间接触良好，一般接触表面都要加工。但为了降低零件的制造费用，应尽量减少加工面积，因此常在铸件上设计出凸台或凹坑等结构，如图6-20所示。

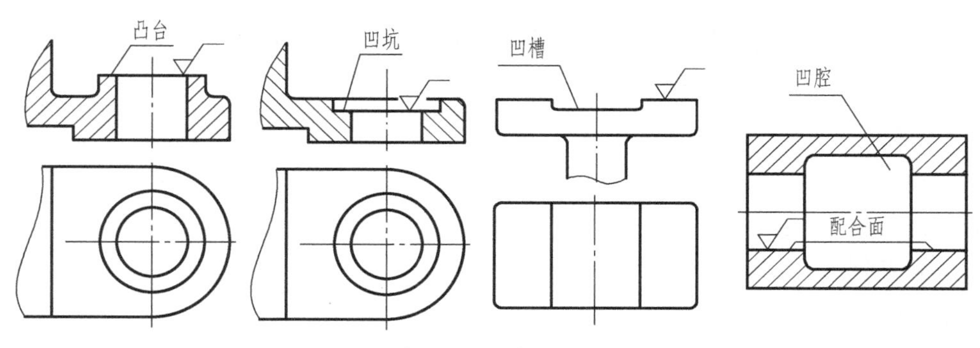

图 6-20　凸台和凹坑

【拓展提高】

1）判别图 6-21 中倒角的标注是否正确（画√或×），并说出其标注错误的原因。

2）判别图 6-22 中退刀槽的标注是否正确（画√或×），并说出其标注错误的原因。

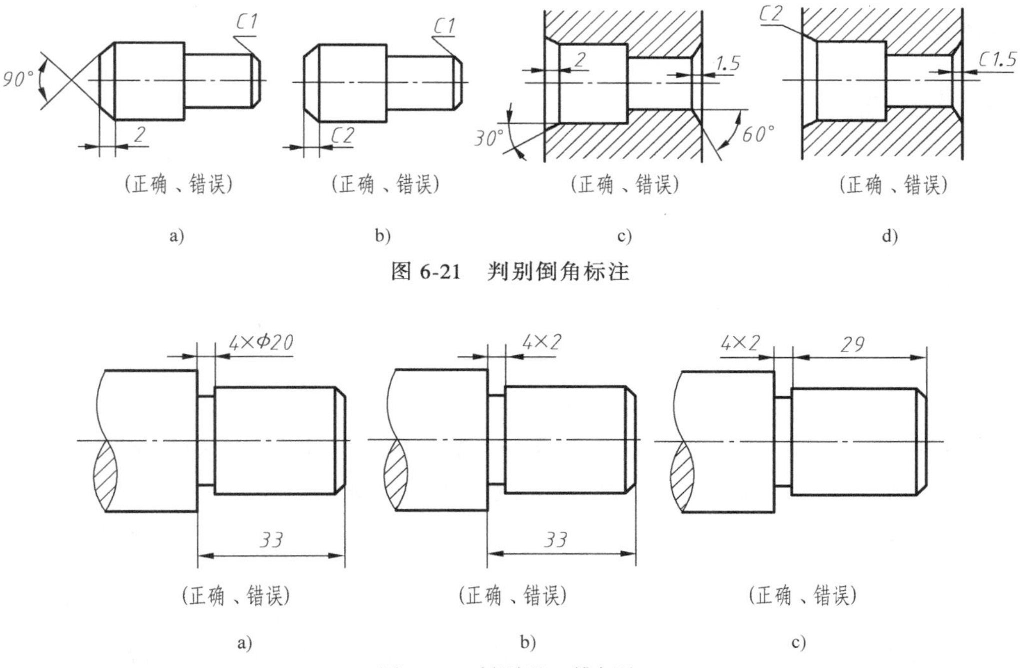

图 6-21　判别倒角标注

图 6-22　判别退刀槽标注

任务二　识读零件图上的技术要求

【学习目标】

1）了解表面结构的标注。

2）掌握极限与配合。

3）掌握几何公差。

【任务描述】

零件图中除了图形和尺寸外，还应具备加工和检验零件的技术要求。零件图的技术要求包含以下几个方面：

1）极限与配合。

2）几何公差。

3）零件的表面结构。

【知识链接】

一、极限与配合

在一批相同的零件中任取一个，不需修配便可装到机器上并能满足使用要求的性质称为互换性。零件的互换性是机械产品批量生产的前提。

1. 尺寸公差

在零件的加工过程中，不可能把零件的尺寸做得绝对准确。为了保证互换性，必须将零件尺寸的加工误差限制在一定的范围内，这个允许的尺寸变动量就是尺寸公差，简称公差。以下介绍有关公差的术语。

（1）公称尺寸　由设计人员在设计时给定的尺寸称为公称尺寸。

（2）极限尺寸　允许尺寸变化的两个界限值称为极限尺寸，较大的一个称为上极限尺寸；较小的一个称为下极限尺寸。它以公称尺寸为基数来确定。

（3）实际尺寸　实际测量时得到的尺寸称为实际尺寸。它必须在两个极限尺寸所限定的范围内，零件才是合格的。

（4）尺寸偏差　由实际尺寸减去公称尺寸所得到的代数差称为尺寸偏差，简称偏差。上极限尺寸和下极限尺寸减其公称尺寸所得到的代数差，分别称为上极限偏差和下极限偏差，统称为极限偏差。

（5）尺寸公差　尺寸公差是允许尺寸的变动量简称公差。

公差=上极限尺寸-下极限尺寸=上极限偏差-下极限偏差

孔（轴）的上极限偏差：ES（es）

孔（轴）的下极限偏差：EI（ei）

（6）公差带图　在公差分析中，常将公称尺寸、偏差和公差之间的关系形象地用图形来表示，即公差带图，如图6-23所示。

由代表上、下极限偏差的两条直线所限定的一个带状区域称为公差带。通常以零线代表

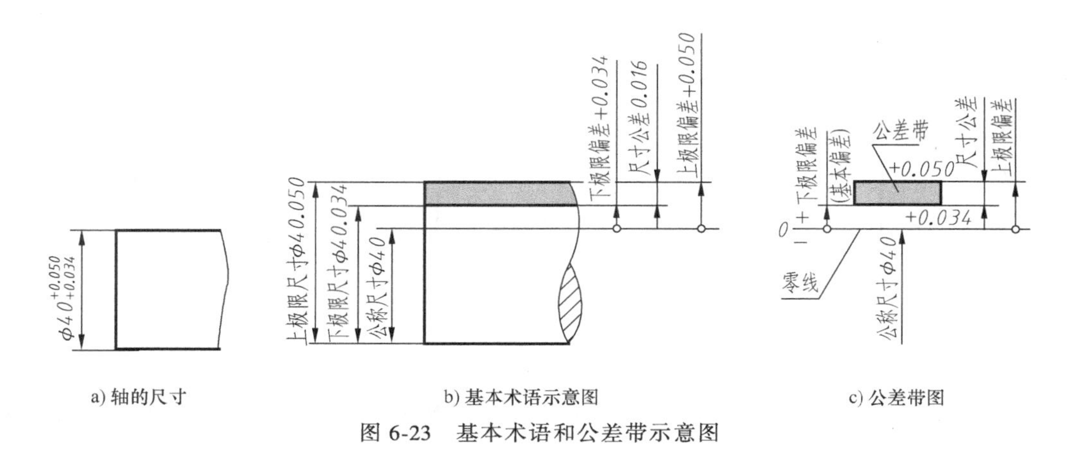

a) 轴的尺寸　　b) 基本术语示意图　　c) 公差带图

图 6-23　基本术语和公差带示意图

公称尺寸，零线以上为正偏差，零线以下为负偏差。在绘制公差带图时，可先画一条直线代表零线，然后根据尺寸偏差值的大小选择一合适的比例，按比例画出其公差带，并标注偏差值。

2. 标准公差与基本偏差

公差带是由公差带大小和公差带位置这两个要素组成的。公差带大小由标准公差确定，公差带位置由基本偏差确定。

（1）标准公差　用以确定公差带大小的任一公差。

（2）基本偏差　用以确定公差带相对零线位置的上极限偏差或下极限偏差，一般指靠近零线的那个偏差。

（3）公差带代号　由基本偏差与公差等级代号组成。

3. 配合

公称尺寸相同并且相互结合的孔和轴公差带之间的关系称为配合。配合分为间隙配合、过盈配合和过渡配合。

（1）间隙配合　孔的公差带完全位于轴的公差带之上，任取其中一对孔和轴相配都具有间隙（包括最小间隙为零）的配合。如图 6-24 所示。

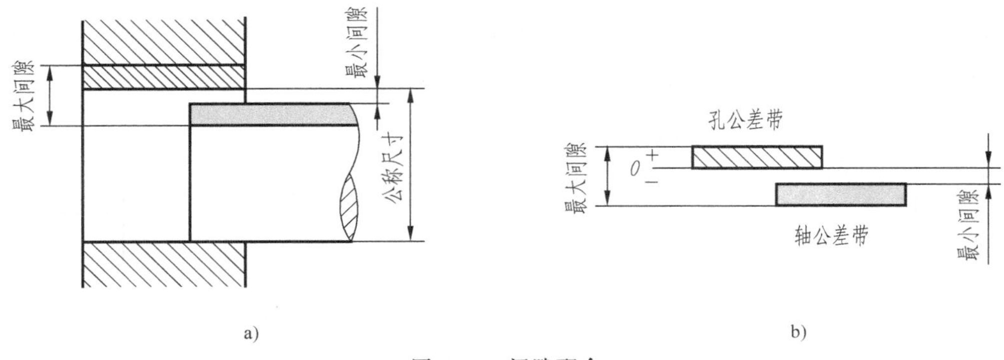

a)　　b)

图 6-24　间隙配合

（2）过盈配合　孔的公差带完全位于轴的公差带之下，任取其中一对孔和轴相配都具有过盈（包括最小过盈为零）的配合。如图 6-25 所示。

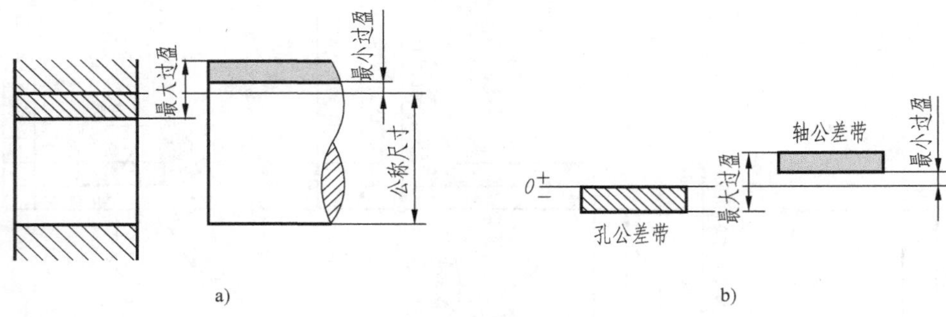

图 6-25　过盈配合

(3) 过渡配合　孔和轴的公差带相互交叠，任取其中一对孔和轴相配，可能具有间隙，也可能具有过盈的配合。如图 6-26 所示。

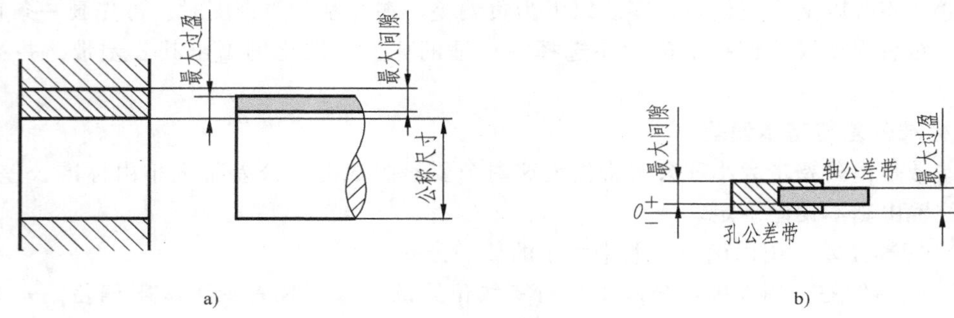

图 6-26　过渡配合

4. 配合的基准制

为了满足零件结构和工作要求，在加工制造相互配合的零件时，采取其中一个零件作为基准件，使其基本偏差不变，通过改变另一零件的基本偏差以达到不同的配合要求。国家标准规定了两种配合制。

(1) 基孔制　基本偏差为一定的孔的公差带，与不同基本偏差的轴的公差带组成各种配合的一种制度称为基孔制。这种制度在同一公称尺寸的配合中，是将孔的公差带位置固定，通过变动轴的公差带位置得到各种不同的配合，如图 6-27 所示。采用基孔制的孔称为基准孔，其下极限偏差为零，用 H 表示。

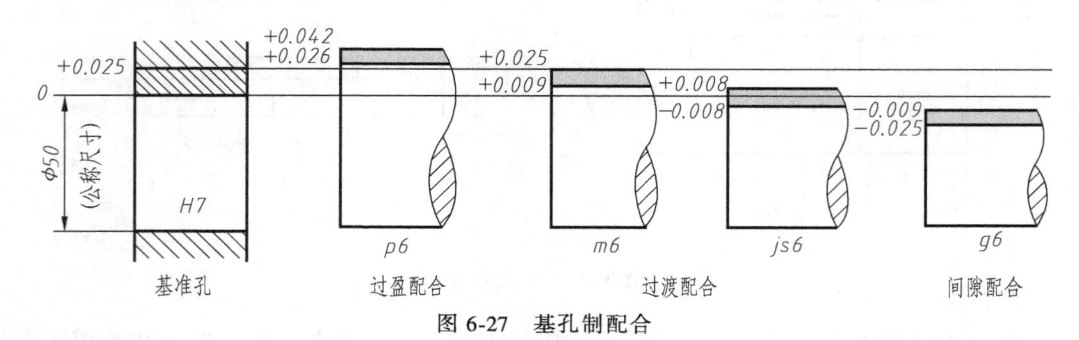

图 6-27　基孔制配合

(2) 基轴制　基本偏差为一定的轴的公差带，与不同基本偏差的孔的公差带组成各种配合的一种制度称为基轴制。这种制度在同一公称尺寸的配合中，是将轴的公差带位置固定，通过变动孔的公差带位置得到各种不同的配合，如图 6-28 所示。采用基轴制的轴称为基准轴，其上极限偏差为零，用 h 表示。

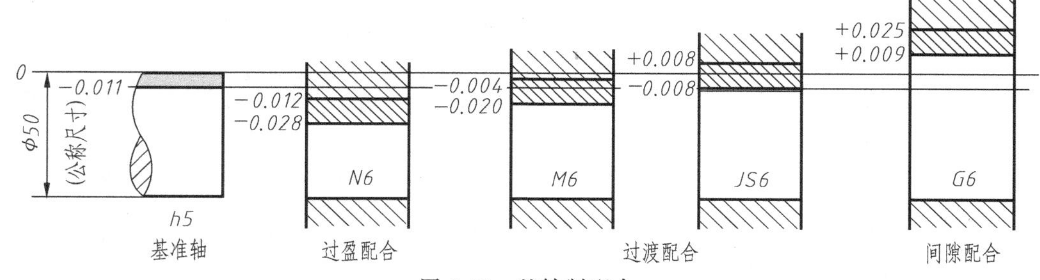

图 6-28　基轴制配合

5. 极限与配合的标注

（1）装配图中的注法　在装配图中，极限与配合一般采用代号的形式标注。分子表示孔的公差带代号（大写），分母表示轴的公差带代号（小写），如图 6-29a 所示。

（2）零件图中的注法　在零件图中，与其他零件有配合关系的尺寸可采用三种形式进行标注。一般采用在公称尺寸后面标注极限偏差的形式，也可以采用在公称尺寸后面标注公差带代号的形式，或采用两者同时注出的形式，如图 6-29b 所示。

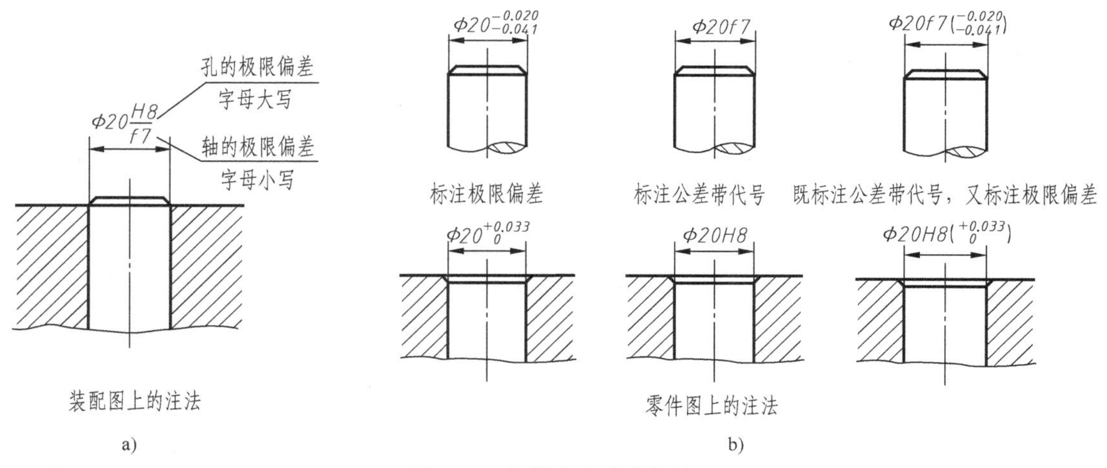

图 6-29　极限与配合的标注

6. 极限与配合代号的识读及查表

由图 6-29 中可以看出，极限与配合代号一般用基本偏差代号（字母）和标准公差等级（数字）组合来表示。通过查阅国家标准（GB/T 1800.1—2009、GB/T 1801—2009）可获得极限偏差的数值。

二、几何公差

1. 几何公差代号及基准代号

几何公差代号包括：几何公差项目符号、几何公差框格及指引线、几何公差数值和其他有关的符号。框格用细实线绘制，必须水平放置，用带箭头的指引线指向图例上的被测要素。如图 6-30 所示。

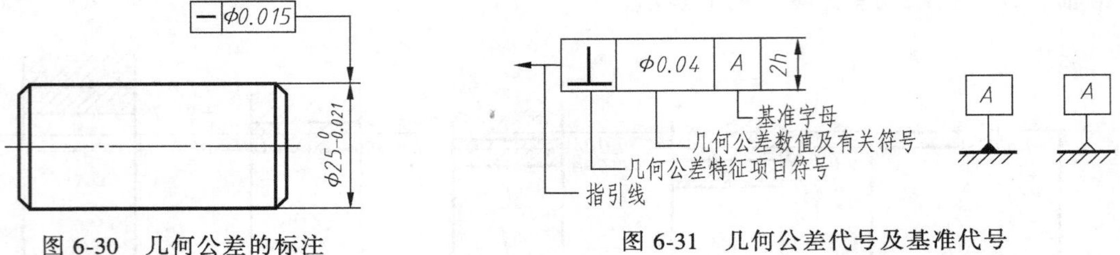

图 6-30　几何公差的标注

图 6-31　几何公差代号及基准代号

基准代号由基准符号（黑三角）、矩形框、连线和字母组成。基准代号在图例上应靠近基准要素。圆圈内的大写字母应水平书写，且字母不得采用 E、F、I、J、L、M、O、P、R。如图 6-31 所示。几何公差特征符号见表 6-3。

表 6-3　几何公差特征符号

公差类别	项目特征名称	被测要素	符号	有无基准
形状公差	直线度	单一要素	—	无
	平面度		⏥	
	圆度		○	
	圆柱度		⌭	
	线轮廓度		⌒	
	面轮廓度		⌓	
方向公差(定向)	平行度	关联要素	//	无
	垂直度		⊥	
	倾斜度		∠	
	线轮廓度		⌒	
	面轮廓度		⌓	
位置公差(定位)	位置度	关联要素	⌖	有或无
	同心度(用于中心点)		◎	有
	同轴度(用于轴线)		◎	
	对称度		⌯	
	线轮廓度		⌒	
	面轮廓度		⌓	
跳动公差	圆跳动	关联要素	↗	有
	全跳动		⌰	

2. 几何公差的标注

1）在技术图样中，几何公差及基准采用代号标注。当无法采用代号标注时，允许在技术要求中用文字说明。

2）当基准或被测要素为轮廓线或表面时，基准符号应靠近该基准要素或其延长线，箭头应指向相应被测要素的轮廓线或引出线，并应明显地与尺寸线错开，如图 6-32 所示。

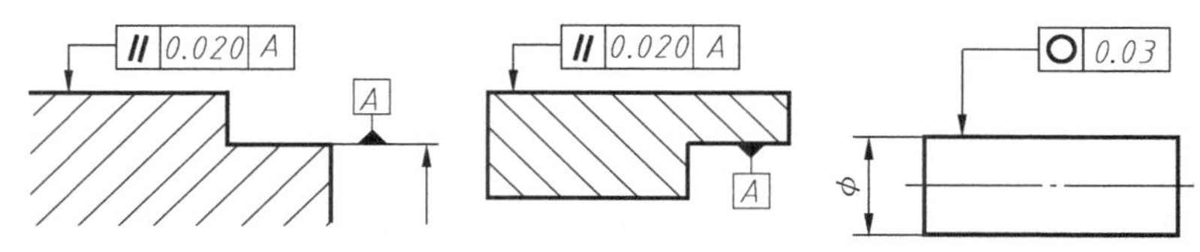

图 6-32　基准或被测要素为表面要素时的几何公差标注

3）当基准或被测要素为轴线、球心或中心平面等中心要素时，基准符号连线和框格的指引线箭头应与相应要素的尺寸线对齐，如图 6-33 所示。

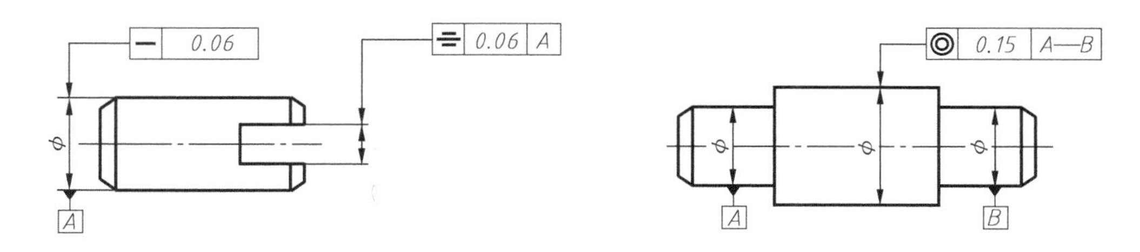

图 6-33　基准或被测要素为轴线或中心表面时的几何公差标注

4）同一要素有多项几何公差要求，或多个被测要素有相同几何公差要求时，可使用公共的指引线标注，如图 6-34 所示。

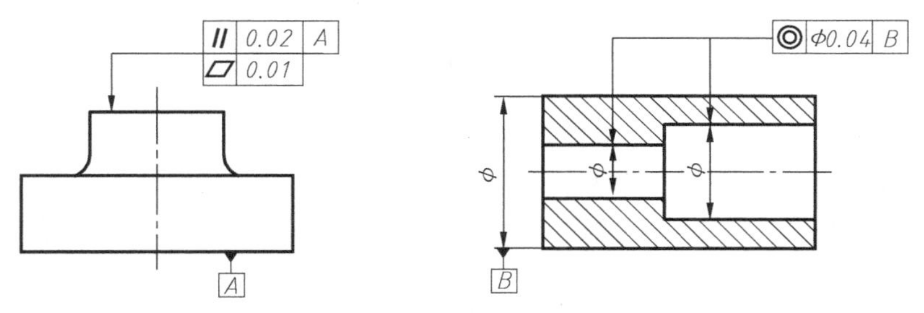

图 6-34　同一要素有多项形位公差标注

5）当基准或被测范围仅为局部表面时，应用粗点画线表示出其范围并加注尺寸，如图 6-35 所示。

6）几何公差项目（如轮廓度公差）适用于横截面内的整个外轮廓线或外轮廓面时，应采用全周符号，如图 6-36 所示。

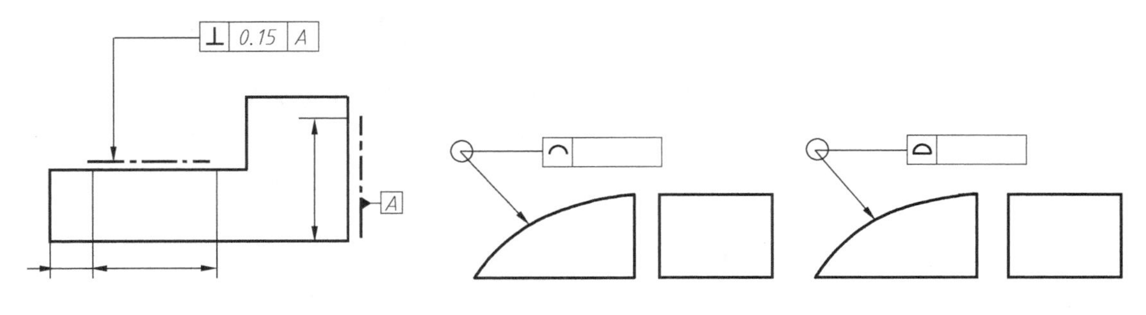

图 6-35　限定范围的几何公差标注　　图 6-36　整个外轮廓的几何公差标注

三、表面结构的图样表示法

1. 表面结构的概念

经过加工后的机器零件，其表面状态是比较复杂的。若将其截面放大来看，零件的表面总是凹凸不平的，是由一些微小间距和峰谷组成的。如图 6-37 所示。表面结构是表面粗糙度、表面波纹度、表面缺陷、表面纹理和表面几何形状的总称。

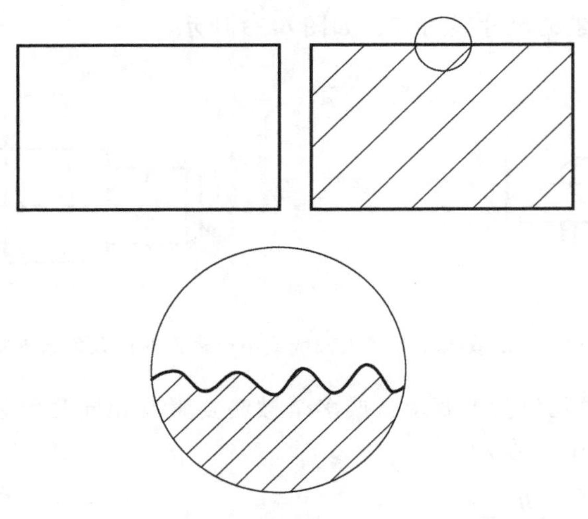

图 6-37　表面结构

零件加工表面上具有的微小间距和峰谷组成的微观几何形状特征称为表面粗糙度。

2. 表面结构的评定参数（图 6-38）

（1）算术平均偏差 *Ra*　它是指在一个取样长度内，纵坐标值 $Z(x)$ 绝对值的算术平均值。

（2）轮廓最大高度 *Rz*　它是指在同一取样长度内，最大轮廓峰高和最大轮廓谷深之和的高度。

表面粗糙度参数值越小，表面质量越高，加工成本越高。因此，在满足使用要求的前提下，应尽量选用较大的参数值，以降低加工成本。

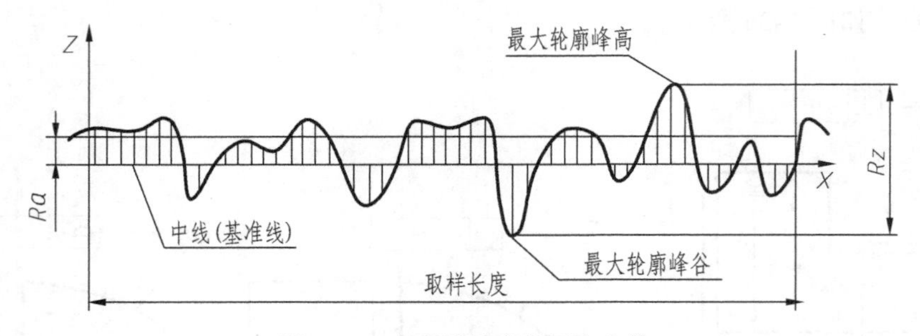

图 6-38　表面粗糙度的评定参数

3. 表面粗糙度的符号

表面粗糙度的符号及含义见表 6-4。

表 6-4　表面粗糙度符号及含义

符号名称	符　　号	含　　义
基本图形符号	3H　1.4H　60°　60°　H=字体高度	未指定加工方法的表面，当通过一个注释解释时可单独使用
扩展图形符号		用去除材料方法获得的表面，仅当其含义是“被加工表面”时可单独使用
		不去除材料的表面，也可用于表示保留上道工序形成的表面，不管这种状况是通过去除或不去除材料形成的
完整图形符号		在以上各种符号的长边上加一横线，以便注写各种要求

4. 表面粗糙度代号的识读

表面结构符号中注写了具体参数代号及数值等要求后称为表面结构代号。

Ra 3.2 读作“表面粗糙度 ***Ra*** 的上限值为 3.2μm（微米）”。

Rz 6.3 读作“表面粗糙度的最大高度 ***Rz*** 为 6.3μm（微米）”。

5. 表面粗糙度代号的标注

1）除非另有说明，所标注的表面结构要求是对完工零件表面的要求。表面结构要求对每一表面一般只注一次，并尽可能注在相应的尺寸及其公差的同一视图上。

2）表面结构要求的注写和读取方向与尺寸的注写和读取方向一致。表面结构要求可注写在轮廓线或其延长线上，其符号应从材料外指向并接触表面；必要时，表面结构要求也可用带箭头或黑点的指引线引出标注。如图 6-39、图 6-40 所示。

3）表面结构要求可标注在几何公差框格的上方。

4）圆柱表面的表面结构要求只注写一次；如果每个棱柱表面有不同的表面要求，则应分别单独标注。

5）在不致引起误解时，表面结构要求可以标注在给定的尺寸线上。

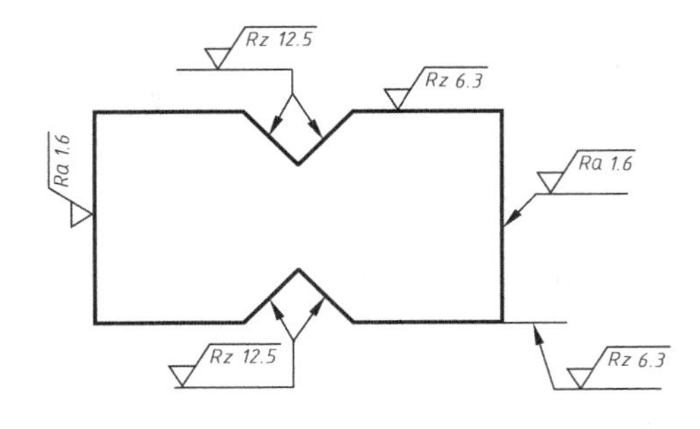

图 6-39　表面粗糙度代号的注写方向

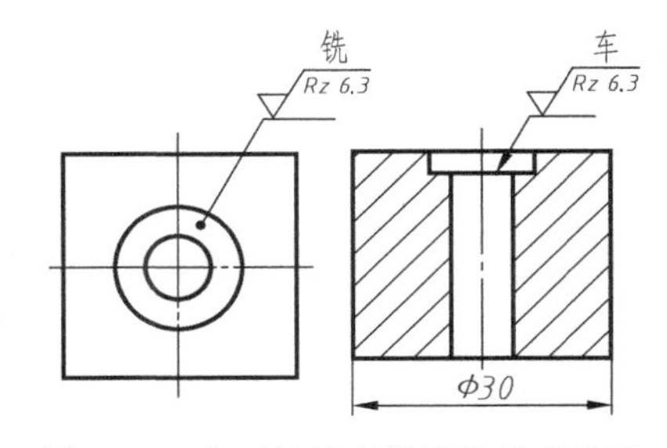

图 6-40　表面粗糙度代号的特殊注法

【任务实施】

1. 解释尺寸的含义。

ϕ50H8：表示公称尺寸是ϕ50mm，公差等级为8级，基本偏差为H的孔的公差带。

ϕ50f7：表示公称尺寸是ϕ50mm，公差等级为7级，基本偏差为f的轴的公差带。

2. 解释ϕ25H7的含义，并查表确定其极限偏差数值。

解：1）ϕ25H7的含义是公称尺寸为ϕ25mm、公差等级为IT7的基准孔。

2）查表（GB/T 1800.1—2009）（优先选用的孔的公差带），由竖列H→7、横排“24～30”的交点，直接得到其下极限偏差为0、上极限偏差为+21μm，即ϕ25H7（$^{+0.021}_{0}$）。

3. 解释ϕ40k6的含义，并查表确定其极限偏差数值。

解：1）ϕ40k6的含义是公称尺寸为40mm、基本偏差为k、公差等级为IT6的轴。

2）查表（GB/T 1800.1—2009）（优先选用的轴的公差带），由竖列k→6、横排“30～40”的交点，直接得到其下极限偏差为+2μm、上极限偏差为+18μm，即ϕ40k6（$^{+0.018}_{+0.002}$）。

4. 写出孔ϕ50S7与轴ϕ50h6的配合代号，并说明其含义。

解：1）配合代号写成$\phi 50\dfrac{S7}{h6}$。

2）含义是公称尺寸为ϕ50mm、公差等级为IT6的基准轴，与相同公称尺寸、基本偏差为S、公差等级为IT7的孔所组成的基轴制过盈配合。

【实战演练】

1）仔细看一看，以下极限偏差代号是否正确？（画√或×）

（1）ϕ40F6　（2）ϕ50w7　（3）ϕ25n8　（4）ϕ30L5　（5）$\phi 40\dfrac{k6}{H7}$　（6）$\phi 50\dfrac{h11}{C11}$

2）你能将给出的各个极限与配合代号读出来吗？

（1）ϕ40H9　（2）ϕ50h7　（3）ϕ30P7　（4）ϕ25e8　（5）$\phi 30\dfrac{D8}{n8}$　（6）$\phi 30\dfrac{H6}{t5}$

3）判别图6-41中的标注是否正确（画√），并将标注正确的极限偏差数值查出来，填入括号中。

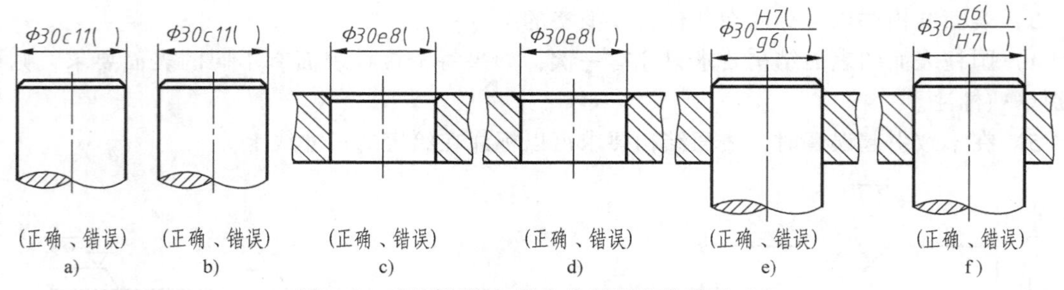

图6-41　判别极限与配合代号标注得是否正确

任务三　识读零件图上的尺寸标注

【学习目标】

使学生进一步了解零件图尺寸标注的基本要求。

【任务描述】

零件图上的尺寸是加工和检验零件的重要依据，是零件图的重要内容之一，是图样中指令性最强的部分。

本任务着重讨论尺寸标注的合理性和常见结构的尺寸注法，并进一步说明清晰标注尺寸的注意事项。

【任务分析】

首先了解尺寸标注的内容要求，其次了解标注尺寸的合理性。

【知识链接】

尺寸标注的基本要求是正确、完整、清晰、合理，合理性是指标注的尺寸既满足零件的设计（性能）要求，又符合零件的加工工艺要求（便于加工和检测）。

一、尺寸基准的概念

尺寸基准是标注和度量尺寸的起点。在设计和加工零件时，常用的基准有基准面、基准线和基准点。基准面是零件的安装底面、重要端面、对称面、装配结合面、主要加工面等；基准线是回转体的轴线、主要孔的轴线、坐标轴线等；基准点是圆心、球心等。

1. 设计基准

为保证零件在机器中的工作性能，在设计时用以确定零件在机器中的位置及其几何关系的一些几何要素。

2. 工艺基准

为保证零件的工艺性，在加工过程中用于装夹定位、测量、检验零件已加工表面所选定的一些几何要素。

3. 主要基准与辅助基准

每个零件都有长、宽、高三个方向的尺寸，每个方向至少有一个尺寸基准，且都有一个主要基准。当同一方向上有多个尺寸基准时，其中必有一个为主要基准，其余则为辅助基准，并且主要基准和辅助基准之间必有尺寸相关联。

二、标准尺寸应注意的问题

1. 正确选择尺寸基准

为了满足标注尺寸的合理性，应选择零件的设计基准或工艺基准作为它的尺寸基准，最好是把设计基准和工艺基准统一起来。当两者不能统一时，应以保证设计要求为主。

一般情况下以设计基准为主要基准，以工艺基准为辅助基准。但在两基准之间必须标注一个联系尺寸。

2. 重要的尺寸应直接标注

零件上对机器或部件的工作性能和装配质量有直接影响的尺寸为重要尺寸，在图中必须直接标出。

3. 按加工方法标注尺寸

为了能在加工零件时方便看图，在标注尺寸时应把不同加工方法和工序所需要的尺寸分开标注。

4. 按加工顺序标注尺寸

序号	图例	说明
1	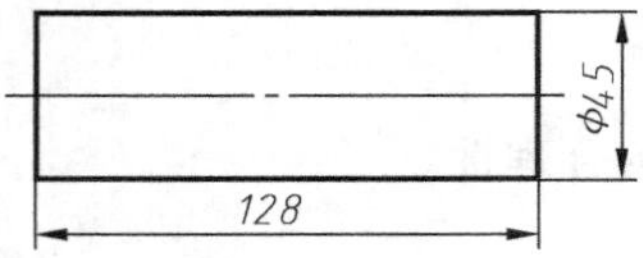	取圆钢，根据总长128下料，两端面打中心孔，车 ϕ45 圆柱面
2	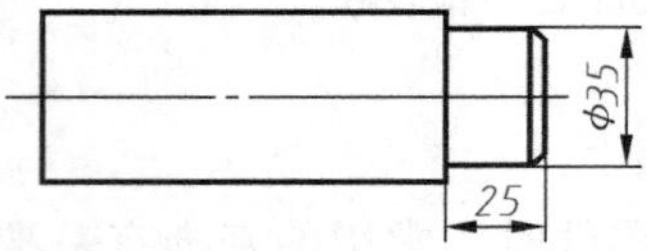	加工左端，车 ϕ35 圆柱面，长度为25，并倒角
3	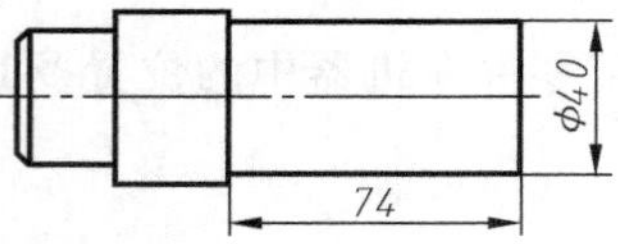	调头，加工右端，车 ϕ40 圆柱面，长度为74
4	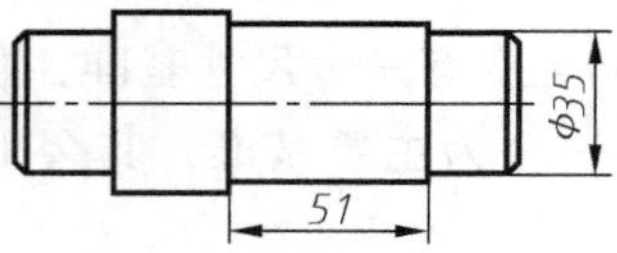	加工 ϕ35 圆柱面时，应保证重要尺寸51，并倒角
5	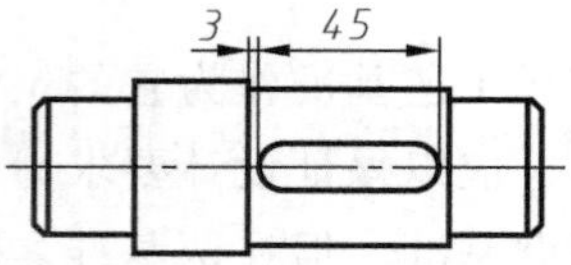	铣键槽，长45，轴肩定位，尺寸为3

5. 避免注成封闭尺寸链

标注尺寸时避免注成封闭尺寸链，如图6-42所示。

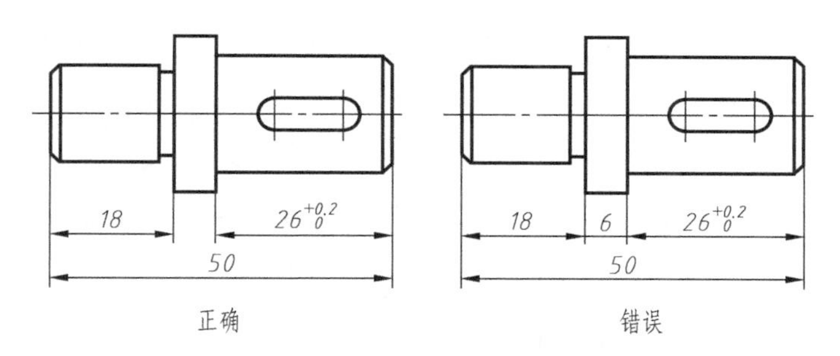

图 6-42　避免注成封闭尺寸链

6. 应便于测量

尺寸的标注要便于测量，如图 6-43 所示。

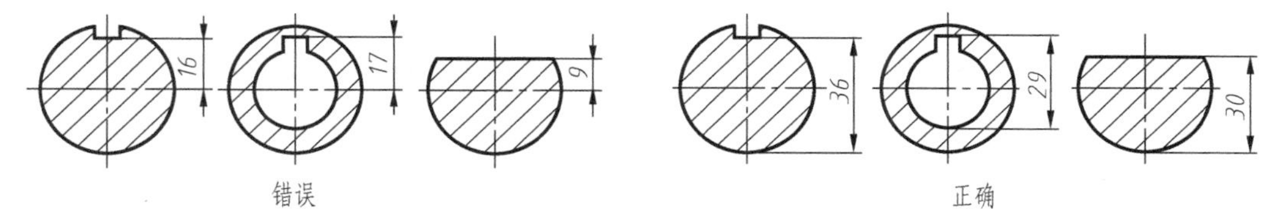

图 6-43　尺寸应便于测量

【任务实施】

1）仔细思考图 6-44、图 6-45 所示尺寸标注是否正确，并简要说明错误所在。

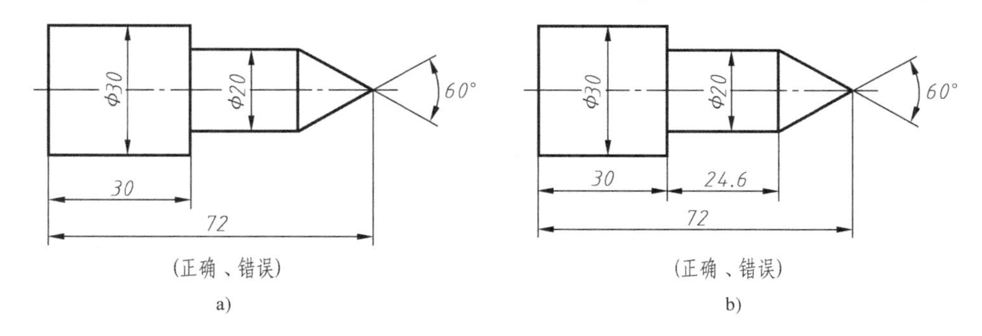

图 6-44　判断尺寸标注（一）

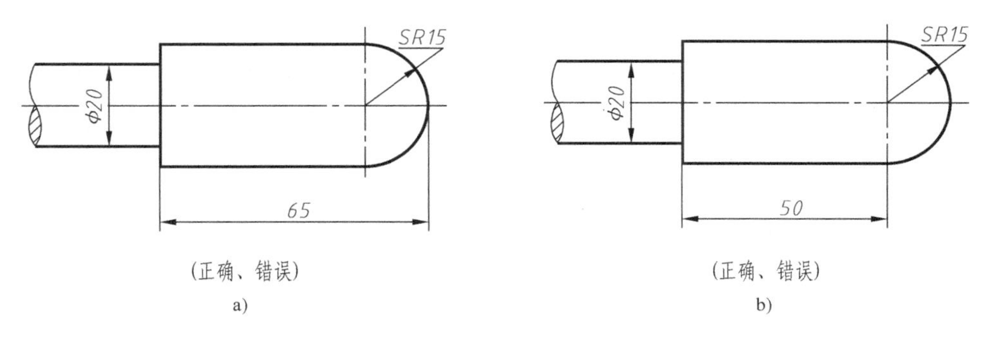

图 6-45　判断尺寸标注（二）

2）判断图 6-46 所示尺寸标注是否正确，用箭头线标出其主要尺寸基准和辅助基准。

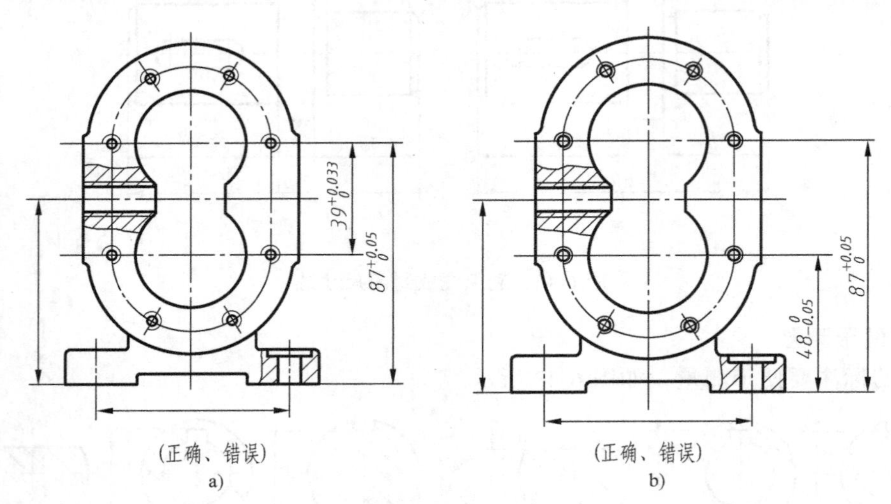

图 6-46 判断尺寸标注（三）

单元七

装配图的绘制

课题　装配图的识读

【知识要点】

识读装配图的一般步骤和方法。

【技能要求】

了解装配图的作用和内容，熟悉装配图的表达方法和简化画法；熟悉装配图的尺寸注法；零件序号的编排方法和明细栏的使用。

【任 务 书】

编号	任务	教学时间
7-1-1	认识装配图	4 学时
7-1-2	球阀装配图的识读	8 学时

任务一　认识装配图

【学习目标】

了解装配图的组成。

【任务描述】

识读图 7-1 所示滑动轴承的装配图。

【任务分析】

任何机器都是由若干零件和部件组合而成的。为了指导机器的装配、检验、调试、安装、维修等生产实际工作，必须能识读装配图。

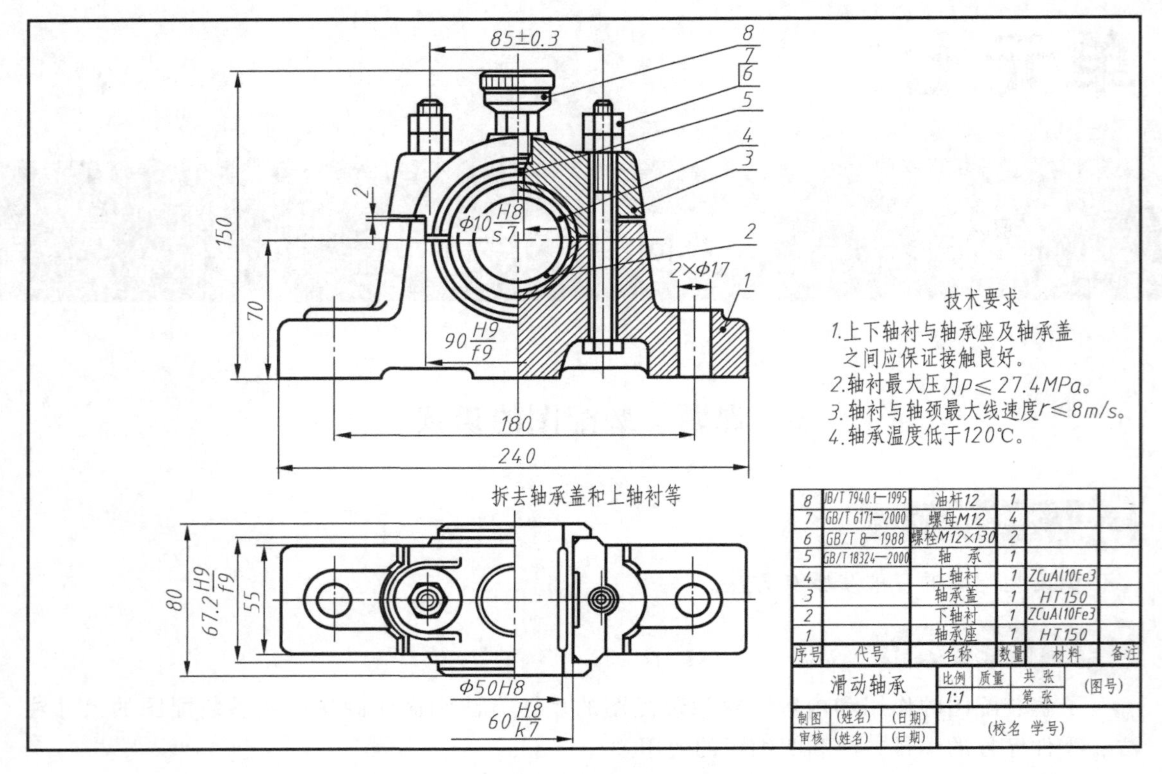

图 7-1 滑动轴承装配图（AR 立体扫描）

【知识链接】

装配图是表示机器（或部件）及其组成部分的连接、装配关系及其技术要求的图样。表示一台完整机器的图样，称为总装配图；表示一个部件或组件的图样，称为部件图或组件图。

一、装配图的内容

装配图主要反映机器（或部件）的工作原理、各零件之间的装配关系、主要零件的结构形状，用以指导装配生产活动，是制订装配工艺规程，进行装配、调试、检验、安装、使用和维修的主要依据。一张完整的装配图包括以下四项基本内容：

（1）一组视图　用来表达机器（或部件）的工作原理、零件间的装配关系、连接方式及主要零件的结构形状等。

（2）必要尺寸　装配图中只需标注出与机器（或部件）的性能、规格、外形的尺寸，以及装配和安装时所必需的尺寸。

（3）技术要求　主要说明装配要求（如装配精度、装配间隔、润滑要求等）、检验要求（如对机器性能的检验、试运行及操作要求等）和使用要求（如维护、保养及使用时的注意事项和要求等）。

（4）零件序号及明细栏　在装配图中，必须对每个零件编号，并在明细栏中依次列出零件序号、代号、名称、数量、材料等，并在标题栏中写明装配体的名称、图号、绘图比例以及有关人员的责任签名等。

二、装配图的尺寸标注

1. 装配图的尺寸标注

在装配图中不需标注零件的全部尺寸，而只需注出下列几种必要的尺寸。

（1）规格（性能）尺寸　表示机器（部件）的性能（或规格）的尺寸，是设计和选用部件的主要依据。

（2）装配尺寸　保证机器中各零件装配关系的尺寸，包括配合尺寸和重要的相对位置尺寸。

（3）安装尺寸　表示部件安装到机器上或将整机安装到基座上所需的尺寸。

（4）外形尺寸　表示机器或部件外形轮廓的尺寸，即总长、总宽和总高尺寸，以便为包装、运输、安装所需的空间大小提供依据。

（5）其他重要尺寸　有时还要标注其他重要尺寸，如运动零件的极限尺寸、主要零件的重要结构尺寸等。

2. 技术要求

技术要求一般注写在明细栏的上方或图样下部空白处。主要考虑以下几方面内容：

1）装配过程中的注意事项及装配后应满足的要求。如对齿轮侧隙要求、轴承寿命要求、润滑及密封要求、运转精度要求等。

2）检验、试机的条件和操作要求。如转动灵活、运转平稳、响声均匀等。

3）对机器（或部件）的规格、参数以及维护、保养、使用的注意事项和要求等。

三、装配图的零件序号及明细栏

为了便于看图和生产管理，装配图中必须对每种零件进行编号。同时，在标题栏上方编制相应的明细栏。

1）装配图中所有零件均应编号，序号应与明细栏中的序号一致。

2）相同零件用一个序号，一般只标注一次。一组紧固件以及装配关系清楚的零件组，可以采用公共指引线。

3）序号应按水平或竖直方向排列整齐，并按顺时针或逆时针方向顺序排列在视图外明显的位置。序号比该装配图中所注尺寸数字大一号或两号。

4）指引线应自所指部分的可见轮廓内引出，并在末端画一圆点；若所指部分（很薄的零件或涂黑的剖面）内不便画圆点时，可在指引线的末端画出箭头，并指向该部分的轮廓。指引线不能相交；当指引线通过有剖面线的区域时，它不应与剖面线平行；指引线可以画成折线，但只可曲折一次。

5）明细栏是装配图中全部零件的详细目录，一般配置在装配图中标题栏的上方，按由下而上的顺序填写；当由下面上延伸位置不够时，可紧靠在标题栏的左边自下面上延续。明细栏格式应根据需要而定，一般由序号、代号、名称、数量、材料、备注等组成。其中，“代号”栏内，填写每种零件的图样代号或标准代号；“名称”栏内，填写每种零件的名称（必要时可写出其形式、尺寸）；“材料”栏内，填写制造该零件所用的材料标记；“备注”栏内，填写附加说明或其他有关内容。

【任务实施】

如图 7-1 所示，滑动轴承是支承传动轴的一个部件，轴瓦由上轴瓦、下轴瓦组成，分别嵌在轴承盖和轴承座上，轴承座和轴承盖用一对螺栓和螺母连接在一起。

1. 一组视图

滑动轴承的装配图采用了主视图和俯视图。主视图采用半剖视的表达方法，用来表达滑动轴承中的轴承座、下轴瓦、上轴瓦、轴承盖、轴瓦固定套和油杯等零件间的装配关系，采用螺母、螺栓的连接方式；俯视图的右半部分拆去了轴承盖和上轴瓦等零件，有利于同时表达轴承盖（左侧）和轴承座（右侧）的结构形状。

2. 必要尺寸

1）规格尺寸：ϕ50H8 表明了它所支承连接轴的大小，70mm 表明该滑动轴承的中心距。

2）装配尺寸：60H8/k7 表示轴瓦与轴承盖、轴承座的配合关系，67. 2H9/f9、90H9/f9 表示轴承盖凸肩与轴承盖的装配关系，ϕ10H8/s7 表示轴承盖与轴套之间的配合关系，(85±0. 3)mm 表示轴承盖与轴承座之间的装配关系。

3）安装尺寸：安装孔 2×ϕ17mm，孔中心距 180mm，安装底座尺寸长 240mm、宽 55mm。

4）外形尺寸：总长 240m、总宽 80mm、总高 160mm。

3. 技术要求

1）装配要求：上、下轴瓦与轴承座及轴承盖之间应保证接触良好。

2）检验要求：轴瓦最大压力 $p\leqslant$27. 4MPa。

3）使用要求：轴衬与轴颈最大线速度≤8m/s，轴承温度低于 120℃。

4. 标题栏、零件序号及明细栏

从标题栏中可知该装配体为滑动轴承，由 8 种零件组成。按零件序号及明细栏，可以了解每种零件的名称、材料、数量，从代号栏中可知图中序号 5、6、7、8 的零件为标准件，其余为一般零件（也称为基本件，即作为滑动轴承装配体专门设计和制造的零件）。

通过识读滑动轴承的装配图，可大致了解该装配体的工作原理、装配关系、各零件主要的结构形状和技术要求等。

【拓展提高】

用 AutoCAD 软件把本任务零件画出来。

任务二　球阀装配图的识读

【学习目标】

掌握识读装配图的一般步骤和方法。

【任务描述】

识读图 7-2 所示球阀装配图。

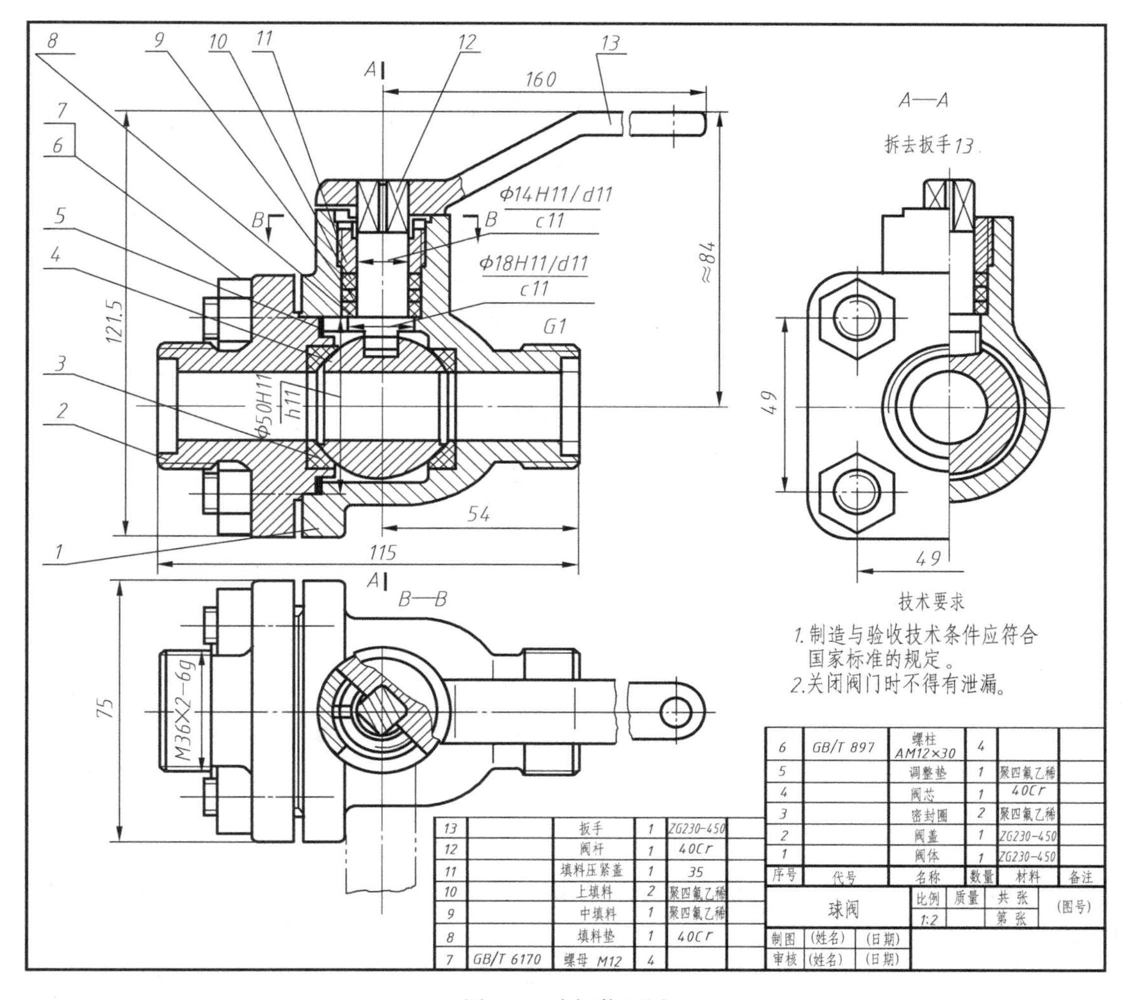

序号	代号	名称	数量	材料	备注
13		扳手	1	ZG230-450	
12		阀杆	1	40Cr	
11		填料压紧盖	1	35	
10		上填料	2	聚四氟乙稀	
9		中填料	1	聚四氟乙稀	
8		填料垫	1	40Cr	
7	GB/T 6170	螺母 M12	4		
6	GB/T 897	螺柱 AM12×30	4		
5		调整垫	1	聚四氟乙稀	
4		阀芯	1	40Cr	
3		密封圈	2	聚四氟乙稀	
2		阀盖	1	ZG230-450	
1		阀体	1	ZG230-450	

球阀	比例	质量	共 张	(图号)
	1:2		第 张	
制图	(姓名)	(日期)		
审核	(姓名)	(日期)		

图 7-2　球阀装配图

【任务分析】

球阀是管道系统的开关和控制流体流量的部件。识读球阀装配图的目的在于了解球阀的性能和工作原理；了解组成球阀各零件间的装配关系及拆卸顺序；读懂各零件的主要结构形状和作用。

【知识链接】

一、装配图的表达方法

1. 装配图的规定画法

（1）相邻零件的轮廓线画法　两相邻零件的接触面或配合面，只画一条共有的轮廓线；不接触面和不配合面分别画出两条各自的轮廓线，如图 7-3 所示。

（2）相邻零件的剖面线画法　相邻的两个（或两个以上）金属零件剖面线的倾斜方向

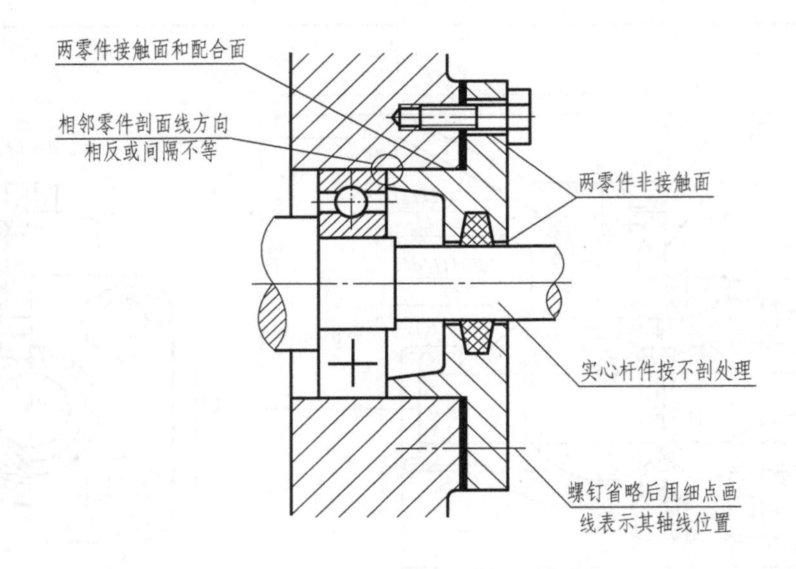

图 7-3 装配图的规定画法和特法

应相反，或者方向一致、间隔不等以示区别。

（3）实心零件的画法　在装配图中，对于紧固件以及轴、键、销等实心零件，若按纵向剖切，且剖切平面通过其对称平面或轴线时，这些零件均按不剖绘制。

2. 装配图的特殊画法

（1）简化画法

1）在装配图中，零件的工艺结构如倒角、圆角、退刀槽等允许省略不画。

2）装配图中对于规格相同的零件组（如螺钉连接），可详细地画出一处，其余用细点画线表示其装配位置。

3）沿零件的结合面剖切和拆卸画法：在装配图中可假想将某些零件拆掉或沿某些零件的结合面剖切后绘制，此时零件的结合面上不画剖面线，但被剖切平面切到的零件，被切部分应画出剖面线。对于拆去零件的视图，可在视图上方标注“拆去件×、×……”。

4）在能够表达产品特征和装配关系的条件下，装配图中可仅画出其简化后的轮廓，如图 7-4 所示。

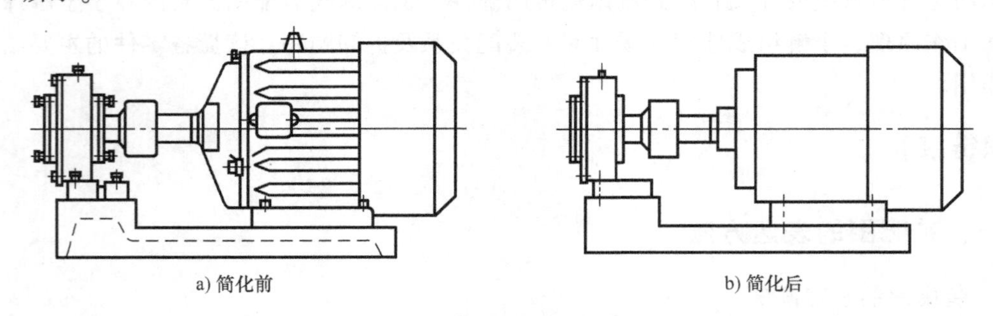

a) 简化前　　b) 简化后

图 7-4 装配图的简化画法

（2）特殊画法

1）夸大画法：装配图中对于薄片零件或小件以及较小的斜度和锥度，无法按实际尺寸画出，或图线密集难以区分时，可将零件或间隙适当夸大画出。

2）假想画法：为了表示运动零件的运动范围或极限位置，可用粗实线画出该零件的轮廓，再用细双点画线画出其运动范围或极限位置，如图 7-5 所示。

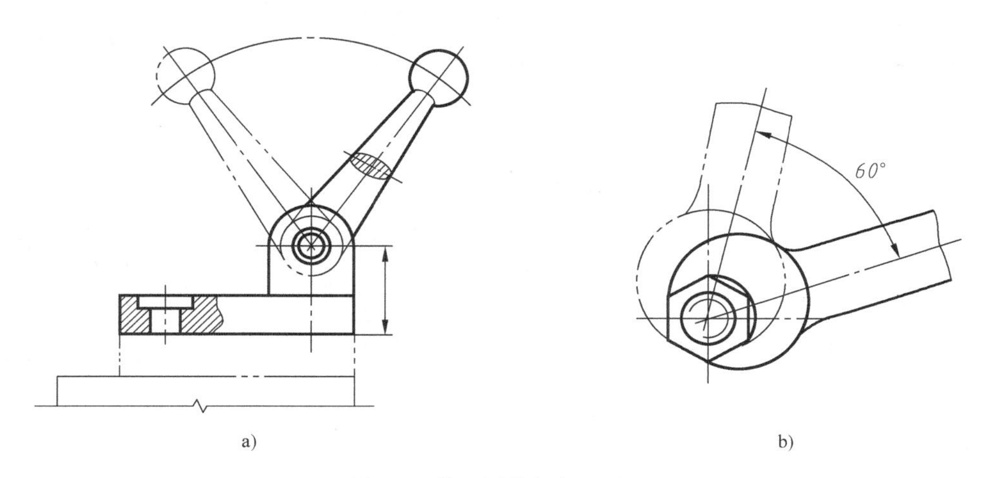

图 7-5　装配图的假想画法

二、装配图表达方法的选择

画装配图之前，首先要了解装配体的工作原理和零件的种类，每个零件在装配体中的功能和零件间的装配关系等。

1. 主视图的选择

（1）放置　一般将机器或部件按工作位置放置，或放稳放正，也就是使装配体的主要轴线、主要安装面等呈水平或铅垂位置。

（2）视图方案　主视图通常按工作位置画出，并选择最能反映机器或部件的整体形状、工作原理、传动路线、零件间装配关系及主要零件的结构特点的方向作为主视图的投射方向。

2. 其他视图的选择

根据确定的主视图，再考虑反映其他装配关系、局部结构和外形的视图。

1）尽可能应用基本视图来表达其他装配关系。

2）各视图的表达既有所侧重，又互相补充。同时要考虑合理布图，尽量使图样清晰并有利于图幅的充分利用。

三、常见装配工艺结构的表达方法

在设计和绘制装配图的过程中，应考虑到装配结构的合理性，要求机器（或部件）在工作时保证零件不会松动，润滑油不泄漏，并且便于拆卸等。不合理的装配结构会给机器（或部件）的装配和运转带来困难，甚至使机器（或部件）报废。熟悉合理的装配结构，对于识读和绘制机械图样是必要的。

1. 接触面与配合面结构的合理性

轴肩端面与孔端面靠紧，注意要在孔边倒角或轴上切槽，如图 7-6 所示。相邻零件的剖面线方向应相反，或者方向一致而间隔不等以示区别，如图 7-7 所示。

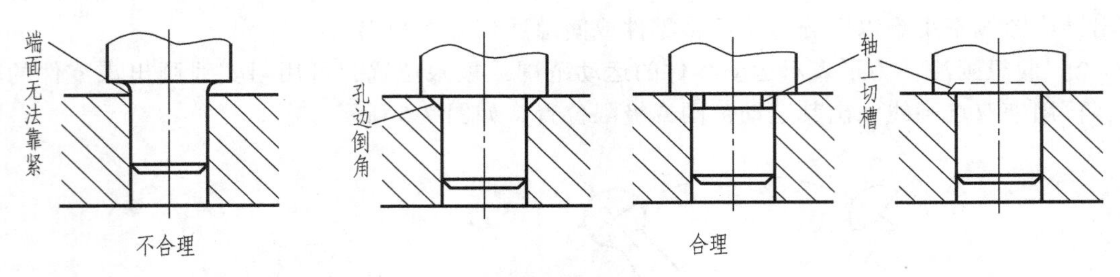

图 7-6　常见装配结构（一）

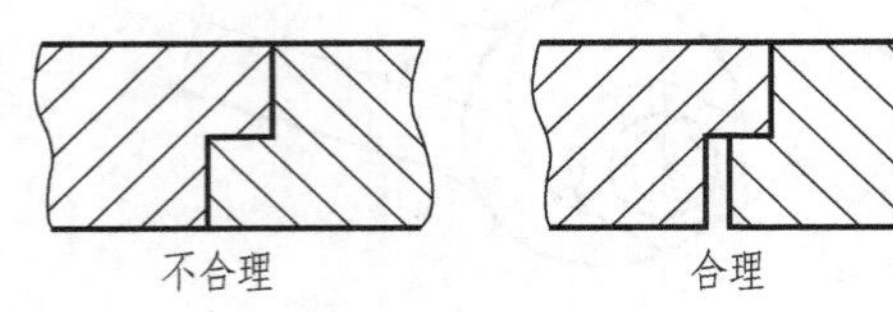

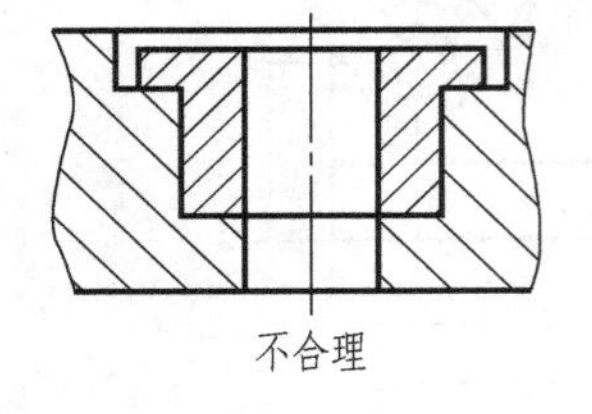

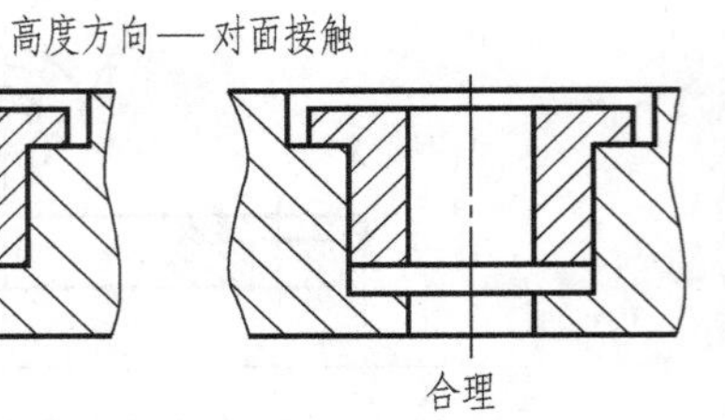

图 7-7　常见装配结构（二）

2. 密封装置的表达（图 7-8）

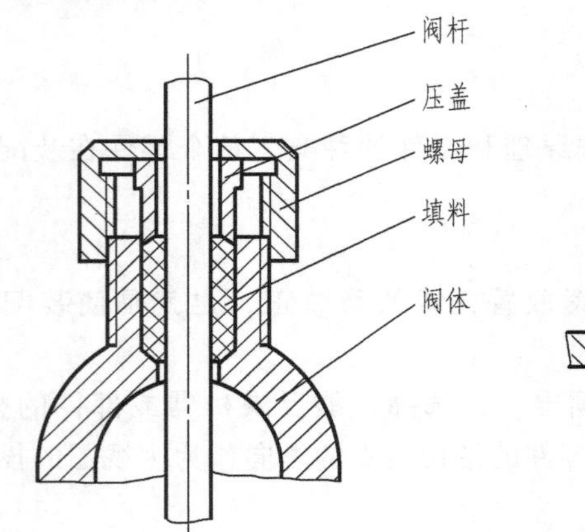

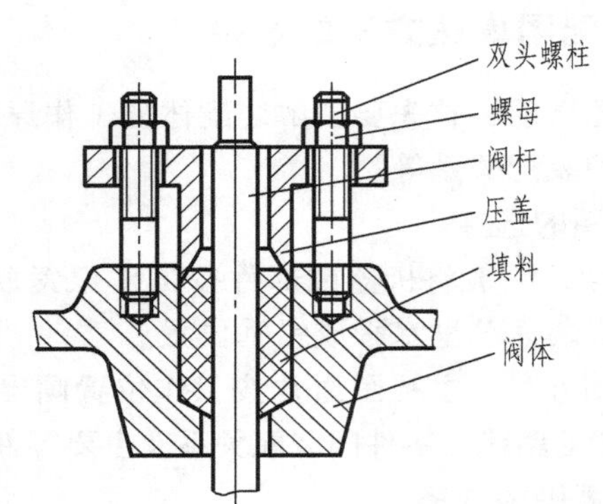

图 7-8　密封装置表达

3. 防松装置的表达（图 7-9）

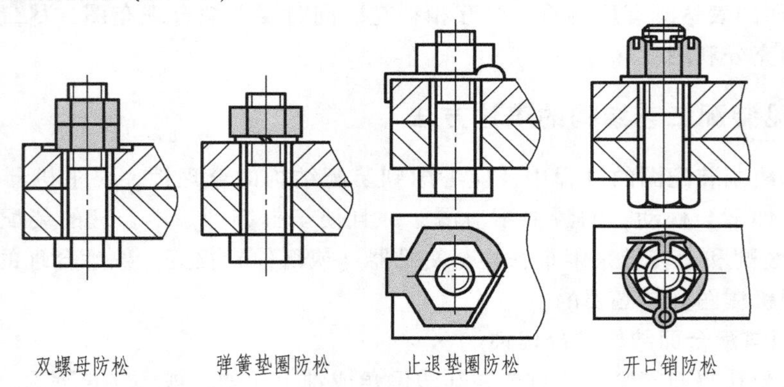

图 7-9　防松装置的表达

四、识读装配图的基本要求

1）了解部件的工作原理和使用性能。

2）弄清各零件在部件中的功能、零件间的装配关系和连接关系。

3）读懂部件中主要零件的结构形状。

4）了解装配图中标注的尺寸及技术要求。

【任务实施】

1. 概括了解

如图 7-2 所示，从标题栏和明细栏了解该部件名称为球阀，共有 16 种零件，其中标准件 4 种。

从明细栏了解各零件的名称、材料、数量，以及各零件在装配图上的位置。从绘图比例 1∶2，得知部件用缩小比例绘制。

2. 分析视图，明确表达目的

了解各视图的相互关系及表达意图，球阀装配图采用主、俯、左视图。

1）主视图采用全剖视，反映球阀的工作原理和各零件之间的装配关系。

2）左视图采用半剖视和拆卸画法，补充表达球阀中几个主要零件的装配关系，以及阀盖、阀体的外形特征和连接螺柱组的分布情况。

3）俯视图采用局部剖视，反映球阀外形。

3. 分析各零件的装配关系

1）主视图基本反映了零件间的装配关系：阀体 1 和阀盖 2 通过各自的方形凸缘，用 4 个螺柱 6 和螺母 7 连接形成空腔，阀芯 4 装在空腔内，通过两个密封圈 3 的定位和密封，调整垫 5 的厚度来调节阀芯与空腔、密封圈的间隙，使之既灵便转动又不松动。阀芯 4 上部的通槽内插入阀杆 12 下部带球面的凸柳，阀杆 12 上部分为四棱柱，与扳手 13 的方孔配合，以便使用扳手 13 转动阀杆 12 来带动阀芯 4 旋转。

2）左视图中半剖视图的内部结构补充反映了球阀主要零件阀体 1、阀芯 4、阀杆 12 之间的包容、装配关系。同时，在半个视图中着重反映阀盖 2 和阀体 1 的螺纹连接关系接。

3）俯视图采用局部剖视图，表达扳手 13 的方孔与阀杆 12 上部四棱柱的配合关系，并用细双点画线反映扳手 13 转动的两个极限位置。

4）阀芯 4 与阀体 1 之间的密封采用两个密封圈 3 和调整垫 5，阀杆 12 与阀体 1 之间的密封采用填料垫 8、中填料 9、上填料 10，并用填料压紧盖 11 压紧。

4. 读懂装配图中的零件

从装配图中的主、左视图中，例如根据相同的剖面线（方向和间隔），将阀芯 4 的投影轮廓从装配图中分离出来，其基本结构为球体，结合与相邻零件阀体 1、阀盖 2、阀杆 12 的装配关系，从而想象出阀芯 4 是一个左右两边截成平面的球体，中间是 20mm 通孔，上部是圆弧形槽。

5. 尺寸和技术要求分析

装配图中标注必要的尺寸，包括规格（性能）尺寸、装配尺寸、安装尺寸和总体尺寸。其中装配尺寸与技术要求有密切关系，应仔细分析。例如，球阀装配图中标注的装配尺寸有三处：ϕ50H11/h11 是阀体与阀盖的配合尺寸；ϕ14H11/e11 是阀杆与填料压紧盖的配合尺寸；ϕ18H11/e11 是阀杆下部凸缘与阀体的配合尺寸。为了便于装卸，三处均采用基孔制间隙配合。此外，技术要求还包括部件在装配过程中或装配后必须达到的技术指标（如装配的工艺和精度要求），以及对部件的工作性能、调试与试验方法以及外观等的要求。

6. 归纳总结

在详细分析各零件的结构形状和技术要求之后，完全了解球阀的工作原理及零件之间装配关系，最后想象出球阀的整体形状。

【拓展提高】

用 AutoCAD 软件画出本任务的装配图。

【实战演练】

读齿轮泵装配图（图 7-10）并回答问题。

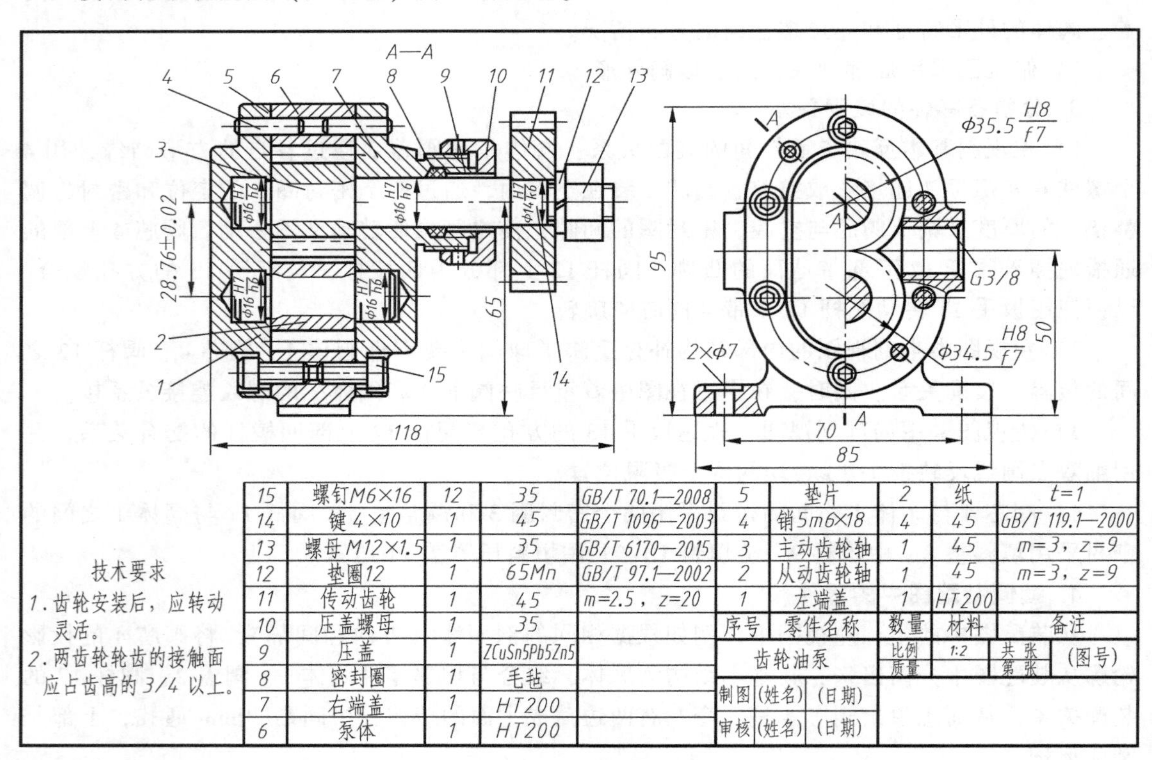

图 7-10 齿轮泵装配图

1）齿轮是由_______种零件装配而成的，其中标准件有_______种。

2）齿轮泵的总体尺寸为：总长_______，总宽_______，总高_______。

3）本装配图共用了________个图形来表达，主视图采用________，左视图采用________。

4）图中标注尺寸________个，属于规格性能尺寸的是________和________，属于安装尺寸的有________和________。

5）垫片 5 的作用是________；密封圈 8 的作用是________；压盖 9 和压盖螺母 10 的作用是________。

6）ϕ16H7/h6 表示________和________之间的配合，ϕ14H7/k6 表示________和________之间配合。

单元八

零部件测绘

课题一　零部件测绘指导

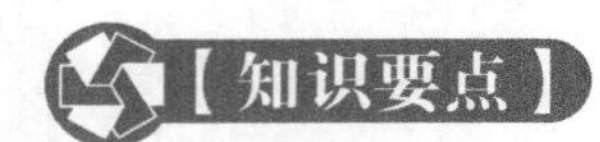

徒手画零件草图，测量和标注尺寸，并根据装配示意图画部件装配图；熟悉零部件测绘的方法和步骤，掌握零件草图、部件装配图以及零件图的画法与要求。

【技能要求】

学会使用常用测量工具，掌握常用的测量方法。通过零部件测绘，加深对零件工艺和装配结构的感性认识，培养自主学习和动手能力。

【任 务 书】

编号	任务	教学时间
8-1-1	零部件的测绘步骤和测量方法	6 学时

任务　零部件的测绘步骤和测量方法

【学习目标】

1）熟悉零部件测绘的方法和步骤，掌握零件草图、部件装配图以及零件图的画法与要求。

2）学会使用常用测量工具，掌握常用的测量方法。

【任务描述】

通过图 8-1 所示连杆的测绘实践，综合运用零部件测绘课程的基本知识、原理和方法全面训练，并贴近工程应用和生产实际。本任务重点了解零部件测绘流程。

【任务分析】

通过本任务的学习，使学生全面、系统地复习已学过的知识，并掌握测绘的基本方法和

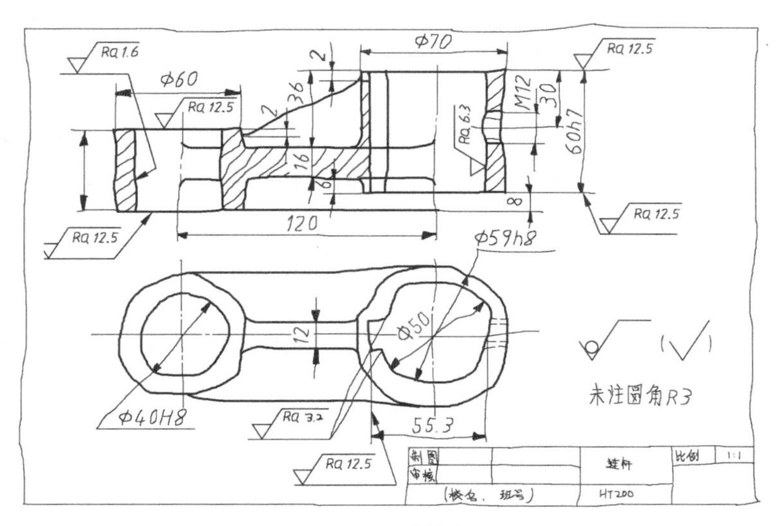

图 8-1　连杆零件草图

步骤，培养整机或部件的测绘能力，为实际生产中的测绘打下基础。

【知识链接】

一、零部件测绘的方法和步骤

1. 了解和分析测绘对象

测绘前要对被测部件仔细观察和分析，并参照有关资料、说明书或同类产品的图样，对该零部件的性能、用途、工作原理、功能结构以及部件中各零件间的装配关系等有概括的了解，以便考虑选择合适的零件表达方案和进行尺寸标注。

2. 拆卸部件和画装配示意图

（1）常用拆卸工具　拆卸部件时，为了不损坏零件，应在分析装配体结构特点的基础上，选用合适的工具逐步拆卸。常用的工具有扳手、台虎钳、螺钉旋具、钳工锤等。

（2）拆卸部件时的注意事项

1）拆卸部件前要仔细分析装配体的结构特点、装配关系和连接方式，根据连接情况采用合理的拆卸方法，并注意拆卸顺序。对精密或重要的零件，拆卸时应避免重击。

2）对于不可拆零件，如焊接件、铆接件、镶件或过盈配合连接等，不应拆开；对于精度要求较高的过渡配合若不拆也可测绘零件，尽量不拆，以免降低机器的精度或损坏零件而无法复原；对于标准部件，如滚动轴承或油杯等，也不用拆卸，查阅有关标准即可。

3）对于部件中的一些重要尺寸，如零件间的相对位置尺寸、装配间隙和运动零件的极限位置尺寸等，应先进行测量，以便重新装配部件时保持原来的装配要求。

4）对于较复杂的装配体，拆卸零件时，应边拆边登记编号，并按顺序排列零件，套上用细铁丝和硬纸片制成的号签，注写编号和零件名称，然后妥善保管，避免零件损坏、生锈和丢失；对于螺钉、键、销等容易散失的细小零件，拆卸后仍装在原来的孔、槽中，以免丢失和装错位置；标准件应列出明细。

（3）画装配示意图　为了便于部件拆卸后装配复原，在拆卸零件的同时，画出部装配示意图，并编上序号，记录零件的名称、数量，装配关系和拆卸顺序。画装配示意图时需注意以下几点。

1）画装配示意图时，仅用简单的符号和线条表达部件中各零件的大致形状和装配关系。例如，轴类零件用特粗线（$2d$）表示。通常仅画出相当于一个投射方向的图形，其上尽可能集中反映全部零件。若表达不清楚，可增加图形，但图形间应符合投影规律。

2）将被测绘的部件假想成透明体，既画出外形轮廓，又画出外部及内部零件间的装配关系。

3）相邻两零件的接触面之间最好留出空隙，以便区分零件。零件中的通孔可画成开口，以便清楚表达装配关系。

4）有些零件（如轴、轴承、齿轮、弹簧等）应参照国家标准 GB/T 4460—2013 中的规定符号表示（图 8-2），若无规定符号，则该零件用单线条画出其大致轮廓，以显示其形体的基本特征。

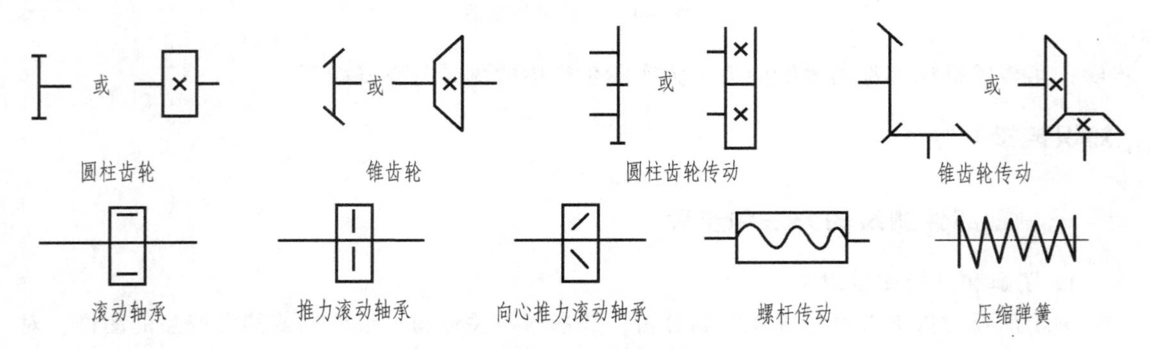

图 8-2　装配示意图常用简图符号

3. 画零件草图和标注尺寸

（1）零件草图　零件草图是在测绘现场以目测实物大致比例、徒手画出的零件图样。零件草图是绘制部件装配图和零件图的重要依据，必须认真、仔细，绝非“潦草”之图。画零件草图的要求是图形正确、表达清晰、尺寸齐全，并注写包括技术要求的有关内容。

（2）画零件草图的步骤

1）在图纸（建议用网格纸）上定出各视图的位置，画出各视图的基准线、中心线，如图 8-3a 所示。布图时要考虑在各视图之间预留标注尺寸的位置，并在右下角留出标题栏的位置。

2）画出零件外部和内部的结构形状，如图 8-3b 所示。

3）选择基准，画出尺寸界线、尺寸线和箭头。注意尺寸齐全、不遗漏、不重复，经仔细校核后描深轮廓线和画剖面线，如图 8-3c 所示。

4）测量尺寸，并注写尺寸数字和技术要求，填写标题栏，如图 8-3d 所示。

（3）测绘注意事项

1）零件的制造缺陷，如砂眼、气孔、刀痕，以及长期使用所造成的磨损等，测绘时不必画出，应予以修正。

2）零件上的工艺结构，如铸造圆角、倒角、凸台，凹坑、退刀槽、砂轮越程槽等都必须画出，不得省略。

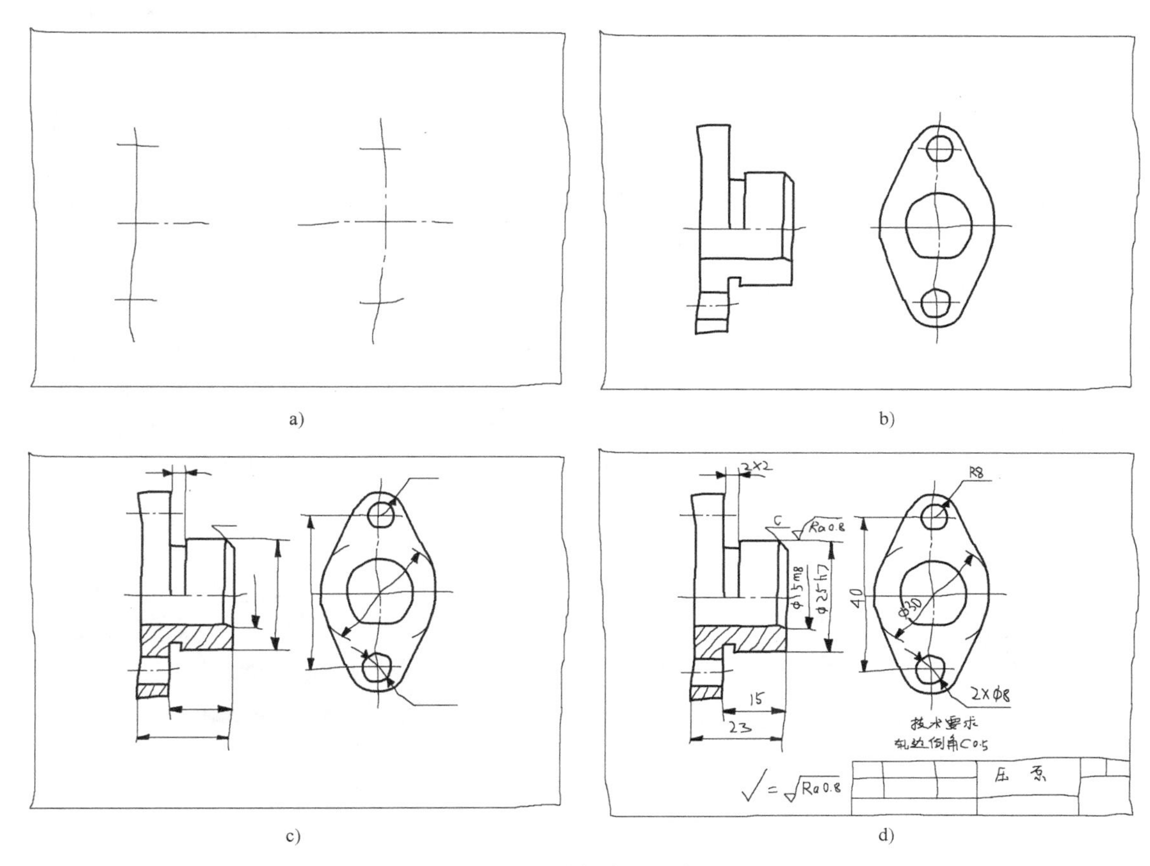

图 8-3　画零件草图的步骤

3）测量尺寸时应在画好视图、注全尺寸界线和尺寸线后集中进行。切忌每画一个尺寸线便测量一个尺寸、填写一个尺寸数字。

4）对相邻零件有配合功能要求的尺寸，公称尺寸只需测量一个。当测得的配合尺寸为小数时，应圆整为整数。

4. 画装配图

根据零件草图和装配示意图提供的零件之间的连接方式和装配关系，绘制部件的装配图。画装配图时，应注意发现并修正零件草图中不合理的结构，调整不合理的公差取值以及所测得的尺寸，以便为绘制零件图时提供正确的依据。

画部件装配图的方法和步骤如下：

（1）拟定表达方案　表达方案包括选择主视图、确定视图数量和表达方案，以最少的视图，完整、清晰地表达部件的装配关系和工作原理。

（2）画装配图的步骤

1）根据拟订的表达方案，确定图样的比例（尽可能采用 1∶1 比例，便于想象部件的形状和大小），选择标准的图幅，画好图框、标题栏和明细栏。

2）合理、美观地布置各个视图，并注意预留标注尺寸、零件序号的适当位置，画出各个视图的主要中心线和作图基准线。

3）确定画图顺序。从主视图画起，几个视图相互配合一起画；也可以先画反映部件工作原理或形体特征明显的主视图，再画其他视图。画主视图时，要确定是从内向外画还是从外向内画。

4）整理、描深图线，标注尺寸，编排序号，填写标题栏、明细栏和技术要求，完成装配图。

5. 画零件图

根据装配图和零件草图绘制零件图。从零件草图到零件图不是简单地重复照抄，应在再次检查及时更正错误或遗漏之后再画零件图。

二、常用测量工具及测量方法

尺寸测量是测绘零件过程中的重要环节，常用的测量工具有金属直尺、外卡钳和内卡钳、游标卡尺以及螺纹样板和半径样板等。测量精密的零件时，还要用千分尺及其他工具。

（1）测量直线尺寸　直线尺寸一般用金属直尺测量，也可用三角板与金属直尺配合测量，如图 8-4a 所示。如果尺寸要求精确，则用游标卡尺测量，如图 8-4b 所示。

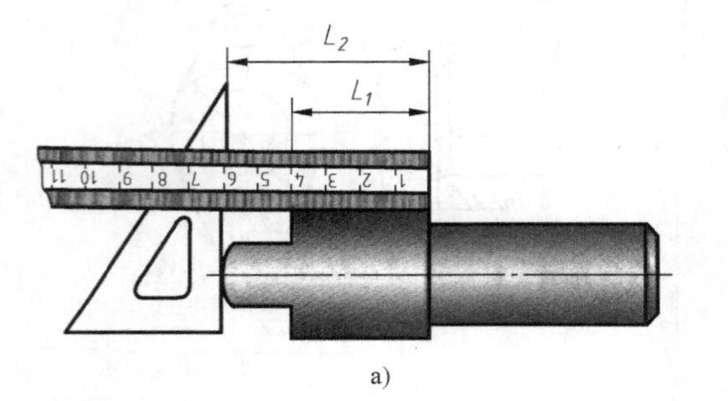

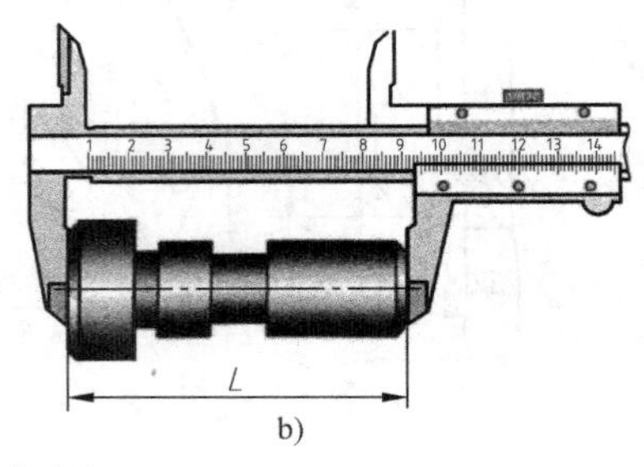

图 8-4　测量直线尺寸（AR 立体扫描）

（2）测量回转面的直径　用外卡钳（图 8-5a）、内卡钳（图 8-5b）或游标卡尺（图 8-5c、d）测量回转面的外径或内径。

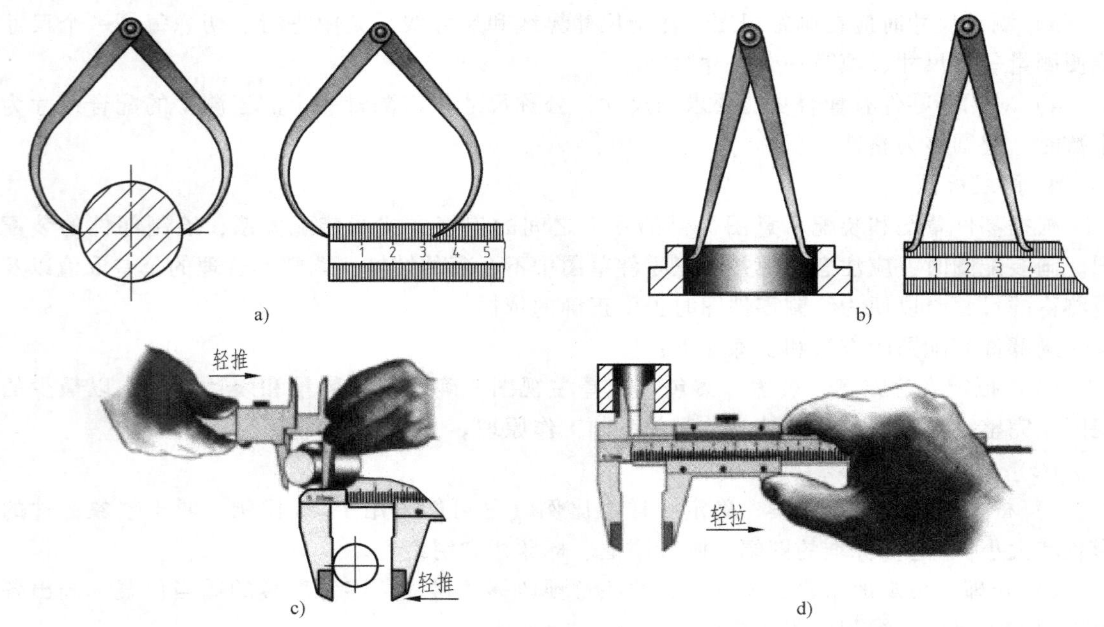

图 8-5　测量回转面的外径和内径

(3) 测量壁厚　一般可用金属直尺测量壁厚，如图 8-6a 所示；孔径较小时，可用深度游标卡尺测量壁厚，如图 8-6b 所示。用外卡钳测量图 8-7 所示工件的壁厚时，如果将钳口紧贴工件壁的两面，可能会使测量值不是最小值（因为两测量爪之间的连线与工件壁不垂直），可按图示的方法，用一把金属直尺抵在工件的外壁上，卡钳开口的大小 C 以大于图中的 A 值为准，处于工件外面的测量爪卡在金属直尺的一个刻度上，记录 B 值（图 8-7a）；取出卡钳后，测出卡钳的开口距离 C（图 8-7b），则被测工件的壁厚 $X=C-B$。

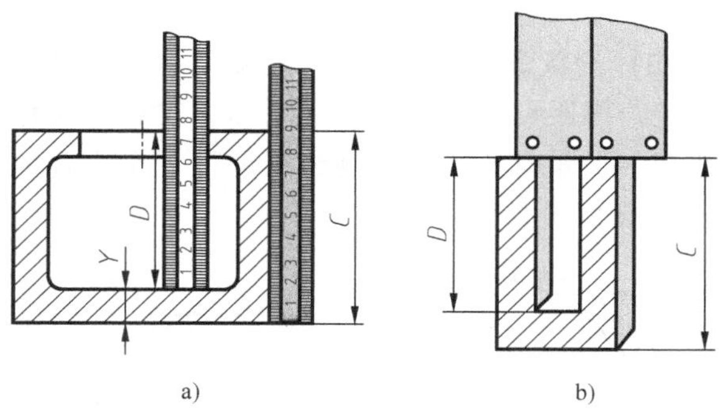

图 8-6　测量壁厚（一）（AR 立体扫描）

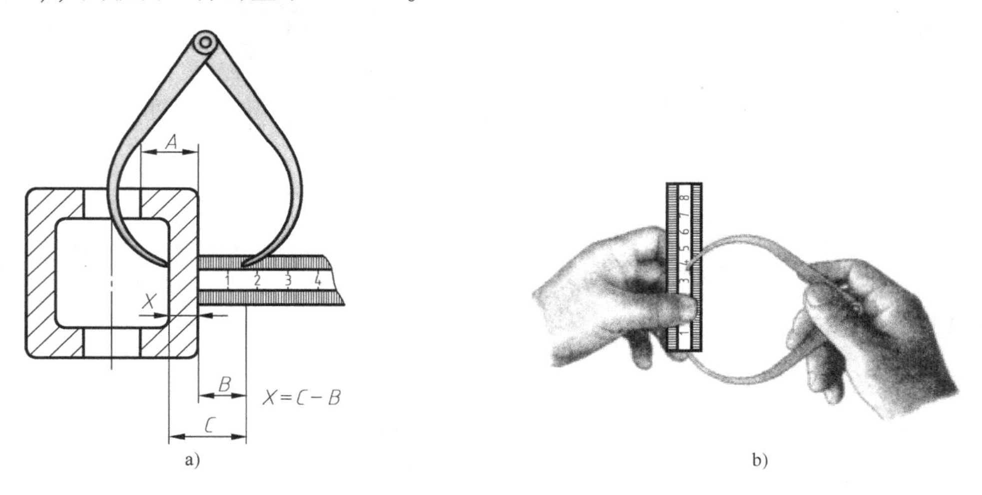

图 8-7　测量壁厚（二）（AR 立体扫描）

(4) 测量两孔中心距　可将内、外卡钳与金属直尺配合使用，如图 8-8 所示；或用游标卡尺测量。

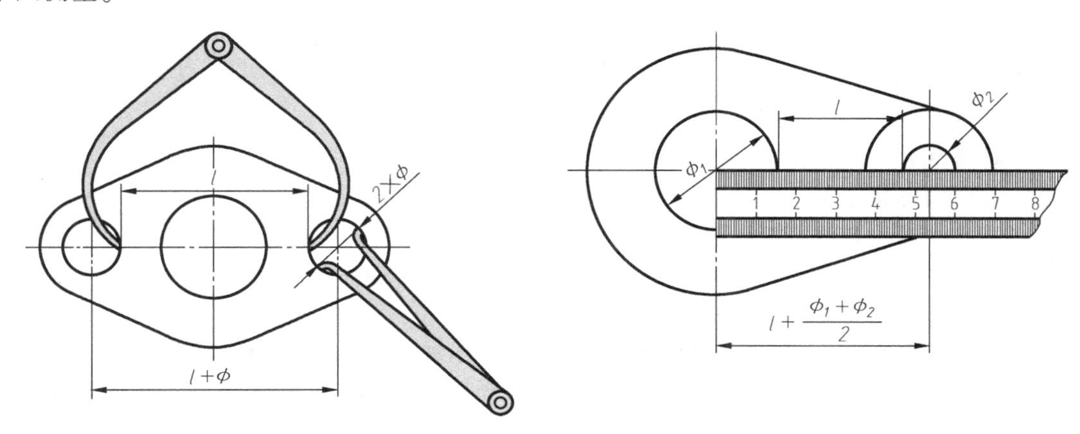

图 8-8　测量两孔中心距

（5）测量中心高度　用卡钳与金属直尺配合测量中心高度，如图 8-9 所示。

（6）测量螺纹　用游标卡尺测量螺纹大径，内螺纹的大径可通过与之旋合的外螺纹大径确定。螺距可用螺纹样板（又称螺纹规）测量，螺纹样板由刻有不同螺距数值的若干钢片组成，测量时选出与被测螺纹牙型完全吻合的某一钢片，读取该片上的数值即为实际螺距，如图 8-10 所示。

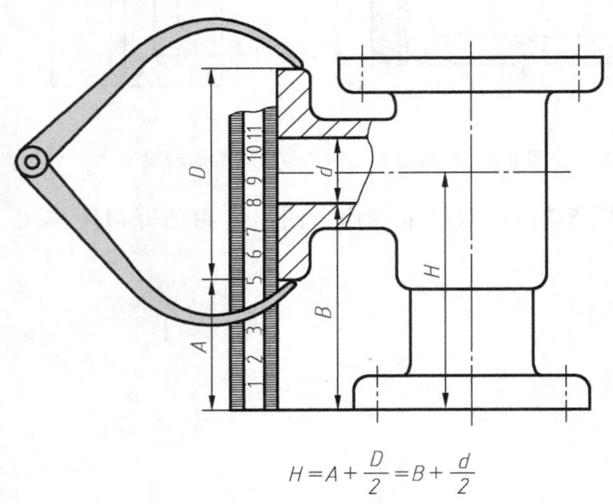

图 8-9　测量中心高度（AR 立体扫描）

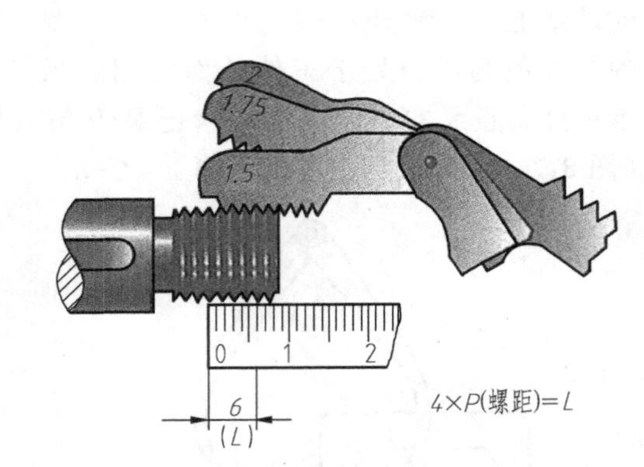

图 8-10　用螺纹样板测量螺距（AR 立体扫描）

【任务实施】

1. 画零件草图步骤

以图 8-11 所示连杆零件草图为例，说明画零件草图的步骤。

1）在确定表达方案的基础上，选定绘图比例，布置图面，画好各视图的基准线（视图的中心位置）。

2）画出基本视图的外部轮廓。

3）画出其他各视图、断面图等必要的视图。

4）选择长、宽、高各方向标注尺寸的基准，画出尺寸线、尺寸界线。

5）标注必要的尺寸和技术要求，填写标题栏，检查有无错误和遗漏。

2. 绘制零件图步骤

（1）审查、校核零件草图

1）看表达方案是否完整、清晰和简明。

2）看结构形状是否合理、是否存在缺陷。

3）看尺寸标注是否齐全、合理及清晰。

4）看技术要求是否满足零件的性能要求，又具有经济性。

（2）绘图步骤

1）选择绘图比例。根据零件的复杂程度而定，尽量采用比例 1∶1。

2）选择图样幅面。根据表达方案和比例，选择标准图幅，留出标注尺寸和技术要求的位置。

3）绘制底稿。

① 定出各视图的基准线。
② 画出图形。
③ 标注尺寸。
④ 填写技术要求及标题栏。
⑤ 校核、描深图线。
⑥ 审定图样、签名。

课题二　齿轮泵测绘

【知识要点】

齿轮泵的工作原理，齿轮泵零件草图装配图及零件图的绘制方法。

【技能要求】

通过零部件测绘，加深对零件工艺和装配结构的感性认识，培养自主学习和动手能力。

【任务书】

编号	任务	教学时间
8-2-1	画齿轮泵的装配示意图和拆卸齿轮泵	4 学时
8-2-2	绘制齿轮油泵装配图	4 学时

任务一　画齿轮泵的装配示意图和拆卸齿轮泵

【学习目标】

了解齿轮泵的工作原理及齿轮油泵各组成零件之间的连接关系。

【任务描述】

通过学习使学生全面、系统地复习已学过的知识，掌握齿轮泵的结构及工作原理。

【任务分析】

通过图 8-11 所示齿轮泵的工作原理及其结构关系，画装配示意图。

【知识链接】

齿轮泵是机器润滑系统中的一个部件，其主要作用是将润滑油压入机器，使做相对运动的零件接触面之间产生油膜，降低零件间的摩擦和减少磨损，确保各运动零件正常工作。齿轮泵装配图和工作原理图如图 8-11 所示。

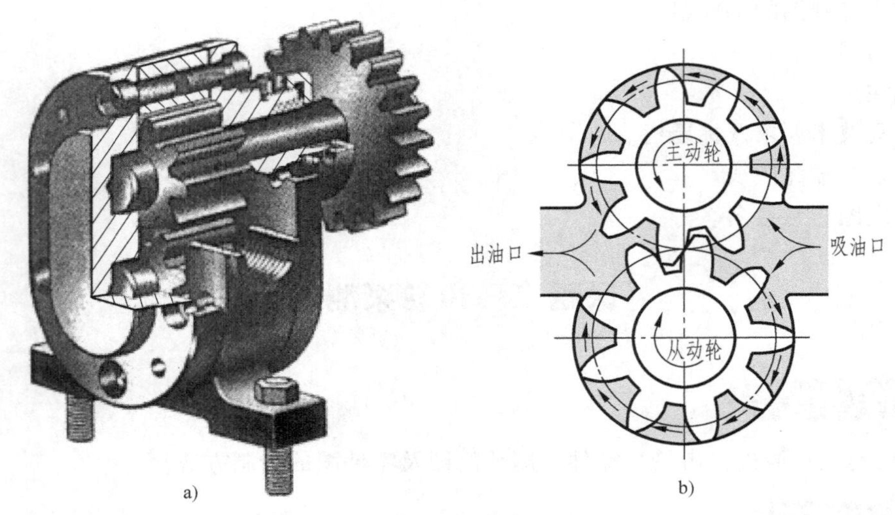

图 8-11　齿轮泵装配图和工作原理图

一、齿轮泵的结构分析

如图 8-11 所示，将从动齿轮轴、主动齿轮轴装入泵体后，由左端盖与右端盖支承这一对齿轮轴的旋转运动。圆柱销将左、右端盖与泵体定位后，再用螺钉连接。为防止泵体与端盖结合面及齿轮轴伸出端漏油，分别用垫片、密封圈、压盖及压盖螺母密封。

二、拆卸齿轮泵，画装配示意图

1. 拆卸齿轮泵

齿轮泵各零件之间的连接配合关系如图 8-12 所示。

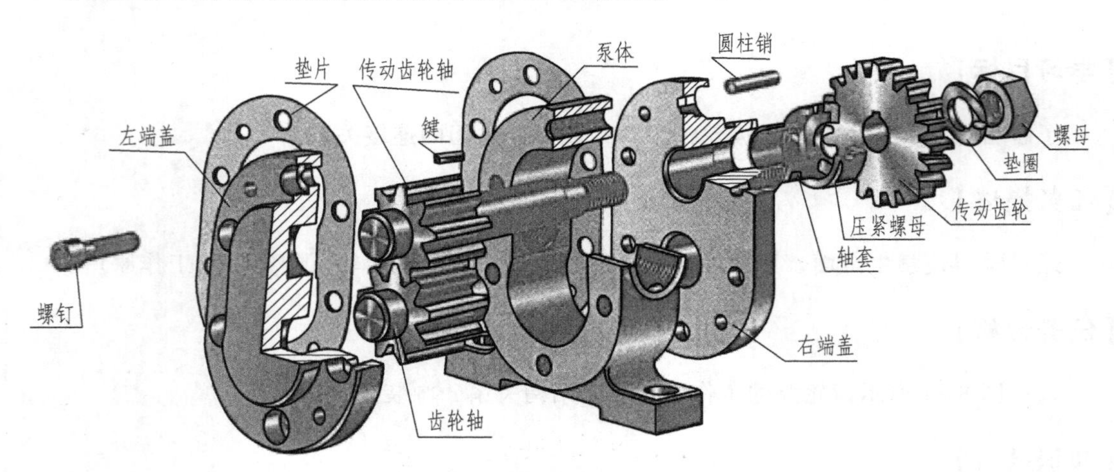

图 8-12　齿轮泵分解图（AR 立体扫描）

齿轮泵有两条装配干线：一条是传动齿轮轴装配干线，传动齿轮轴装在泵体和左、右端盖的支承孔内，在传动齿轮轴右边的伸出端装有密封圈、轴套、压紧螺母、传动齿轮、键、弹簧垫圈和螺母；另一条是从动齿轮轴装配线，从动齿轮轴装在泵体和左、右端盖的支承孔内，与主动齿轮相啮合。

齿轮泵的拆卸顺序：

① 螺母—弹簧垫圈—传动齿轮—压紧螺母（轴套）—密封圈。

② 圆柱销—螺钉—左、右端盖—垫片—主动齿轮轴—从动齿轮轴—泵体。

在拆卸过程中，要了解和分析齿轮泵中零件间的连接方式、装配关系以及密封结构等，边拆卸边记录，见表 8-1。

表 8-1　齿轮泵拆卸记录

步骤次序	拆卸内容	遇到的问题及注意事项	备注
1	螺母、弹簧垫圈		
2	传动齿轮		
3	压紧螺母、密封圈		
4	销		
5	螺钉		
6	左、右端盖		
7	主动齿轮轴		
8	从动齿轮轴		
9	泵体		

拆卸完成后，对所有零件按一定顺序编号，填写到装配示意图中，然后编制标准件明细表，见表 8-2。

表 8-2　齿轮泵标准件明细表

序号	名称	标记	材料	数量	备注
1	螺母	GB/T 6710 M12×1.5	35	3	
2	垫圈	GB/T 97.1—2002	65Mn	1	
3	销	GB/T 119.1　m6×18	45	4	
4	螺钉	GB/T 70.1　M6×16	35	12	
5	密封圈		毛毡		
6	键	GB/T 1096 4×4×10	45	1	

2. 画装配示意图

为了便于部件拆卸后装配复原和指导绘制装配图，在拆卸零件的同时，画出部件的装配示意图，如图 8-13 所示。装配示意图是用简单的线条和机构运动常用的简图符号所画成的各零件的相互关系和大致轮廓。在装配示意图上应按拆卸顺序编写序号，并注写零件名称、代号、数量及材料等。不同位置的同种零件只编一个序号。

【任务实施】

1）画齿轮泵装配示意图（图 8-13）。

2）按齿轮泵的拆卸顺序完成。

① 螺母—弹簧垫圈—传动齿轮—压紧螺母（轴套）—密封圈。

② 圆柱销—螺钉—左、右端盖—垫片—主动齿轮轴—从动齿轮轴—泵体。

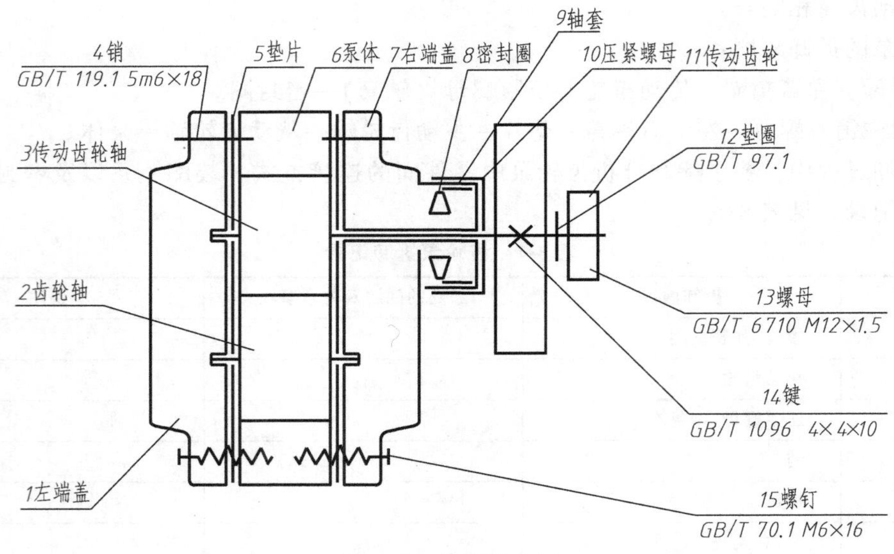

图 8-13 装配示意图

【拓展提高】

用 AutoCAD 软件绘制本任务的装配图。

任务二 绘制齿轮泵装配图

【学习目标】

了解齿轮泵各零件的几何尺寸，合理选择视图角度绘制装配图。

【任务描述】

绘制齿轮泵装配图（图 8-14）。

【任务分析】

通过学习，掌握齿轮泵是由哪些零部件组成的，并合理选择视图摆放放置，绘制出装配图。

【任务实施】

1. 确定视图方案

将齿轮泵选择工作位置放置，主视图选用轴向作为投射方向采用全剖视表达齿轮泵内部各零件之间相对位置、装配关系以及双头螺柱的连接情况。左视图从泵体与泵盖结合面进行

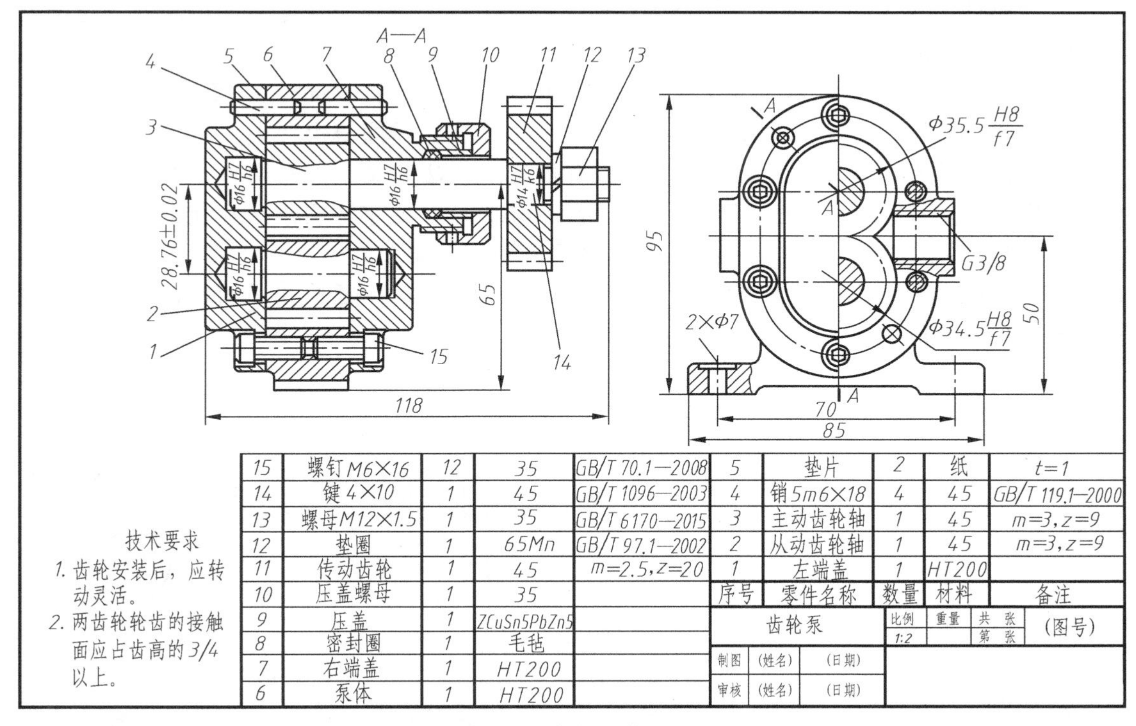

图 8-14　齿轮泵装配图

剖切，表达两齿轮的啮合情况及齿轮泵的工作原理，以及螺柱与销沿泵体四壁的分布情况，并采用局部剖表达泵体上进油孔的流通情况。

2. 确定比例和图幅

确定装配体表达方案后，根据齿轮泵的总体尺寸、复杂程度确定绘图比例，同时考虑尺寸标注、零件序号和明细栏所占的位置综合确定图幅大小。

3. 绘制装配图

（1）布图　在选定的图幅上通过绘制各个视图的轴线、中心线、基准位置线来布图，并将明细栏和标题栏的位置定好。

（2）画主要零件的轮廓　根据齿轮泵实物，按照先画主要零件或较大零件的步骤画出泵体各视图的轮廓线，绘图一般先从主视图开始，几个视图结合起来画。

（3）画其他零件　按照各零件的大小、相对位置和装配关系依次按定位和遮挡关系将各零件表达出来。

（4）检查、填充　完成连接件等局部结构的绘制并检查修正图线，填充剖面线，如图 8-15 所示。

（5）尺寸标注

1）性能尺寸：齿轮泵的性能、规格尺寸，如螺纹孔尺寸 G3/8。

2）装配尺寸：包括配合尺寸，如轴套与泵体支承孔的配合尺寸 ϕ28H7/h6 的过盈配合；定位尺寸，如主动轴到高度基准面底板的高度为 65mm；两轴中心距，主动轴与从动轴的中心距为 28.76±0.02mm。

3）安装尺寸：将机器和部件安装到基座、机器上的安装定位尺寸、如齿轮泵底板上两个螺纹孔中心距为70mm。

4）外形尺寸：齿轮泵外形轮廓尺寸，即总长118mm、总高95mm、总宽85mm

5）其他重要尺寸。经过设计、计算得到的尺寸或主要零件结构尺寸。

（6）注写技术要求　装配图中技术要求有规定标注法和文字注写两种。规定标注法是指零件装配后应满足的配合技术要求，如配合 ϕ16H7/h6。文字注写是指在装配图空白处关于润滑要求、密封要求、检验试验等。提出的操作规范及要求。

（7）完成装配图　通过加深图线、编写零件序号、填写标题栏和明细栏，完成齿轮泵装配图，如图8-14所示。

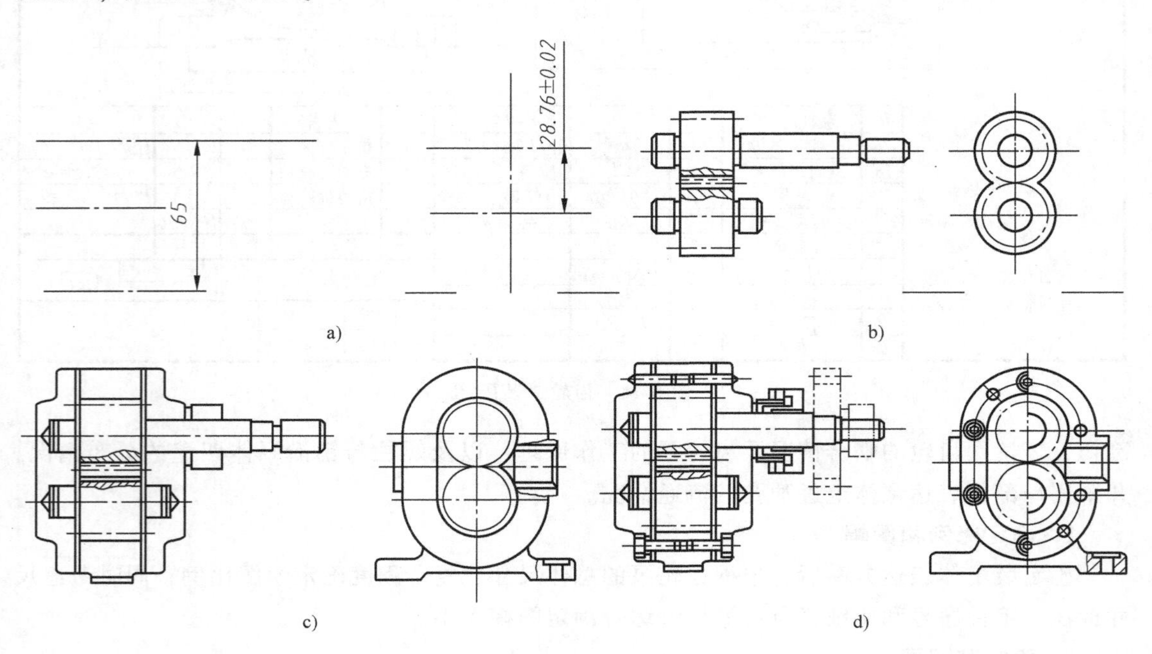

图8-15　齿轮泵装配图画图步骤

【拓展提高】

用AutoCAD软件绘制本任务的装配图。

【实战演练】

读气阀装配图并回答问题（图8-16）。

（1）该装配体共用了____个图形来表达，主视图中采用了________和________，其他图形的名称分别是________和________。

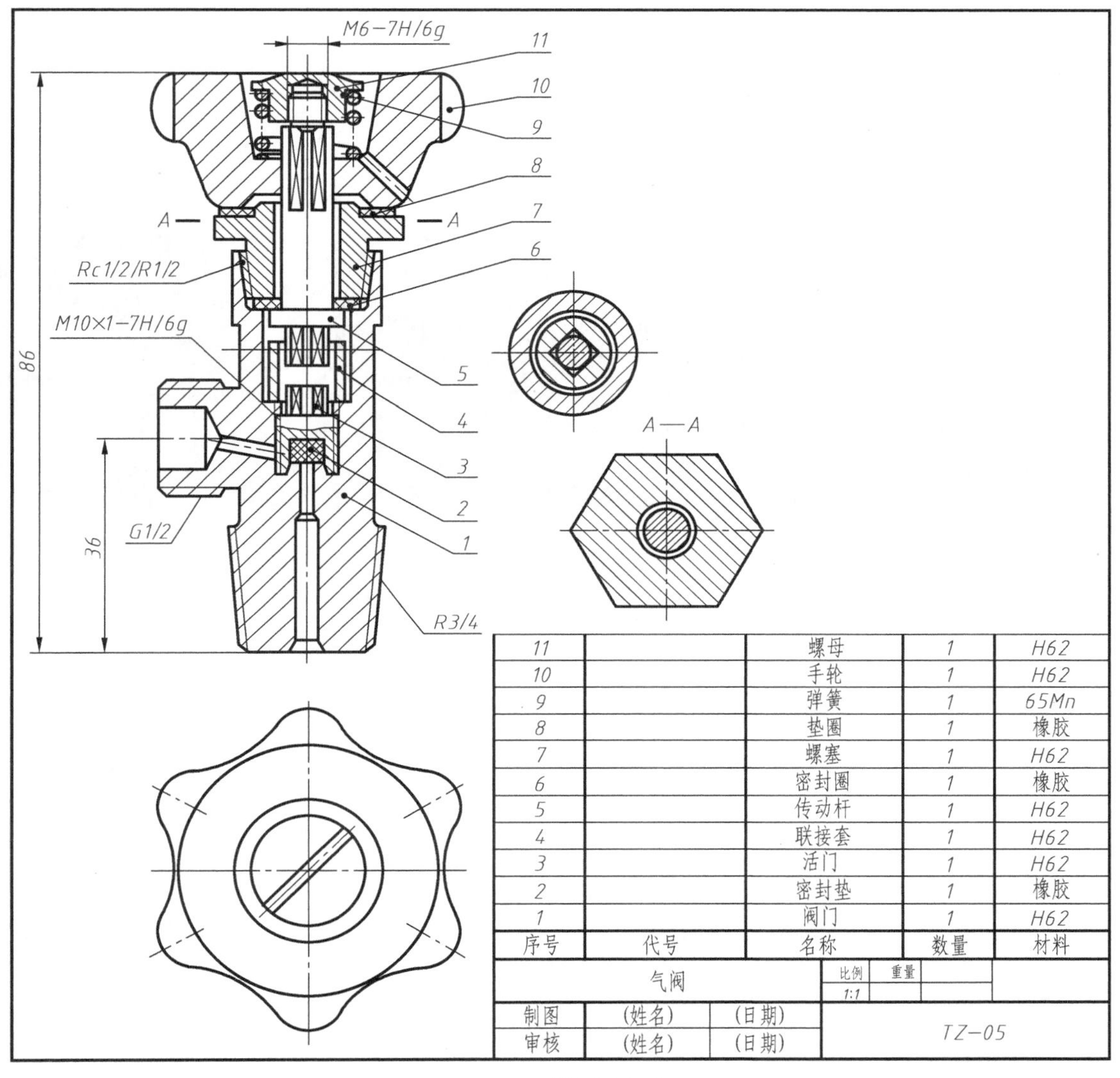

序号	代号	名称	数量	材料
11		螺母	1	H62
10		手轮	1	H62
9		弹簧	1	65Mn
8		垫圈	1	橡胶
7		螺塞	1	H62
6		密封圈	1	橡胶
5		传动杆	1	H62
4		联接套	1	H62
3		活门	1	H62
2		密封垫	1	橡胶
1		阀门	1	H62

图 8-16　气阀装配图

（2）*A—A* 平面剖切到的零件为件________和件________，其中外形为正六边形的零件名称是________。

（3）为防止气阀漏气，共有________处采用了橡胶密封垫圈，它们的序号分别是________。

（4）件 4 连接套的外形为________，内部为________孔，它将件________和件________连接在一起。

（5）尺寸 M10×1—7H/6g 中：M 表示________，10 表示________，1 表示________，7H 表示________，6g 表示________________。

（6）简述气阀的工作原理。

模块二 AutoCAD绘图

单元九

AutoCAD 2016软件的使用

课题一　AutoCAD 2016 界面组成及基本操作

【知识要点】

1）AutoCAD 2016 的工作界面。
2）AutoCAD 各种面板的调用。
3）设置绘图窗口背景颜色。
4）AutoCAD 2016 界面风格的转换。

【技能要求】

1）能熟练使用键盘与鼠标。
2）能选择适当的方法管理图形文件。

【任 务 书】

编号	任务	教学时间
9-1-1	认识操作界面	2 学时
9-1-2	设置绘图环境	2 学时
9-1-3	坐标和坐标系	2 学时

任务一　认识操作界面

【学习目标】

1）认识 AutoCAD 2016 的工作界面。
2）掌握 AutoCAD 2016 各种面板的调用。
3）会设置绘图窗口背景颜色。
4）掌握 AutoCAD 2016 界面风格的转换。

【任务描述】

本任务是认识 AutoCAD 2016 的工作界面，如图 9-1 所示，对工具栏、背景颜色、界面风格进行设置，为今后的学习做好准备。

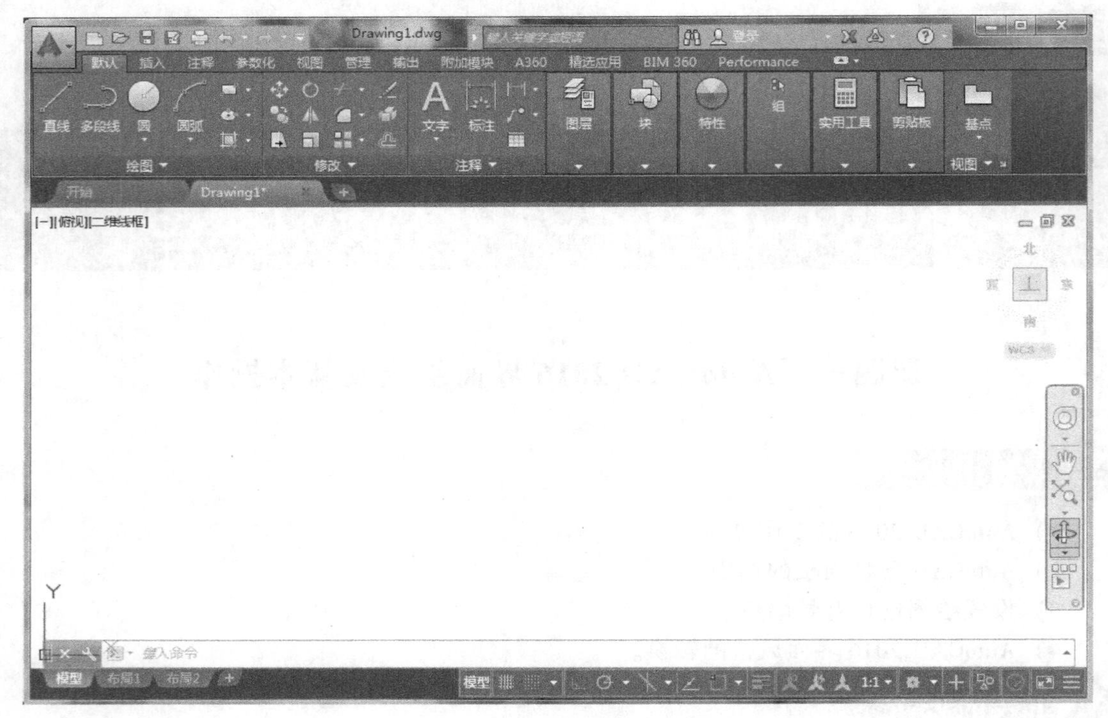

图 9-1 AutoCAD 2016 的工作界面

【知识链接】

双击桌面上 AutoCAD 2016 图标，启动后进入工作界面。工作界面主要由标题栏、菜单栏、菜单浏览器按钮、功能区选项板、工具栏、绘图区、导航栏、命令行窗口、状态栏、滚动条等组成。

1. 标题栏

标题栏位于应用程序窗口的最上方，用于显示当前正在运行的程序名及用户正在操作的文件名等信息，如果是 AutoCAD 2016 默认的图形文件，其名称为 DrawingN. dwg（N 为数字）。单击标题栏右端的按钮，可以最小化、最大化或关闭应用程序窗口。

2. 菜单栏

菜单栏位于标题栏的下方，包括文件、编辑、视图、插入、格式、工具、绘图、标注、修改、参数、窗口和帮助 12 个菜单项，单击其中的菜单项，在弹出的下拉菜单中选择所需的命令，即可执行相应的操作。

1）带有三角标记“▶”的菜单项。它表示该菜单还有子菜单，当光标停留在这样的菜单项时，菜单项的旁边将会显示其下一级子菜单，单击子菜单中的菜单项，即可执行相应的操作。

2）带有省略号“…”的菜单项。当执行该项操作时会弹出一个对话框，要求用户在对话框内输入相关信息。

3）带有“…”快捷键的菜单项。按下快捷键即执行该菜单项相应的操作。

3. 菜单浏览器按钮

单击工作界面左上角的菜单浏览器按钮，弹出的菜单包括【新建】、【打开】、【保存为】、【输出】、【发布】、【打印】、【图形实用工具】及【关闭】9个命令。

4. 工具栏

1）快速访问工具栏。该工具栏包括【新建】、【打开】、【保存】、【放弃】、【重做】和【打印】等常用命令，还可以自定义此工具栏的按钮，如图9-2所示。

图9-2　快速访问工具栏

2）交互信息工具栏。该工具栏包括【搜索】、【登录】、【Autodesk Exchange】【应用程序】、【链接】、【帮助】等常用的数据交互访问工具，如图9-3所示。

图9-3　交互信息工具栏

5. 功能区选项板

功能区是命令按钮的集合。默认状态下，在二维草图与注释工作界面中，功能区选项板包括【默认】、【插入】、【注释】、【布局】、【参数化】、【三维工具】、【渲染】、【视图】、【管理】、【输出】、【插件】、【Autodesk360】和【精选应用】共13个选项卡，每个选项卡包含若干个面板、许多命令按钮，使用这些命令可以绘制或编辑图形，如图9-4所示。

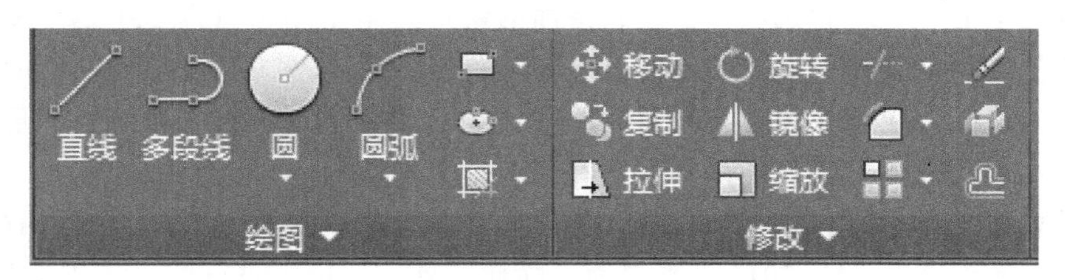

图9-4　功能区选项板

6. 绘图区

在AutoCAD 2016的工作界面中，最大的空白区域就是绘图区，也称为绘图窗口，所有的绘图结果都显示在这个窗口中。如果图样比较大，需要查看未显示部分时，单击窗口右边与下边滚动条上的箭头，或拖动滚动条上的滑块来移动图样。

7. 导航栏

导航栏是一种用户界面元素，用户从中访问通用导航工具和特定于产品的导航工具。

8. 命令行窗口

命令行窗口位于绘图窗口的底部，用于输入命令，并显示操作过程中的有关提示信息。在绘图时，用户要注意命令行的各种提示，以便准确、快捷地绘图。

9. 状态栏

状态栏位于工作界面的最底部，用于显示 AutoCAD 当前的状态，如当前光标值、命令和按钮的说明等。状态栏包括坐标值区、绘图辅助工具、快速查看工具、注释工具、工作空间工具等区域，如图 9-5 所示。

图 9-5 状态栏

10. 滚动条

在 AutoCAD 2016 绘图窗口的下方和右侧有用来浏览图形的水平和竖直方向的滚动条，在滚动条中单击或拖动滚动条中的滚动滑块，可以在绘图区窗口中按水平或竖直两个方向平移图形。

【任务实施】

一、操作步骤

1. 启动 AutoCAD 2016

双击桌面上的 AutoCAD 2016 图标，或者选择【开始】→【程序】→【Autodesk】→【AutoCAD 2016 简体中文】，即可启动 AutoCAD 2016 工作界面。

2. 设置绘图窗口背景颜色

第一步：单击【工具】菜单中的【选项】按钮，或者在绘图区空白处单击鼠标右键（简称右击），在弹出的快捷菜单中选择【选项】命令，弹出【选项】对话框。

第二步：单击【显示】选项卡，在其下面的窗口元素中单击【颜色】按钮，弹出【图形窗口颜色】对话框，在右上角的颜色框中选取颜色。

第三步：单击【应用并关闭】按钮返回【选项】对话框，单击【确定】即可。

3. AutoCAD 2016 界面风格的转换

单击【设置工作空间】按钮，打开工作空间下拉列表框选择【AutoCAD 2016 经典】选项，即可以转换到 AutoCAD 2016 经典界面。除此之外，还可以进行三维基础选择三维建模等工作空间转换。

4. 退出 AutoCAD 2016

(1) 菜单栏　选择【文件】→【退出】命令。

(2) 工具栏　单击 AutoCAD 2016 主窗口右上角的【关闭】按钮 X。

(3) 命令行　输入 QUIT。

如果退出 AutoCAD 时当前的图形文件没有被保存，系统将弹出提示对话框，提示用户在退出 AutoCAD 前保存或放弃对图形的修改。

二、操作提示

在 AutoCAD 2016 中，首次启动应用程序将弹出欢迎界面，取消选中【启动时显示】复选框，以后启动时将不再显示该界面。如果要扩大绘图区域，可将功能区选项卡中的面板最小化，将面板中的命令区域折叠。

【拓展提高】

1. 打开或关闭功能区选项卡的方法

（1）菜单栏　选择【工具】→【选项板】→【功能区】命令。

（2）命令行输入 RIBBON。

关闭功能区可以右击功能区面板标题处的空白区域，弹出菜单，单击关闭即可。

2. 打开或关闭 Viewcube

单击绘图区左上角的视口控件按钮【-】，单击 ViewCube 将其打开，再次单击将其关闭。用相同方法打开和关闭导航栏。

3. 隐藏菜单栏

右击菜单栏的空白处，弹出菜单，单击【显示菜单栏】，将菜单栏隐藏。

【实战演练】

启动 AutoCAD 2016，取消栅格显示，调出菜单栏，将功能区面板最小化为面板标题，同时将导航栏隐藏。再分别在【草图与注释】和【AutoCAD 经典】两个工作空间中用【圆】命令绘制圆心为任意点、半径为 100mm 的圆（AutoCAD 软件默认长度单位为 mm，若要更改单位，可另行设置）。任务完成后退出 AutoCAD 2016。

任务二　设置绘图环境

【学习目标】

1）掌握正确设置绘图单位和图形界限的方法，并掌握辅助绘图功能的应用。

2）掌握图层的创建和设置图层颜色、线型、线宽的方法。

3）掌握文件的基本操作方法，如新建、打开、保存等。

【任务描述】

本任务主要学习使用【格式】菜单中的【单位】、【图形界限】命令来设置绘图环境；掌握设置图层方法，将图形中包含的轮廓线、虚线、剖面线、尺寸标注等元素放在不同的图层，以便将图形信息归类管理如图 9-6 所示。

图 9-6　设置绘图环境

【知识链接】

一、设置绘图单位

1. 绘图单位的设置方法

(1) 菜单栏　选择【格式】→【单位】命令。

(2) 工具栏　单击窗口左上角的菜单浏览器按钮，在弹出的下拉菜单中选择【图形实用工具】→【单位】命令。

(3) 命令行　输入 DDUNITS 或 UNMS（或缩写：UN）。

2. 操作说明

执行上述命令后打开【图形单位】对话框，在长度框中，单击下拉列表可以改变长度类型和精度；在角度框中，单击下拉列表可以改变角度类型和精度；顺时针复选框被选中时，表示角度以顺时针方向为正，顺时针复选框未选中时，表示角度以逆时针为正。单击【方向】按钮，在弹出的对话框中可以设置角度的方向。

二、设置图形界限

1. 图形界限的设置方法

(1) 菜单栏　选择【格式】→【图形界限】命令。

(2) 命令行　输入 LIMITS。

2. 操作步骤

命令：_Limits

重新设置模型空间界限：

指定左下角点或【开(ON)/关(OFF)】<0.00000>：

（输入图形边界左下角的坐标后按<Enter>键）

指定右上角点<420.0000,297.0000>：　（输入图形右上角的坐标后按<Enter>健）

三、平移和缩放视图

1. 实时平移视图的方法

(1) 菜单栏　选择【视图】→【平移】→【实时】命令。

(2) 工具栏　单击功能区的【视图】选项卡→【二维导航】面板中的【平移】按钮。

(3) 导航栏　单击绘图区右侧导航栏面板中的【平移】按钮。

(4) 命令行　输入 PAN。

(5) 快捷菜单　右击绘图区，弹出快捷菜单，选择【平移】命令。

平移是指在不改变缩放系数的情况下，观察当前窗口中图形的不同部位，它相当于移动图样。执行该命令后，屏幕上的光标呈一小手标记。按住鼠标左键向上下左右移动，则图形将跟着上下左右移动。除了实时平移以外，还有定点平移，是指当前图形按指定的位移和方向进行平移。

2. 范围缩放视图的方法

(1) 菜单栏　依次选择【视图】→【缩放】→【范围】命令，或者依次选择【工具】→【工具栏】→【AutoCAD】→【缩放】命令，打开缩放工具栏，单击【范围缩放】按钮。

(2) 工具栏　单击功能区的【视图】选项卡，然后单击【二维导航】面板中的【范围】按钮。

(3) 导航栏　单击绘图区右侧导航栏面板中的【范围缩放】按钮。

(4) 命令行　输入 ZOOM (Z)→E 后，按<Enter>键。

除了范围缩放外，AutoCAD 2016 中还有很多缩放视图方式，其操作方法同范围缩放。

四、辅助绘图工具的应用

在绘制未知坐标点时，要精确地指定这些点就要用到辅助定位工具，以便快速、精确地绘图。

1. 启用捕捉和栅格

(1) 菜单栏　选择【工具】→【绘图设置】命令。

(2) 状态栏　单击状态栏中的【捕捉模式】按钮和【栅格显示】按钮。

(3) 快捷键　按<F9>键或按<Ctrl+B>组合键可打开或关闭捕捉模式；按<F7>健或按<Ctrl+G>组合键可打开或关闭栅格显示。

(4) 命令行　输入 DSETTINGS（或缩写：DS）。

2. 启用正交

(1) 状态栏　单击状态栏中的【正交模式】按钮。

(2) 快捷键　按<F8>键或按<Ctrl+L>组合键

(3) 命令行　输入 ORTHO。

当要绘制的图形完全由平行或垂直于坐标轴的直线组成时，可用此命令绘制水平线和垂直线非常方便。

3. 启用对象捕捉和对象捕捉追踪

(1) 快捷键　按<F3>键可开启或关闭对象捕捉模式；按<F11>键，可开启或关闭对象捕捉追踪模式。

(2) 状态栏　单击状态栏中的【对象捕捉】按钮及【对象捕捉追踪】按钮。

4. 启用极轴追踪功能

极轴追踪是按一定增量角的倍数定位捕捉方向的功能，可以在系统要求指定一个点时，按预先设置的角度增量显示一条无限延伸的辅助线，用户可以直接拾取或输入距离值定点。

(1) 快捷键　按<F10>键可开启或关闭极轴追踪功能。

(2) 状态栏　单击状态栏中的【极轴追踪】按钮。

五、图层及其相关设置

1. 图层的概念

图层相当于完全重合在一起的透明纸，可以任意地选择其中一个图层绘制图形文件而不受其他图层上图形的影响。图层可以是由系统生成的默认图层，也可以是由用户自己创建的图层。每一个图层都是相对独立的，用户可以对任意层的图形进行自由编辑。

2. 图层的创建

在默认情况下，AutoCAD 将自动创建一个名称为 0 的特例图层，在绘图过程中，如果要使用更多的图层来组织图形，就要先创建新图层。以下是创建图层的方法。

（1）菜单栏　选择【格式】菜单→【图层】命令。

（2）工具栏　单击功能区中的【默认】选项卡，之后单击【图层】面板中的【图层特性】按钮，或者单击【视图】选项卡，单击【选项板】面板中的【图层特性】按钮。

（3）命令行　输入 LAYER。

执行上述命令后，弹出【图层特性管理器】对话框，单击【新建图层】按钮，在对话框右侧的选项板中，将新建一个默认名为【图层 1】的图层。在名称框中的【图层 1】上右击，在弹出的快捷菜单中单击【重命名图层】或者按<F2>键均可重命名图层。

3. 设置图层的颜色、线型、线宽

1）设置图层的颜色。新建图层后，要改变图层的颜色，可在【图层特性管理器】对话框中，单击图层的【颜色】列对应的图标，打开【选择颜色】对话框，用户可利用该对话框为图层选择相应的颜色。

2）设置图层的线型。默认情况下，图层的线型为 Continuous。要改变线型，可在图层列表中单击【线型】列的 Continuous，打开【选择线型】对话框，单击所需的线型，如果没有所需的线型，可以单击【加载】按钮，打开对话框选择相应的线型后，单击【确定】按钮回到【选择线型】对话框，选中所需线型后，单击【确定】按钮完成。

3）设置图层的线宽。要改变图层的线宽，可在【图层特性管理器】对话框中，单击图层的【线宽】列对应的图标，打开【线宽】对话框，为图层选择相应的线宽。

4. 图层的管理

1）显示、锁定图层。打开【图层特性管理器】对话框，单击图层的【开】列对应的小灯泡图标，小灯泡为黄色时，图层处于显示状态；小灯泡为灰色时，图层处于隐藏状态。单击图层的【锁定】列对应的小锁图标，可以锁定和解锁图层。

2）删除图层。打开【图层特性管理器】对话框，选定要删除的图层，使其亮显，单击【删除图层】按细，将选定的图层删除。

3）设置当前图层。由于绘图时只能在当前图层进行，所以要经常改变当前图层。在【图层特性管理器】对话框中，首先选中某个图层，单击【置为当前】按钮，或者在功能区选项板中单击【默认】选项卡中的【图层】面板右边的小黑三角，选择相应的图层。

六、文件的基本操作

文件的基本操作包括新建、打开、另存为及关闭图形文件。

在启动 AutoCAD 2016 后，系统会自动新建一个名称为 Drawing. dwg 的图形文件，该图形文件默认以 acadiso. dwt 为模板。

（1）菜单栏　选择【文件】→【新建】或者【打开】、【另存为】、【关闭】命令。

（2）工具栏　单击【快速访问】工具栏中的【新建】、【打开】和【另存为】按钮。单击标题栏的最右上角的【关闭】按钮，可以关闭图形文件。

（3）程序菜单　单击【菜单浏览器】按钮，在弹出的下拉菜单中选择相应的命令。

【任务实施】

1. 创建新文件

创建新文件，建立图形范围为 12m×9mm，左下角为（0,0），格距离为 0.5mm，光标移动间距为 0.5mm，将显示范围的设置与图形范围相同。

1）启动 AutoCAD 2016，选择【格式】菜单中的【图形界限】命令。

命令:Limits

重新设置模型空间界限:

指定左下角点或【(开(ON)/关(OFF)】<0.00000,0.00000>(左下角与默认值相同可直接按<Enter>键)

指定右上角点<420.000297.0000>:12,9

2）右击状态栏的【对象捕捉】按钮，在弹出的快捷菜单中选择【设置】命令。打开【草图设置】对话框，选择【捕捉和栅格】选项卡，将栅格间距和捕捉间距都设定为 0.5mm，最后单击【导航】工具栏中的【范围缩放】按钮，或选择【视图】菜单→【缩放】→【范围】命令。

2. 设置单位和精度

选择【格式】菜单中的【单位】命令，在长度和角度框中进行设置，将长度类型设置为小数，精度设置为 0.00；角度类型设置为十进制度数，精度设置为 0。

3. 图层的创建和设置

新建图层 1，并将其命名为 A，其线型为 Center，默认为红色；0 层为默认线型，颜色为蓝色。

1）选择【格式】菜单中的【图层】命令，打开图层特性管理器对话框，单击【新建图层】按钮，新建图层 1 并选中，按<F2>键，输入新名称 A。

2）单击颜色方块，打开对话框，选择红色后确定；单击 Continuous→【加载】按钮，选择 Center；将 0 层颜色设置为蓝色。

4. 绘制圆及中心线

在 A 层上绘制中心线，在 0 层上绘制圆。

1）单击【默认】选项卡，在图层面板中选择 A 层，在状态栏中单击【正交】按钮，打开正交模式。

2）在绘图面板中选择【直线】命令，绘制两条相互垂直的直线。

3）在图层面板中选择 0 层，单击状态栏中的【对象捕捉】按钮，打开对象捕捉。

4）在绘图面板中选择【圆】命令，捕捉两条垂直线的交点单击作为圆的圆心，绘制半径为 5mm 的圆。

5. 保存图形

以“CAD1-1.dwg”为文件名，将其保存在 E:\ NCAD 文件夹中。

选择【文件】→【保存】命令，文件名框中输入文件名，在保存类型中选择 *.dwg 文件后单击【保存】按钮。

【拓展提高】

一、使用鼠标滚轮缩放

使用鼠标滚轮来控制图形的缩放是一种非常简便的方法，它可以在任何状态下使用，滚轮前转为放大图形，滚轮后转为缩小图形，放大与缩小的基点在光标处。按住鼠标滚轮不松手、移动鼠标可平移该图形。

二、使用临时追踪点和捕捉自功能

1）临时追踪点工具。可在一次操作中创建多条追踪线，并根据这些追踪线确定所需定位的点。

2）捕捉自工具。在使用相对坐标指定下一个应用时，捕捉自工具会提示输入基点，并将该点作为临时参照点，这与通过输入前缀@使用最后一个点作为参照点类似。它不是对象捕捉模式，但经常与对象捕捉功能一起使用。

【实战演练】

新建图形文件，设定图形范围 36mm×27mm，左下角(0,0)，新建图层 A 和 B，A 层线型 Dashed，颜色为蓝色，线宽为 0.25mm；B 层线型为 Center，颜色为红色。之后调整线型比例以便显示出合适的线型。在 B 层上绘制相互垂直的中心线，在 A 层上绘制半径为 2mm 的圆，在 0 层上绘制半径为 3mm 的圆，如图 9-7 所示。设置完成后将该文件保存在 E:\ CAD 文件夹下。

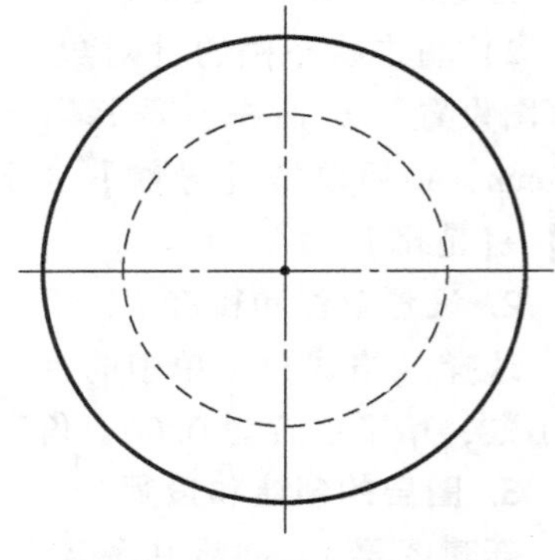

图 9-7　图层设置练习

任务三　坐标和坐标系

【学习目标】

1）掌握定点方式。
2）正确理解几种坐标的表达方式。
3）掌握选择图形对象的方法。

【任务描述】

在绘图过程中常常需要用某个坐标系作为参照拾取点的位置，来精确定位某个对象，用来设计和绘制图形。坐标表达方式有直角坐标、相对极坐标、相对直角坐标等，如图 9-8 所示。

【知识链接】

一、定点方式

绘图时，经常要输入一些点，如线段的端点、圆的圆心、圆弧的圆心及其端点等。

1. 光标定点

将光标移动到所需要的位置，然后直接单击，这种定点方法方便快捷，但不能用来

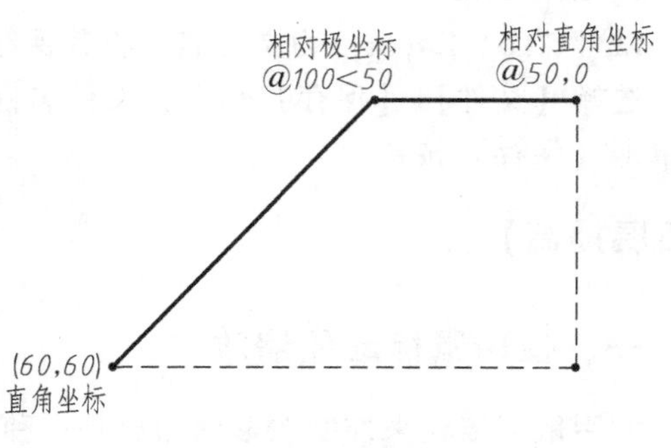

图 9-8　坐标表达方式

精确定位。

2. 坐标定点

当通过键盘输入点的坐标时，既可用直角坐标，也可用极坐标的方式输入，而且每种坐标方式中又有绝对坐标和相对坐标之分，可通过输入点的坐标精确定点。

其他定点方式还包括对象捕捉定点、对象捕捉追踪定点、极轴追踪定点等。

二、坐标系和坐标

1. 坐标系

AutoCAD 采用两种坐标系：世界坐标系和用户坐标系，在 AutoCAD 2016 中默认的是世界坐标系 WCS。这是一个固定的坐标系统，也是坐标系统中的基准，绘制图形时多数情况下都是在这个坐标系统下进行的。用户也可定义自己的坐标系 UCS，用于建立图形和建模。在默认的情况下，UCS 和 WCS 重合。

（1）世界坐标系　它是最基本的坐标系，由 *X*、*Y*、*Z* 三个轴组成，其中水平方向上的坐标轴为 *X* 轴，以向右为正方向；垂直方向的坐标轴为 *Y* 轴，以向上为正方向；垂直于 *XY* 平面的坐标轴为 *Z* 轴，以垂直于屏幕向外为正方向。WCS 坐标系的交汇处有“口”标记。

（2）用户坐标系　为了辅助绘图，经常需要修改坐标系原点和方向，这时可将世界坐标系变为用户坐标系，即 UCS。UCS 的原点以及 *X* 轴、*Y* 轴、*Z* 轴方向都可以移动及旋转，甚至可以依赖于图形中某个特定的对象。尽管 UCS 中三个轴之间仍然相互垂直，但是在方向及位置上却更加灵活。UCS 没有“口”标记。设置用户坐标系的方法是：选择【工具】→【工具栏】→【AutoCAD】→【UCS】命令，并打开 UCS 工具栏；或者选择【工具】→【新建 UCS】命令；或者在命令行中输入 UCS 后按<Enter>键。

2. 坐标

（1）绝对坐标　点的绝对坐标，即某一点到原点（0,0）的角度和距离，或 *x*、*y* 坐标，可以从键盘输入坐标来确定点的位置。输入坐标既可采用直角坐标的形式，也可采用极坐标的形式。

1）直角坐标。直角坐标又称迪卡儿坐标，在二维空间中，由一个原点坐标（0,0）和两个通过原点、相互垂直的坐标轴构成，如图 9-9 所示。平面上任何一点 *P* 都可以由 *X* 轴和 *Y* 轴的坐标所定义，即用一对坐标值（*x*,*y*）来定义一个点。例如，某点的直角坐标为（5,6）。

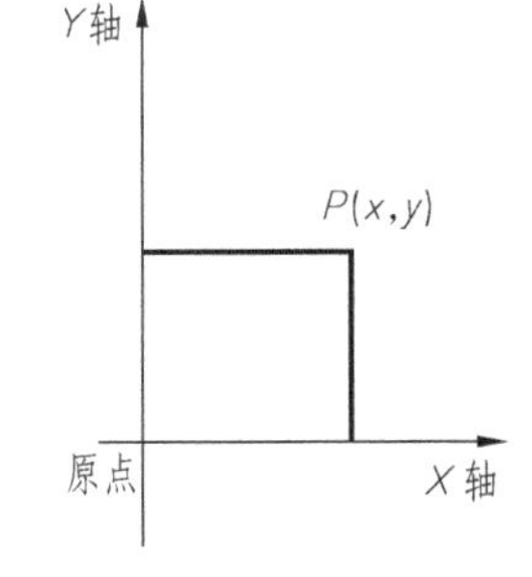

图 9-9　直角坐标图

2）极坐标。极坐标由一个极点和一个极轴构成，如图 9-10 所示，极轴的方向为水平向右，规定 *X* 轴正方向为 0°，*Y* 轴正方向为 90°。平面上任何一点 *P* 都可以由该点到极点的连线长度 *L*（*L*>0）和连线与极轴的交角 α（极角，逆时针方向为正）所定义，极坐标的格式为（长度<角度）。例如，某点与 *X* 轴正方向的夹角为 60°，与极点之间的距离为 20mm，则其极坐标为（20<60）。

（2）相对坐标　相对坐标就是某点相对已知点的位移值。使用相对坐标时可以使用直角坐标，也可以使用极坐标，可根据具体情况而定。相对坐标的表示方法是在绝对坐标表达式的前面加一个“@”符号。

1）相对直角坐标。相对直角坐标是用相对于上一已知点之间的绝对坐标值的增量来确定输入点的位置。例如，如果 A 点坐标为（3，4），B 点相对于 A 点 X 方向上位移为160mm、Y 方向位移为200mm，那么 B 点相对于 A 点的相对直角坐标为（@160，200）。

2）相对极坐标。相对极坐标是用相对上一已知点的距离和与上一已知连线与 X 轴正方向之间的夹角来确定输入点的位置。例如，A 点坐标为（3，4），从点 A 画一条角度为60°、长度为100mm的斜线，端点为 B 点，则 B 点的相对极坐标为（@100<60）。

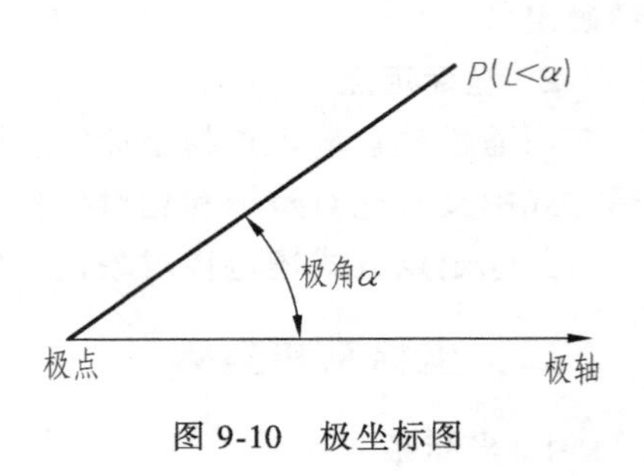

图9-10　极坐标图

三、图形对象的选择

在对图形对象进行编辑修改操作时，必须要选择图形对象。一种是先启动命令，再选择对象，这时光标将变成拾取小方框，单击对象即可选择，被选中的对象将显示为虚线；另一种是先选择对象再启动命令，被选择的对象上将显示蓝色的夹点。

（1）直接选择　在要选择的图形上直接单击即可，若要同时选择几个对象，继续单击要选择的对象，就会有多个对象被选中，这种方法也称为拾取对象。

（2）框选　当要选择的对象较多并且在同一个区域内时，可单击图形区域内并拉出一方框把对象框住，称为框选。框选方式分两种，一是从左向右框选，无论是左上到右下，还是从左下到右上，此时只能选择完全被包含在选框中的图形对象，这种方法又称为窗口选择方式；二是从右向左框选，无论是右上到左下，还是右下到左上，这时选框内图形对象以及与选框边界相交的图形对象都将全部被选中，这种方法又称为窗交选择方式。

【任务实施】

用直线命令绘制图形，单击功能区【默认】选项卡→【绘图】面板中的直线按钮。

命令:_line

指定第一个点:60,60

指定下一点或【放弃】(U):@100<50

指定下一点或【放弃(U)】:@50,0

指定下一点或【闭合(C)/放弃(U)】:　　　　（光标捕捉第一点后单击）

指定下一点或【闭合(C)放弃(U)】:

（捕捉第一点向右拖鼠标有一条虚线与第三点所在垂线相交后单击）

指定下一点或【闭合(C)/放弃(U)】:　　　　（按<Enter>键结束）

【拓展提高】

一、动态输入数据

单击状态栏上的【动态输入】按钮，或者按<F12>键，打开动态输入的功能，在屏幕上动态地输入某些参数数据。例如，在绘制直线时，在光标附近会动态显示【指定第一点】提示，其后坐标框中显示的是当前光标所在位置，根据需要在其中输入数据，两个数据之间以逗号隔开，指定第一点后，系统会动态显示直线的角度，同时要求输入线段长度值，其输入效果与“@长度<角度”方式相同。

二、命令的重复、撤销和重做

1. 命令的重复

在命令行中直接按<Enter>键，可重复调用上一个命令。

2. 命令的撤销

在命令执行的任何时刻都可以取消或终止命令的执行。单击【编辑】菜单中的【放弃】，或者是在命令行中输入 UNDO，也可以按<Ctrl+Z>组合键完成操作。

3. 命令的重做

已经注销的命令还可以恢复重做（通常是恢复撤销的最后一个命令）。单击【编辑】菜单中的【重做】按钮，或在快速访问工具栏中也有【撤销】和【恢复】按钮。

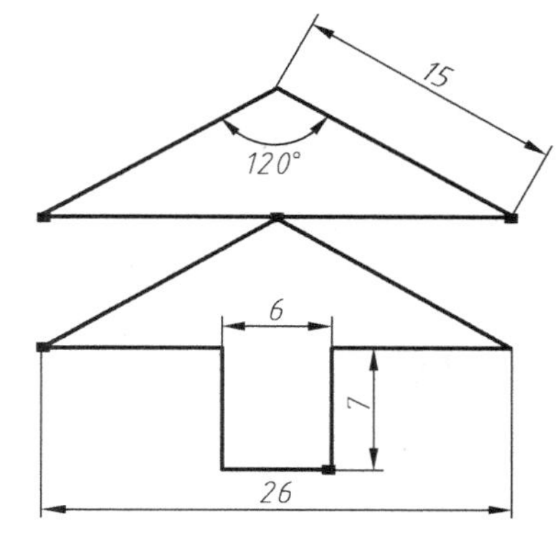

图 9-11　一笔画图形

【实战演练】

图 9-11 所示是一个比较简单的一笔画图形，想一想你能一笔将它画出来吗？采用绝对坐标或相对坐标等方式，在 AutoCAD 2016 中用直线命令绘制图形。两个三角形为同等大小的等腰三角形。

课题二　简单平面图形的绘制

【知识要点】

1）直线命令的使用方法。

2）使用各种坐标方式来确定点。

【技能要求】

1）能熟练使用直线命令绘图。

2）能正确使用各种坐标方式来绘图。

【任 务 书】

编号	任务	教学时间
9-2-1	绘制 T 形图	2 学时
9-2-2	绘制三角形	2 学时
9-2-3	绘制矩形	2 学时
9-2-4	绘制压盖	2 学时
9-2-5	绘制五角星	2 学时
9-2-6	绘制六角螺母俯视图	2 学时

任务一　绘制 T 形图

【学习目标】

1）掌握直线命令的使用方法。

2）正确使用各种坐标方式来确定点。

【任务描述】

绘制如图 9-12 所示 T 形图，不要求标注尺寸和图中字母。该 T 形由 8 条直线构成，绘制过程主要由直线命令来完成。直线命令使用非常简单，关键是要搞清楚点的坐标表达方法。

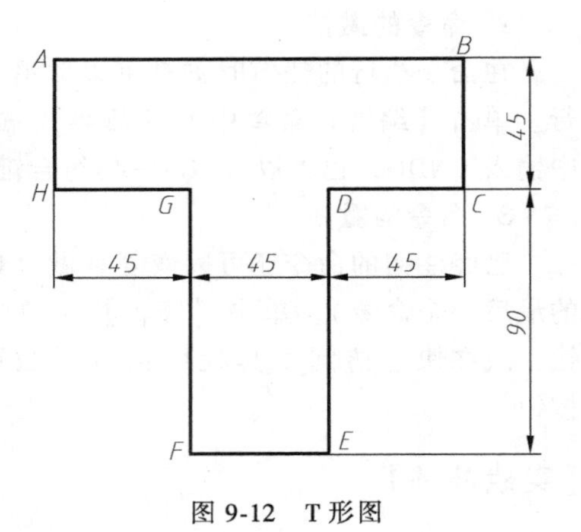

图 9-12　T 形图

【任务分析】

1）本任务是用直线绘制图形，在绘制过程中要确定下一点的位置，用到了前面所述坐标的知识。

2）绘制水平、垂直直线时，可用正交的方法来绘制。

【任务实施】

设置绘图幅面为 200mm×297mm，使设置的绘图幅面充满屏幕。

方法一：利用相对直角坐标绘制。

命令:Line

指定第一点:(单击绘图工具栏中直线按钮，然后在屏幕任意位置拾取 A 点)

指定下一点或【放弃(U)】:@135,0　　(输入 B 点相对于 A 点的相对直角坐标)

指定下一点或【放弃(U)】:@0,-45　　(输入 C 点相对于 B 点的相对直角坐标)

指定下一点或【(闭合(C)/放弃(U)】:@-45,0　　(输入 D 点相对于 C 点的相对直角坐标)

指定下一点或【(闭合(C)/放弃(U)】:@0,-90　　(输入 E 点相对于 D 点的相对直角坐标)

指定下一点或【(闭合(C)/放弃(U)】:@-45,0

(输入 F 点相对于 E 点的相对直角坐标)

指定下一点或【闭合(C)/放弃(U)】:@0,90　　(输入 G 点相对于 F 点的相对直角坐标)

指定下一点或【闭合(C)/放弃(U)】:@-45,0　　(输入 H 点相对于 G 点的相对直角坐标)

指定下一点或【闭合(C)/放弃(U)】:C　　(连接 H 点、A 点,闭合 T 形)

方法二：利用相对极坐标绘制。

命令:Line

指定第一点:(单击绘图工具栏中直线按钮,然后在屏幕任意位置拾取 A 点)

指定下一点或【放弃(U)】:@135<0　　(输入 B 点相对于 A 点的相对极坐标)

指定下一点或【放弃(U)】:@45<-90　　(输入 C 点相对于 B 点的相对极坐标)

指定下一点或【闭合(C)/放弃(U)】:@ 45<180　　(输入 D 点相对于 C 点的相对极坐标)
指定下一点或【闭合(C)/放弃(U)】:@ 90<-90　　(输入 E 点相对于 D 点的相对极坐标)
指定下一点或【闭合(C)/放弃(U)】:@ 45<180　　(输入 F 点相对于 E 点的相对极坐标)
指定下一点或【闭合(C)/放弃(U)】:@ 90<90　　(输入 G 点相对于 F 点的相对极坐标)
指定下一点或【闭合(C)/放弃(U)】:@ 45<180　　(输入 H 点相对于 G 点的相对极坐标)
指定下一点或【闭合(C)/放弃(U)】:C　　(连接 H 点、A 点,闭合 T 形)

【拓展提高】

一、动态输入

使用动态输入功能可以在工具栏提示中输入坐标值，而不必在命令行中输入，光标旁边显示的工具栏提示信息将随着光标的移动而动态更新。当某个命令处于活动状态时，在工具栏提示中输入值。

二、用动态输入功能绘制 T 形

首先，单击状态栏上的【动态输入】按钮，或按<F12>键；然后，使用直线命令绘制 T 形，在绘制中一定要将橡皮筋线沿直线绘制方向拉伸。详细操作步骤如图 9-13 所示。

命令:Line
指定第一点:
指定下一点或【放弃】:135
指定下一点或【放弃】:45
下一点或【闭合(C)/放弃(U)】:45
指定下一点或【闭合(C)/放弃(U)】:90
指定下一点或【闭合(C)/放弃(U)】:45
指定下一点或【闭合(C)/放弃(U)】:90
指定下一点或【闭合(C)/放弃(U)】:45
指定下一点或【闭合(C)/放弃(U)】:C

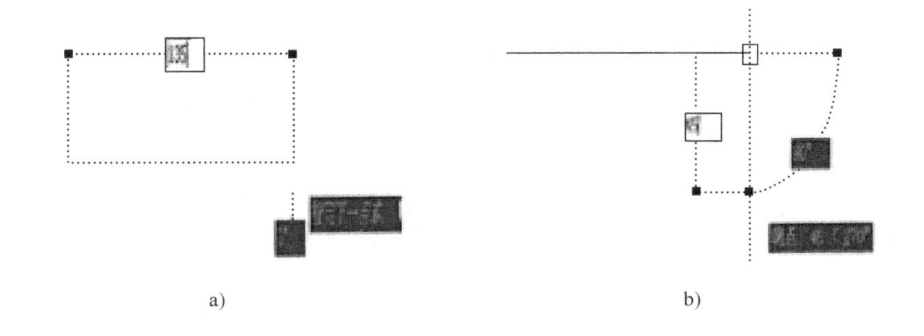

a)　　b)

图 9-13　动态输入绘制 T 形图

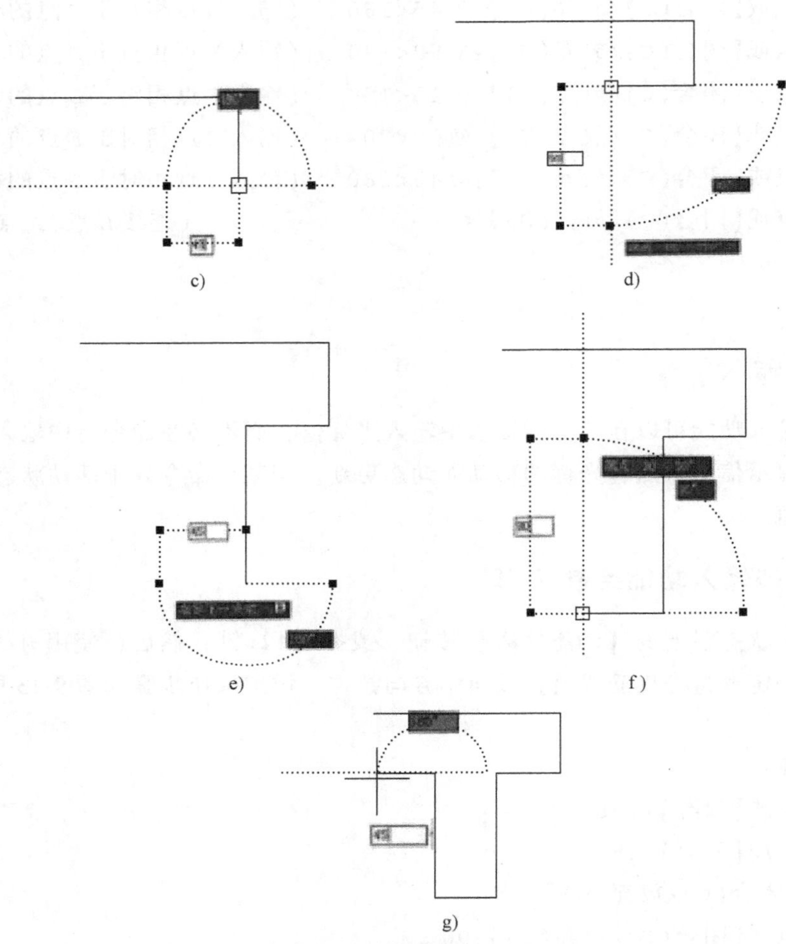

图 9-13　动态输入绘制 T 形图（续）

【实战演练】

如图 9-14 所示，用相对直角坐标法、相对极坐标法和动态输入法绘制该图形，不标注尺寸。

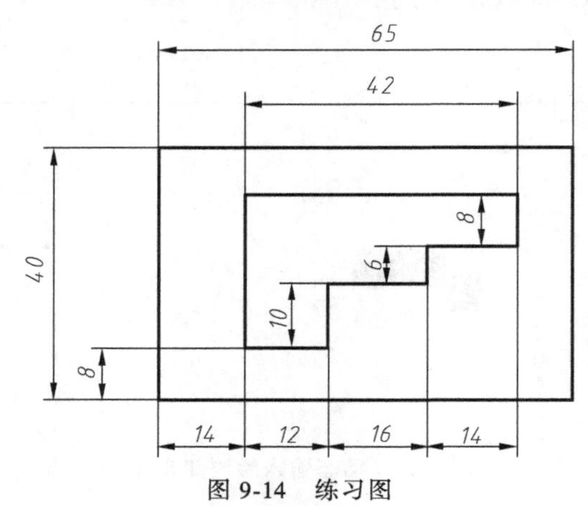

图 9-14　练习图

任务二 绘制三角形

【学习目标】

1）掌握使用直线命令绘制直线和使用极轴追踪功能绘制斜线。

2）掌握特殊点的捕捉方法。

3）了解构造线命令和查询工具的使用方法。

【任务描述】

如图 9-15 所示，$\angle BAC=60°$，$\angle ABC=45°$，$AB=100\text{mm}$，根据这些条件绘制出 $\triangle ABC$，并作 $\angle BAC$ 角平分线，作 AC 边的垂线 BE，作 AB 边上的中线 CF。

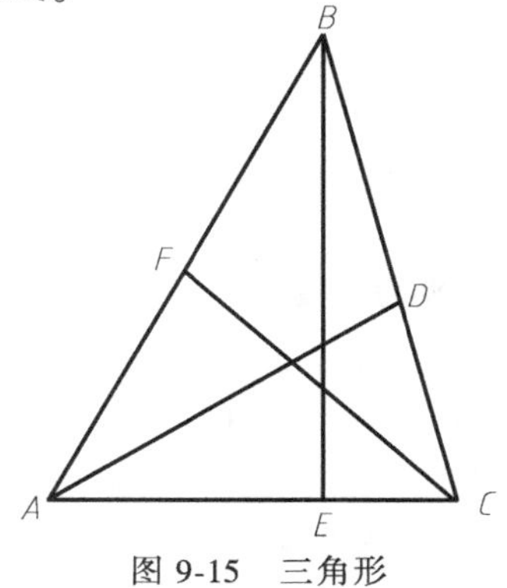

图 9-15 三角形

【任务分析】

本任务是通过用构造线帮助绘制三角形的角平分线、边的垂线和边的中线。在绘制过程中用到了前面所学的直线知识。

【知识链接】

一、构造线命令

1. 操作方法

（1）菜单栏 选择【绘图】→【构造线】命令。

（2）工具栏 单击【绘图】工具栏中的【构造线】按钮。

（3）命令行 输入 XLINE（或缩写：XL）。

2. 操作步骤

命令:_Xline

指定点或【水平(H)/垂直(V)/角度(A)/二等分(B)/偏移(O)】:(选择相关的选项)

指定通过点:

3. 选项说明

1）指定点：指定已确定构造线位置的点为默认选项，接着指定构造线的通过点，这时系统将通过这两点创建构造线。

2）水平方式（H）：绘制通过指定点的水平构造线。

3）垂直方式（V）：绘制通过指定点的垂直构造线。

4）角度方式（A）：绘制与 X 轴正方向成指定角度的构造线。

5）二等分方式（B）：绘制角的平分线。执行该选项后，输入角的顶点、角的起点和角的终点，通过三点可画出过角顶点的角平分线。

6）偏移方式（O）：绘制与指定直线平行的构造线。执行该选项后，给出偏移距离或指定通过点，即可画出与指定直线相平行的构造线。该选项的功能与【修改】中的【偏移】功能相同。

二、删除对象的常用方法

在 AutoCAD 中，对于图形不需要的对象，既可用 AutoCAD 的删除功能删除，也可用 Windows 系统的删除功能进行删除，常用方法如下：

1. 用删除命令或工具栏按钮删除

(1) 操作方法　选择【修改】→【删除】命令，或者在修改工具栏中单击【删除】按钮，都可以删除图形中选中的对象。

(2) 操作步骤

命令:_Erase

选择对象:

2. 用<Delete>键删除

AutoCAD 中还支持 Windows 系统的操作功能，利用键盘上<Delete>键也可以删除图形对象。首先选中要删除的对象，然后按<Delete>键即可。

3. 全部清除

若要全部清除 AutoCAD 绘图区的图形对象，可以同时按下<Ctrl+A>组合键全选图形，然后选择【编辑】→【清除】命令或执行 ERASE 命令，也可按下<Delete>键完成。

【任务实施】

1. 设置绘图单位

单击【格式】→【单位】命令，在弹出的【图形单位】对话框中设置长度、角度单位等。

2. 设置绘图幅面为 210mm×297mm

命令:_Limits　　（选择【格式】→【图形界限】命令）

重新设置模型空间界限:

指定左下角点或【开(ON)/关(OF)】<0,0>:

（输入图形界限左下角点的坐标并按<Enter>键）

指定右上角点<420.0000,297.0000>:210,297　　（输入图形界限右上角点的坐标）

3. 设置绘图幅面充满屏幕

命令:Zoom　　（启动缩放命令）

指定窗口的角点,输入比例因子(nX 或 nXP),或者【全部(A)/中心(C)/动态(D)/范围(E)/上一个(P)/比例(S)/窗口(W)/对象(O)】<实时>:A　　（在当前视口中显示整个图形）

4. 设置极轴追踪增量角和对象捕捉模式

右击状态栏上的【极轴追踪】按钮，在弹出的快捷菜单中选择【设置】命令，弹出【草图设置】对话框，在极轴追踪选项卡中设置增量角为 15°，并启用极轴追踪功能；在对象捕捉选项卡中选中【端点】模式，并启用对象捕捉和对象捕捉追踪功能，最后单击【确定】按钮。

5. 绘制△ABC

命令:_Line

指定第一点　　（启用直线命令,在绘图区指定任意一点

指定下一点或【放弃(U)】:100

(如图 9-16a 所示,调整光标位置,系统会出现一条 60°追踪辅助虚线,输入 AB 长度 100mm)

指定下一点或【放弃(U)】:　　(如图 9-16b 所示,先捕捉端点,然后将鼠标右移至图 9-16c 所示位置,选取该点,注意角度为 45°)

下一点或【闭合(C)/放弃(U)】:C　　(闭合该三角形,如图 9-16d 所示)。

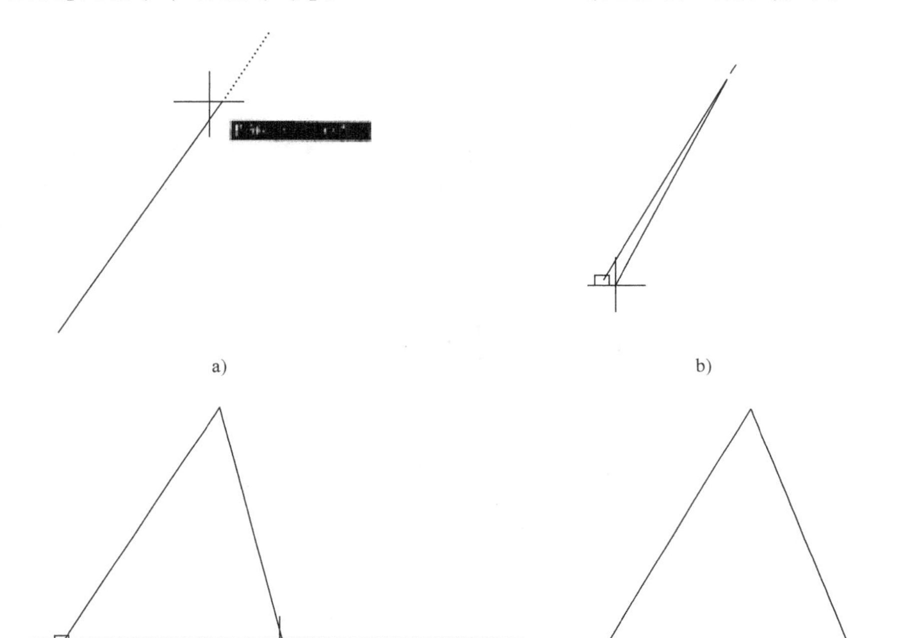

a)　b)　c)　d)

图 9-16　三角形的绘制

6. 绘制∠BAC 的角平分线 AD

命令:_Xline

指定点或【水平(H)/垂直(V)/角度(A)/二等分(B)/偏移(O)】:B　　(选择二等分方式)

指定角的顶点:(捕捉 A 点)

指定角的起点:(捕捉 B 点)

指定角的端点:(捕捉 C 点)

指定角的端点:(按<Enter>键完成构造线的绘制;也可再指定端点,连续等分若干角)

接下来用对象捕捉功能和直线命令连接 A 点与构造线和 BC 边的交点 D,方法如下:

命令:_line

指定第一点　　(捕捉 A 点)

指定下一点或【放弃(U)】:_int

(打开【对象捕捉】快捷菜单,选择【交点】命令,捕捉构造线与 BC 的交点)

指定下一点或【放弃(U)】:　　(按<Enter>键结束直线命令)

命令:_Erase　　(启用【删除】命令)

选择对象：找到 1 个　　　　　　　　　　　　　　　　（选择构造线）

选择对象：　　　　　　　　　　　　　　　（按<Enter>键删除构造线）

7. 绘制高 *BE* 和中线 *CF*

分别捕捉端点、垂足和中点，再用直线命令绘制高 *BE* 和中线 *CF*。

【拓展提高】

一、查询工具

在 AutoCAD 中，查询工具是进行计算机辅助设计的重要工具。利用查询工具可以获取相应的信息，如点的坐标、距离、面积等，也可以通过列表命令获取图形对象详尽的数据库信息。查询工具既可通过菜单命令调用，也可通过查询工具栏上的工具按钮调用，如图 9-17 所示。

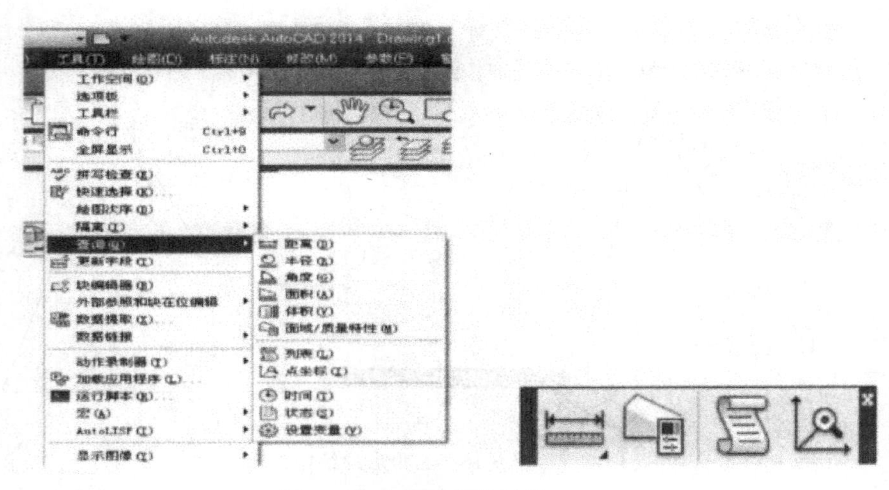

图 9-17　查询工具的调用

1. 获取点坐标

点坐标命令用来测量点的绝对坐标，并将该坐标点显示在命令文本窗口中。

命令：_Id　　　　　　　　　　　　　　　　　　　（调用点坐标命令）

指定点：　　　　　　　　　　　　　　　　　　（拾取要查询坐标的点）

2. 测量距离和角度

距离命令用来测量任意两点间的距离和角度，操作步骤如下：

命令：_Measuregeom　　　　　　　　　　　　　　　（调用距离命令）

输入选项【距离(D)/半径(R)/角度(A)/面积(AR)/体积(V)】<距离>：

（输入距离或者角度）

拾取点的顺序不同，将直接导致测量结果的不同。

3. 计算面积和周长

面积命令可以计算一系列指定点之间的面积和周长，或计算多种对象的面积和周长。

命令：_Area

指定第一个角点或输入选项【对象(O)/加(A)/减(S)】

4. 列出对象的图形信息

列表显示命令用来显示对象的数据库信息，如图层（Layer）、句柄（Handle）等。此外，根据选定对象的不同，该命令还将给出相关的附加信息。

命令:_List　　　　(调用列表显示命令)

选择对象:　　　　(选择要查询的图形对象,也可以选择多个对象)

二、透明命令

透明命令是指在执行其他命令的过程中可以执行的命令。经常使用的透明命令多为环境的设置命令、绘图辅助工具命令，例如SNAP、GRID、ZOOM等。要以透明方式使用命令，应在输入命令之前输入单引号（'）。命令行中透明命令的提示前有一个双折号（>>），完成透明命令后，将继续执行原命令。

【实战演练】

绘制如图9-18所示图形，*AB*、*CD*、*EF*线与水平方向夹角为30°，*BC*、*ED*线均垂直于*CD*线。

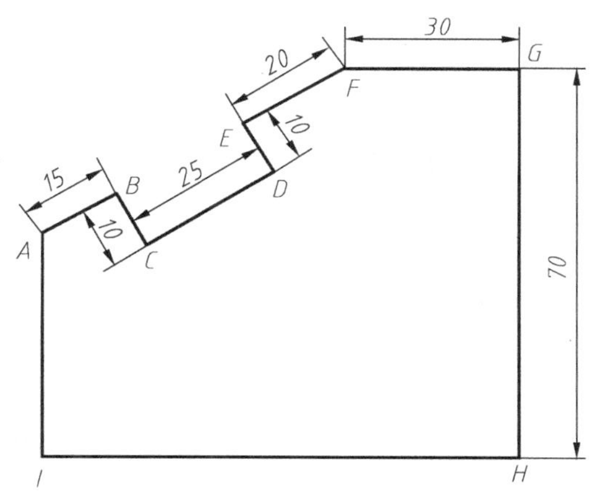

图9-18　极轴追踪练习

任务三　绘制矩形

【学习目标】

1）掌握矩形命令的使用方法，学会绘制倒角矩形、圆角矩形等。

2）掌握追踪辅助命令From在具体绘图中的运用。

3）了解分解命令的功能和使用方法。

【任务描述】

如图9-19所示，绘制一个120mm×90mm的矩形，角点*A*的坐标为（20，40）；再绘制一个80mm×50mm的矩形，其位置如图所示。两个矩形均可用矩形命令绘制，小矩形与大矩形的位置关系用From命令来确定。

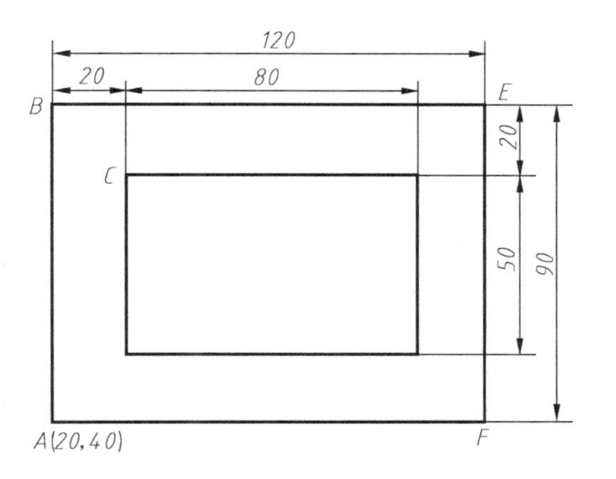

图9-19　矩形

【任务分析】

1）本任务是用矩形命令绘制图形，在绘制过程中用到了坐标的知识。

2）在绘制小矩形时，利用From命令来确定第一角点。

【知识链接】

一、矩形命令

1. 操作方法

(1) 菜单栏　选择【绘图】→【矩形】命令。

(2) 工具栏　单击【绘图】工具栏中的【矩形】按钮。

(3) 命令行　输入 RECTANG (或缩写: REC)。

2. 操作步骤

命令:_Rectang

指定第一个角点或【倒角(C)/标高(E)/圆角(F)/厚度(T)/宽度(W)】:

指定另一个角点或【面积(A)/尺寸(D)/旋转(R)】:

3. 选项说明

绘制矩形时仅需要提供对角线的两个端点坐标即可。选择对角端点时，没有方向的限制，可以从左到右，也可以从右到左。使用矩形命令可绘制出倒角矩形、圆角矩形、有厚度的矩形等多种矩形，如图 9-20 所示。这些矩形可通过设置以下选项来绘制:

1) 倒角 (C): 该选项用于确定矩形的倒角。

2) 圆角 (F): 该选项用于确定矩形的圆角。

3) 宽度 (W): 该选项用于确定矩形的线宽。

4) 标高 (E): 该选项用于指定矩形所在平面的高度。

5) 厚度 (T): 该选项用于指定矩形的厚度。

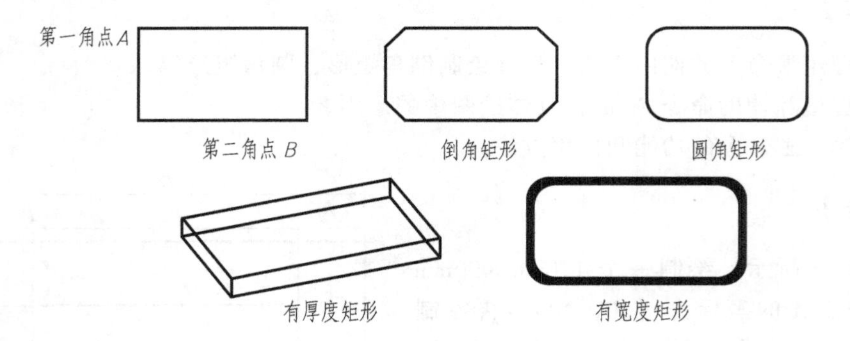

图 9-20　矩形

指定了第一角点后，还可以设置以下选项:

6) 面积 (A): 指定矩形的面积和一条边。

7) 尺寸 (D): 指定矩形的长度和宽度。

8) 旋转 (R): 输入旋转角度或指定两点绘制一个旋转矩形。

二、捕捉自工具（From）

在利用相对位置指定下一个应用点时，使用捕捉自工具可以提示输入基点，并将该点作为指定另一个临时参照点，这与通过输入前级@，使用最后一个点作为参照点类似。它虽然不是对象捕捉模式，但经常与对象捕捉一起使用。

自临时参照点偏移（From）的使用方法：在指定点提示下，输入 From 命令，然后输入临时参照点或基点（可以指定自该基点的偏移以定位下一点）；输入自该基点的偏移位置作为相对坐标，或使用直接距离输入定位目标点。

【任务实施】

1. 设置绘图单位及绘图幅面

2. 通过二角点坐标绘制 120mm×90mm 的矩形

命令:_Rectang　（启动矩形命令）

指定第一个角点或【倒角(C)/标高(E)/圆角(F)/厚度(T)/宽度(W)】:20,40

（输入 *A* 点坐标）

指定另一个角点或【面积(A)/尺寸(D)/旋转(R)】:@120,90

（输入 *E* 点相对于 *A* 点的相对直角坐标）

3. 通过尺寸绘制 80mm×50mm 的矩形

命令:_Rectang　（启动矩形命令）

指定第一个角点或【倒角(C)/标高(E)/圆角(F)/厚度(T/宽度(W)】:from

（输入捕捉自命令 From）

基点:　（选择 *B* 点为基点）

<偏移>:@20,-20　（输入偏移坐标）

指定另一个角点或【面积(A)/尺寸(D)/旋转(R)】:d　（选择尺寸选项）

指定矩形的长度<10.000>:80　（输入矩形的长度 80mm）

指定矩形的宽度<10.0000>:50　（输入矩形的宽度 50mm）

指定另一个角点或【面积(A)/尺寸(D)/旋转(R)】:　（移动光标,指定右下角点）

【拓展提高】

一、分解命令

用直线命令绘制的矩形是由 4 条直线（即 4 个对象）组成的，而用矩形命令绘制的矩形是一个封闭的多段线对象。如果需要对其中某一条直线进行编辑，就需要用分解命令将它分解开。分解命令用于将组合对象如多段线、尺寸、填充图案及块等，分解为单个元素，以便对这些元素进行编辑操作。

1. 操作方法

（1）菜单栏　选择【修改】→【分解】命令。

（2）工具栏　单击【修改】工具栏中的【分解】按钮。

（3）命令行　输入 EXPLODE（或缩写：X）。

2. 功能

二、绘制带倒角、圆角的矩形（图 9-21）

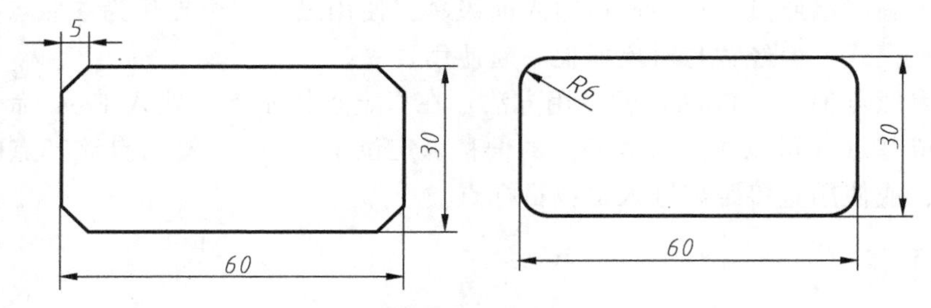

图 9-21　带倒角、圆角的矩形

1. 绘制带倒角的矩形

命令:_Rectang　　（启动矩形命令）

指定第一个角点或【倒角(C)/标高(E)/圆角(F)/厚度(T)/宽度(W)】:C

（选择倒角选项）

指定矩形的第一个倒角距离<0>:5　　（输入矩形的第一个倒角距离 5mm）

指定矩形的第二个倒角距离<5>:　　（按<Enter>键,输入矩形的第二个倒角距离 5mm）

指定第一个角点或【倒角(C)/标高(E)/圆角(F)/厚度(T/宽度(W)】:

（移动光标,在合适位置拾取一点,作为左下角点）

指定另一个角点或【面积(A)/尺寸(D)/旋转(R)】:@ 60,30

（输入右上角点的相对坐标）

2. 绘制带圆角的矩形

命令:_Rectang　　（启动矩形命令）

当前矩形模式;倒角＝5×5　　（延续前面的倒角设置）

指定第一个角点或【倒角(C)/标高(E)/圆角(F)/厚度(T)/宽度(W)】:F

（选择圆角选项）

指定矩形的圆角半径<5:6　　（输入矩形的圆角半径 6mm）

指定第一个角点或【倒角(C)/标高(E)/圆角(F)/厚度(T)/宽度(W)】:

（移动光标,在合适位置拾取一点,作为左下角点）

指定另一个角点或【面积(A)/尺寸(D)/旋转(R)】:@ 60,30

（输入右上角点的相对坐标）

任务四　绘制压盖

【学习目标】

1）掌握绘制圆的方法。

2）会使用图层管理图形对象。

3）掌握绘制圆的切线的方法。

【任务描述】

压盖的绘制主要使用直线命令和圆命令。为方便图形的管理，可对中心线和轮廓线分别建立不同的图层，压盖的样式及尺寸如图 9-22 所示。

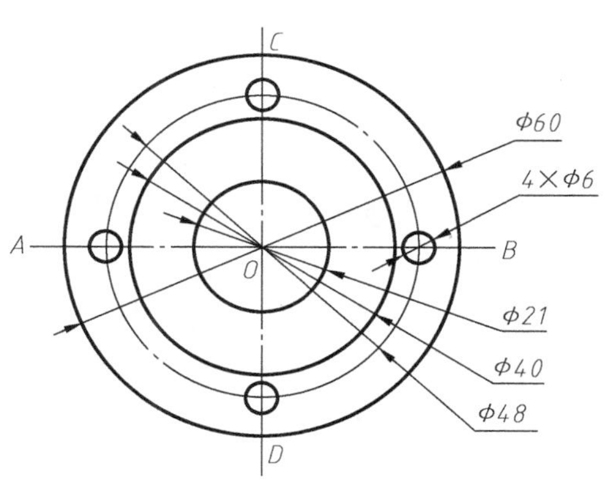

图 9-22　压盖

【任务分析】

1）压盖图形由几个圆组成，各个圆以不同的线型显示。

2）采用同心圆的绘制方法，只需改变半径即可。

【知识链接】

一、圆命令的相关内容如下

1. 操作方法

（1）菜单栏　选择【绘图】→【圆】命令。

（2）工具栏　单击【绘图】工具栏中【圆】按钮。

（3）命令行　输入 CIRCLE（或缩写：C）。

2. 操作步骤

命令：_Circle

指定圆的圆心或【三点(3P)/两点(2P)/切点、切点、半径(T)】：

指定圆的半径或【直径(D)】：

3. 选项说明

从命令行的提示可以看到绘制圆的方法有很多种，默认的状态是给出圆心和半径绘制圆。绘制圆的方法有如下 6 种，如图 9-23 所示。

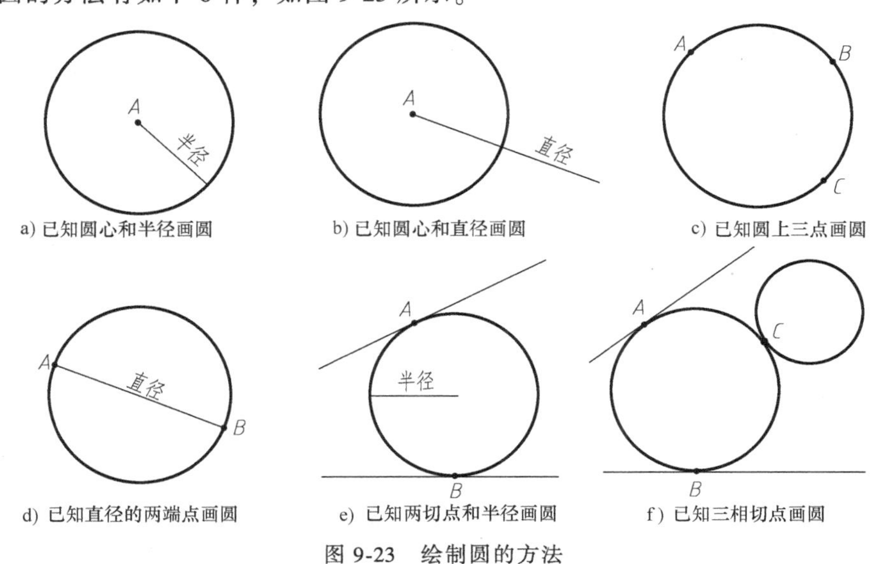

图 9-23　绘制圆的方法

【任务实施】

1. 创建新图层

1）创建点画线图层：单击图层工具栏上的【图层特性管理器】按钮，启动图层命令，打开【图层特性管理器】对话框，单击对话框中的【新建图层】按钮，选择该图层颜色为红色，加载线型为Center。

2）创建粗实线图层：用同样方法设置颜色为蓝色，线型为Continuous，线宽为0.3mm。

2. 将点画线图层设置为当前层

单击图层管理器列表框右侧的按钮，从中选择【点画线】选项即可。

3. 绘制中心线

1）用直线命令绘制压盖的中心线*AB*、*CD*

命令:_Line

指定第一点:　　（启动直线命令,任意拾取一点作为A点）

指定下一点或【放弃(U)】:@80,0　　（输入B点相对于A点的相对直角坐标）

指定下一点或【放弃(U)】:　　（按<Enter>键,结束直线命令）

2）设置对象捕捉模式为中点、圆心、交点，并打开对象捕捉和对象捕捉追踪功能，画垂直中心线*CD*。

命令:_Line　　（启动直线命令）

指定第一点:From　　（输入捕捉自工具From）

基点　　（捕捉O点作为基点）

<偏移>:@0,40　　（输入偏移坐标,确定C点位置）

指定下一点或【放弃(U)】:@0,-80　　（输入D点相对于C点的相对直角坐标）

指定下一点或【放弃(U)】:　　（按<Enter>键,结束直线命令）

4. 用圆命令绘制 ϕ48mm 的圆

命令:_Circle

指定圆的圆心或【三点(3P)/两点(2P)/切点、切点、半径(T)】:

（启动圆命令,捕捉O点作为圆心）

指定圆的半径或【直径(D)】:24　　（输入圆的半径24mm,如图9-24所示）

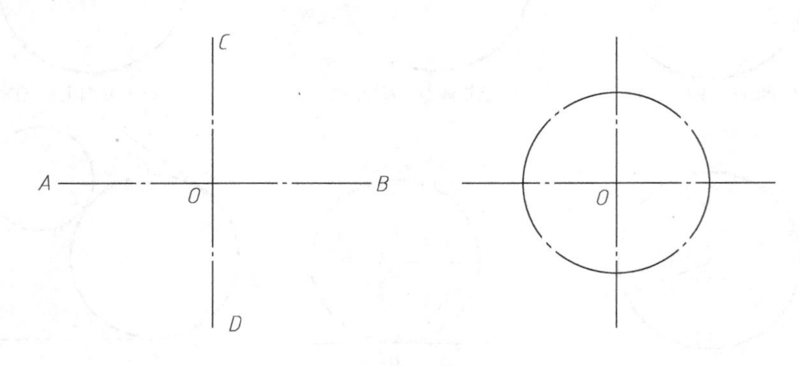

图9-24　绘制直径为48mm的圆

5. 将粗实线图层设为当前图层

6. 绘制同心圆

用圆命令依次绘制直径分别为 21mm、40mm、60mm 的同心圆，如图 9-25 所示。

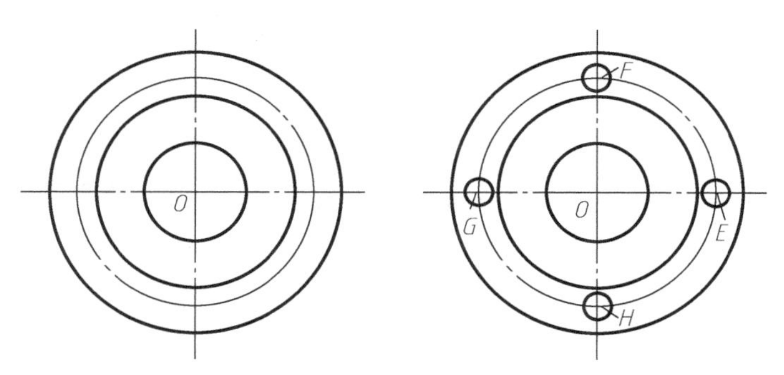

图 9-25　同心圆

7. 然后用圆命令分别绘制 4 个 ϕ6mm 的小圆，完成图形

【拓展提高】

当需要圆弧与直线连接时，就要使用到切线。使用 AutoCAD 绘制图形切线需要使用切点命令进行捕捉。即在系统提示指定点时，按下<Ctrl>键，同时按住鼠标右键，AutoCAD 系统自动弹出【捕捉特殊点】快捷菜单，在该菜单中选择［切点］命令，然后把鼠标靠近圆形，系统就能自动捕捉直线与圆的切点位置。

【实战演练】

绘制图 9-26 所示的图形。新建两个图层，分别绘制中心线和轮廓线，利用捕捉切点方式绘制两外圆的公切线，不要求标注尺寸。

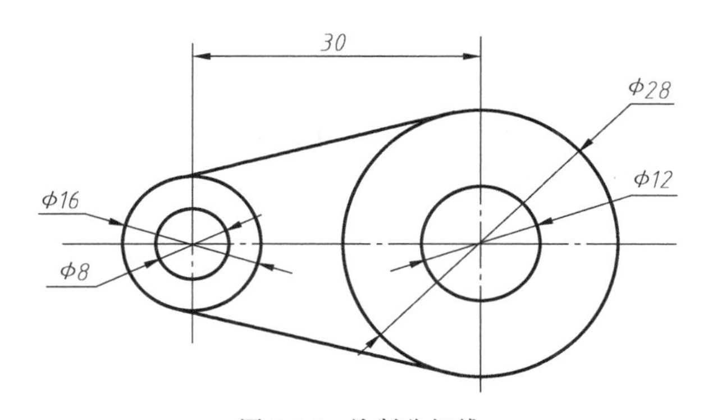

图 9-26　绘制公切线

任务五　绘制五角星

【学习目标】

1）掌握点样式的设置方法。

2）会使用定数等分命令绘制图形。

【任务描述】

先使用定数等分命令五等分一个辅助圆，然后使用直线命令捕捉节点，连接五角星的五个角，最后删除辅助圆，就得到了五角星，如图 9-27 所示。

【任务分析】

本任务通过绘制圆，再将圆五等分得到五个点之后，用直线连接五个点即得五角星。

图 9-27　五角星

【知识链接】

一、点样式设置命令

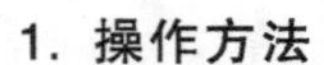

1. 操作方法

（1）菜单栏　选择【格式】→【点样式】命令。

（2）命令行　输入 DDPTYPE。

2. 操作步骤

命令：_Ddptype

正在重生成模型

3. 选项说明

在执行命令后，弹出点样式对话框，如图 9-28 所示。

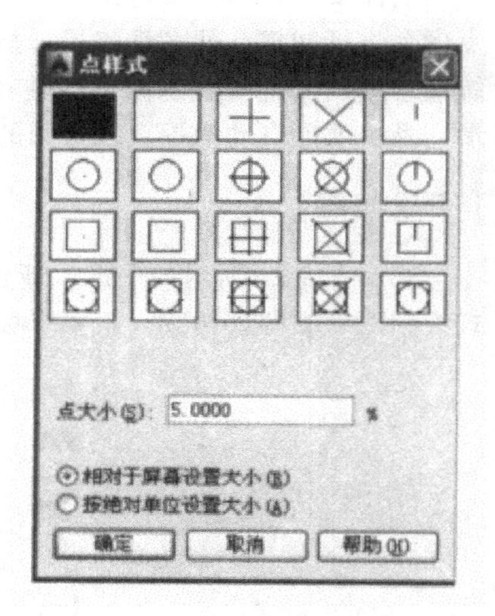

图 9-28　点样式对话框

二、点命令

1. 操作方法

（1）菜单栏　选择【绘图】→【点】→【多点】（【单点】）命令。

（2）工具栏　单击【绘图】工具栏中的【点】按钮。

（3）命令行　输入 POINT（或 PO）。

2. 操作步骤

命令：_Point

当前点模式：PDMODE＝34　PDSLZE：＝10.0000

指定点：

3. 选项说明

1）当前点模式：显示当前点样式及大小。

2）指定点：直接在绘图区单击或输入点坐标确定其位置。

三、定数等分命令

1. 操作方法

（1）菜单栏　选择【绘图】→【点】→【定数等分】命令。

(2) 命令行　输入 DIVIDE（或缩写：DIV）。

2. 操作步骤

命令:_Divide

选择要定数等分的对象:

输入线段数目或【块(B)】:

3. 选项说明

1) 选择要定数等分的对象：定数等分的对象可以是直线、圆弧、样条曲线、圆、椭圆。

2) 输入线段数目：指定等分数目（2~32767 之间的整数）。

3) 块（B）：以块作为标记来定数等分对象。

【任务实施】

1. 设置点样式

选择【格式】→【点样式】命令，在弹出的点样式对话框中选择一种点样式。

2. 任意绘制一个圆

命令:_Circle

指定圆的圆心或【三点(3P)/两点(2P)/切点、切点、半径(T)】

(启动圆命令,任意拾取一点作为圆心)

指定圆的半径或【直径(D)】:　　(任意指定圆的半径)

3. 把圆周长 5 等分

命令:_Divide　　(启动定数等分命令)

选择要定数等分的对象:　　(选择刚才绘制的圆)

输入线段数目或【块(B)】:5　　(输入要等分的数目 5)

4. 设置对象捕捉为圆心和节点两种模式

5. 绘制五角星直线

使用直线命令,通过捕捉节点,在 5 个等分点之间绘制直线。

命令:_Line

指定第一点:　　(启动直线命令,捕捉节点 *A*)

指定下一点或【放弃(U)】:　　(捕捉节点 *B*,绘制直线 *AB*)

指定下一点或【放弃(U)】:　　(捕捉节点 *C*,绘制直线 *BC*)

指定下一点或【闭合(C)/放弃(U)】:　　(捕捉节点 *D*,绘制直线 *CD*)

指定下一点或【闭合(C)/放弃(U)】:　　(捕捉节点 *E*,绘制直线 *DE*)

指定下一点或【闭合(C)/放弃(U)】:　　(捕捉节点 *A*,绘制直线 *EA*)

指定下一点或【闭合(C)/放弃(U)】:　　(按<Enter>键,结束直线命令)

6. 把所有对象逆时针方向旋转 90°

命令:_Rotate　　(启动旋转命令)

UCS 当前的正角方向:ANGDIR=逆时针 ANGBASE=0

(系统提示当前用户坐标系的角度测量方向和测量基点)

选择对象:指定对角点:找到 11 个　　(用框选法选择所有的对象)

选择对象: (按<Enter>键,结束对象选择)

指定基点: (捕捉圆心)

指定旋转角度,或【复制(C)/参照(R)】<90>:90 (指定旋转角度为 90°)

7. 将点样式改为默认状态

选择【格式】→【点样式】命令，在弹出的点样式对话框中选择【默认】。

8. 删除辅助圆

命令:_Erase (启动删除命令)

选择对象;找到 1 个 (选择圆)

选择对象: (按<Enter>键,结束命令)

结果如图 9-29 所示。

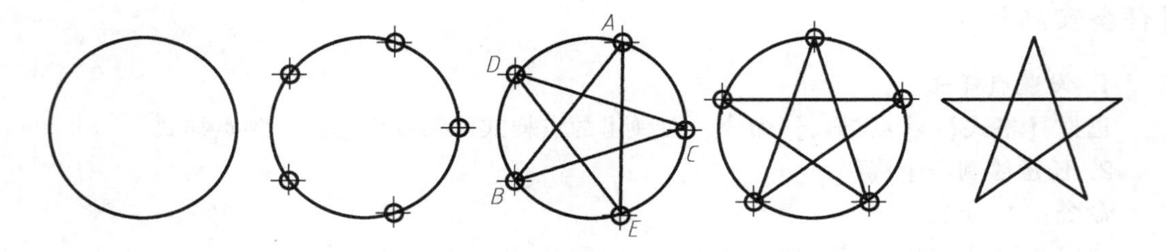

图 9-29 等分圆绘制五角星

【拓展提高】

定距等分命令：除了上面介绍的定数等分外，有些时候需要对某个对象进行等距的划分，并在等分点上进行标记，如道路上的路灯、边界上的界限符号等。

1. 操作方法

(1) 菜单栏 选择【绘图】→【点】→【定距等分】命令。

(2) 命令行 输入 MEASURE（或缩写：ME)。

2. 操作步骤

命令:_Measure

选择要定距等分的对象:

指定线段长度或【块(B)】:

3. 选项说明

1) 选择要定距等分的对象：该对象可以是直线、圆弧、样条曲线、圆、椭圆。

2) 指定线段长度：输入等分距离的长度值。

AutoCAD 中的等分命令并不是真的将对象等分成独立的对象，它仅仅是通过点或块来标明等分的位置，如图 9-30 所示。

3) 块（B)：以块作为标记来定距等分对象。等分对象的类型不同，则定距等分或定数等分的起点也不同。直线或多段线，分段开始于距离选择点最近的端点；闭合多段线的分段开始于多段线的起点；圆的分段起点是以圆心为起点，当前捕捉角度为方向的捕捉路径与圆的交点。

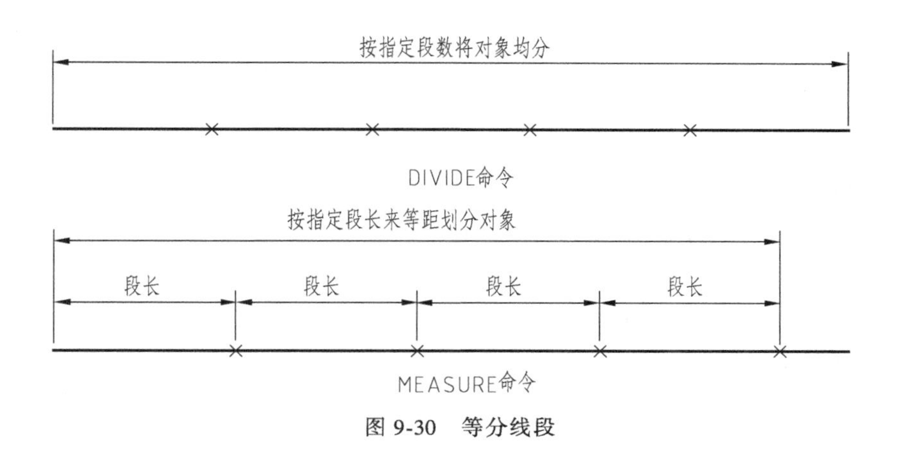

图 9-30　等分线段

【实战演练】

如图 9-31 所示，将任意已知角三等分。

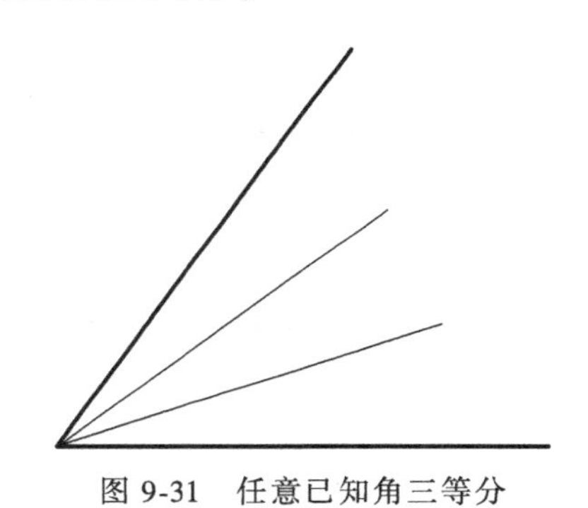

图 9-31　任意已知角三等分

任务六　绘制六角螺母俯视图

【学习目标】

1）掌握圆和正多边形命令的使用方法。

2）正确理解并使用圆和正多边形命令的各个选项。

【任务描述】

六角螺母俯视图由正六边形、圆及一个 3/4 圆组成，如图 9-32 所示。

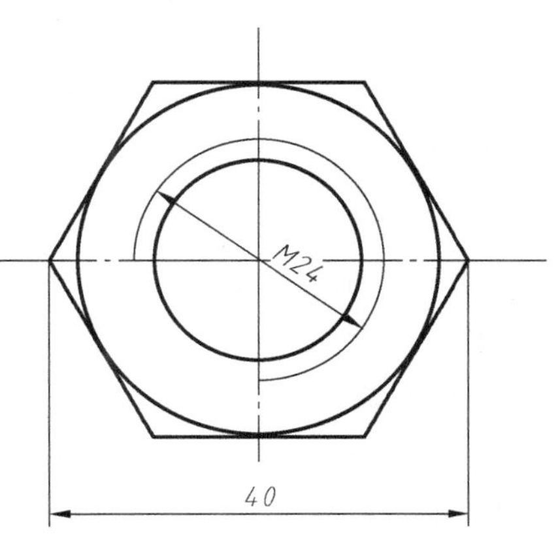

图 9-32　六角螺母俯视图

【任务分析】

本任务图形由正六边形和圆以相切的方式组合而成，并以 3/4 圆表示牙底圆。

【知识链接】

一、正多边形命令

1. 操作方法

(1) 菜单栏　选择【绘图】→【多边形】命令。

(2) 工具栏　单击【绘图】工具栏中的【多边形】按钮。

(3) 命令行　输入 POLYGON（或缩写：POL）。

2. 操作步骤

命令:_Polygon

输入边数<4>:

指定正多边形的中心点或【边(E)】:

输入选项【内接于圆(I)/外切于圆(C)】<I>:

指定圆的半径:

3. 选项说明

1）正多边形的中心点：定义正多边形中心点。

2）边（E）：通过指定第一条边的端点来定义正多边形。

3）内接于圆（I）：指定外接圆的半径，正多边形的所有顶点都在此圆周上。

4）外切于圆（C）：指定内切圆的半径，即从正多边形中心点到各边中点的距离。

二、修剪命令

1. 操作方法

(1) 菜单栏 选择【修改】→【修剪】命令。

(2) 工具栏 单击【修改】工具栏中的【修剪】按钮。

(3) 命令行　输入 TRIM（或缩写：TR）。

2. 操作步骤

命令:Trim

当前设置:投影=UCS,边=延伸

选择剪切边....

选择对象或<全部选择>:

选择要修剪的对象,或按住 Shift 键选择要延伸的对象,或【栏选(F)/窗交(C)/投影(P)/边(E)/删除(R)/放弃(U)】

3. 选项说明

1）选择剪切边：指定剪切边对象，即指定修剪时的边界。

2）要修剪的对象：指定修剪对象，就是将被删除的对象。注意被剪切边对象分为若干段，选择对象时拾取点所在的部分将被删除。

【任务实施】

1. 设置绘图环境

过程同前。

2. 绘制中心线

设置图层、线型、颜色、线宽以及绘制相应的中心线。

3. 绘制正六边形（图 9-33）

命令:_Polygon

输入侧面数<4>:<对象捕捉开>6　　（指定正多边形的边数）

指定正多边形的中心点或【边(E)】:　　（捕捉中心线的交点）

输入选项【内接于圆(I)/外切于圆(C)】<I>:

（指定等分圆绘制正多边形的方式为内接于圆）

指定圆的半径:20　　（指定圆的半径）

4. 绘制大圆

命令:_Circle　　（启动圆命令）

指定圆的圆心或【三点(S3P)/两点(2P)/切点、切点、半径(T)】:(捕捉中心线的交点作为圆心)

指定圆的半径或【直径(D)】:(捕捉正六边形边的中点,圆心到中点的距离为圆的半径)

5. 绘制牙底圆和牙顶圆

命令:_Circle　　（启动圆命令）

指定圆的圆心或【三点(3P)/两点(2P)/切点、切点、半径(T)】:（中心线的交点为圆心）

指定圆的半径或【直径(D)】:12　　（指定圆的半径）

命令:CIRCLE　　（启动圆命令）

指定圆的圆心或【三点(3P)/两点(2P)/相切、相切、半径(T)】:

（捕捉中心线的交点作为圆心）

指定圆的半径或【直径(D)】<12.000:10　　（指定圆的半径）

6. 修剪牙底圆

命令:_Trim　　（启动修剪命令）

当前设置:投影=UCS,边=无

选择剪切边

选择对象或<全部选择>:　　（选择水平中心线）

选择对象或<全部选择>:　　（选择垂直中心线）

选择要修剪的对象,或按住 Shift 键选择要延伸的对象,或【栏选(F)/窗交(C)/投影(P)/边(E)/删除(R)/放弃(U)】:　　（选择要剪切的螺纹牙底左下方 1/4 圆）

过程如图 9-33 所示。

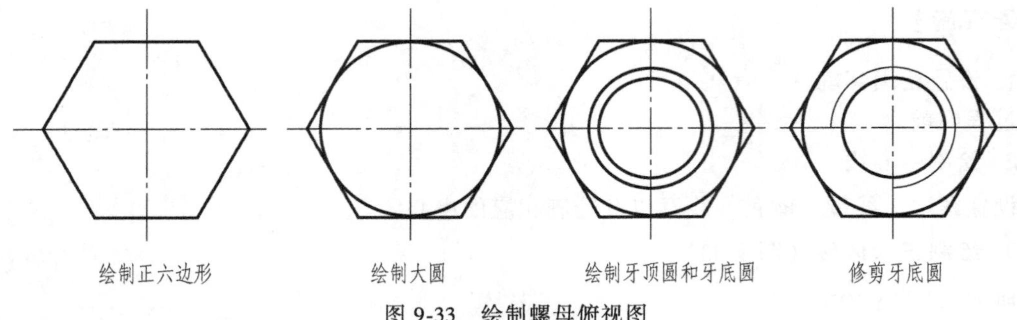

图 9-33 绘制螺母俯视图

课题三 复杂平面图形的绘制

【知识要点】

1）编辑命令（镜像、阵列、旋转）的用法。
2）文字样式的设置方法及文字的标注方法。
3）标注样式的设置方法及各种标注方法。

【技能要求】

1）能掌握复杂图形的绘制方法。
2）能按照国家标准进行文字及尺寸的标注。

【任务书】

编号	任　务	教学时间
9-3-1	绘制莲花图形	2 学时
9-3-2	绘制轴承套	2 学时
9-3-3	绘制密封垫圈	2 学时

任务一 绘制莲花图形

【学习目标】

1）掌握复制、阵列、镜像命令的使用方法。
2）掌握莲花图形的绘制方法。.
3）合理选择各种复制方法快速绘制相关图形。

【任务描述】

莲花图形是一个典型的由多个相同的图形按照一定规律排列组成的图形，是几种复制命令的综合运用。本任务是学会利用直线、圆形、复制、镜像、阵列等命令绘制出莲花图形，如图 9-34 所示。

图 9-34　莲花图形

【任务分析】

1）莲花图形由 16 个形状相同的花瓣组成，各个花瓣沿圆周呈均匀排列。单个花瓣的轮廓是两个相同圆的重叠部分，可以用复制圆后修剪得到。一个花瓣上的花纹是用阵列对角点连线加以修剪，来得到半边花瓣上的花纹。相对称的另一边花纹，可以通过镜像复制来获得。最后把一个完整的花瓣绕着花瓣的一个角点旋转复制得到完整的图形结构。

2）本任务实施过程中将用到复制、环形阵列、镜像的知识及直线、圆形、修剪等操作。

【知识链接】

一、复制命令

1. 操作方法

（1）菜单栏　选择【修改】→【复制】命令。

（2）工具栏　单击【修改】工具栏中的【复制】按钮。

（3）命令行　输入 COPY（或缩写：CO）。

2. 操作步骤

命令：COPY

选择对象　　（选定要复制的对象并按<Enter>键）

选择对象　　（按<Enter>键结束选择对象）

当前设置复制模式=多个

指定基点或【位移(D)/模式(O)】<位移>：指定复制操作的基点　　（一般为对象上的点）

指定第二个点或【阵列(A)】<使用第一个点作为位移>：　　（通过指定基点的新位置确定复制后副本的位置）

3. 选项说明

1）位移（D）：采用输入坐标值来确定复制的距离和方向。

2）模式（O）：选择复制模式（S指单个、M指多个）。

3）阵列（A）：通过指定阵列数目和阵列的第二点来确定复制后对象的个数和位置。

4）退出（E）：复制后退出命令。

5）放弃（U）：删除刚复制的图形。

二、阵列命令

阵列命令是采用一定的规律复制图形，AutoCAD 2016中包含三种阵列类型：矩形阵列、路径阵列和环形阵列。

（一）矩形阵列

矩形阵列是将对象副本分布到行、列和标高的任意组合。

1. 操作方法

（1）菜单栏　选择【修改】→【阵列】→【矩形】命令。

（2）工具栏　单击【修改】工具栏中的【矩形阵列】按钮。

（3）命令行　输入ARRAYRECT

2. 操作步骤

命令：ARRAYRECT

选择对象：　（选择要进行阵列操作的对象并确认）

类型=矩形　关联=是

选择夹点以编辑阵列成【关联(AS)/基点(B)/计数(COU)/间距(S)/列数(COL)/行数(R)/层数(L)/退出(X)】<退出>:　（指定阵列夹点或输入选项，进入下一步操作）

3. 选项说明

1）选择对象：选择要在阵列中使用的对象。

2）关联（AS）：指定阵列中的对象是关联的还是独立的。

3）基点（B）：定义阵列基点和基点夹点的位置。

4）计数（COU）：指定行数和列数，并在移动光标时可以动态观察结果（一种比“行和列”选项更快捷的方法）。

5）间距（S）：指定行间距和列间距，并在移动光标时可以动态观察结果。

6）列数（COL）：编辑列数和列间距。

7）行数（R）：指定阵列中的行数、行数之间的距离以及行数之间的增量标高。

8）层数（L）：指定阵列中的层数。

（二）路径阵列

路径阵列是指将选定的对象沿路径或部分路径均匀分布生成副本。路径可以是直线、三维多段线、样条曲线、螺旋、圆弧、圆或椭圆。

1. 操作方法

（1）菜单栏　选择【修改】→【阵列】→【路径阵列】命令。

（2）工具栏　单击【修改】工具栏中的【路径阵列】按钮。

（3）命令行　输入ARRAYPATH。

2. 操作步骤

命令:_arraypath

择对象: （选择要进行路径阵列的对象并确认）

类型=路径 关联=是

选择路径曲线: （选择阵列路径）

进择夹点以编辑阵列或【关联(AS)/方法(M)/基点(B)/切向(T)/行(R)/层(L)/对齐项目(A)/方向(Z)/退出(X)】<退出>: （选择阵列夹点或输入选项进入下一步操作）

3. 选项说明

1）方法（M）：控制如何沿路径分布项目（D 指定数等分、M 指定距等分）。

2）切向（T）：指定阵列中的项目如何相对于路径的起始方向对齐。

3）项目（D）：根据方法，指定项目数或项目之间的距离。

4）对齐项目（A）：指定是否对齐每个项目以便与路径的方向相切。

5）Z 方向（Z）：控制是否保持项目的原始 Z 方向或沿三维路径自然倾斜项目。

（三）环形阵列

环形阵列是围绕中心点或旋转轴在环形阵列中均匀分布对象副本。

1. 操作方法

(1) 菜单栏 选择【修改】→【阵列】→【环形阵列】命令。

(2) 工具栏 单击【修改】工具栏中的【环形阵列】按钮。

(3) 命令行 输入 ARRAYPATH。

2. 操作步骤

命令:_arraypolar

选择对象 : （选择阵列对象并确认）

类型=极轴 关联=是

指定阵列的中心点或【基点(B)/旋转轴(A)】: （指定阵列的中心点）

选择夹点以编辑阵列或【关联(AS)/基点(B)/项目间角度(A)/填充角度(F)/行(ROW)/层(L)/旋转项目(ROT)/退出(X)】<退出>: （指定阵列夹点或输入选项进入下一步操作）

3. 选项说明

1）阵列中心点：指定分布阵列项目所围绕的点。

2）旋转轴（A）：指定由两个指定点定义的自定义旋转轴。

3）项目间角度（A）：使用值或表达式指定项目之间的角度。

4）填充角度（F）：使用值或表达式指定阵列中第一个和最后一个项目之间的角度。

5）行（ROW）：指定阵列中的行数、行之间的距离，以及行之间的增量标高。

6）层（L）：指定（三维阵列的）层数和层间距。

7）旋转项目（ROT）：控制在排列项目时是否旋转该项目。

三、镜像命令

1. 操作方法

(1) 菜单栏 选择【修改】→【镜像】命令。

(2) 工具栏 单击【修改】工具栏中的【镜像】按钮。

（3）命令行　输入 MIRROR（成缩写：MI）。

2. 操作步骤

命令：_Mirror

选择对象：（选择要进行镜像操作的对象并确认）

指定镜像线的第一点：（确定镜像线上的一点）

指定镜像线的第二点：（确定镜像线上的另一点）

要删除源对象吗？【是（Y）/否（N）】<N>：（设置是否保留源对象）

【任务实施】

1. 绘制半径为 100mm 的圆（图 9-35a）

2. 复制出另一个圆（图 9-35b）

命令：COPY

选择对象：（选择圆）

当前设置：复制模式＝多个

指定基点或【位移（D）/模式（O）】<位移>：（单击圆心）

指定第二个点或【阵列（A）】<使用第一个点作为位移>：150（从圆心处水平向右追踪）

3. 修剪多余圆弧（图 9-35c）

命令：TRIM

当前设置：投影＝UCS　边＝无

选择剪切边

选择对象或<全部选择>：（按<Enter>键）

选择要修剪的对象，或按住 Shift 键选择要延伸的对象或【栏选（F）/窗交（C）/投影（P）/边（E）/删除（R）/放弃（U）】：（依次单击两圆要修剪的部位后按<Enter>键）

4. 绘制直线连接对角点（图 9-35d）

用直线命令连接圆弧的上下两个交点。

5. 环形阵列直线后得出右半边花纹形状（图 9-35e）

命令：_Arraypolar

选择对象：找到 1 个（选择竖直直线）

类型＝极轴　关联＝是

指定阵列的中心点或【（基点（B）/旋转轴（A）】：（单击竖直线的上端点）

选择夹点以编辑阵列或【关联（AS）/基点（B）/项目（I）/项目间角度（A）/填充角度（F）/行（ROW）/层（L）/旋转项目（ROT）/退出（X））】<退出>：AS

创建关联阵列【是（Y）/否（N）】<是>：N

选择夹点以编辑阵列或【关联（AS）/基点（B）/项目（I）/项目间角度（A）/填充角度（F）/行（ROW）/层（L）/旋转项目（ROT）/退出（X）】<退出>：I

输入阵列中的项目数或【表达式（E）】<6>：16

选择夹点以编辑阵列或【关联（AS）/基点（B）/项目（I）/项目间角度（A）/填充角度（F）/行（ROW）/层（L）/旋转项目（ROT）/退出（X）】<退出>：F

指定填充角度或【表达式（EX）】<360>：35

6. 修剪花瓣轮廓外的直线（图 9-35f）

命令：_Trim

当前设置：投影=UCS　边=无

选择剪切边

选择对象或<全部选择>　　（选择右边圆弧作为剪切边）

选择要修剪的对象，或按住 Shift 键选择要修剪的对象或【栏选（F）/窗交（C）/投影（P）/边（E）/删除（R）/放弃（U）】：F　　（选择后进行快速修剪）

7. 利用镜像命令绘制左半边花纹（图 9-35g）

命令：_Mirror　　（启动镜像命令）

选择对象：指定对角点：找到 15 个　　（选择竖直线右端的 15 条直线）

指定镜像线的第一点：　　（捕捉花瓣的一个角点）

指定镜像线的第二点：　　（捕捉花瓣的另一个角点）

要删除源对象吗？【是（Y）/否（N）】<N>：　　（按< Enter>键不删除源对象）

8. 利用环形阵列绘制出整个莲花图案（图 9-35h）

命令：_ Arraypolar

选择对象：找到 33 个　　（选择已绘制好的单个花瓣图）

类型=极轴　关联=是

指定阵列的中心点或【基点（B）/旋转轴（A）】：　　（单击花瓣的上角点）

选择夹点以编辑阵列或【关联（AS）/基点（B）/项目（I）/项目间角度（A）/填充角度（F）/行（ROW）/层（L）/旋转项目（ROT）/退出（X）】<退出>：I

输入阵列中的项目数或【表达式（E）】<6>：16

选择夹点以编辑阵列或【关联（AS）/基点（B）/项目（I）/项目间角度（A）/填充角度（F）/行（ROW）/层（L）/旋转项目（ROT）/退出（X）】<退出>：F

指定填充角度或【表达式（EX）】<360>：360

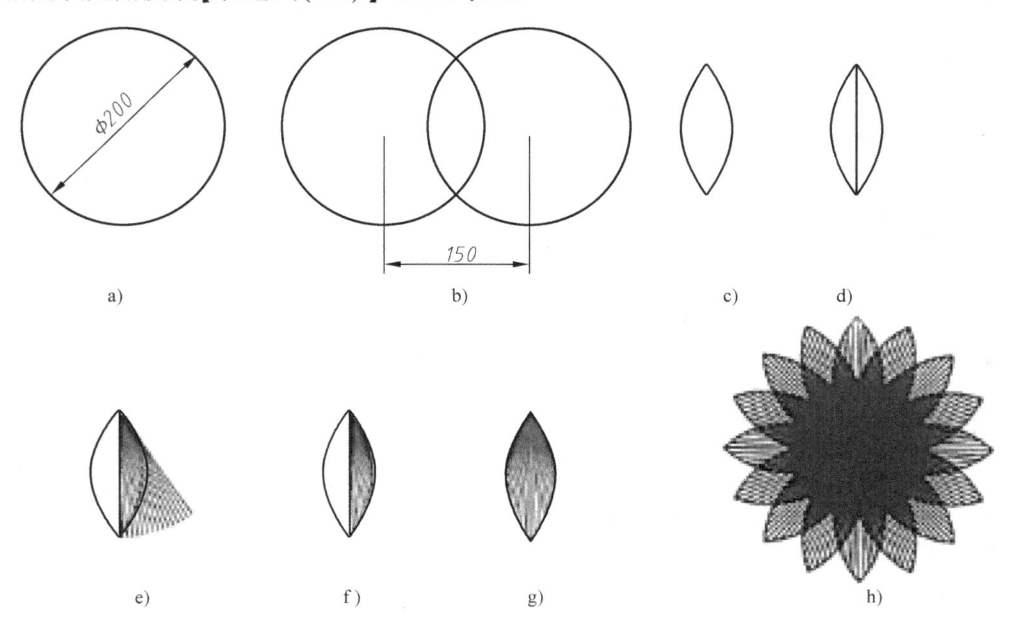

图 9-35　绘制莲花

任务二　绘制轴承套

【学习目标】

1）掌握偏移和倒角命令的使用方法。

2）掌握轴承套的绘制方法。

【任务描述】

轴承套是一个典型的上下对称图形，在图形中包含多个直线型切角，本任务是利用直线、偏移、倒角、图案填充等命令绘制轴承套，如图 9-36 所示。

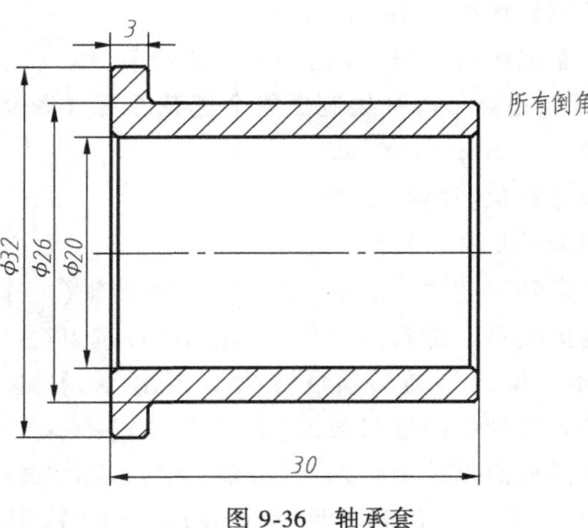

图 9-36　轴承套

【任务分析】

轴承套是一个轴对称图形，可以用直线和倒角命令先绘制上半部分的轮廓，使用镜像工具命令绘制轴承套的下半部分，最后利用图案填充命令绘制剖面线。

【知识链接】

一、倒角命令

倒角命令是使用一段直线连接两个对象，从而给对象添加倒角。指定倒角大小可以采用距离法和角度法。

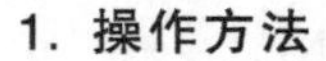

1. 操作方法

（1）菜单栏 选择【修改】→【倒角】命令。

（2）工具栏 单击【修改】工具栏中的【倒角】按钮。

（3）命令行输入 CHAMFER（或缩写：CHA）。

2. 操作步骤

命令:__ Chamfer　　（“修剪”模式）

当前倒角距离 1＝0.5000,距离 2＝0.5000

选择第一条直线或【放弃(U)/多段线(P)/距离(D)/角度(A)/修剪(T)/方式(E)/多个(M)】:

选择第二条直线:

3. 选项说明

1）第一条直线：指定二维倒角所需的两条边中的第一条边。

2）选择第二条直线：指定二维倒角所需的两条边中的第二条边。

3）多段线（P）：对整个二维多段线倒角。相交多段线线段在每个顶点被倒角。

4）距离（D）：用距离法设置倒角。依次设置倒角的第一、第二条边上的倒角距离。

5）角度（A）：用第一条线的倒角距离和第二条线的角度设置倒角距离。

6）修剪（T）：控制修剪命令是否保留原角点。如果选择修剪模式（T），将选定的边修剪到倒角直线的端点。如果选择不修剪模式（N），将保留原角点。

7）方式（E）：控制倒角工具使用两个距离，还是一个距离、一个角度来创建倒角。

8）多个（M）：为多组对象的边倒角。

二、偏移命令

创建与选定对象造型平行的新对象，如创建对象的同心圆、平行线和平行曲线等。

1. 操作方法

（1）菜单栏　选择【修改】→【偏移】命令。

（2）工具栏　单击【修改】工具栏中的【偏移】按钮。

（3）命令行　输入 OFFSET（或缩写：O）。

2. 操作步骤

命令:_Offset

当前设置:删除源=否　图层=源　OFFSETGAPTYPE=0

指定偏移距离或【通过(T)/删除(E)/图层(L)】<通过>:

选择要偏移的对象或【退出(E)/放弃(U)】<退出>:

指定要偏移的那一侧上的点或【退出(E)/多个(M)/放弃(U)】<退出>:

3. 选项说明

1）指定偏移距离：在距现有对象指定的距离处创建对象。

2）通过（T）：创建通过指定点的对象。

3）删除（E）：创建偏移对象后，是否将源对象删除。键入“Y”，将删除源对象；键入“N”，将保留源对象。

4）图层（L）：确定将偏移对象创建在当前图层上还是源对象所在的图层；键入“C”，将在当前图层创建新对象；键入“S”，将在源图层创建新对象。

【任务实施】

1. 设置绘图环境

2. 设置图层、线型、颜色、线宽以及绘制中心线

3. 绘制轴套的内外轮廓（图 9-37a）

命令:_Line

指定第一点　　　　（绘制轴套的外轮廓线,在中心线上指定一点）

指定下一点或:13　　　　（指定轴套的上半轮廓的侧面高）

指定下一点或【放弃(U)】:30　　　　（指定轴套的长度）

指定下一点或【闭合(C)/放弃(U)】:　　　　（捕捉与中心线的垂足）

命令:_Offset　　　　（启动偏移命令）

当前设置:删除源=否　图层=源　OFFSETGAPTYPE=0　　　　（绘制轴套的内轮廓）

指定偏移距离或通过【(T)/删除(E)/图层(L)】闭合(C)/放弃(U<通过>:3

指定要偏移的那一侧上的点,或【退出(E)/多个(M)放弃(U)】<退出>:

（将外轮廓线向中心线方向偏移）

4. 绘制轴套的凸缘（图 9-37b）

命令:_Line

指定第一点　　（捕捉轴套外轮廓的左上角点）

指定下一点或【放弃(U)】:3　　（指定凸缘的高度）

指定下一点或【放弃(U)】:3　　（指定凸缘的宽度）

指定下一点或【闭合(C)/放弃(U)】　　（捕捉与轴套外轮廓垂足）

5. 绘制轴套上的倒角（图 9-37c）

命令:_Chamfer

选择第一条直线或【放弃(U)/多段线(P)/距离(D)/角度(A)/修剪(T)/方式(E)/多个(M)】:A

指定第一条直线的倒角长度<0.0000>:0.5　　（指定第一倒角边的全角距）

指定第一条直线的倒角角度<0>:45　　（指定第一倒角边的倒角角度）

选择第一条直线或【放弃(U)/多段线(P/距离(D)/角度(A)/修剪(T)/方式(E)/多个(M)】:T

输入修剪选项【修剪(T)/不修(N)】<修剪>:N　　（选择不修剪模式）

选择第一条直线或【放弃(U)/多段线(P)/距离(D)/角度(A)/修剪(T)/方式(E)/多个(M)】:　　（输入 M,同时指定多个倒角）

再使用 Trim 命令修剪倒角。

6. 绘制轴套内孔的上半部分（图 9-37d）

命令:_Line

指定第一点　　（指定内孔的左或右端点）

指定下一点或【放弃(U)】:　　（捕捉与中心线的垂足）

指定下一点或【放弃(U)】:　　（结束直线命令）

7. 绘制轴套的下半部分（图 9-37e）

命令:_Mirror　　（启动镜像命令）

选择对象:指定对角点:找到 14 个　　（选择轴套的上半部分图形）

选择对象　　（按<Enter>键,结束选择对象）

指定镜像线的第一点;指定镜像线的第二点:　　（分别指定轴线的两个端点）

要删除源对象吗?【是(Y)/否(N)】<N>:　　（直接按<Enter>键,不删除源对象）

8. 绘制轴套剖面线（图 9-37f）

命令:_Bhatch

拾取内部点或【选择对象(S)/删除边界(B)】:(选择图案类型为 ANSI31)

正在选择所有可见对象

正在分析所选数据

正在分析内部孤岛

拾取内部点或【选择对象(S)/删除边界(B)】:(单击要进行图案填充的区域)

正在分析内部孤岛

拾取内部点或【选择对象(S)/删除边界(B)】:

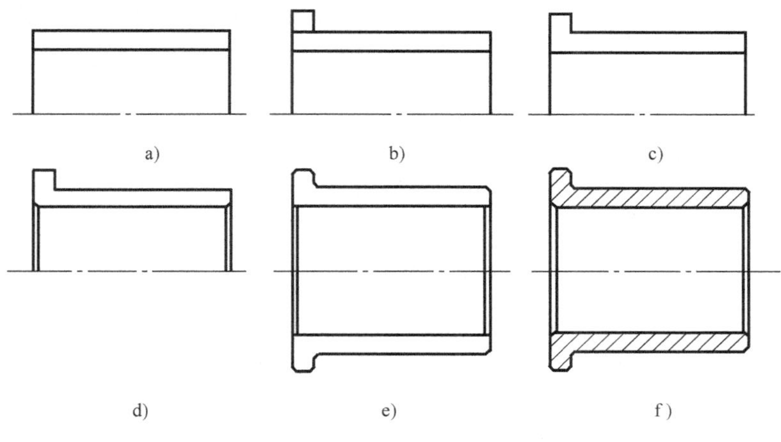

图 9-37　绘制轴承套

操作提示：

偏移操作可以创建平行对象，并且通过多段线偏移可以生成与原图形平行且形状一致的多段线，如图 9-38 所示。

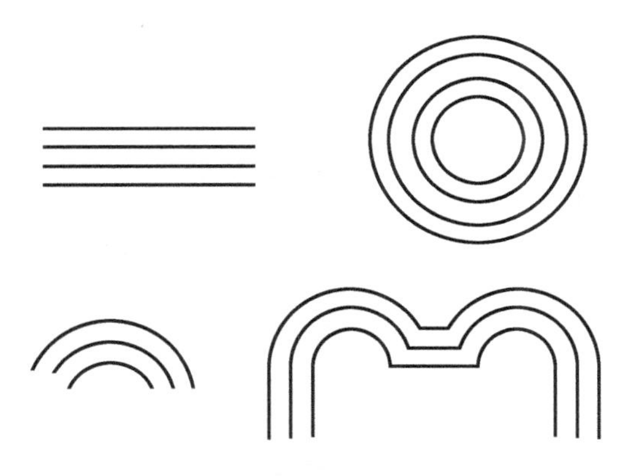

图 9-38　偏移命令的使用

【拓展提高】

图案填充常用于对特定的图形封闭区域进行填充图案（如剖面线、表面纹理、涂色等），以表示部件的材料及表面状态，增强图形的清晰度和图形效果。

1. 操作方法

(1) 菜单栏　选择【绘图】→【图案填充】命令。

(2) 工具栏　单击【绘图】工具栏中【图案填充】按钮。

(3) 命令行　输入 HATCH（或缩写：H）。

2. 操作步骤

启动图案填充命令后，弹出【图案填充和渐变色】对话框，如图 9-39 所示。

1) 类型和图案：指定图案填充的类型和图案，可以使用 AutoCAD 提供的类型和图案，用户还可以自定义图案。

2）颜色：设置填充图案的颜色和背景色。

3）角度和比例：用户可以根据需要设置填充图案的倾斜角度及填充比例的大小，以达到最好的填充效果。

4）图案填充的原点：控制填充图案生成的起始位置。默认情况下，所有图案填充原点都对应于当前的 UCS 原点。但某些图案填充（如砖块图案）需要与图案填充边界上的一点对齐。

5）边界：指定图案填充的边界。具体方法有：指定对象封闭区域中的点（单击封闭区域）和选择封闭区域的对象（选中构成封闭区域的对象）。

图 9-39　图案填充和渐变色对话框

【实战演练】

绘制如图 9-40 所示螺栓。

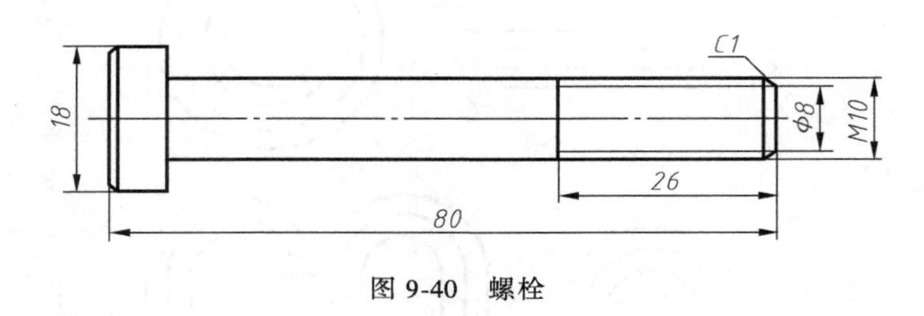

图 9-40　螺栓

任务三　绘制密封垫圈

【学习目标】

1）掌握拉长命令的使用方法。

2）掌握绘制带有花键的图形。

【任务描述】

密封垫圈是包含圆形、椭圆，并按一定规律排列的图形。本任务是利用椭圆、圆、阵列等命令绘制出图 9-41 所示密封垫圈，并利用拉长或延伸命令调整中心线的长度。

【任务分析】

密封垫圈呈现一个大椭圆形，在该椭圆的内部绘制 2 个圆孔、4 个椭圆孔和一个花键孔。2 个圆形孔在椭圆的水平轴上，可以直接绘制，也可以绘制一个圆后进行镜像操作，4

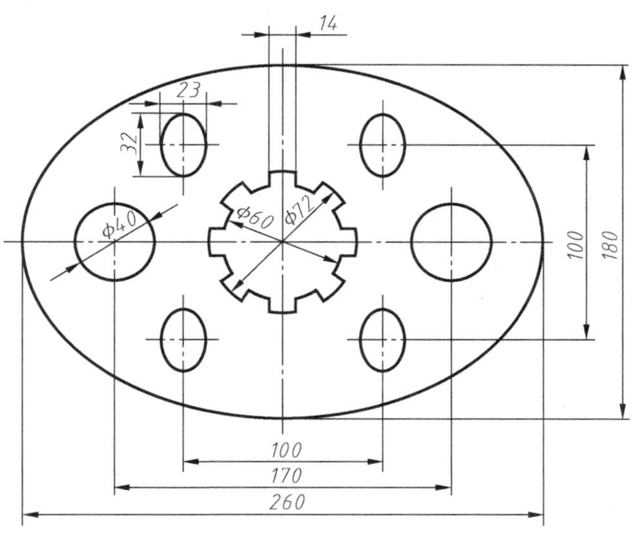

图 9-41 密封垫圈

个椭圆孔相对圆中心点对称排列，可以用矩形阵列的方法绘制，也可以用环形阵列的方法绘制。花键孔圆周上均匀分布着 8 个键槽，可以用环形阵列的方法绘制。本任务实施过程中将用到拉长命令及圆形、椭圆、阵列等操作。

【知识链接】

一、拉长命令

拉长命令用于更改对象的长度和圆弧的包含角。

1. 操作方法

(1) 菜单栏　选择【修改】→【拉长】命令。

(2) 命令行　输入 LENGTHEN（或缩写：LEN）。

2. 操作步骤

命令:_Lengthen

选择对象或【增量(DE)/百分数(P)全部(T)动(DY)】:

输入长度增量或【角度(A)】<0.0000>:

选择要修改的对象或【放弃(U)】:

3. 选项说明

1) 选择对象：选中对象会显示对象的长度。

2) 增量（DE）：以指定的增量修改对象的长度，该增量从距离选择点最近的端点处开始测量。正值拉长对象，负值缩短对象。

3) 百分数（P）：通过指定对象总长度的百分数设置对象长度。

4) 全部（T）：通过指定从固定端点测量的总长度的绝对值来设置选定对象的长度。

5) 动态（DY）：打开动态拖动模式，通过拖动选定对象的端点之一来改变其长度，其他端点保持不变。

6）输入长度增量或［角度（A）］：输入长度增量或角度增量。

7）选择要修改的对象：拾取欲拉长的对象。

二、延伸命令

延伸命令用于扩展对象以与其他对象的边相接。

1. 操作方法

（1）菜单栏　选择【修改】→【延伸】命令。

（2）工具栏　单击【修改】工具栏中的【延伸】按钮。

（3）命令行　输入EXTEND（或缩写：EX）。

2. 操作步骤

命令:_Extend

当前设置:投影=UCS　边=无

选择边界的边…

选择对象或<全部选择>:

选择要延伸的对象,或按住Shift键选择要修剪的对象,或【栏选(F)/窗交(C)/投影(P)边(E)/放弃(D)】:

3. 选项说明

1）选择边界的边：指定延伸的边界。

2）选择要延伸的对象：指定要通过伸长或缩短与边界对象相交的对象。选择对象的方法同修剪命令。

【任务实施】

1. 设置绘图环境

2. 设置图层、线型、颜色、线宽并绘制相应的中心线

3. 绘制大椭圆（图9-42a）

命令:_Ellipse　（启动椭圆命令）

指定椭圆的轴端点或【圆弧(A)/中心点(C)】:C　（选择中心点选项）

指定椭圆的中心点:　（捕捉中心线的交点）

指定轴的端点:<正交开>130　（打开正交模式,在水平方向指定长轴端点）

指定另一条半轴长度或【旋转(R)】:90　（在垂直方向指定短半轴长度）

4. 绘制左下角的椭圆（图9-42b）

命令:_Ellipse　（启动椭圆命令）

指定椭圆的轴端点或圆弧【(A)/中心点(C)】:C　（选择中心点选项）

指定椭圆的中心点:　（捕捉左下角中心线的交点）

指定轴的端点:<正交开>16　（打开正交模式,在垂直方向指定长轴端点）

指定另一条半轴长度或【旋转(R)】:11　5　（在水平方向指定短半轴长度）

5. 绘制其他的椭圆（图9-42c）

使用Aray命令，将左下角小椭圆及其中心线按二行二列，间距为100mm进行矩形阵列。

6. 绘制两个圆（图 9-42d）

命令：_Circle　　（启动圆命令）

指定圆的圆心或【三点(3P)/两点(2P)/相切、相切、半径(T)】：

（分别捕捉左右两个垂直中心线与水平中心线交点）

指定圆的半径或【直径(D)】:20　　（指定半径为 20mm）

7. 绘制花键孔（图 9-42e）

命令：_Circle　　（启动圆命令）

指定圆的圆心【三点(3P/两点(2P)相切、相切、半径(T)】　　（捕捉大椭圆的圆心）

指定圆的半径或【直径(D)】<20.0000>:36　　（指定半径为 36mm）

命令：_Circle

指定圆的圆心或【三点(3P)/西点(2P)相切、相切、半(T)】：

（捕捉大椭圆的圆心）

指定圆的半径或【直径(D)】<36.000:30　　（指定半径为 30mm）

8. 绘制单个花键槽（图 9-42f、g）

命令：_Offset

当前设置：删除源=否　图层=源　OFFSETGAPTYPE=0

指定偏移距离或【通过(T)/删除(E)/图层(L)】<通过>:7（指定偏移距离 7mm）

选择要偏移的对象，或【退出(E)/放弃(U)】<退出>：　　（选择垂直对称中心线）

指定要偏移的那一侧上的点，或【退出(E)/多个(M)/放弃(U)】<退出>：

（先指定垂直对称中心线左侧）

按同样的方法，在垂直对称中心线右侧偏移，修改刚偏移的两条直线的线型为轮廓线的线型，再修剪多余图线。

9. 绘制其他花键槽（图 9-42h）

执行环形阵列命令，捕捉椭圆的中心点为阵列中心点，窗选单个键槽进行环形阵列，填充角度为 360°，项目个数为 8。

10. 修剪其他花键槽（图 9-42i）

命令：_Trim

当前设置：投影=UCS，边=无

选择剪切边...

选择对象或<全部选择>：　　（修剪花键孔内外圆上多余的圆弧段）

选择要修剪的对象，或按住 Shift 键选择要延伸的对象，或【栏选(F)/窗交(C)/投影(P)/边(E)/删除(R)/放弃(U)】：

11. 整理中心线（图 9-42j）

根据机械制图国家标准要求，中心线应超出轮廓线 3~4mm。先将中心线修剪到边界处，再利用拉长命令，修改中心线的长度。

【拓展提高】

一、修剪与延伸

修剪命令 Trim 与延伸命令 Extend 是相反的操作。修剪命令 Trim 是将对象到边界对象间

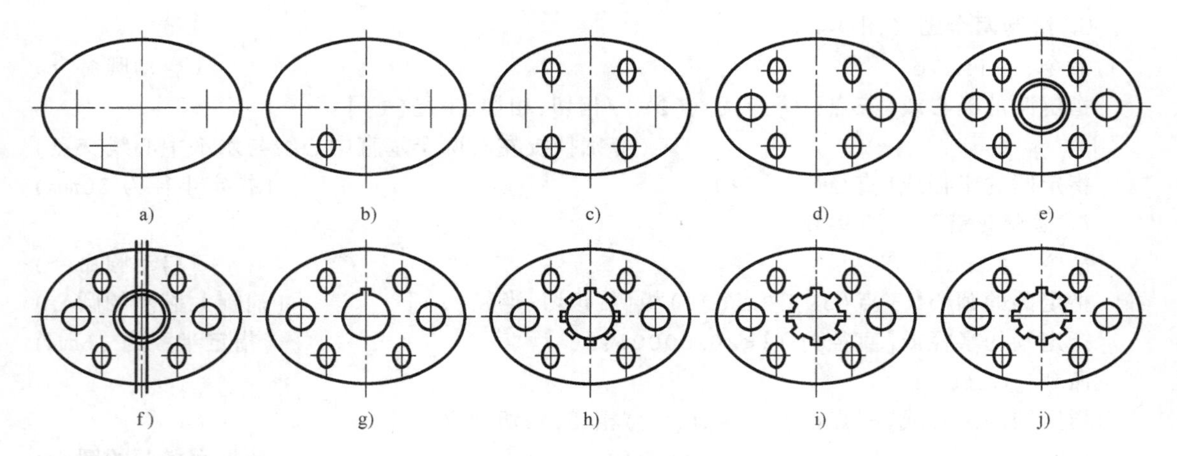

图 9-42　绘制密封垫圈

的部分删除（即缩短了）；延伸命令 Extend 是将对象延伸到边界对象（即加长了）。

修剪命令 Trim 与延伸命令 Extend 互为逆操作。在使用修剪命令 Trim 过程中，<Shift>键+选择要修剪的对象等同于延伸命令 Extend。在使用延伸命令 Extend 过程中，<Shift>键+选择要延伸的对象等同于修剪命令 Trim。

二、夹点编辑

1）夹点是对象被选中时，对象上出现的小方框（默认蓝色），此时的点称为冷点，再次把光标移至某点时，停留点将变成绿色，称为悬停点。用光标单击选中该点，该点成为红色，此时该点处于可编辑状态，同时命令行会出现如下提示：

指定拉伸点或【基点（B）复制（C）/放弃（U）/退出（X）】:（拖动光标将拉长和缩短对象）

2）夹点编辑有 5 种编辑模式：拉伸、移动、旋转、比例、镜像，各模式之间可通过空格键来切换。

3）机械制图中常用夹点编辑的方法调整对象的大小和形状，在三维图形中还可以利用夹点移动对象。

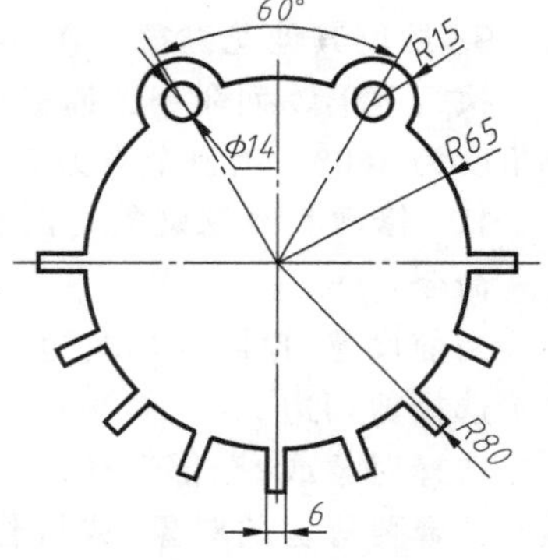

图 9-43　实战演练

【实战演练】

如图 9-43 所示绘制图形。

课题四　创建文字与平面图形的标注

【知识要点】

1）文字样式的设置方法及文字的标注方法。

2）标注样式的设置方法及各种标注的标注方法。

【技能要求】

1）能根据国家标准进行文字及标注的设置。

2）能按照国家标准进行文字及尺寸的标注。

【任 务 书】

编号	任　　务	教学时间
9-4-1	绘制标题栏	2 学时
9-4-2	标注压盖尺寸	2 学时
9-4-3	标注手柄尺寸	2 学时
9-4-4	标注带轮尺寸	2 学时

任务一　绘制标题栏

【学习目标】

1）掌握文字样式的设置方法。

2）掌握标题栏的绘制方法。

3）掌握单行文字与多行文字的创建方法。

【任务描述】

标题栏是机械制图中一个重要的内容，可提供图形的很多信息。本任务绘制标题栏是将矩形命令、分解命令、偏移命令、文字命令等综合运用，如图 9-44 所示。

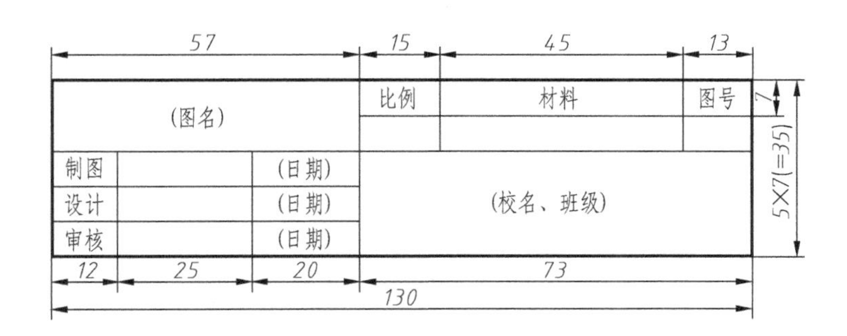

图 9-44　标题栏

【任务分析】

标题栏图形由直线段构成，首先绘制矩形并分解矩形；然后，利用偏移命令偏移矩形的边形成内部网格线条，再对多余的线条进行修剪或删除得到标题栏图框，使用多行文字命令输入文字。

【知识链接】

一、文字样式命令

1. 操作方法

(1) 菜单栏　选择【格式】→【文字样式】命令。

(2) 工具栏　单击【文字】工具栏中的【文字样式】按钮。

(3) 命令行　输入 STYLE（或缩写：ST）。

2. 操作步骤及选项说明

启动文字样式命令后，将弹出【文字样式】对话框，如图 9-45 所示，可进行以下设置：

1)【样式】选项组：可选择显示所有样式名或正在使用的样式名，也可新建、更改、删除文字样式，选择当前文字样式等。

2)【字体】选项组：设置当前文字样式的字体、字高。

3)【效果】选项组：设置文字的颠倒、反向、垂直等显示效果，以及宽度因子、倾斜角度等。在【宽度因子】文本框中可以设置文字字符的高度和宽度之比。当【宽度因子】值为 1 时，将按系统定义的高宽比书写文字；当【宽度因子】小于 1 时，字符会变窄；当【宽度因子】大于 1 时，字符会变宽。在【倾斜角度】文本框中可以设置文字的倾斜角度，角度为 0°时不倾斜；角度为正值时向右倾斜，角度为负值时向左倾斜。

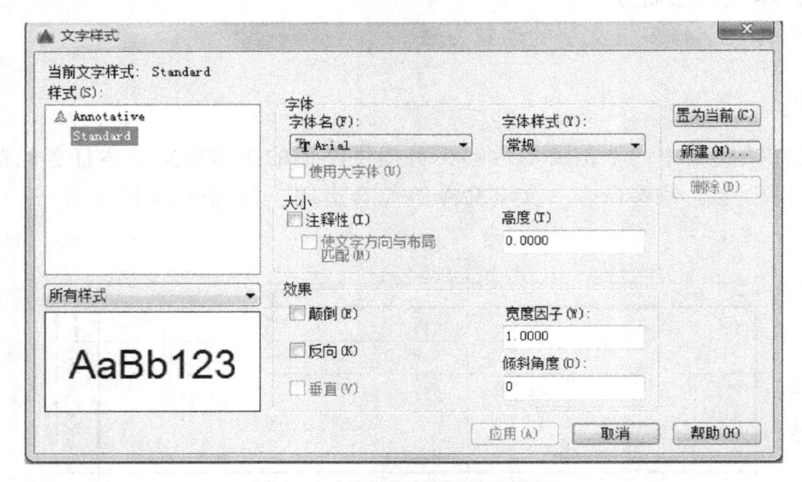

图 9-45 【文字样式】对话框

二、单行文字命令

单行文字命令用于创建和编辑文字，它可以创建多行文字对象，只是系统将每行文字看作是一个单独的对象。

1. 操作方法

(1) 菜单栏　选择【绘图】→【文字】→【单行文字】命令。

(2) 工具栏　单击【文字】工具栏中的【单行文字】按钮。

(3) 命令行　输入 DTEXT（或缩写：DT）。

2. 操作步骤

命令:_Dtext

当前文字样式:Standard　当前文字高度:2.5000

指定文字的起点或【对正(D)/样式(S)】"

指定高度<2.5000>:

指定文字的旋转角度<0>:

3. 选项说明

1）指定文字的起点：用于确定文字行基线的起始点位置。

2）对正（J）：用于控制文字的对正方式。

3）样式（S）：设置当前使用的文字样式，也可以选择当前图形中已定义的某种文字样式作为当前文字样式。

4）指定高度：如果当前文字样式的高度设置为0，系统将显示指定高度提示信息，要求指定文字高度，否则不显示该提示信息，并使用【文字样式】对话框中设置的文字高度。

5）指定文字的旋转角度：指定文字行排列方向与水平线的夹角，默认角度为0°。

三、多行文字命令

对于较多文字的创建，使用单行文字命令往往过于繁琐，AutoCAD提供了创建多行文字的命令，可为图形标注多行文本、表格文本和下划线文本。

1. 操作方法

（1）菜单栏　选择【绘图】→【文字】→【多行文字】命令。

（2）工具栏　单击【绘图】工具栏中的【多行文字】按钮。

（3）命令行　输入MTEXT（或缩写：MT）。

2. 操作步骤及选项说明

命令:_Mtext

当前文字样式:"汉字"文字　高度:5　注释性:否

指定第一角点:

指定对角点或【高度(H)/对正(J)/行距(L)/旋转(R)/样式(S)/宽度(W)/栏(C)】:

1）指定第一角点：指定多行文字矩形边界的一个角点。

2）指定对角点：指定多行文字矩形边界的另一个角点。

指定好边界之后，系统将打开【文字格式】对话框，如图9-46所示。利用对话框设置文字格式、多行文本的对齐方式、文字高度等。输入文本后单击【确定】按钮。

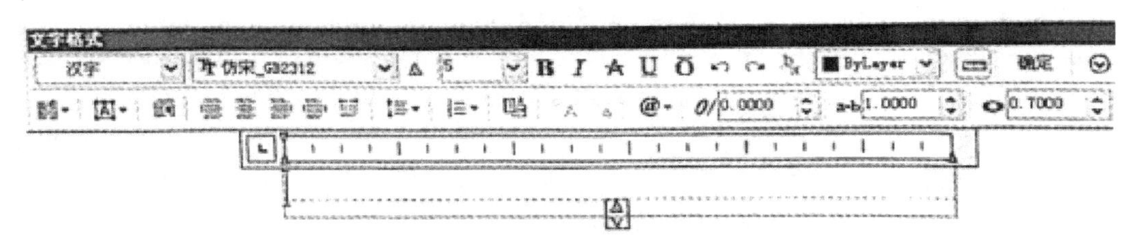

图9-46　【文字格式】对话框

【任务实施】

1. 绘制矩形外框

绘制 130mm×35mm 的矩形外框，并用分解命令分解矩形。

命令:_Rectang（启动矩形命令）

指定第一个角点或【倒角(C)/标高(E)/圆角(F)/厚度(T)/宽度(W)】:

（拾取一点作为矩形的左上角点）

指定另一角点或【面积(A)/尺寸(D)/旋转(R)】:@ 130,-35

（输入另一角点相对直角坐标）

命令:_Explode（启动分解命令）

选择对象:找到 1 个（选择矩形）

选择对象:（按 < Enter >键,结束选择对象）

2. 偏移边框线

使用偏移命令，把左边垂直边框线向右边依次偏移 12、25、20、15、45 个单位（mm）距离。

3. 偏移底边水平框线

使用偏移命令，把底边水平边框线向上偏移 7 个单位（mm）距离，偏移 4 次，如图 9-47 所示。

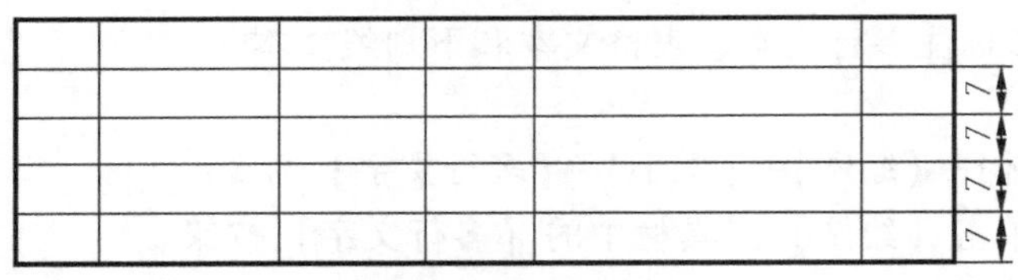

图 9-47　偏移边框

4. 修改边框

使用修剪命令、删除命令清除多余线条，把标题栏外边框线改为粗实线，完成标题栏绘制，最后效果如图 9-48 所示。

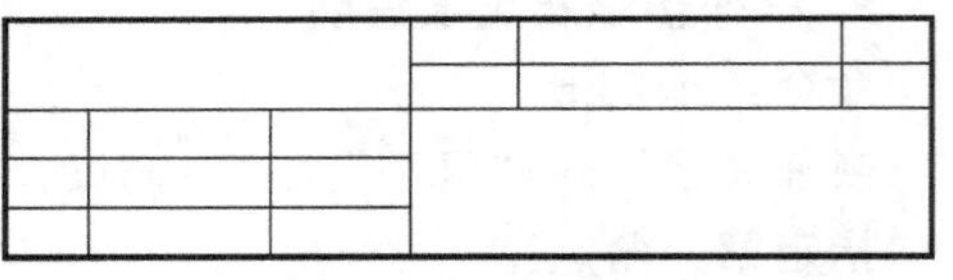

图 9-48　修改边框

5. 设置标题栏的文字样式

新建名为“汉字”的样式，将【使用大字体】复选项取消。国家标准规定工程图样中的汉字多采用长仿宋体，设置字体为长仿宋体，长仿宋体的宽高比为 0.7，高度为 0.7mm。

6. 在标题栏中添加文字

命令:_Mtext

当前文字样式:“汉字”　文字高度:5　注释性:否

指定第一角点（单击“审核”文字所在矩形框的一个交点）

指定对角点或【高度(H)/对正(J)/行距(L/旋转(R)/样式(S)/宽度(W)/栏(C)】

（单击其对角点）

打开【文字格式】对话框，选择“汉字”样式，设置字高为 3.5mm，选择“正中”对正方式，输入文字“审核”，单击【确定】按钮。

7. 在标题中添加其他文字（图 9-49）

利用多行文字命令分别输入其他文字，除了“图名、校名、班级高度”为 5mm，其他文字高度均为3.5mm。

<table>
<tr><td colspan="3" rowspan="2">(图名)</td><td>比例</td><td>材料</td><td>图号</td></tr>
<tr><td></td><td></td><td></td></tr>
<tr><td>制图</td><td></td><td>(日期)</td><td colspan="3" rowspan="3">(校名、班级)</td></tr>
<tr><td>设计</td><td></td><td>(日期)</td></tr>
<tr><td>审核</td><td></td><td>(日期)</td></tr>
</table>

图 9-49　标题栏

操作提示：

1）在书写文字之前，一般要先创建新的合适的文字样式，根据图形要求确定字体、字高等。

2）单行文字操作主要用于书写简单的文字注释，也可以书写多于一行的文字，通过按<Enter>键实现换行，各行之间是单独对象，可以单独编辑。

3）多行文字操作主要用于书写内容较多的文字注释，书写的所有文字是一个整体，采用多行文字操作可较好地保证文字的位置。

【拓展提高】

一、特殊字符的输入

在输入文字时可使用特殊文字字符，如直径符号“ϕ”、角度符号“°”和加/减符号“±”等。这些特殊文字字符可用控制码来表示，用双百分号（%%）起头，随后输入调用特殊字符时相应的符号。

1）下划线（%%U）：双百分号后跟随字母U来给文字加下划线。

2）直径符号（%%C）：双百分号后跟字母C建立直径符号。

3）加/减符号（%%P）：双百分号后跟字母P建立加/减符号。

4）角度符号（%%D）：双百分号后跟字母D建立角度符号。

5）上划线（%%O）：双百分号后跟字母O，在文字对象上加上划线。

二、编辑文字

要快速修改文字内容，可直接双击文字（单行文字和多行文字均可），即可编辑文字内容，还可使用【文字】工具栏上的【编辑】按钮，或执行DDEDIT命令。此外，可使用【特性】窗口编辑图形中的文本及属性。

任务二　标注压盖尺寸

【学习目标】

1）掌握尺寸样式的创建方法。

2）掌握标注线性尺寸、半径尺寸的方法。

3）了解圆心标记命令的使用方法。

【任务描述】

本任务是学会用圆形、直线、修剪等命令绘制出压盖图形，有4个半径尺寸、1个距离尺寸和 3 个圆心标记，要采用半径标注、线性标注、圆心标记标注来标注尺寸，如图 9-50 所示。

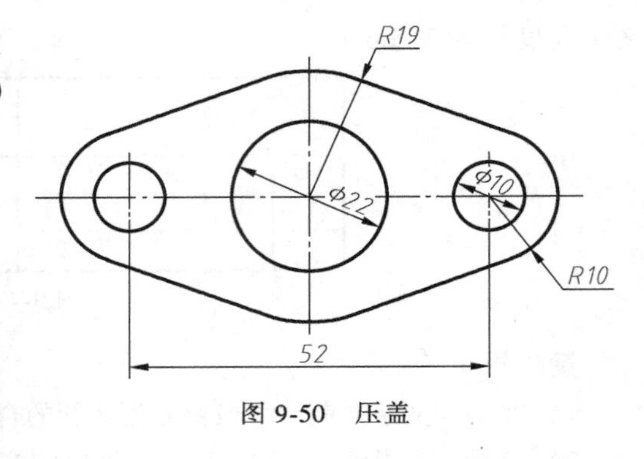

图 9-50　压盖

【任务分析】

压盖图形由圆形、圆弧、直线所构成，首先使用圆命令、直线命令、修剪命令、捕捉自工具等绘制压盖的轮廓线，然后按照机械制图的国家标准创建尺寸标注的样式，最后使用圆心标记标注、半径标注、线性标注命令进行尺寸的标注。

【知识链接】

一、标注样式管理器

工程图中的尺寸标注必须符合机械制图相关国家标准。AutoCAD 提供了通用的绘图软件包，允许用户根据需要自行创建尺寸标注样式。尺寸标注样式是保存的一组尺寸标注变量的设置。

1. 操作方法

(1) 菜单栏　选择【格式】→【标注样式】命令。

(2) 工具栏　单击【标注】工具栏中的【标注样式】按钮。

(3) 命令行　输入 DIMSTYLE（或缩写：D）。

2. 操作步骤

选择【格式】→【标注样式】命令，打开【标注样式管理器】对话框，如图 9-51 所示，

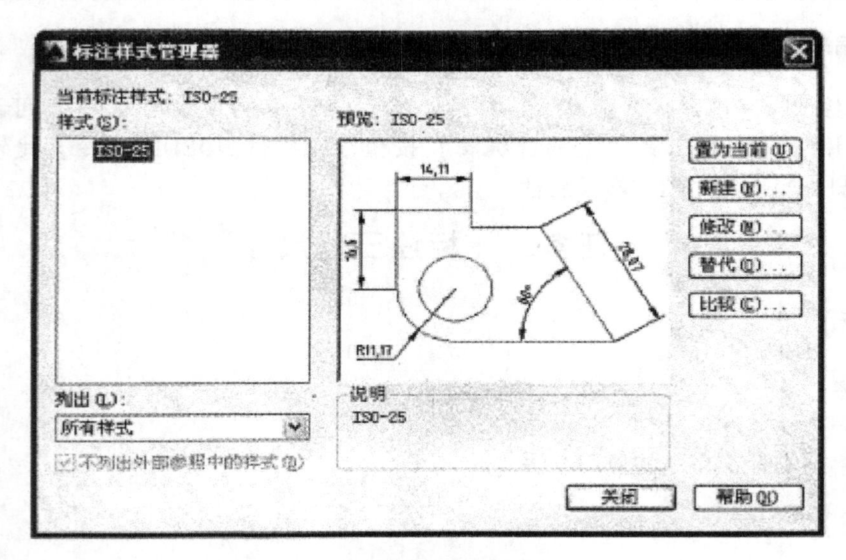

图 9-51　【标注样式管理器】对话框

单击对话框中的【新建】按钮，在打开的【创建新标注样式】对话框中可输入新样式名，选择基础样式和其作用，如图 9-52 所示。再单击【继续】按钮，在打开的【新建标注样式】对话框中进行详细的设置，从而创建新标注样式，如图 9-53 所示。

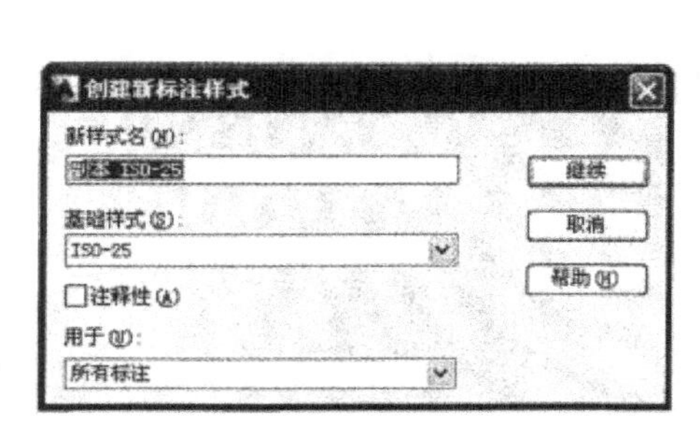

图 9-52 【创建新标注样式】对话框

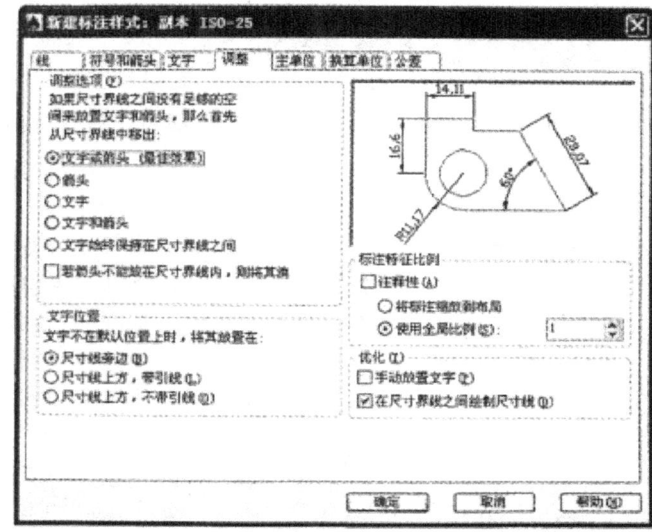

图 9-53 【新建标注样式】对话框

3. 选项说明

1）【线】选项卡：用于设置尺寸线、尺寸界线的特性。

2）【符号和箭头】选项卡：用于设置箭头、圆心标记、弧长符号和折弯半径标注的格式和位置。。

3）【文字】选项卡：用于设置文字的外观、位置及对齐方式等特性。

4）【调整】选项卡：用于控制标注文字、箭头、引出线以及尺寸线的位置，及标注的全局比例等。

5）【主单位】选项卡：用于设置尺寸主单位的精度和格式。

6）【换算单位】选项卡：用于设置替代测量单位的格式和精度，以及前缀、后缀等。

7）【公差】选项卡：用于设置标注尺寸公差的格式。

二、线性尺寸标注命令

该命令用于标注两点之间水平、垂直方向的长度尺寸，并通过指定点或选择一个对象来实现尺寸标注。

1. 操作方法

（1）菜单栏　选择【标注】→【线性】命令。

（2）工具栏　单击【标注】工具栏中【线性标注】按钮。

（3）命令行　输入 DIMLINEAR（或缩写：DIMLIN）。

2. 操作步骤

命令：_Dimlinear

指定第一条尺寸界线原点或<选择对象>:

指定第二条尺寸界线原点:

指定尺寸线位置或【多行文字(M)/文字(T)/角度(A)/水平(H)/垂直(V)/旋转(R)】:

3. 选项说明

1）指定第一条尺寸界线原点：指定第一条尺寸界线的起点。

2）指定第二条尺寸界线原点：指定第二条尺寸界线的起点。

3）选择对象：按<Enter>键，直接选择标注对象。

4）指定尺寸线位置：指定一点作为尺寸线要通过的点。

5）多行文字（M）：使用多行文字编辑器输入新的标注文字。

6）文字（T）：在命令行显示自动测量值，用户可以自行输入新值。

7）角度（A）：设置标注文字的倾斜角度。

8）水平（H）：标注水平尺寸。

9）垂直（V）：标注垂直尺寸。

10）旋转（R）：标注按指定角度倾斜的尺寸。

三、半径尺寸标注命令

该命令用于标注圆或圆弧的半径尺寸。

1. 操作方法

(1) 菜单栏　选择【标注】→【半径】命令。

(2) 工具栏　单击【标注】工具栏中【半径标注】按钮。

(3) 命令行　输入 DIMRADIUS（或缩写：DRA）。

2. 操作步骤

命令:_Dimradius

选择圆弧或圆:

指定尺寸线位置或【多行文字(M)/文字(T)/角度(A)】:

3. 选项说明

1）选择圆弧或圆：选择要标注半径的圆弧或圆。

2）指定尺寸线位置：指定一点作为尺寸线要通过的点。

3）多行文字（M）：使用多行文字编辑器输入新的标注文字。

4）文字（T）：在命令行中显示自动测量值，用户也可以自行输入新值。

5）角度（A）：设置标注文字的倾斜角度。

四、圆心标记标注命令

该命令用于标注圆或圆弧的圆心标记。

1. 操作方法

(1) 菜单栏　选择【标注】→【圆心标记】命令。

(2) 工具栏　单击【标注】工具栏中【圆心标记】按钮。

（3）命令行　输入 DIMCENTER（或缩写：DCE）。

2. 操作步骤

命令:_Dimcenter

选择圆弧或圆:

3. 选项说明

选择圆弧或圆：选择要标注圆心标记的圆或圆弧。

【任务实施】

1. 绘制图形

使用圆、直线、修剪、捕捉自工具等命令绘制压盖的轮廓线，如图 9-54 所示。

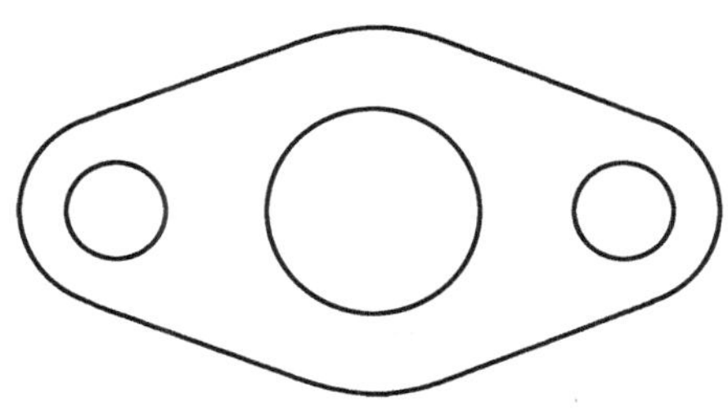

图 9-54　绘制压盖轮廓图

2. 新建尺寸标注图层

选择【格式】→【图层】命令，在弹出的【图层管理器】对话框中新建【标注】图层，颜色为蓝色，线型为细实线，并将【标注】图层设置为当前层。

3. 设置文字样式

设置文字样式为【工程字】，选用字体文件名为 geno. shx，对应的大字体文件名为 gb-cbig. shx，字体高度为 0。

4. 设置尺寸标注样式

打开【标注样式管理器】对话框，单击【新建】按钮，弹出【创建新标注样式】对话框，以 ISO-25 为基础样式，新建【机械类】样式，单击【继续】按钮按照相关国家标准进行设置，如图 9-55 所示。

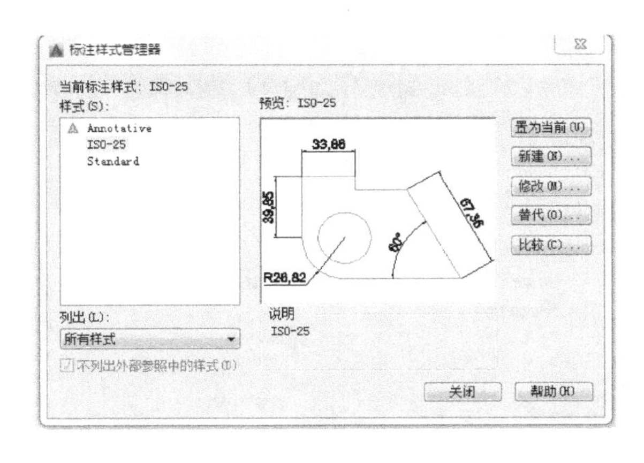

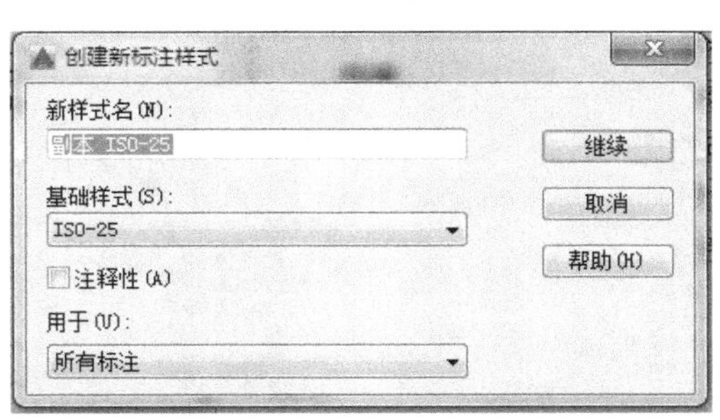

图 9-55　新建【机械类】标注样式

如图 9-56 所示，在【新建标注样式：机械类】对话框中的【线】选项卡中进行如下设置：起点偏移量为 0，其余采用默认设置。

采用同样的方法，在其他几个选项卡中作如下设置，如图 9-57 所示。

5. 启用对象捕捉功能

6. 标注圆心标记

命令:_Dimcenter　　(启动圆心标记命令)

选择圆弧或圆　　(选择要标注圆心的 ϕ10mm 圆)

重复此命令,再标注 ϕ10mm 和 R10mm 圆的圆心。

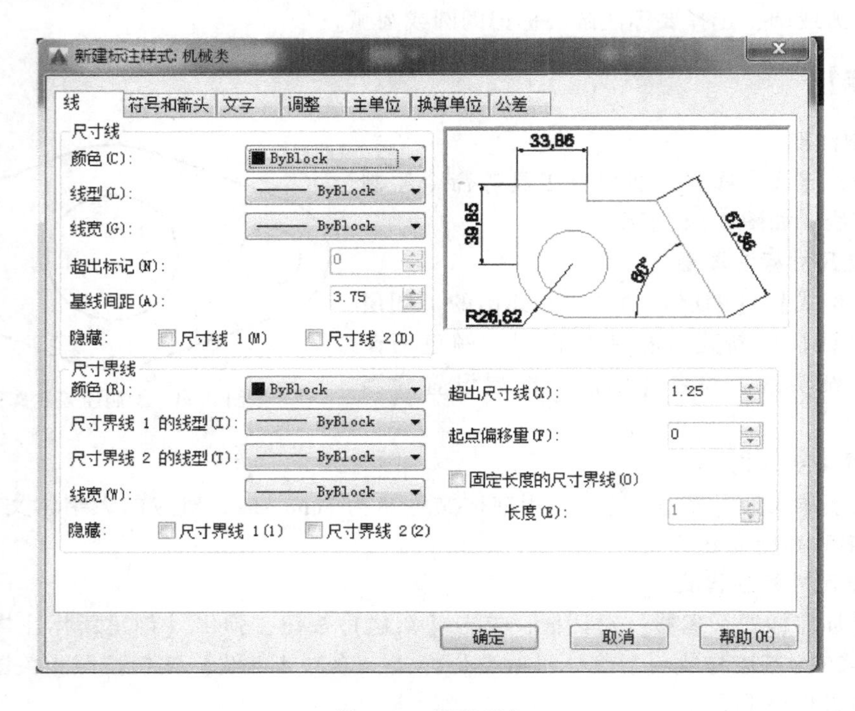

图 9-56　线选项卡

a)

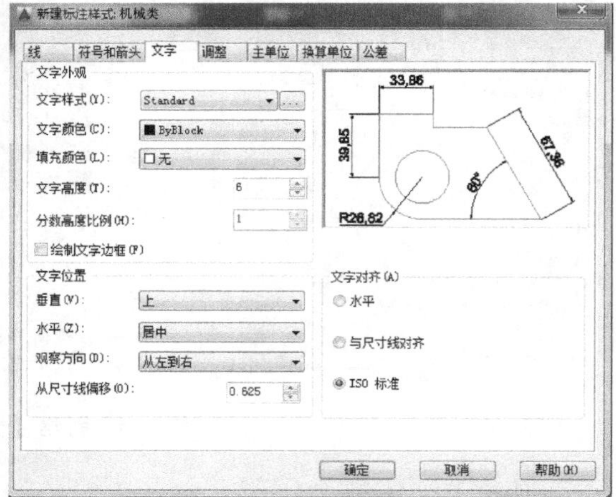

b)

图 9-57　其他选项卡的设置

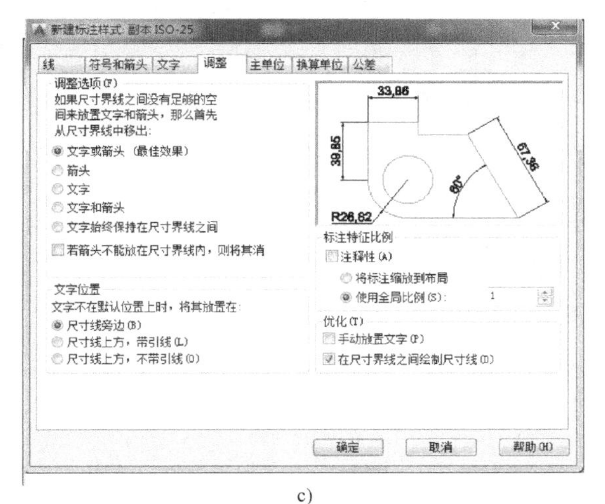

c)

d)

图 9-57　其他选项卡的设置（续）

7. 标注线性尺寸

命令:_Dimlinear　　（启动线性标注命令）

指定第一条尺寸界线原点或<选择对象>　　（捕捉左边 ϕ10mm 圆的圆心）

指定第二条尺寸界线原点:

（捕捉右边 ϕ10mm 圆的圆心）

指定尺寸线位置或【多行文字(M)/文字(T)/角度(A)/水平(H)/垂直(V)/旋转(R)】:

（指定一点作为尺寸线通过点）

标注文字=52　　（系统提示）

8. 标注半径尺寸

命令:_Dimradius　　（启动半径标注命令）

选择圆弧或圆:　　（选择右边 R10mm 圆）

标注文字=10　　（系统提示）

指定尺寸线位置或【多行文字(M)/文字(T)/角度(A)】:

（指定一点作为尺寸线通过点）

重复此命令，标注 R19mm 尺寸，然后标注 R5（ϕ10）mm、R11（ϕ22）mm 尺寸，最后完成尺寸标注。

【实战演练】

如图 9-58 所示，绘制图形并标注尺寸。

任务三　标注手柄尺寸

【学习目标】

1）熟练掌握尺寸样式的创建方法。

2）掌握基线标注、连续标注命令的使用方法。

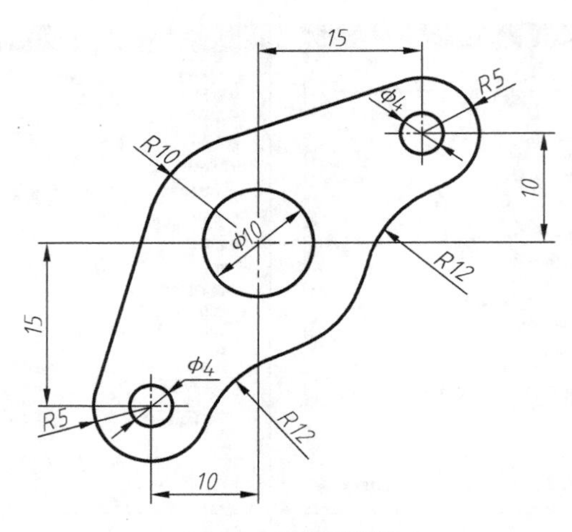

图 9-58 实战演练

3）掌握直径的标注方法。

【任务描述】

本任务是学会用圆形、直线、修剪等命令绘制出手柄图形，有 3 个半径尺寸、1 个直径尺寸和 7 个线性尺寸，要采用半径标注、线性标注、基线标注、连续标注和直径标注来标注尺寸，如图 9-59 所示。

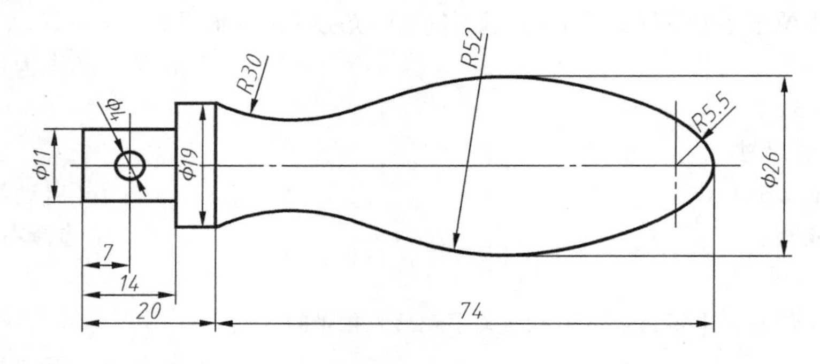

图 9-59 手柄

【任务分析】

手柄图形由圆形、圆弧、直线所构成，首先使用直线命令、圆命令、修剪、镜像命令等绘制手柄的轮廓线，然后使用线性标注、基线标注、连续标注、直径标注、半径标注、折弯标注等命令进行尺寸标注。

【知识链接】

一、基线标注命令

该命令用于创建一系列由相同的基线测量出来的多个标注。在创建基线标注之前必须创建线性、对齐或角度标注，也可以此标注为基线，标注其他图形对象的尺寸。

1. 操作方法

(1) 菜单栏 选择【标注】→【基线】命令。

(2) 工具栏 单击【标注】工具栏中的【基线】按钮。

(3) 命令行 输入 DIMBASELINE。

2. 操作步骤

命令:_Dimbaseline

指定第二条尺寸界线原点或【放弃(U)/选择(S)】<选择>:

系统将上一个标注或选定标注的第一条尺寸界线作为基线标注尺寸界线起点，指定第二条尺寸界线的起点后，创建具有公共基准的线性或角度标注。

3. 选项说明

1) 指定第二条尺寸界线原点：指定第二条尺寸界线的起点。

2) 选择 (S)：选择一个新的标注，以此标注的第一条尺寸界线起点为所要创建尺寸的第一界线起点来创建尺寸标注。

二、连续标注命令

该命令用于创建首尾相连的多个标注，即上一级标注的尺寸界线作为下一级标注的起点。

1. 操作方法

(1) 菜单栏 选择【标注】→【连续】命令。

(2) 工具栏 单击【标注】工具栏中的【连续】按钮 。

(3) 命令行 输入 DIMCONTINUE（或缩写：DIMCONT)。

2. 操作步骤

命令:_Dimcontinue

指定第二条尺寸界线原点或【放弃(U)/选择(S)】<选择>:

在连续标注过程中，只能向一个方向标注连续尺寸，不能往相反的方向进行，否则覆盖已标注文本。

3. 选项说明

选项同基线尺寸标注。

三、直径尺寸标注命令

该命令用于标注圆或圆弧的直径尺寸。

1. 操作方法

(1) 菜单栏 选择【标注】→【直径】命令。

(2) 工具栏 单击【标注】工具栏中的【直径】按钮。

(3) 命令行 DIMDIAMETER。

2. 操作步骤

命令;_Dimdiameter

选择圆弧或圆:

指定尺寸线位置或【多行文字(M)/文字(T)/角度(A)】:

3. 选项说明

选项同半径尺寸标注。

【任务实施】

1. 绘制手柄图形

使用直线、圆、修剪、镜像等命令绘制手柄，如图 9-60 所示。

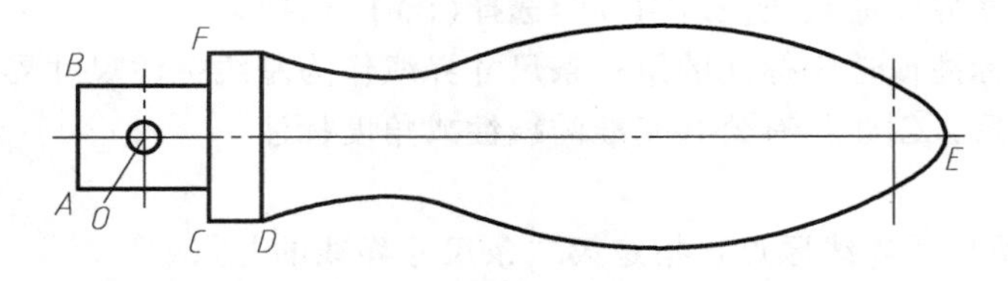

图 9-60 绘制手柄轮廓图

2. 尺寸标注的准备工作

新建尺寸标注的图层，设置文字样式，设置尺寸标注样式，启用对象捕捉功能等，具体操作步骤与上个任务相同。

3. 标注线性尺寸

使用线性标注、基线标注、连续标注命令标注尺寸。

命令:_Dimlinear (启动线性标注命令)
指定第一条尺寸界线原点或<选择对象>: (捕捉 A 点)
指定第二条尺寸界线原点: (捕捉小圆圆心 O 点)
指定尺寸线位置或【多行文字(M)/文字(T)/角度(A)/水平(H)/垂直(V)/旋转(R)】:
(指定一点作为尺寸线通过点)
标注文字=7 (系统提示)
命令:_Dimbaseline (启动基线标注命令)
指定第二条尺寸界线原点或放弃(U)/选择(S)]<选择>: (捕捉 C 点)
标注文字=14 (系统提示)
指定第二条尺寸界线原点或【放弃(U)/选择(S)】<选择>: (捕捉 D 点)
标注文字=20 (系统提示)
命令:_Dimcontinue (启动连续标注命令)
指定第二条尺寸界线原点或【放弃(U)/选择(S)】<选择>: (捕捉 E 点)
标注文字=74 (系统提示)

4. 使用线性标注命令标注 φ11mm 等尺寸

命令:Dimlinear (启动线性标注命令)
指定第一条尺寸界线原点或<选择对象>: (捕捉 A 点)
指定第二条尺寸界线原点: (捕捉 B 点)
指定尺寸线位置或【多行文字(M)/文字(T)/角度(A/水平(H)/垂直(V)/旋转(R)】:M
(输入 M,打开多行文字编辑窗口,输入%%C)

指定尺寸线位置或【多行文字(M)/文字(T)角度(A)/水平(H)/垂直(V)/旋转(R)】:
（指定一点作为尺寸线通过点）

标注文字=11　（系统提示）

按照同样的方法，标注尺寸 ϕ19mm、ϕ26mm。

5. 使用直径标注命令标注圆的直径 ϕ4mm

命令:_Dimdiameter　（启动直径标注命令）

选择圆弧或圆:　（选择小圆）

标注文字=4　（系统提示）

指定尺寸线位置或【多行文字(M)/文字(T)/角度(A)】:
（指定一点作为尺寸线通过点）

6. 使用半径标注命令标注圆弧的半径 *R*30mm 等尺寸

命令;_Dimradius　（启动半径尺寸标注命令）

选择圆弧或圆:　（选择 *R*30mm 的圆弧）

标注文字=30　（系统提示）

指定尺寸线位置或【多行文字(M)/文字(T)/角度(A)】:
（指定一点作为尺寸线通过点）

按照同样的方法，标注尺寸 *R*52mm、*R*5.5mm，最后完成尺寸如图 9-59 所示。

操作提示:

1）基线标注和连续标注都必须先选择基准标注，否则以上一尺寸标注作为基准。

2）直径标注自动带前缀符号，但不是带 ϕ 符号的标注都采用直径标注，本任务中 ϕ11mm、ϕ19m、ϕ26m 的标注均采用线性标注来完成。

3）如果要标注的圆或圆弧的中心位于布局外时，可选择折弯标注命令标注其半径。

【拓展提高】

一、折弯标注命令

当圆或圆弧的中心位于布局外，且无法在其实际位置显示时，可使用该命令标注半径尺寸。

1. 操作方法

(1) 菜单栏　选择【标注】→【折弯】命令。

(2) 工具栏　单击【标注】工具栏中的【折弯】按钮。

(3) 命令行　输入 DIMJOGGED。

2. 操作步骤

命令:_Dimjogged

选择圆弧或圆:

指定中心位置替代:

指定尺寸线位置或【多行文字(M)/文字(T)/角度(A)】:

指定折弯位置:

3. 选项说明

1）选择圆弧或圆：选择一个圆弧、圆或多段线弧线段。

2）指定中心位置替代：指定折弯标注的新中心点，用于替代实际中心点。

3）指定折弯位置：确定连接半径标注的尺寸界线和尺寸线的横向直线中点的位置。

二、快速标注命令

当创建系列基线或连续标注，或为一系列圆或圆弧进行标注时，可选择多个需要标注的相同类型尺寸对象，使用快速标注命令进行标注。

1. 操作方法

(1) 菜单栏　选择【标注】→【快速标注】命令。

(2) 工具栏　单击【标注】工具栏中的【快速标注】按钮。

(3) 命令行　输入 QDIM。

2. 操作步骤

命令：_Qdim

选择要标注的几何图形：

指定尺寸线位置或【连续(C)/并列(S)/基线(B)/坐标(O)/半径(R)/直径(D)/基准点(P)/编辑(E)/设置(T)】<连续>：

3. 选项说明

1）选择要标注的几何图形：用窗口直接选择要标注的几何图形。

2）指定尺寸线位置：拖动鼠标确定尺寸线的位置完成标注。

3）连续（C)/并列(S)/基线(B)/坐标(O)/半径(R)/直径(D)：指定标注类型。

4）基准点（P）：为基线标注和连续标注确定一个新的基准点。

5）编辑（E）：编辑一系列标注。AutoCAD 提示在现有标注中添加或删除标注点。

6）设置（T）：为指定尺寸界线原点设置默认的对象捕捉方式。

本任务中也可使用快速标注命令完成部分尺寸的标注。

【实战演练】

如图 9-61 所示，绘制图形并标注尺寸。

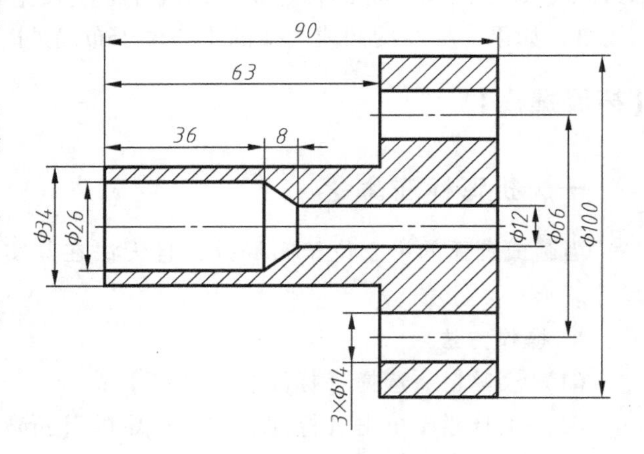

图 9-61　实战演练

任务四　标注带轮尺寸

【学习目标】

1）掌握角度的标注方法。

2）掌握几何公差和尺寸公差的标注方法。

3）掌握快速引线命令的使用方法。

【任务描述】

本任务是使用直线、偏移、修剪、图案填充等命令绘制带轮，并采用半径标注、线性标注、基线标注和直径标注来标注尺寸，如图 9-62 所示。

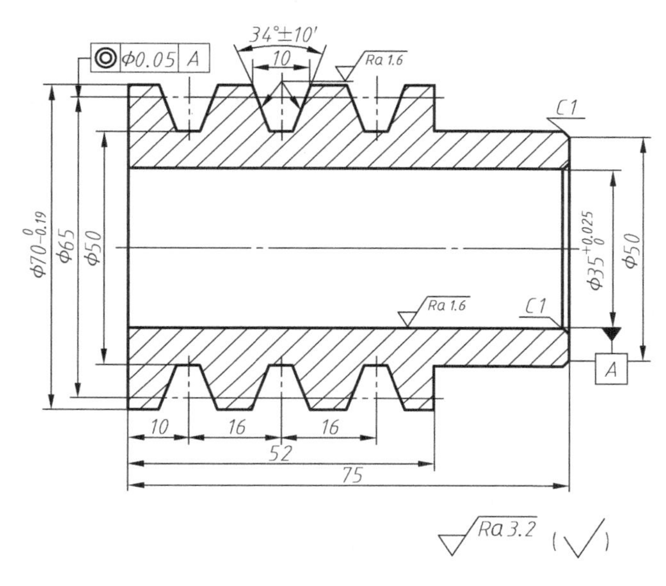

图 9-62　带轮

【任务分析】

带轮零件图的绘制是直线、偏移、修剪、倒角等命令的综合运用，需要标注的尺寸很多，如几何公差、尺寸公差、倒角、角度、线性尺寸等，需要用到的命令有快速引线标注、角度标注、线性标注、基线标注、连续标注等命令，此外还需要使用插入块命令，插入表面粗糙度符号块和基准符号块。

【知识链接】

一、角度尺寸标注命令

该命令用于标注两条非平行直线的角度或圆弧两端点对应的圆心角。

1. 操作方法

（1）菜单栏　选择【标注】→【角度】命令。

（2）工具栏　单击【标注】工具栏中的【角度】按钮。

（3）命令行　输入 DIMANGULAR。

2. 操作步骤

命令：_Dimangular

选择圆弧、圆、直线或<指定顶点>：

选择第二条直线：

指定标注弧线位置或【多行文字(M)/文字(T)/角度(A)】：

3. 选项说明

1）指定顶点：指定角度的角顶点。

2）选择圆弧：选择要标注圆心角的圆弧。

3）选择圆：选择要标注圆心角的圆。

4）选择直线：选择要标注夹角的直线。

5）指定尺寸线位置或【多行文字（M)/文字(T)/角度(A)】：与线性标注命令相同

二、多重引线命令

该命令用于快速绘制引线和创建多种格式的注释文字或公差。

1. 操作方法

命令行　输入 LEADER。

2. 操作步骤

命令：_Leader

指定引线起点：

指定下一点：

指定下一点或【注释(A)/格式(F)/放弃(U)】<注释>：

指定下一点或【注释(A)/格式(F)/放弃(U)】<注释>：

输入注释文字的第一行或<选项>：

输入注释选项【公差(T)/副本(C)/块(B)/无(N)/多行文字(M)】<多行文字>：

3. 选项说明

1）指定点：绘制一条到指定点的引线段，然后继续提示下一点和选项。

2）注释（A)：在引线的末端插入注释。注释可以是单行或多行文字，包含几何公差的特征控制框或块。

3）格式（F)：设定引线格式。

4）公差（T)：使用【形位公差】[⊖]对话框创建包含几何公差的特征控制框。

5）副本（C)：复制文字、多行文字对象、带几何公差的特征控制框或块，并且将副本连接到引线的末端。

6）块（B)：将块插入到引线末端。

7）无（N)：不给引线添加任何注释而结束命令。

8）多行文字（M)：指定文字边界的插入点和第二点后，使用【在位文字编辑器】创建文字。

三、几何公差标注命令

该命令指用一个特征控制框来标注几何公差。

⊖ 【形位公差】与软件界面保持一致。

1. 操作方法

（1）菜单栏　选择【标注】→【公差】命令

（2）工具栏　单击【标注】工具栏中的【形位公差】按钮。

（3）命令行　输入 DIMDIAMETER（或缩写：DDI）。

2. 操作步骤和选项说明

命令:_Tolerance

启动命令后，弹出【形位公差】对话框，如图 9-63 所示，在该对话框中可以选择特征符号，输入公差 1 和公差 2 的数值，还可以输入基准符号等。

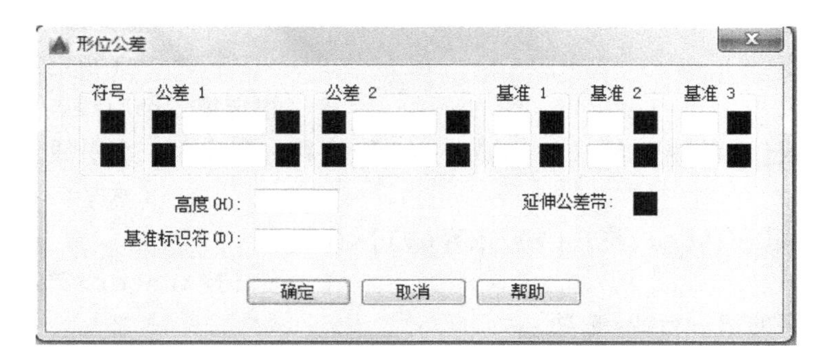

图 9-63　【形位公差】对话框

【任务实施】

1. 绘制图形

绘制带轮图形如图 9-64 所示，新建尺寸图层，创建尺寸标注样式，设置好对象捕捉模式，做好尺寸标注前的准备工作。

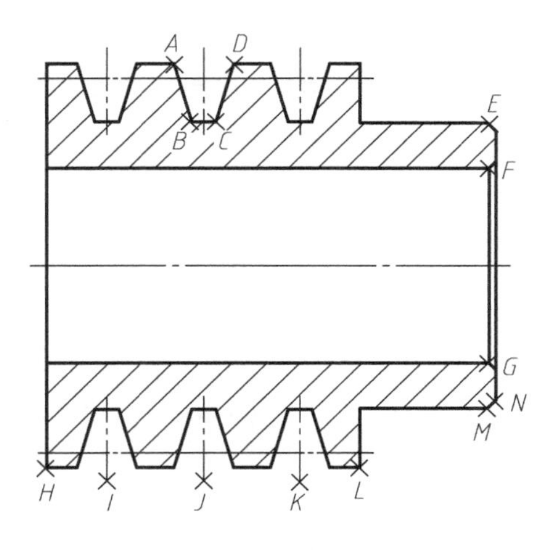

图 9-64　带轮图形

2. 标注角度

命令:_Dimangular　　（启动角度标注命令）

选择圆弧、圆、直线或<指定顶点>: （选择夹角的一条直线 *AB*）
选择第二条直线: （选择夹角的另一条直线 *CD*）
指定标注弧线位置或【多行文字(M)/文字(T)/角度(A)】:M
（输入 M,打开多行文字编辑窗口,输入 34%%d10%%P）
指定标注弧线位置或【多行文字(M)/文字(T)/角度(A)】:
（选择标注弧线的位置）
标注文字=34 （系统提示）

3. 标注倒角

命令:_Leader （启动引线命令）
指定引线起点: （指定第一个引线点 *E*）
指定下一点: （指定第二个引线点,左上追踪 135°）
指定下一点或【注释(A)/格式(F)/放弃(U)】<注释>:指定第三个引线点
（水平向右追踪单击一点）
指定下一点或【注释(A)/格式(F)/放弃(U)】<注释>:
（按<Enter>键进入下一步操作）
输入注释文字的第一行或<选项>:C1 （输入注释文字）
输入注释文字的下一行: （按<Enter>键结束命令）

4. 用堆叠字符的方法标注尺寸公差

命令:_Dimlinear （启用线性标注命令）
指定第一条尺寸界线原点或<选择对象>: （捕捉 *F* 点）
指定第二条尺寸界线原点: （捕捉 *G* 点）
指定尺寸线位置或【多行文字(M)/文字(T)/角度(A)/水平(H)/垂直(V)/旋转(R)】:M
（输入 M,打开多行文字编辑器;在多行文字编辑器中输入:%%C35+0.025~0;选中“+0.0250”,单击多行文字编辑器上的【堆叠】按钮,单击【确定】按钮返回绘图窗口）
标注文字=35 （系统提示）

以上操作完成了尺寸 $\phi35^{+0.025}_{0}$mm 的标注，按同样的方法完成尺寸 $\phi70^{0}_{-0.19}$mm 的标注。

5. 标注 ϕ50mm、ϕ65mm、ϕ50mm 等尺寸

命令:_Dimlinear （启用线性标注命令）
指定第一条尺寸界线原点或<选择对象>: （捕捉 *E* 点）
指定第二条尺寸界线原点: （捕捉 *M* 点）
指定尺寸线位置或【多行文字(M)/文字(T)/角度(A)/水平(H)/垂直(V)/旋转(R)】:M
（输入 M,打开多行文字编辑器,输入%%C50）
指定尺寸线位置或【多行文字(M)/文字(T)/角度(A)水平(H)/垂直(V)/旋转(R)】:
（指定一点作为尺寸线通过点）
标注文字=50 （系统提示）

6. 标注 10mm、16mm、16mm 三个首尾相连的线性尺寸

利用线性标注命令标注出尺寸 10mm，下面利用连续标注命令标注剩余尺寸。

命令;_Discontinue
指定第二条尺寸界线原点或「放弃(U)/选择(S)]<选择>: （捕捉 *J* 点）

标注文字=16

指定第二条尺寸界线原点或「放弃(U)/选择(S)<选择>:　　(捕捉 K 点)

标注文字=16

7. 标注52mm、75mm两个线性尺寸

命令:_Dimbaseline

指定第二条尺寸界线原点或[放弃(U)/选择(S)]<选择>:S　　(输入S后选择基准)

选择基准标注:　　(选择线性尺寸10mm作为基准)

指定第二条尺寸界线原点或【放弃(U)/选择(S)]<选择>:　　(选择尺寸界线原点 L)

标注文字=52　　(系统提示)

指定第二条尺寸界:

原点或【放弃(U)/选择(S)]<选择>:　　(选择尺寸界线原点 M)

标注文字=75　　(系统提示)

适当调整【标注样式】中基线间距的数值。

8. 标注线性尺寸10mm

过程同前。

9. 标注表面粗糙度和基准符号

插入前面任务绘制的表面粗糙度块和基准符号块，下面是插入表面粗糙度块的方法，与插入基准符号块方法基本相同。

命令:_Insert

(选择【插入】→【块】命令,弹出【插入块】的对话框,在对话框中选择表面粗糙度块)

指定插入点或【基点(B)/比例(S)/XY/Z/旋转(R)/比例(PS)/PXPY/PZ/预览/旋转(PR)】:　　(指定插入表面粗糙度块的位置)

输入属性值

输入粗糙度值:<6.3>:1.6

(输入该零件规定的表面粗糙度 Ra 值为1.6μm)

10. 标注几何公差

命令:_Leader

指定引线起点:

指定下一点:

指定下一点或【注释(A)/格式(F)/放弃(U)】]<注释>:

指定下一点或【注释(A)/格式(F)/放弃(U)】<注释>:

输入注释文字的第一行或<选项>:

输入注释选项【公差(T)/副本(C)/块(B)/无(N)/多行文字(M)<多行文字>:T

弹出【形位公差】对话框，选择符号、输入公差1和公差2，最后单击【确定】按钮完成几何公差的标注。

11. 用多行文字工具输入说明文字

过程略。

带轮图形完成后，检查自己绘制的图形是否符合要求，对自己的绘图练习进行评价。同时自我评价本任务角度标注、引线标注、几何公差标注命令的掌握程度，最后要求能熟练运用本任务所学知识绘制并标注带轮图。

【拓展提高】

一、尺寸公差标注方法

尺寸公差的标注方法除了以上文字中介绍的堆叠字符的方法外，通常还可通过修改公差特性或利用替代样式的方法标注尺寸公差，具体操作方法如下。

1. 通过修改公差特性来标注尺寸公差

选中要修改的尺寸，单击鼠标右键选择【特性】选项，打开【特性】选项板，如图 9-65 所示，在【公差上偏差】和【公差下偏差】中输入相应数值，设置垂直对齐位置，单击【关闭】按钮，完成尺寸编辑。

2. 利用替代样式标注尺寸公差

1）选择【格式】→【标注样式】命令，弹出【标注样式管理器】。

2）单击【标注样式管理器】上的【替代】按钮，弹出【替代当前样式】对话框，如图 9-66 所示。

3）选择【公差】选项卡，设置公差的方式为极限偏差，输入上、下极限偏差值，再单击【确定】按钮返回【标注样式管理器】，最后单击【关闭】按钮返回绘图窗口。

4）用标注尺寸的命令进行标注，此时标注的尺寸就会用替代样式中设置的公差。

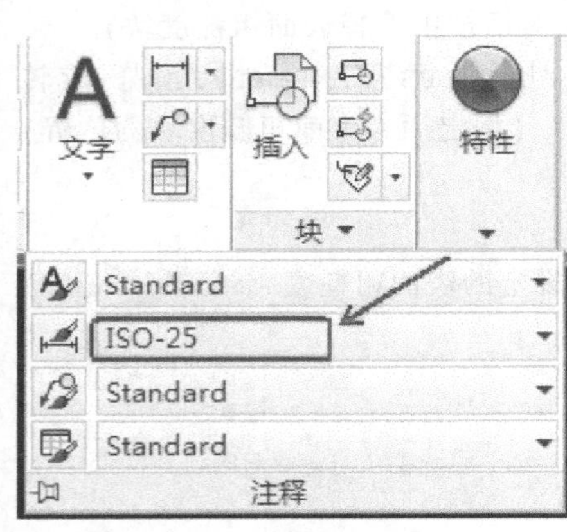

图 9-65　特性选项板

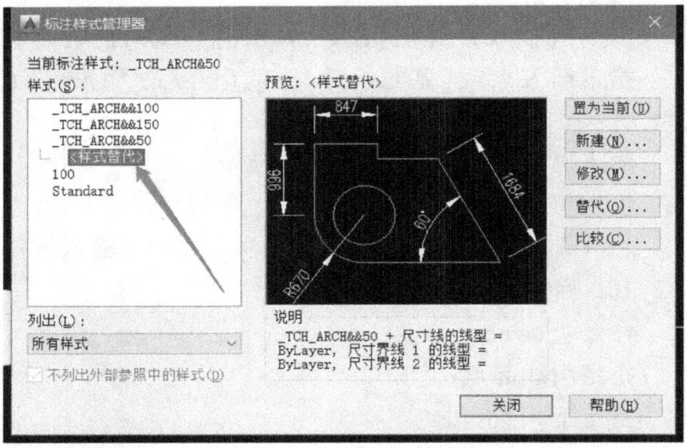

图 9-66　【替代当前样式】对话框

二、对齐标注命令

对齐标注是线性标注的一种特殊形式，用于标注倾斜的线性尺寸，并且尺寸线与尺寸界线原点连线平行。

1. 操作方法

（1）菜单栏　选择【标注】→【对齐标注】命令。

（2）工具栏　单击【标注】工具栏中的【对齐】按钮。

（3）命令行　输入 DIMALIGNED。

2. 操作步骤和选项说明

同线性尺寸标注，过程略。

【实战演练】

如图 9-67 所示，绘制图形并标注尺寸。

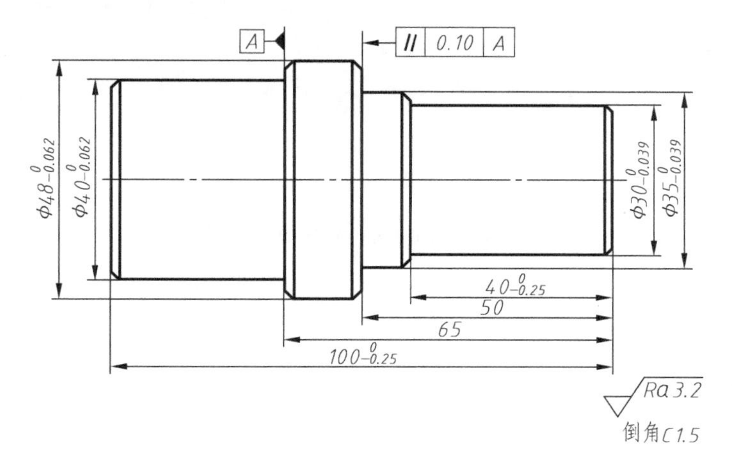

图 9-67　短轴

单元十

使用AutoCAD 2016绘制视图

课题　机械图样的绘制

【知识要点】

1）图块的创建、定义属性及插入图块。

2）零件图的绘制方法。

【技能要求】

1）能创建、插入图块及定义其属性。

2）能绘制零件图。

【任 务 书】

编号	任　　务	教学时间
10-1-1	绘制三视图	2 学时
10-1-2	绘制泵盖剖视图	2 学时
10-1-3	绘制轴类零件图	2 学时
10-1-4	绘制齿轮啮合装配图	2 学时

任务一　绘制三视图

【学习目标】

1）掌握构造线、射线等命令在绘制三视图中的用法。

2）掌握使用辅助线法绘制三视图的方法。

3）掌握使用自动追踪法绘制三视图的方法。

【任务描述】

视图（主视图、俯视图、左视图）是能够正确反映物体长、宽、高尺寸的正投影工程图。本任务是利用直线、圆形、构造线、修剪等命令绘制三视图，如图 10-1 所示。

【知识链接】

一、构造线

该命令用于创建向两个方向无限延伸的直线，常用于绘制辅助线。

1. 操作方法

(1) 菜单栏　选择【绘图】→【构造线】命令。

(2) 工具栏　单击【绘图】工具栏中的【构造线】按钮。

(3) 命令行　输入 XLINE（或缩写：XL）。

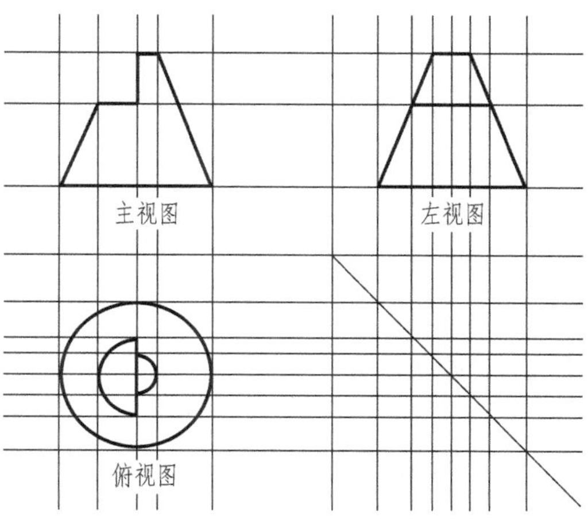

图 10-1　三视图

2. 操作步骤

命令：_Xline

指定点或【水平(H)/垂直(V)∠角度(A)/二等分(B)/偏移(O)】：

指定通过点：

3. 选项说明

1) 起点：指定构造线的起点位置（此点为构造线的中点）。

2) 指定通过点：由起点发出的构造线要经过的点，用来确定构造线的方向。

3) 水平（H）：创建与当前坐标系 *X* 轴平行的构造线。

4) 垂直（V）：创建与当前坐标系 *Y* 轴平行的构造线。

5) 角度（A）：创建与当前坐标系 *X* 轴正向成一定角度的构造线。

6) 二等分（B）：创建二等分某个角的构造线。

7) 偏移（O）：创建与某直线对象平行且成一定距离的构造线。

二、对齐命令

该命令用于将选定的对象移动、旋转或倾斜，使其与另一个对象对齐。

1. 操作方法

(1) 菜单栏　选择【修改】→【三维操作】→【对齐】命令。

(2) 命令行　输入 ALIGN（或缩写：AL）。

2. 操作步骤

命令：_Align

选择对象

指定第一个源点：

指定第一个目标点：

指定第二个源点：

指定第二个目标点：

指定第三个源点或<继续>:

是否基于对齐点缩放对象【是(Y)/否(N)】<否>:

3. 选项说明

1）选择对象：使用选择对象的方法，选择要对齐的对象，直至按<Enter>键结束选择。

2）指定第一个源点：指定一点作为源点，一般在选定的对象上定点。

3）指定第一个目标点：指定一点作为第一个源点将要对齐的目标点。

4）是否基于对齐点缩放对象：是（Y）表示对齐后改变大小，否（N）表示不改变大小。

【任务实施】

一、准备工作

1）上课前仔细阅读本任务的内容。

2）复习直线、圆形、修剪等操作命令。

二、绘制三视图的操作步骤

1）绘制构造线将绘图窗口分为四个区域，并在第四象限（右下角区域）用构造线命令绘制角平分线。

2）在第二象限（左上角区域）绘制实体的主视图。

3）过主视图图形上的各端点绘制垂直构造线，保证主视图与俯视图的“长对正”关系；过主视图图形上的各端点绘制水平构造线，保证主视图与左视图的“高平齐”关系。

4）在第三象限（左下角区域）绘制实体的俯视图。

5）过俯视图图形上的各端点绘制水平构造线与第四象限角平分线相交，过角平分线的各交点绘制垂直构造线，保证“宽相等”关系。

6）通过第一象限中主视图作水平构造线与垂直构造线的交点，再看主、俯视图上点的对应关系，绘制出左视图。

三、操作提示

1）构造线在 AutoCAD 中都是绘制图形的辅助线，它们不打印输出，所以不会影响图形在图样上的效果，也不会影响图形界限。

2）在绘制三视图时，也可以用直线命令来绘制平行（或垂直）于轴的辅助直线，来保证三个视图中图形的“长对正、高平齐、宽相等”关系。三视图绘制完成后，需将这些平行（或垂直）于轴的辅助直线删除或修剪。

四、结束任务

三视图图形绘制完成后，检查自己绘制的图形是否符合要求，对自己的绘图练习进行评价。同时，自我评价本任务中构造线命令、对齐命令的掌握程度，要求能熟练运用本任务所学知识绘制出标题栏。

【拓展提高】

通常绘制三视图还可使用自动追踪法，即利用自动追踪功能并结合对象捕捉追踪、极轴追踪等绘图辅助工具，保证视图之间的“三等”关系，并进行必要的编辑，最后完成图形。

使用自动追踪法绘制三视图时，一般先根据主、俯视图“长对正”关系，完成主、俯视图；再将俯视图复制到合适位置，并逆时针方向旋转 90°，绘制左视图，保证俯、左视图“宽相等”关系。下面结合本任务介绍这种方法的操作步骤。

1. 设置图限范围

使用 LIMITS 命令设置图限，左下角为（0，0），右上角为（210，297）。然后，执行 ZOOM 命令的 ALL 选项，显示图形界限。

2. 设置对象捕捉模式

右击状态行上的【对象捕捉追踪】按钮，单击快捷菜单中的【设置】命令，弹出【草图设置】对话框。设置对象捕捉模式为：端点、圆心、象限点、中点和交点等，或单击【全部选择】按钮，在状态栏开启极轴追踪、对象捕捉追踪等功能。

3. 绘制俯视图

使用圆、直线、修剪等命令绘制俯视图，如图 10-2 所示。

4. 绘制主视图

启动直线命令，利用自动追踪功能绘制主视图。

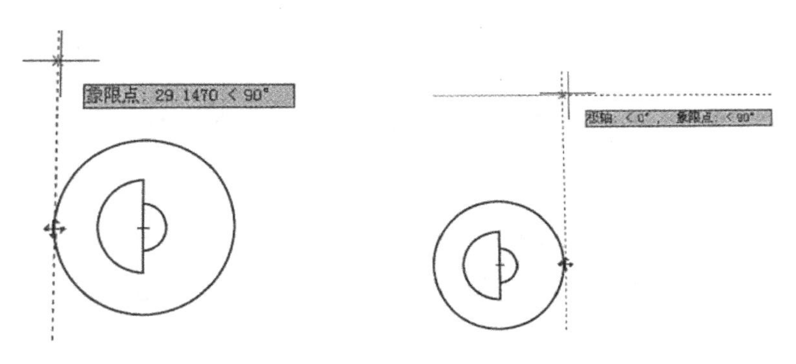

图 10-2　绘制俯视图

5. 绘制左视图

先将俯视图复制到合适位置（左视图的正下方），然后将图形顺时针方向旋转 90°作为绘制左视图的辅助图形，然后利用自动追踪功能绘制左视图，如图 10-3 所示。

6. 检查

删除辅助图形，完成三视图的绘制。

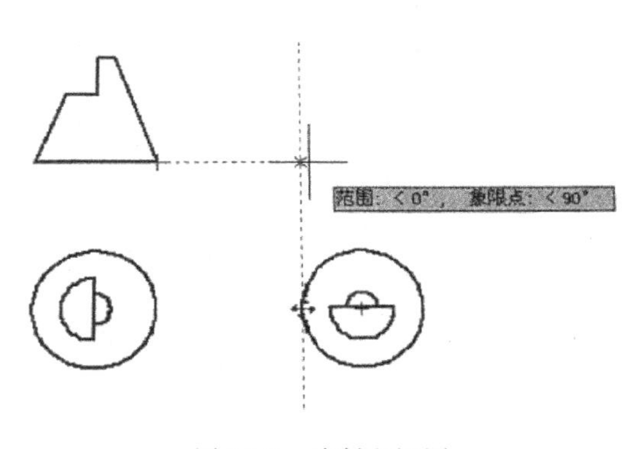

图 10-3　绘制左视图

【实战演练】

如图 10-4 所示，抄画主、左视图，并补画俯视图。

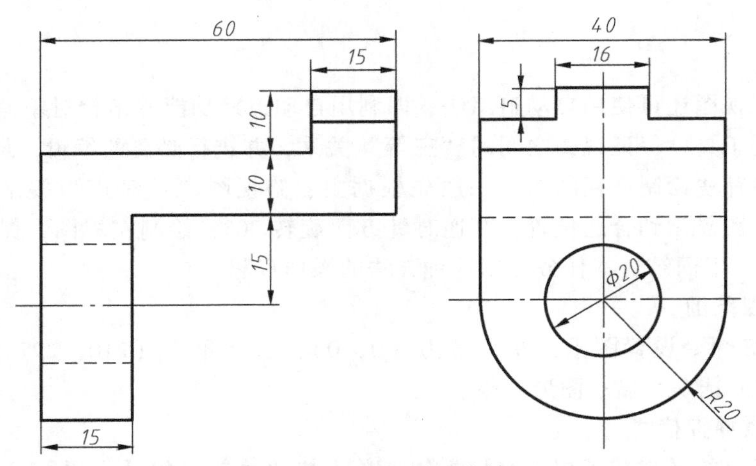

图 10-4　三视图的绘制

任务二　绘制泵盖剖视图

【学习目标】

1）掌握 AutoCAD 中剖视图的画法。
2）掌握盖类零件视图的绘制方法与技巧。

【任务描述】

剖视图主要用于表达机件内部的结构形状。本任务是使用 AutoCAD 绘制泵盖剖视图，如图 10-5 所示。

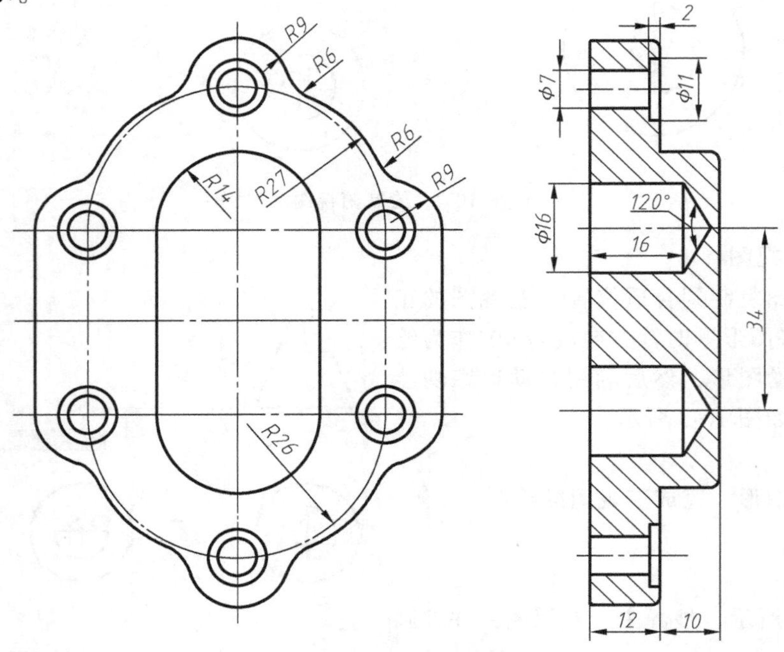

图 10-5　泵盖剖视图

【知识链接】

绘制剖视图常用的命令

1）剖面符号使用图案填充命令 BHATCH 来绘制。

2）表示剖切面起、止和转折位置的箭头可用多段线命令 PLINE 单独绘制。

3）使用样条曲线命令 SPLINE 可绘制局部剖中的断裂线。

4）对已有图案填充对象进行修改，可用图案填充命令 HATCHEDIT。单击该命令弹出的对话框与 BHATCH 命令弹出的对话框一样，操作方法也基本相同。

【任务实施】

一、准备工作

1）上课前仔细阅读本任务的内容。

2）复习直线、图案填充、标注等操作命令。

二、泵盖剖视图的操作步骤

1）设置绘图环境。

2）设置图层、线型、颜色、线宽以及绘制相应的中心线。

3）绘制主视图上半部分。如图 10-6a 所示，以水平中心线与垂直中心线的交点为圆心，绘制 R27mm 和 R14mm 的圆。以中心线圆的右象限点为圆心分别绘制 R9mm、ϕ7m 和 ϕ1mm 的圆。以 180°为阵列角度，阵列 R9mm、ϕ7mm 和 ϕ11mm 的圆，得到左边和上边两组圆。对 R9mm 与 R27mm 进行圆角（圆半径为 6mm），得到四段过渡圆弧。用直线工具从 R14mm 圆和左、右 R9mm 圆的左右象限点向下面的水平中心线作四条垂线。

4）修剪主视图上半部分。

5）对所绘制的图形进行修剪，如图 10-6b 所示。

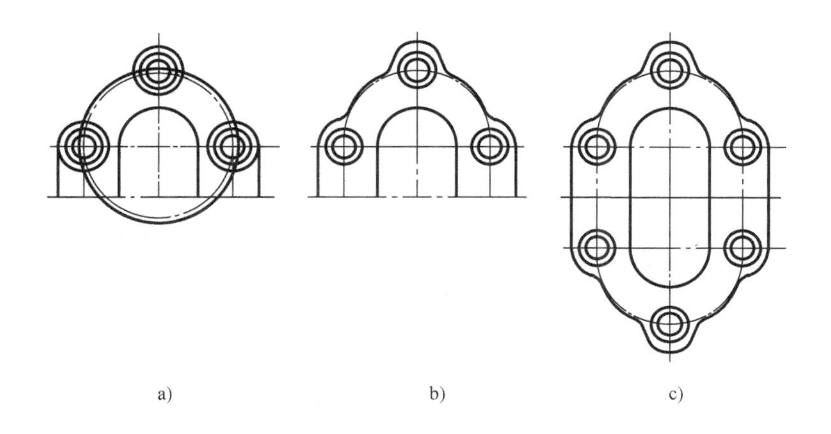

a)　　b)　　c)

图 10-6　绘制主视图

6）通过镜像得到主视图。对步骤 5）的图形进行镜像操作，获得主视图，如图 10-6c 所示。

7）绘制剖视图的上半部分。如图 10-7a 所示，过主视图的上半部分相应点绘制水平线，以确定剖视图轮廓线中水平轮廓线的位置。先启用极轴追踪和对象追踪功能，采取追踪的方法结合图 10-6 所绘图形尺寸在主视图右边合适位置绘制剖视图的上半部分。

8）整理图形。使用圆角命令 FILLET，对剖视图右边轮廓进行圆角（圆角半径为 2mm）操作。使用镜像命令 MIRROR，对剖视图上半部分沿水平中心线镜像。使用图案填充命令 BHATCH 为剖视图填充图案。完成图形如图 10-7b 所示。

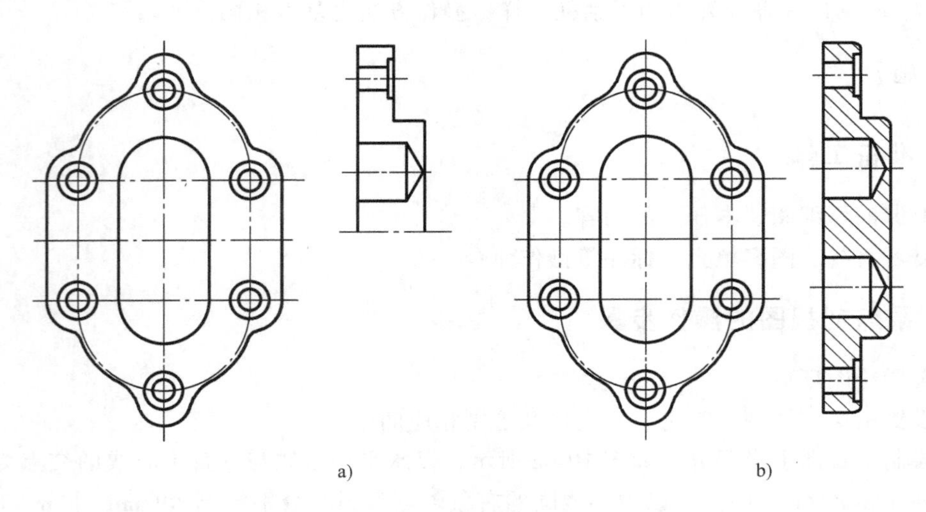

图 10-7　绘制左视图

三、操作提示

1）剖视图是一种常见的机件表达方式，在 AutoCAD 中填充剖面符号的区域应是封闭的图形，这就要求在绘制图形时应保证图形精确，尽量采用目标捕捉方式来绘制图形。

2）如果填充区域超出了绘图窗口，那么在用拾取点选择填充边界时，就可能会出现开放边界提示，此时可用实时平移功能将整个填充区域平移到绘图窗内，再用拾取点选择填充边界。

四、结束任务

泵盖剖视图绘制完成后，检查自己绘制的图形是否符合要求，对自己的绘图练习进行评价。同时，自我评价本任务中剖视图的基础知识、剖视图的绘制和标注方法的掌握程度。最后，要求能熟练运用本任务所学知识绘制出泵盖剖视图。

【拓展提高】

在绘制机械工程图样时，要求一张图样中的同一个零件在不同视图中的剖面线要间隔相同、方向一致。采用图案填充的继承特性功能能方便地保证这种要求。继承特性功能是利用当前图形文件中已有的区域填充图样来设置新区域填充图样，即新图样继承原图样的特征参数，包括填充图样名称、旋转角度、填充比例等。

【实战演练】

如图 10-8 所示，绘制图形并标注尺寸。

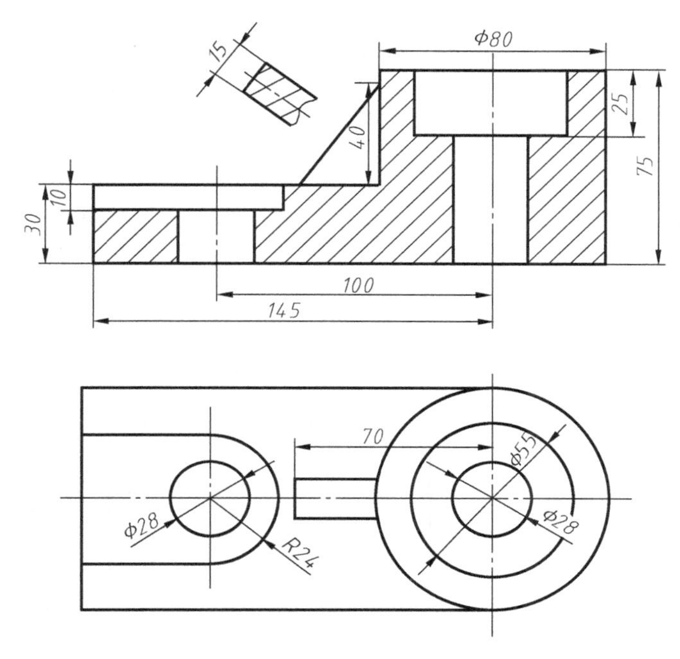

图 10-8　实战演练

任务三　绘制轴类零件图

【学习目标】

1）掌握使用镜像命令绘制轴对称图形的方法。
2）掌握轴类零件的绘图方法与技巧。
3）掌握绘制断面图的方法。

【任务描述】

阶梯轴是一种典型的零件，也是比较规则的零件，其主视图轮廓多为直线，且关于轴对称，如图 10-9 所示。本任务通过偏移和镜像的方法来绘制阶梯轴的主视图，开有键槽的部分通过断面图来表达键槽的宽度和深度。

【任务实施】

一、准备工作

1）上课前仔细阅读本任务的内容。

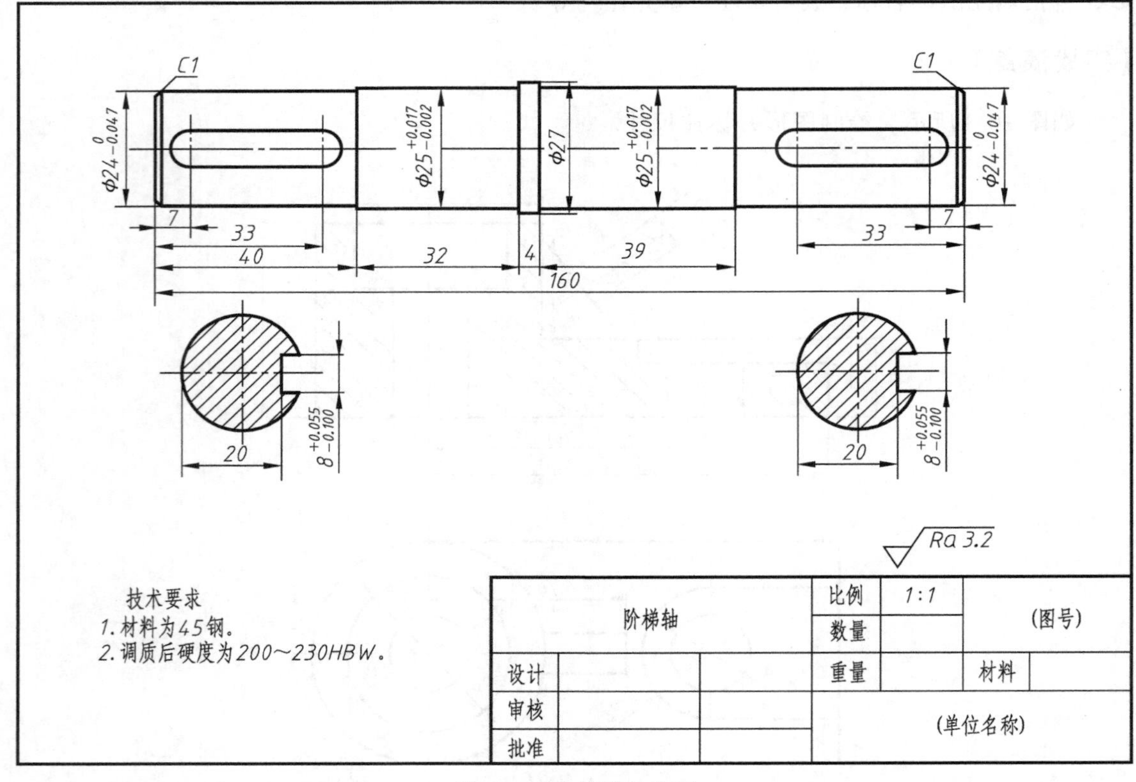

图 10-9 阶梯轴零件图

2）复习直线、圆形、修剪、圆角、标注等操作命令。

二、绘制轴类零件图的操作步骤

1. 绘制 A4 横装图框和标题栏

按国家标准绘制 A4 横装图框和标题栏，在标题栏中添加文字，如图 10-10 所示。若已创建相关块，也可插入 A4 横装图框块和标题栏块。

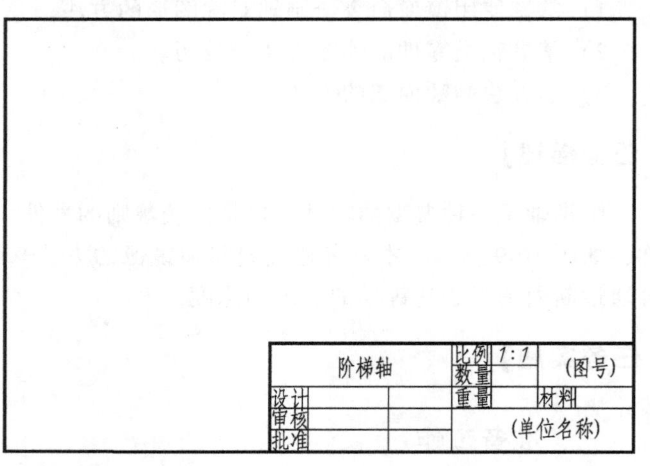

图 10-10 标题栏

2. 设置绘图环境

选择对象捕捉功能，并打开极轴追踪、对象捕捉追踪等功能。

3. 绘制中心线

设置绘制所需要的图层、线型、颜色、线宽，绘制相应的中心线（长 170mm）。

4. 确定阶梯轴上半部分的轮廓位置

如图 10-11 所示，利用直线命令从中心线左端点向右追踪 5 个单位（单位为 mm），单击该点作为起点，依次向上绘制 12mm、向右 40mm、向上 0.5mm、向右 32mm、向上 1mm、向右 4mm、向下 1mm、向右 39mm、向下 0.5mm、向右 45mm 和向下 12mm 绘制直线。

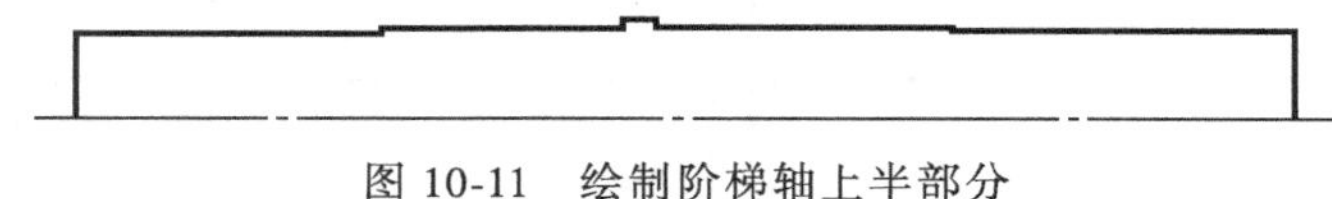

图 10-11　绘制阶梯轴上半部分

5. 修改外轮廓

先进行延伸、倒角操作，再利用直线命令添加直线，得到阶梯轴的外轮廓，如图 10-12 所示。

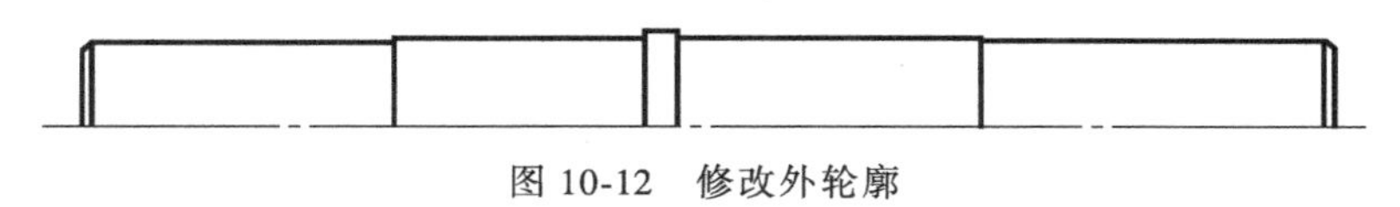

图 10-12　修改外轮廓

6. 绘制完整的阶梯轴主视图

如图 10-13 所示，将图形沿水平中心线镜像，得到完整的阶梯轴外轮廓。

绘制键槽：在水平中心线上分别绘制 4 个直径为 8mm 的圆（圆心采用对象捕捉追踪的方法定位），再分别用直线连接左边或右边两个圆的最高点和最低点，最后修剪多余圆弧。

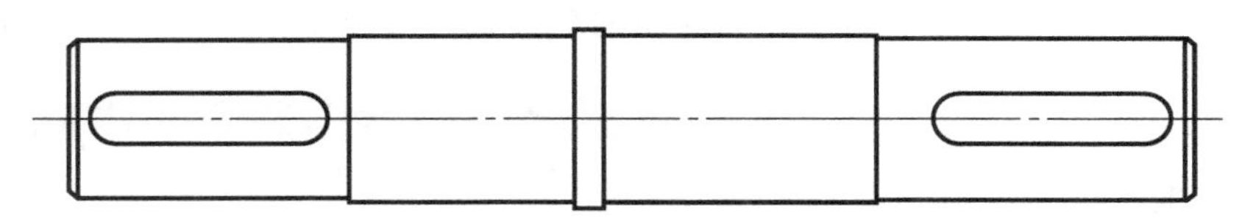

图 10-13　绘制完整的阶梯轴

7. 绘制键槽轴段的断面图

如图 10-14 所示，在对应位置分别绘制直径为 24mm 的圆及中心线，从圆形最左点向右追踪 20mm 单击一点，再调整光标向上画 4mm 直线，向右找到交点单击，将绘制短线镜像到下边，然后修剪掉多余线条，再进行图案填充，最后，把绘制的断面图复制到右边合适位置，并调整中心线的长度和比例。

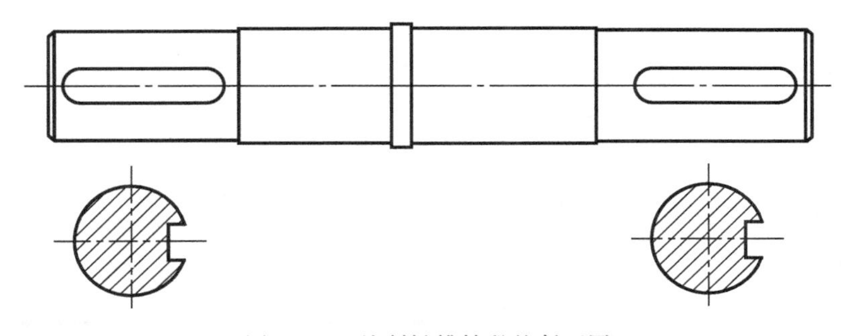

图 10-14　绘制键槽轴段的断面图

8. 尺寸标注

建立合适的标注样式，在主视图上和断面图上标注轴的尺寸，如图 10-15 所示。

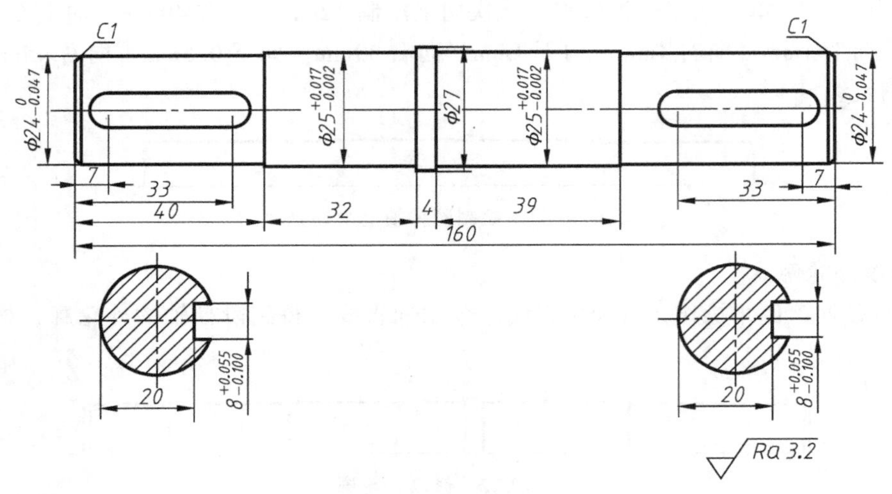

图 10-15　尺寸标注

9. 标注表面粗糙度、编写技术要求

三、结束任务

阶梯轴零件图绘制完成后，检查自己绘制的图形是否符合要求，对自己的绘图练习进行评价。同时，自我评价本任务中对称图形的画法、对象追踪功能的使用等操作的掌握程度，最后，能熟练地运用本任务所学知识绘制出轴类零件图。

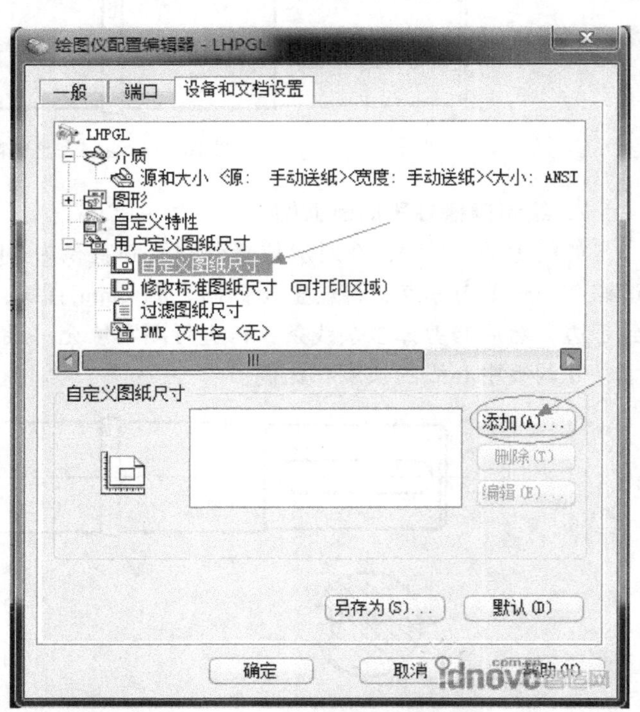

图 10-16　绘图仪配置编辑器对话框

【拓展提高】

一、零件图的快速打印

以打印阶梯轴零件图为例，介绍在模型空间内打印零件图的操作步骤。

1）打开阶梯轴图形文件。

2）选择【文件】→【绘图仪管理器】命令，双击 DWF6 plot 图标，打开【绘图仪配置编辑器】对话框，如图 10-16 所示，在对话框中定义图纸尺寸等。

3）选择【文件】→【页面设置管理器】命令，弹出【页面设置管理器】对话框，如图 10-17 所示，单击【新建】按钮，在弹出的对话框中输入新页面设置名，单击【确定】按钮，弹出【页面设置】对话框，如图 10-18 所示，在此对话

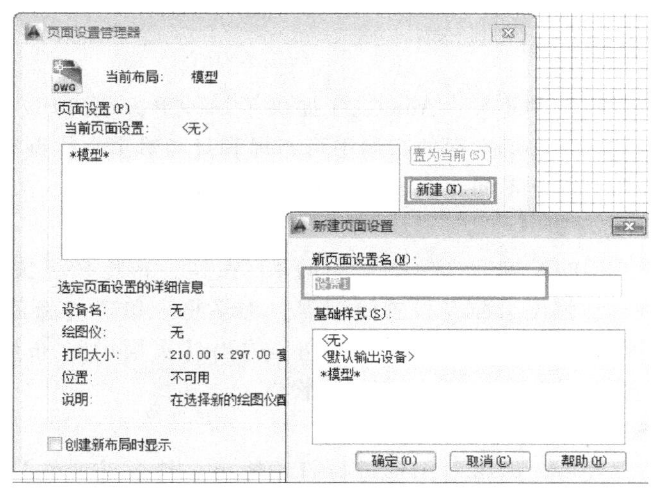

图 10-17　页面设置管理器对话框

框中设置打印机名称、图纸尺寸、打印区域、打印比例、图形方向和打印范围等参数。

4）选择【文件】→【打印预览】命令，对当前图形进行打印预览。单击鼠标右键，在弹出的快捷菜单中单击【打印】命令，弹出【浏览打印文件】对话框，如图 10-19 所示，在此对话框中设置打印文件的保存路径及文件名，最后单击【保存】按钮，系统会弹出【打印作业进度】对话框，待此对话框关闭后，打印过程即结束。

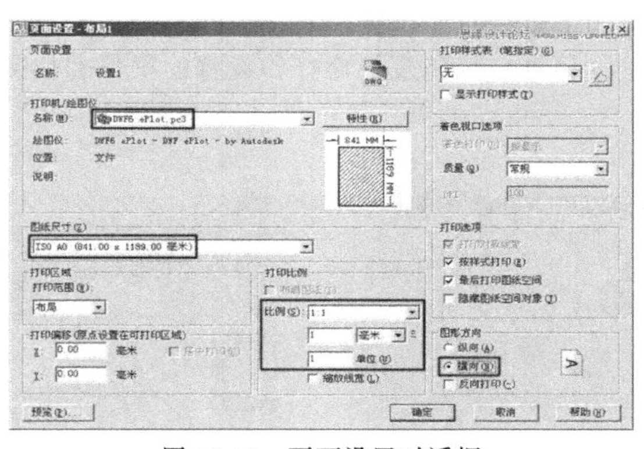

图 10-18　页面设置对话框

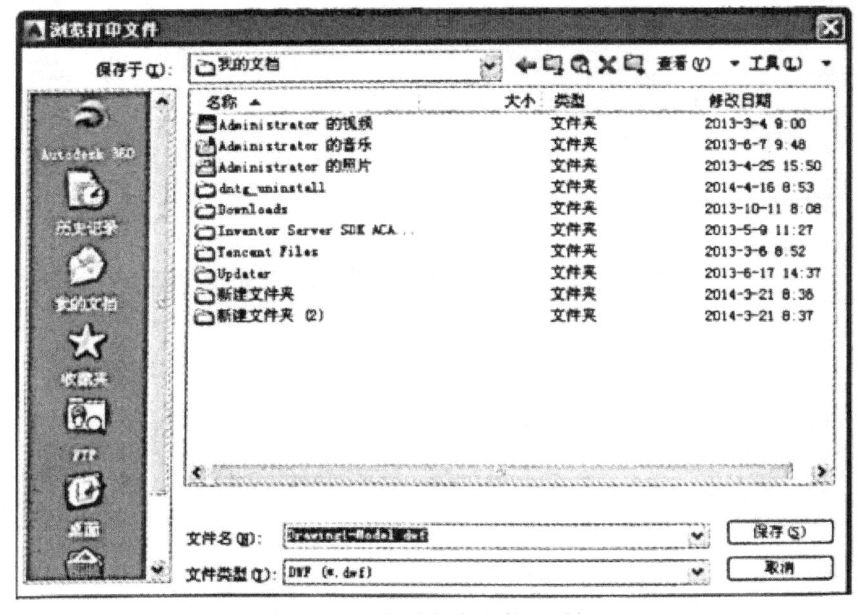

图 10-19　浏览打印文件对话框

二、零件图的布局打印

由于模型空间出图的种种不便，AutoCAD 提供了一种更方便打印出图的工作空间，即布局，也称为图纸空间。在图纸空间的布局中可布局和打印输出在模型空间中各个不同视角下产生的视图，或将两个以上不同比例的视图安排在一张图纸上。

1. 布局的打印页面设置

在模型空间完成图形的绘制后，单击【布局 1】按钮，再选择【文件】→【页面设置管理器】命令，系统将自动弹出页面【设置管理器】对话框。单击【新建】按钮，在弹出的对话框中输入新页面设置名，单击【确定】按钮，弹出【页面设置-布局 1】对话框，如图 10-20 所示。在该对话框中即可对打印页面进行设置。

2. 从布局中直接打印输出图形

完成打印页面的设置后，即可对图形进行打印输出。选择【文件】→【打印】命令，弹出【打印-布局 1】对话框，如图 10-21 所示，进行相关的打印设置。单击【预览】按钮，对图形进行打印预览。

另外，打印及保存打印设置的操作和快速打印相同。

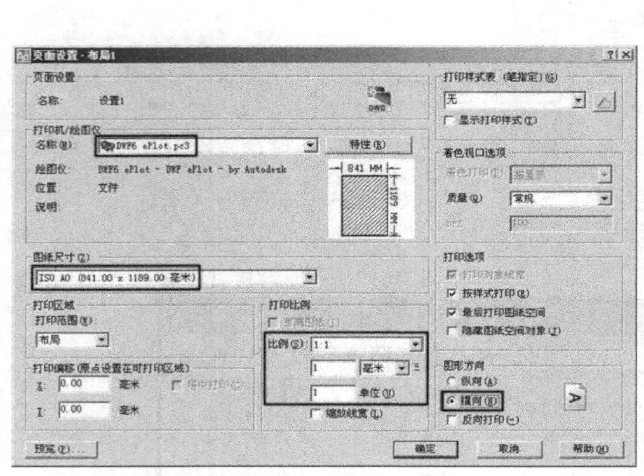

图 10-20　页面设置-布局 1

图 10-21　打印-布局 1

任务四　绘制齿轮啮合装配图

【学习目标】

1）掌握装配图的内容及表达方法。
2）掌握组装装配图的方法。
3）掌握多个图形文件的操作。

【任务描述】

如图 10-22 所示，本任务中齿轮啮合装配图的零件有 5 个，一般先单独绘制出各个零件图，然后创建成块或块文件，通过插入块或外部引用方式，插入或引用零件图，再根据装配图的要求编辑修改零件图，最后，标注尺寸、注写技术要求、绘制标题栏及明细栏等，从而完成装配图。

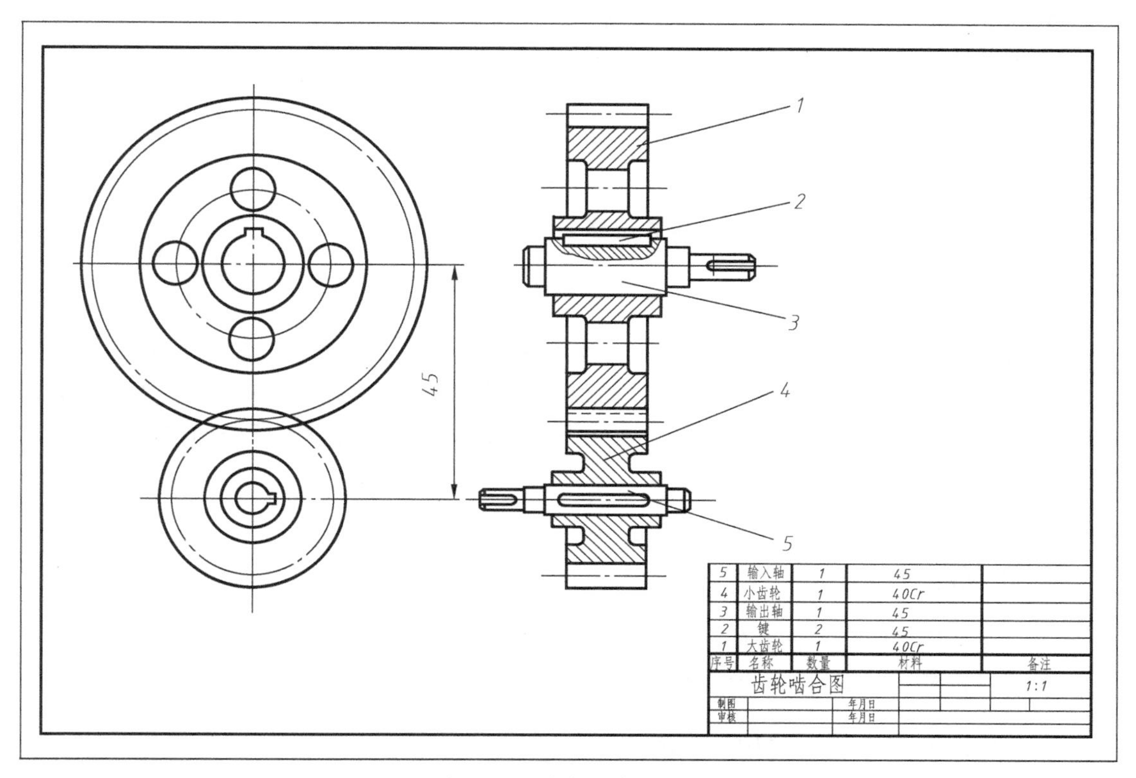

图 10-22　齿轮啮合装配图

【知识链接】

一、基点命令

该命令用于指定当前图形的基点。

1. 操作方法

(1) 菜单栏　选择【绘图】→【块】→【基点】命令。

(2) 命令行　输入 BASE。

2. 操作步骤

命令:_Base

输入基点<0.000,0.000>:

3. 选项说明

输入基点：指定当前图形新的插入点。

二、移动命令

该命令用于将选中的对象移到指定的位置。

1. 操作方法

(1) 菜单栏　选择【修改】→【移动】命令。

(2) 工具栏　单击【修改】工具栏中的【移动】按钮。

(3) 命令行　输入 MOVE（或缩写：M）。

2. 操作步骤

```
命令:_Move
选择对象:
指定基点或[位移(D)]<位移>:
指定第二个点或<使用第一个点作为位移>:
```

3. 选项说明

1）选择对象：选择欲移动的对象。

2）指定基点或［位移（D）］<位移>：指定移动时的参考点或直接输入位移。

3）指定第二个点或<使用第一个点作为位移>：输入第二个点，系统根据这两个点定义一个位移矢量。如果直接按< Enter>键，则第一点坐标值被认为是移动所需的位移。

【任务实施】

一、准备工作

1）上课前仔细阅读本任务的内容。

2）复习直线、图案填充等操作命令。

二、齿轮啮合装配图的操作步骤

1. 确定表达方案

根据齿轮啮合的工作原理和装配关系确定装配图的表达方法、比例和图幅。

2. 绘制图框

绘制 A3 图框，或直接打开已存在的 A3 图框文件。

3. 装配

按装配关系分别将已绘制的齿轮啮合各零件图插入到 A3 图框文件中。

1）先插入大齿轮到合适位置，删除已标注的尺寸，再将其两个视图旋转 90°。

2）插入小齿轮，删除已标注的尺寸，根据齿轮啮合的视图表达方法，选好基点，使用移动命令分别对齐主视图、剖视图。

3）按同样的方法分别插入输入轴、输出轴零件图。

4）对零件相互装配部位的图形按要求进行编辑修改。

4. 标注尺寸

按装配要求标注必要的尺寸，如与装配体有关的性能、装配、安装、运输等有关尺寸，常包括：特性尺寸、装配尺寸、安装尺寸、外形尺寸以及零件的主要结构尺寸等。

5. 绘制明细栏

根据零件的数量，在标题栏上方按要求画出零件明细栏。

6. 绘制零件序号

利用快速引线命令 LEADER 绘制零件序号。

7. 标注技术要求、明细栏及标题栏

使用多行文字编辑器填写技术要求、明细栏及标题栏。

8. 检查、修改图形，保存装配图

三、结束任务

齿轮啮合装配图绘制完成后，检查自己绘制的图形是否符合要求，对自己的绘图练习进行评价。同时，自我评价本任务中装配图基础知识、基点及移动操作的掌握程度，最后能熟练运用本任务所学知识绘制出齿轮啮合装配图。

【拓展提高】

插入图形的方法有以下 3 种：

1. 图块插入法

将装配图上的各个零件图创建为图块，然后插入所需要的图块，如在零图中使用 BLOCK 命令创建的内部图块，可通过【设计中心】引用这些内部图块；或在零件图中使用 WBLOCK 命令创建的外部图块，绘制装配图时，可直接使用 INSERT 命令插入到当前装配图中。

2. 零件图形文件插入法

使用 INSERT 命令将零件的整个图形文件直接插入到当前装配图中，也可通过【设计中心】将多个零件图形文件插入到当前装配图中。插入的基点为零件图形文件的坐标原点（0，0）。为了便于定位，通常使用 BASE 基点来重新定义零件图形文件的插入基点位置。

3. 剪贴板插入法

利用 AutoCAD 的【复制】按钮，将零件图中所需要图形复制到剪贴板上，然后使用【粘贴】命令，将剪贴板上的图形粘贴到装配图所需要的位置上。

【实战演练】

根据图 10-23 所示的轴系零件图，绘制出轴系装配图。

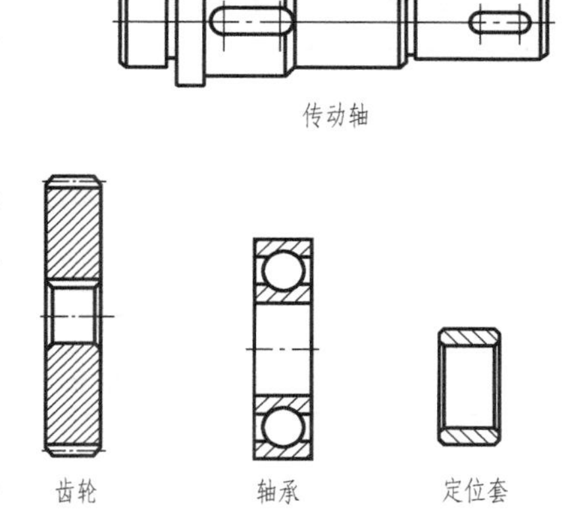

图 10-23　轴系零件图

单元十一

三 维 建 模

课题一　实 体 建 模

1）三维坐标系。

2）使用三维建模中的长方体、圆柱体等命令创建三维实体。

【技能要求】

1）能熟练使用键盘与鼠标。

2）能选择建模的方式。

【任 务 书】

编号	任务	教学时间
11-1-1	创建弹簧	2 学时
11-1-2	创建压轴盖	2 学时
11-1-3	创建六角螺母	2 学时
11-1-4	创建法兰盘	2 学时
11-1-5	创建齿轮	2 学时

任务一　创 建 弹 簧

【学习目标】

1）掌握用建模工具栏中螺旋、扫掠命令创建弹簧的方法。

2）掌握用放样命令创建实体的方法。

【任务描述】

弹簧是利用弹性来工作的机械零件，一般用弹簧钢制成，用以控制机件的运动、缓和冲击或振动等。本任务是用螺旋、扫掠等命令创建弹簧实体。同时，掌握放样命令的应用，以及在三维空间中使用的三维网格。

【知识链接】

一、螺旋

该命令用于创建螺旋线。

1. 操作方法

（1）菜单栏　选择【绘图】→【螺旋】命令。

（2）工具栏　单击【三维建模】功能区【常用】选项卡→【绘图】面板→【螺旋】按钮或者单击【建模】工具栏的【螺旋】按钮。

（3）命令行　输入 HELIX。

除此之外，在工具选择面板中还可创建圆柱形螺旋。

2. 操作步骤

命令：_Helix

圈数 = 3.0000　扭曲 = CCW

指定底面的中心点：

指定底面半径或【直径(D)】：

指定顶面半径或【直径(D)】：

指定螺旋高度或【轴端点(A)/圈数(T)/圈高(H)/扭曲(W)】：

3. 选项说明

1）轴端点（A）：在默认情况下，无论光标向哪个方向移动，螺旋线只会沿着 Z 轴方向上下移动，当移动到输入轴端点（A）时，螺旋线会沿着光标指定的方向实时移动。

2）圈数（T）和圈高（H）：圈数是指螺旋有几圈，圈高是指上下两圈的间距。

3）扭曲（W）：通过扭曲选项指定螺旋线是按照顺时针（CW）方向旋转，还是按照逆时针方向（CCW）旋转。

二、扫掠

该命令可以沿开放或闭合的二维或三维路径扫掠开放或闭合的平面曲线，以创建新实体或曲面。

1. 操作方法

（1）菜单栏　选择【绘图】→【建模】→【扫掠】命令。

（2）工具栏　选择【三维建模】功能区【常用】选项卡→【建模】面板→【拉伸】下拉菜单中的【扫掠】命令，或者单击【建模】工具栏的【扫掠】按钮。

（3）命令行　输入 SWEEP。

2. 操作步骤

命令：_Sweep

当前线框密度：ISOLINES = 4，闭合轮廓创建模式 = 实体

选择要扫掠的对象或【模式(MO)】：MO

闭合轮廓创建模式【实体(SO)/曲面(SU)】<实体>:SO

选择要扫掠的对象或【模式(MO)】:找到 1 个

选择要扫掠的对象或【模式(MO)】:

选择扫掠路径或【对齐(A)/基点(B)/比例(S)/扭曲(T)】:

3. 选项说明

1）对齐（A）：指定是否对齐轮廓，使其作为扫掠路径切向的法向。

2）基点（B）：指定要扫掠对象的基点。如果指定的点不在选定对象所在的平面上，则该点将被投影到该平面上。

3）比例（S）：指定比例因子进行扫掠操作。从扫掠路径的开始到结束，比例因子将统一应用到扫掠的对象上。

4）扭曲（T）：设置被扫掠对象的扭曲角度。扭曲角度指沿扫掠路径全部长度的旋转量。图 11-1a 为扫掠对象正四边形和一条路径，图 11-1b 为将原对象沿路径扫掠时不扭曲的结果。图 11-1c 为扫掠时扭曲 45°的结果。

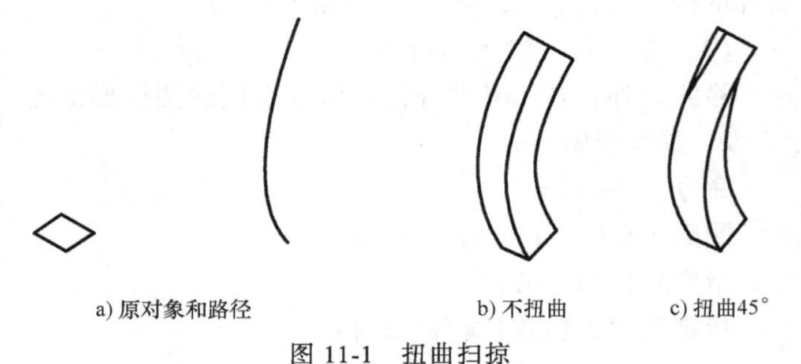

a) 原对象和路径　　b) 不扭曲　　c) 扭曲45°

图 11-1　扭曲扫掠

三、放样

放样是指在数个横截面之间的空间中创建三维实体或曲面，在放样时横截面不能少于两个，如图 11-2 所示。

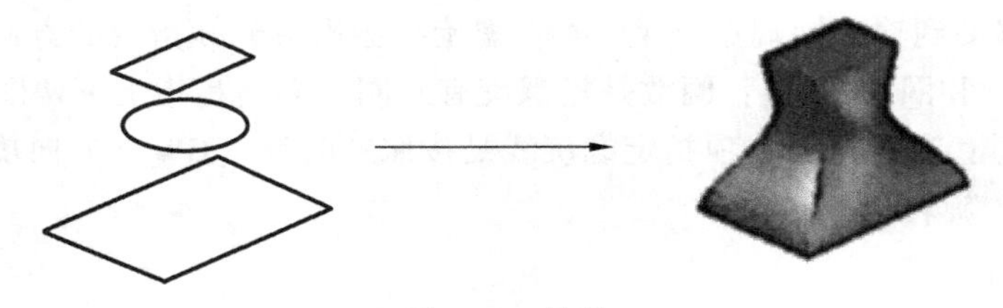

图 11-2　放样

(1) 菜单栏　选择【绘图】→【建模】→【放样】命令。

(2) 工具栏　选择【三维建模】功能区【常用】选项卡→【建模】面板→【拉伸】下拉菜单中的【放样】命令，或者单击【建模】工具栏的【放样】按钮。

(3) 命令行　输入 LOFT。

四、按住并拖动

1. 操作方法

(1) 工具栏　单击【三维建模】功能区【常用】选项卡→【建模】面板→【按住并拖动】按钮，或者单击【建模】工具栏的【按住并拖动】按钮。

(2) 命令行　输入 PRESSPULL。

2. 操作说明

选择区域后，按住鼠标左键上下拖动，该区域就会进行拉伸变形，如图 11-3 所示。

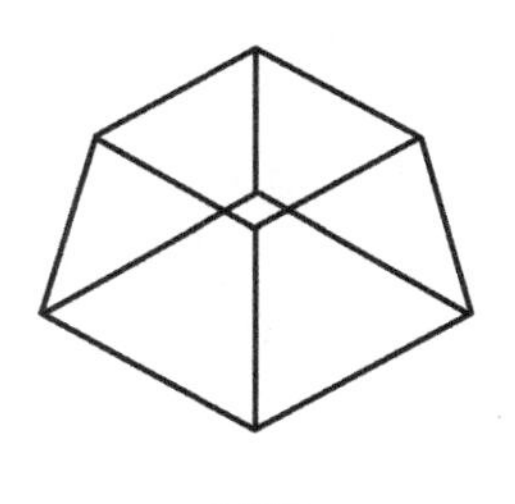

a) 原图

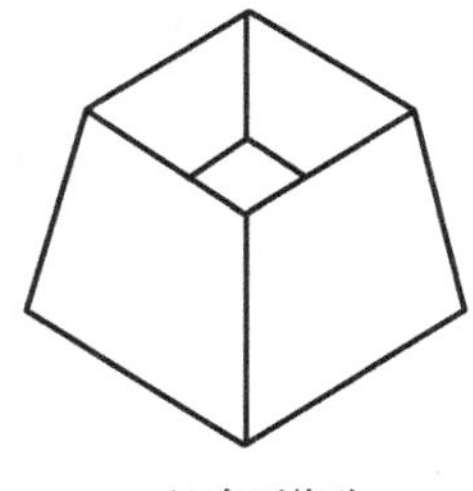

b) 向下拖动

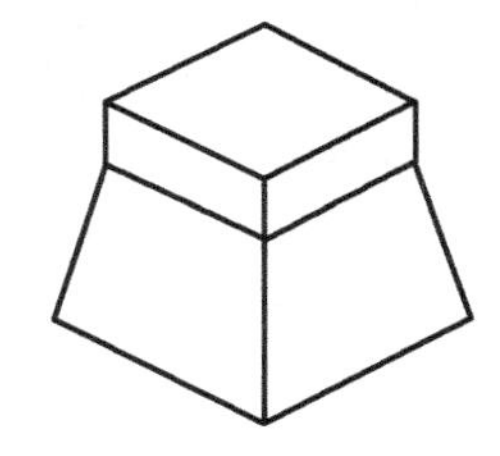

c) 向上拖动

图 11-3　按住并拖动

【任务实施】

一、准备工作

1）上课前仔细阅读本任务的内容。

2）复习圆命令、视图等内容。

二、建模分析

本任务是用扫掠命令绘制弹簧，首先，用螺旋命令绘制螺旋线，再绘制扫掠对象，如圆、矩形等。螺旋线为扫掠路径。

三、绘制弹簧的操作步骤

1. 绘制螺旋线

将视图设为西南等轴测图，单击【建模】工具栏的【螺旋】按钮，命令行提示如下：

命令：_Helix

圈数 = 3.0000　扭曲 = CCW

指定底面的中心点：0,0,0

指定底面半径或【直径(D)】<1.0000>：40

指定顶面半径或【直径(D)】<40.000>

指定螺旋高度或【轴端点(A)/圈数(T)/圈高(H)/扭曲(W)】<1.0000>：T

输入圈数<3.0000 >：8

指定螺旋高度或【轴端点(A)/圈数(T)/圈高(H)/扭曲(W)】<1.0000>：150

2. 绘制圆

将视图设为前视图，以螺旋端点为圆心，画半径为 5mm 的圆。

3. 扫掠

单击【建模】工具栏的【扫掠】按钮，命令行提示如下：

命令：_Sweep

当前线框密度：ISOLNES = 8，闭合轮廓创建模式 = 实体

选择要扫掠的对象或【模式(MO)】:MO

闭合轮廓创建模式【实体(SO)/曲面(SU)】<实体>:SO

选择要扫掠的对象或【模式(MO)】:找到 1 个(选择圆并按<Enter>键)

选择要扫掠的对象或【模式(MO)】:

选择扫掠路径或【对齐(A)/基点(B)/比例(S)/扭曲(T)】:(选择螺旋线)

选择【视图】→【三维视图】→【西南等轴测】命令或【视图】→【视觉样式】→【着色】命令,用动态观察器查看,或者单击导航栏中的【动态观察】按钮,选择合适的视图样式。

四、操作提示

1）扫掠主要用于沿指定路径以指定轮廓的形状创建实体或曲面，可以扫掠多个对象，但是这些对象必须在同一平面内。如果沿一条路径扫掠闭合的曲线，则生成实体。

2）若沿路径放样，则路径曲线必须与横截面的所有平面相交。

五、结束任务

绘制完成后对自己在绘图过程中所出现的问题加以纠正，并对此次工作任务做出评价，争取熟练掌握弹簧的绘制。

【拓展提高】

一、创建三维多段体

该命令用于创建具有固定高度和宽度的直线段和曲线段的墙体。

1. 操作方法

(1) 菜单栏　选择【绘图】→【建模】→【多段体】命令。

(2) 工具栏　单击【建模】工具栏→【多段体】按钮。

(3) 命令行　输入 POLYSOLID。

2. 操作说明

默认情况下，多段体始终带有一个矩形轮廓，可以指定轮廓的高度和宽度。另外，还可以从直线、二维多段线、圆弧、圆等创建多段体，如图 11-4 所示。

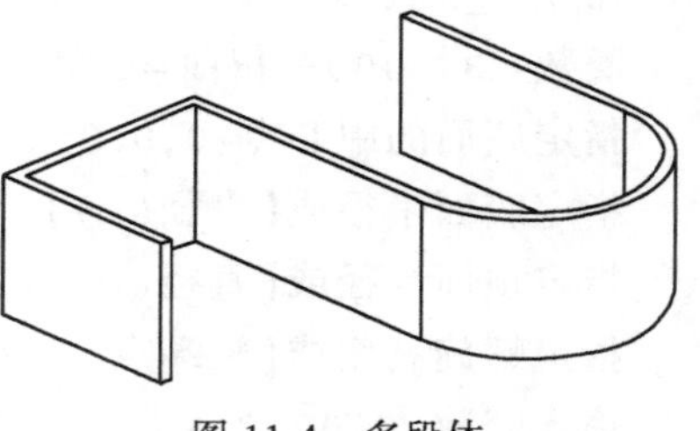

图 11-4　多段体

二、创建三维网格图形

1. 旋转网格

将曲线或轮廓绕指定的旋转轴旋转一定的角度，从而创建旋转网格。

选择【绘图】→【建模】→【网格】→【旋转网格】命令，或者单击【三维建模】功能区的【网格】选项卡→【图元】面板→【建模、网格、旋转曲面】按钮。

2. 边界网格

边界网格是指创建一个多边形网格。选择【绘图】→【建模】→【网格】→【边界网格】命令，或者单击【三维建模】功能区的【网格】选项卡→【图元】面板→【边界】按钮。

3. 直纹网格

直纹网格是在两条直线或曲面之间创建一个多边形网格。

4. 平面网格

平面网格是通过指定的方向和距离拉伸直线或曲面定义的常规平移曲面，它可以创建多边形网格。

【实战演练】

用圆、圆柱、螺旋线、扫掠、路径阵列等命令绘制旋转楼梯，如图 11-5 所示。尺寸自定。

图 11-5　旋转楼梯

任务二　创建压轴盖

【学习目标】

1）掌握三维移动、三维镜像、三维旋转、三维阵列等命令的使用。

2）掌握剖切等命令的操作并学会三维标注。

【任务描述】

本任务是利用三维编辑操作、剖切等命令绘制压轴盖，如图 11-6 所示。

【任务分析】

本任务中的压轴盖是由一些简单实体通过三维移动、三维镜像、剖切等命令的操作组合而成的一个复杂实体。

【知识链接】

AutoCAD 2016 二维图形编辑中的许多命令（如移动、复制、删除等）同样适用于三维对象，同时它也提供了专业的三维对象编辑工具。

图 11-6　压轴盖

一、三维移动

三维移动是通过指定基点和移动距离对三维对象进行移动操作。

1. 操作方法

（1）菜单栏　选择【修改】→【三维操作】→【三维移动】命令。

（2）工具栏　单击【三维建模】功能区中的【常用】选项卡→【修改】面板→【三维移动】按钮，或者单击【建模】工具栏中的【三维移动】按钮。

（3）命令行　输入 3DMOVE。

2. 操作步骤

命令:3Dmove

选择对象:找到 1 个　　(选择要移动的对象)

选择对象:

指定点或【位移(D)】<位移>:　　(指定基点)

指定第二个点或<使用第一个点作为位移>:正在重生成模型　　(移动到目标点)

二、三维旋转

该命令用于自由地旋转三维对象或将旋转约束到轴。

1. 操作方法

(1) 菜单栏　选择【修改】→【三维操作】→【三维旋转】命令。

(2) 工具栏　单击【三维建模】功能区中的【常用】选项卡→【修改】面板→【三维旋转】按钮，或者单击【建模】工具栏中的【三维旋转】按钮。

(3) 命令行　输入 3DROTATE。

2. 操作步骤

命令:3Drotate

UCS 当前的正角方向:ANGDIR=逆时针 ANGBASE=0

选择对象:找到 1 个

选择对象:　　(选择要旋转的对象,绘图区显示坐标系图标)

指定基点:　　(选择一个基准点)

拾取旋转轴:　　(指定要绕其旋转的轴)

指定角的起点或键入角度:

指定角的端点:正在重生成模型

三、三维镜像

三维镜像是通过一个镜像面来操作的，镜像面可以通过三点确定，可以是对象、最近定义的面、*Z* 轴、视图、*XY* 面、*VZ* 面和 *ZX* 面等。

1. 操作方法

(1) 菜单栏　选择【修改】→【三维操作】→【三维镜像】命令。

(2) 工具栏　单击【三维建模】功能区中的【常用】选项卡→【修改】面板→【三维镜像】按钮。

(3) 命令行　输入 MIRROR3D。

2. 操作步骤

命令:Mirror3d

选择对象:找到 1 个

选择对象:

指定镜像平面(三点)的第一个点或【对象(O)/最近的(L)轴(Z)/视图(V)/XY 平面(XY)/YZ 平面(YZ)/ZX 平面(ZX)/三点(3)】<三点>:

在镜像平面上指定第二点:

在镜像平面上指定第三点：
是否删除源对象【是(Y)/否(N)】<否>：

3. 选项说明

1）对象（O）：将指定对象所在的平面作为镜像平面。
2）最近的（L）：相对于最后定义的镜像平面对选定的对象进行三维镜像。
3）Z 轴（Z）：通过指定平面的法线方向确定镜像平面。
4）视图（V）：指定一个平行于当前视图的平面作为镜像平面。
5）XY/YZ/ZX 平面：指定一个平行于当前坐标系的平面作为镜像平面。

四、三维阵列

该命令用于在三维空间中按矩形阵列或环形阵列方式创建三维图形。

1. 操作方法

（1）菜单栏　选择【修改】→【三维操作】→【三维阵列】命令。

（2）工具栏　单击【三维建模】功能区中的【常用】选项卡→【修改】面板→【三维阵列】按钮，或者单击【建模】工具栏中的【三维阵列】按钮，也可单击【环形阵列】→【沿路径阵列】按钮。

（3）命令行　输入 3DARRAY。

2. 操作步骤

（1）矩形阵列

命令:3Darray
选择对象:找到 1 个
选择对象：
输入列类型【矩形(R)/环形(P)】<矩形>：
输入行数<1>：
输入列数<1>：
输入层数<1>：
指定行间距：
指定列间距：
指定层间距：

（2）环形阵列

命令:3Darray
选择对象:找到 1 个
选择对象：
输入阵列类型【矩形(R)/环形(P)】<矩形>:P
输入阵列中的项目数目：
指定要填充的角度(+=逆时针,-=顺时针)<360>：
旋转阵列对象？【是(Y)/否(N)】<Y>：
指定陈列的中心点：
指定旋转轴上的第二点：

五、剖切

该命令用于利用假想的平面对实物进行剖切。

1. 操作方法

(1) 菜单栏　选择【修改】→【三维操作】→【剖切】命令

(2) 工具栏　单击【三维建模】功能区中的【常用】选项卡→【实体编辑】面板→【剖切】按钮。

(3) 命令行　输入 SLICE。

2. 操作步骤

命令:Slice

选择要剖切的对象:找到 1 个

选择要剖切的对象:

指定剖切面的起点或【平面对象(O)/曲面(S)/Z 轴(Z)/视图(V)/XY(XY)/YZ(YZ)/ZX(ZX)/三点(3)】<三点>:

指定平面上的第二个点:

在所需的侧面上指定点或【保留两个侧面(B)】<保留两个侧面>:

(如果保留一侧就在该侧单击)

【任务实施】

一、准备工作

1) 上课前仔细阅读本任务的内容。

2) 复习布尔运算、长方体、圆柱体、新建用户坐标系等内容。

二、建模分析

本任务中的压轴盖是由一些简单实体通过三维移动、三维镜像、剖切等命令的操作组合而成的一个复杂实体。

三、绘制压轴盖的操作步骤

1. 长方体的绘制

单击【建模】工具栏中的【长方体】按钮，第一个角点为 (0, 0, 0)，绘制长为 62mm、宽为 8mm、高为 30mm 的长方体，再绘制一个任意第一个角点，长为 46mm、宽为 18mm、高为 8mm 的长方体。

2. 三维移动

单击【建模】工具栏中的【三维移动】按钮，以边上中点为基点，将小长方体移到大长方体的右侧中间点，如图 11-7 所示。

3. 圆柱体的绘制

1）新建用户坐标系将 *XOY* 面与长方体左侧面平齐，如图 11-8 所示。

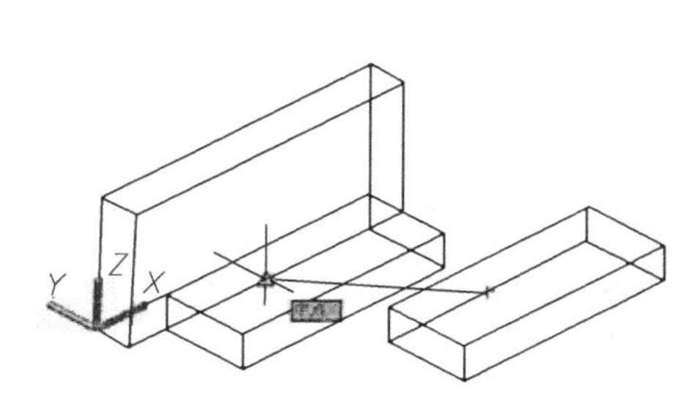

图 11-7　三维移动

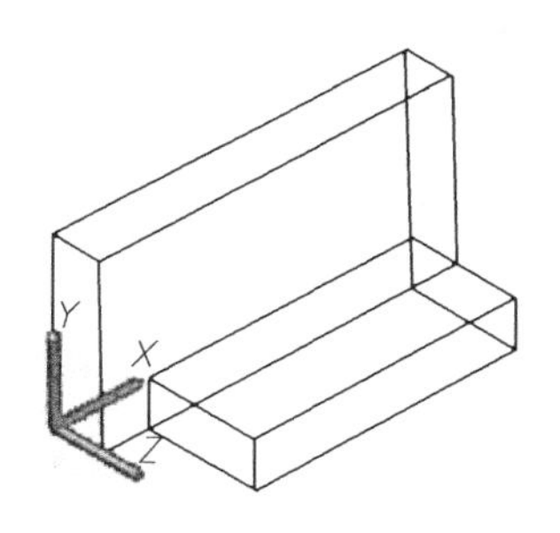

图 11-8　新建用户坐标系

2）单击【建模】工具栏中的【圆柱体】按钮，它的圆心坐标为（8,22,0），半径为 4.5mm，高为 8mm。同时以（31,0,0）为圆心，半径分别为 15mm 和 10mm，高为 32mm 绘制两个圆柱。

4. 三维镜像

选择【修改】→【三维操作】→【三维镜像】命令，将半径为 4.5mm 的圆柱镜像。

5. 绘制楔体

将坐标系中的 *XOY* 面移到长方体的底面上，单击【建模】工具栏的【楔体】按钮，绘制长为 18mm、宽为 6mm、高为 17mm 的楔体，并以顶边中点为基点将其移动到大长方体上边的中间点上。

6. 布尔运算和倒圆角

除三个小圆柱体外，求其他所有实体的并集，再求该实体与所有小圆柱体的差集，然后将长方体倒圆角，半径为 8mm。

7. 剖切

利用剖切命令，将前方打孔的圆柱体剖切掉下半部分。

命令:Slice

选择要剖切的对象:找到 1 个

选择要剖切的对象:

指定剖切面的起点或【平面对象(O)/曲面(S)/Z 轴(Z)/视图(V)/XY(XY)/YZ(YZ)/ZX(ZX)/三点(3)】<三点>:XY

（要剖切的平面与 *XOY* 面平行）

指定 *XOY* 平面上的点<0,0,0>

（在要剖切的平面上指定两点）

在所需的侧面上指定点或【保留两个侧面(B)】<保留两个侧面>:

（在所需的一侧单击一点）

四、结束任务

本次工作任务结束后，自己对所画图形做出评价，找出不足的地方加以改正。掌握剖切、三维镜像、三维阵列等操作。

【实战演练】

绘制机座模形，并标注尺寸。建立标注层，颜色为蓝色，线型为细实线，如图 11-9 所示。

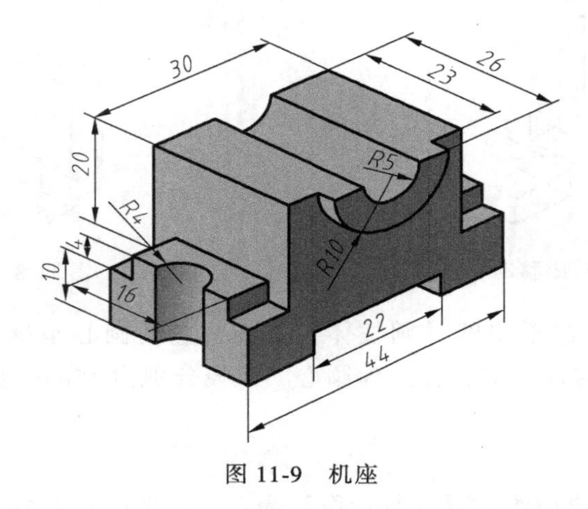

图 11-9　机座

任务三　创建六角螺母

【学习目标】

1）掌握六角螺母的方法。
2）掌握拉伸和拉伸面命令的操作。
3）掌握螺母中螺纹的绘制方法。
4）掌握拉伸与拉伸面命令的区别。

【任务描述】

六角螺母与螺栓、螺钉配合使用，起连接、紧固机件的作用，本任务是通过用拉伸二维平面的方法及拉伸面、扫掠等操作来绘制六角螺母，如图 11-10 所示。

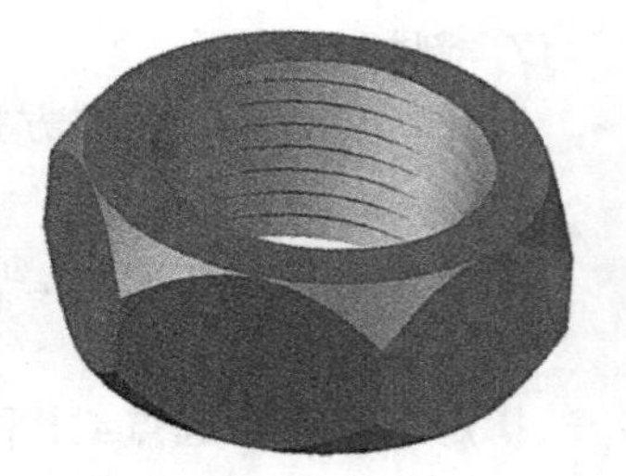

图 11-10　六角螺母

【任务分析】

六角螺母由主体外形部分和内螺纹部分组成。任务实施过程中用到拉伸、拉伸面命令及使用剖切、布尔运算等操作来绘制外形部分。绘制内螺纹时还用到了扫掠、螺旋等命令。

【知识链接】

一、拉伸命令

1. 操作方法

（1）菜单栏　选择【绘图】→【建模】→【拉伸】命令。

(2) 工具栏　单击【三维建模】功能区【常用】选项卡→【建模】面板→【拉伸】按钮，或者单击【建模】工具栏中的【拉伸】按钮。

(3) 命令行　输入 EXTRUDE。

2. 操作步骤

命令:Extrude

当前线框密度:SOLINES=4,闭合轮廓创建模式=实体

选择要拉伸的对象或【模式(MO)】:MO

闭合轮廓创建模式【实体(SO)/曲面(SU)】<实体>:SO

选择要拉伸的对象或【模式(MO)】:找到 1 个

选择要拉伸的对象或【模式(MO)】:

指定拉伸的高度或【方向(D)/路径(P)/倾斜角(T)/表达式(E)】<>:(输入拉伸的高度)

3. 选项说明

1) 拉伸高度：按指定的高度拉伸出三维实体对象，并根据实际需要指定拉伸的倾斜角度。若倾斜角为 0°，则把二维对象按指定的高度拉伸成柱体；若输入倾斜角度值，则拉伸后实体截面沿拉伸方向变化成为一个有角度的实体，如图 11-11 所示。

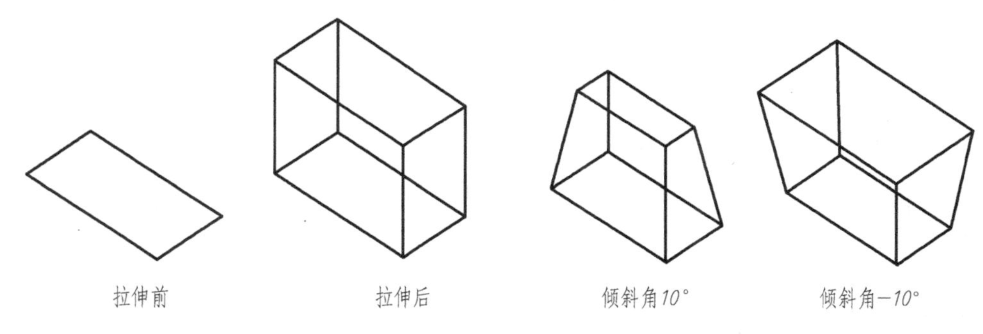

图 11-11　拉伸实体

2) 路径 (P)：指定曲线对象的拉伸路径。沿选定路径拉伸选定对象的剖切面以创建实体。拉伸路径可以是直线、圆、圆弧、椭圆、多段线或样条曲线。路径不能与轮廓共面，也不能是具有高曲率的区域。

3) 不能拉伸在块中的对象，也不能拉伸具有相交或自交线段的多段线。

二、拉伸面命令

1. 操作方法

(1) 菜单栏　选择【修改】→【实体编辑】→【拉伸面】命令。

(2) 工具栏　单击【三维建模】功能区【常用】选项卡→【实体编辑】面板→【拉伸面】按钮，或者单击【实体编辑】工具栏中的【拉伸面】按钮。

2. 操作步骤

命令:Solided

实体编辑自动检查:SOLIDCHECK=1

输入实体编辑选项【面(F)/边(E)/体(B)/放弃(U)/退出(X)】<退出>:F

输入面编辑选项【拉伸(E)/移动(M)/旋转(R)/偏移(O)/倾斜(T)/删除(D)/复制(C)/颜色(L)/材料(A)/放弃(U)/退出(X)】<退出>:E

选择面或【放弃(U)/删除(R)】: （选择要进行拉伸的面）

选择面或【放弃(U)删除(R)/全部(ALL)】

指定拉伸高度或【路径(P)】:

3. 选项说明

1）指定拉伸高度：按指定的高度值来拉伸面。通过指定拉伸的倾斜角度值来完成拉伸操作。如果输入一个正值，则沿正方向拉伸面（通常向外）；若输入一个负值，则沿负方向拉伸面（通常向内）。

2）路径（P）：按指定的路径曲线拉伸面。拉伸路径可以是直线、圆弧、多段线或样条曲线。

【任务实施】

一、准备工作

1）上课前仔细阅读本任务的内容。

2）调出【建模】工具栏和【实体】编辑工具栏。

3）复习多段线、剖切、镜像实体等操作命令。

二、绘制六角螺母的操作步骤

1. 设置线框密度

命令：Isolines

输入 SOLINES 的新值<4>：10

2. 创建圆锥体

单击【建模】工具栏中的【圆锥体】按钮，创建圆锥体。命令行提示如下：

命令:Cone

指定底面的中心点或【三点(3P)/两点(2P)/切点、切点、半径(T)/椭圆(E)】:0.0

指定底面半径或【直径(D)】:12

指定高度或【两点(2P)/轴端点(A)/顶面半径(T)】:2

切换视图到西南等轴测图,结果如图 11-12 所示。

3. 绘制正六边形

单击【绘图】工具栏中的【正多边形】按钮，绘制正六边形。命令行提示如下：

命令:Pol

输入侧面数<4>:6

指定正多边形的中心点或【边(E)】:cen 于 （捕捉圆锥底面圆心）

输入选项【内接于圆(D)/外切于圆(C)】<b>: （按<Enter>键）

指定圆的半径:12

4. 拉伸正六边形

单击【建模】工具栏中的【拉伸】按钮，将上一步中绘制的正六边形拉伸。命令行提示如下：

命令：Ext

选择要拉伸的对象　　　　　　　　　　　　（选取正六边形，然后按<Enter>键）

指定拉伸的高度或【方向(D)/路径(P)/倾斜角(T)/表达式(E)】：7

结果如图 11-13 所示。

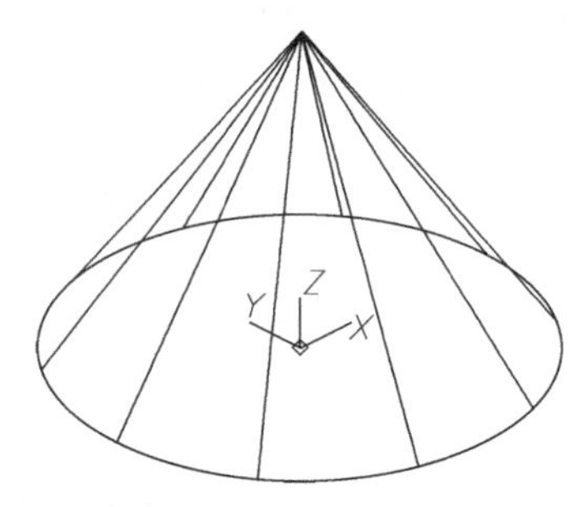

图 11-12　创建圆锥体

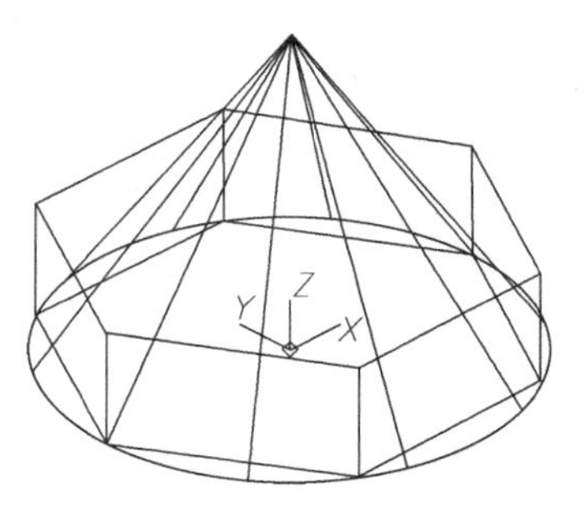

图 11-13　拉伸正六边形

5. 交集运算

单击【实体编辑】工具栏中的【交集】按钮，将圆柱和拉伸体进行交集运算。命令行提示如下：

命令：Interse

选择对象　　　　　　　　　　　　（分别选取圆锥及正六棱柱，然后按<Enter>键）

结果如图 11-14 所示。

6. 剖切处理和剖切实体

选择【修改】菜单中的【三维操作】中的【剖切】命令，对形成的实体进行剖切。命令行提示如下：

命令：Slice

选择要剖切的对象　　　　　　　　　　（选取交集运算形成的实体，然后按<Enter>键）

指定剖切面的起点或【平面对象(O)/曲面(S)/Z 轴(Z)/视图(V)/XY/YZ/ZX/三点(3)】<三点>：XY　　（切面与 *XOY* 面平行，所以选择 XY）

指定 XY 平面上的点<0,0,0>：mid 于（捕捉曲线的中点，如图 11-14 所示）

在要保留的一侧指定点或【保留两侧(B)】：（在中点下方取一点，保留下部）

结果如图 11-15 所示。

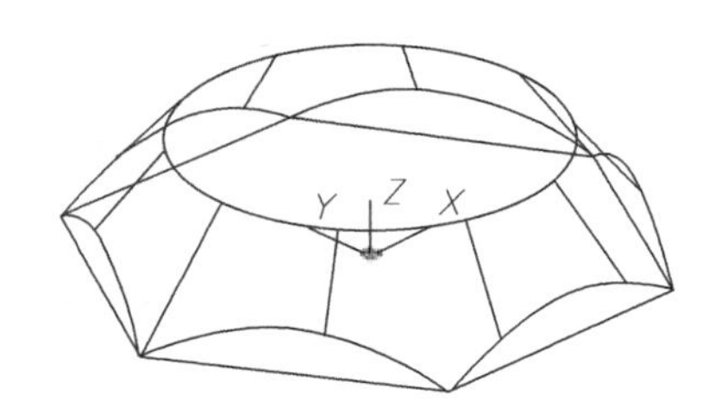

图 11-14　交集运算

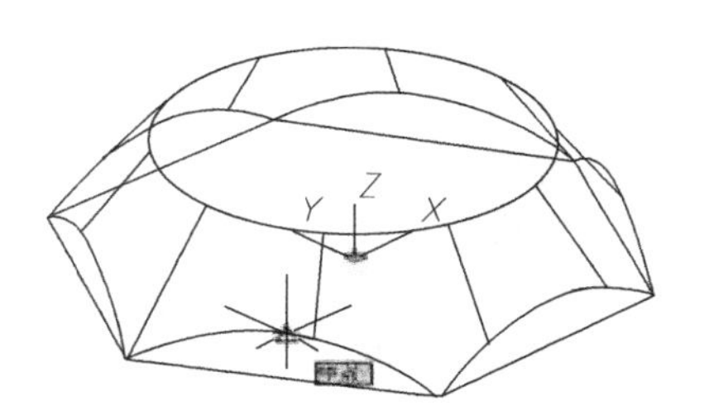

图 11-15　剖切处理

7. 选取底面及拉伸实体底面

单击【实体编辑】工具栏中的【拉伸面】按钮，对实体底面进行拉伸，拉伸高度2mm。命令行提示如下：

命令:Solided

实体编辑自动检查:SOLIDCHECK=1

输入实体编辑选项【面(F)/边(E)/体(B)/放弃(U)/退出(X)<退出>】:F

输入面编辑选项【拉伸(E)/移动(M)旋转(R)/偏移(O)/倾斜(T)/删除(D)/复制(C)/颜色(L)/材质(A)/放弃(U)/退出(X)】<退出>:E

选择面或【放弃(U)/删除(R)】:图 11-16 所示,选取实体底面虚线,注意不要将侧面选上

指定拉伸高度或【路径(P)】:2

指定拉伸的倾斜角度<O>: (按<Enter>键)

结果如图 11-17 所示。

8. 镜像实体

选择【修改】菜单三维操作中的【三维镜像】命令，将实体沿 *XOY* 平面镜像，结果如图 11-18 所示。

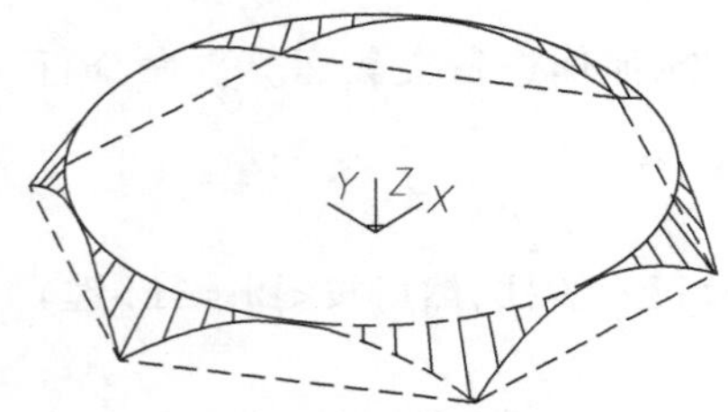

图 11-16 选取底面

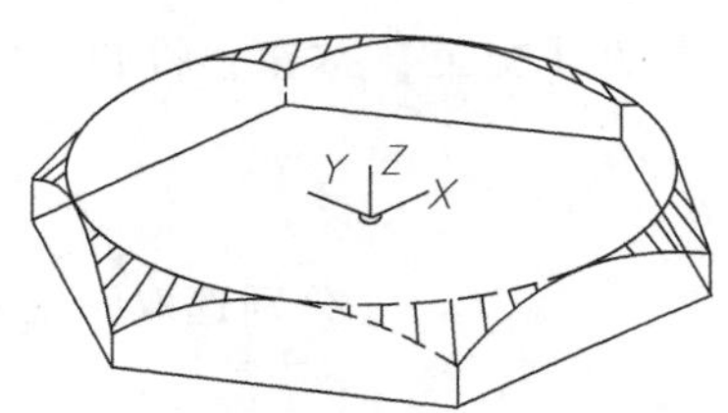

图 11-17 拉伸实体底面

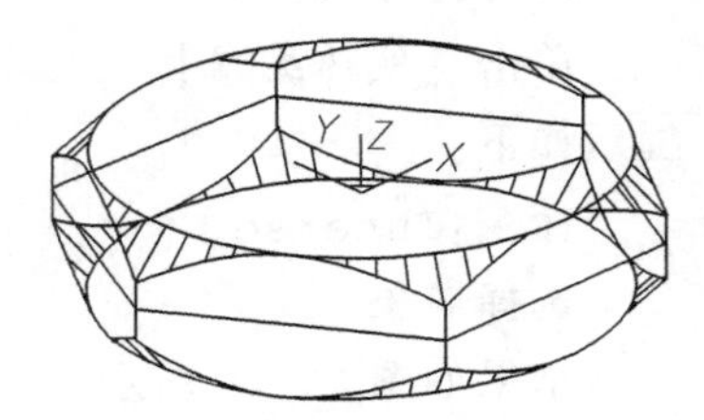

图 11-18 镜像实体

9. 并集运算

单击【实体编辑】工具栏中的【并集】按钮，将镜像后的两个实体进行并集运算。

10. 创建螺纹

1）单击【建模】工具栏的【圆柱体】按钮。

命令;Cylinder

指定底面的中心点或【三点(3P)/两点(2P)/切点、切点、半径(T)/椭圆(E)】:

(在任意点单击)

指定底面半径或【直径(D)】:8

指定高度或【两点(2P)/轴端点(A)】:15

2）单击【建模】工具栏的【螺旋】按钮。

命令:Helix

圈数=3.0000 扭曲=CCW

指定底面的中心点: (捕捉圆柱底面圆心)

指定底面半径或【直径(D)】<1.000>:8

指定顶面半径或【直径(D)】<8.0000>: (按<Enter>键)

指定螺旋高度或【轴端点(A)/圈数(T)/圈高(H)/扭曲(W)】<1.000>

输入圈数<3.000>:16

指定螺旋高度或【轴端点(A)/圈数(T)/圈高(H)/扭曲(W)】<1.000>:2

在圆柱外面画了一条螺旋线。

3）新建图层 1，将圆柱放在图层 1 中并单击小灯泡隐藏按钮，只看到螺旋线。

4）新建 UCS 坐标，将原点移到螺旋线的端点上并改变方向，如图 11-19 所示。

5）用多段线或者直线命令绘制底边边长为 1mm 的正三角形，*AB* 中点为原点，并将其设为面域，如图 11-20 所示。

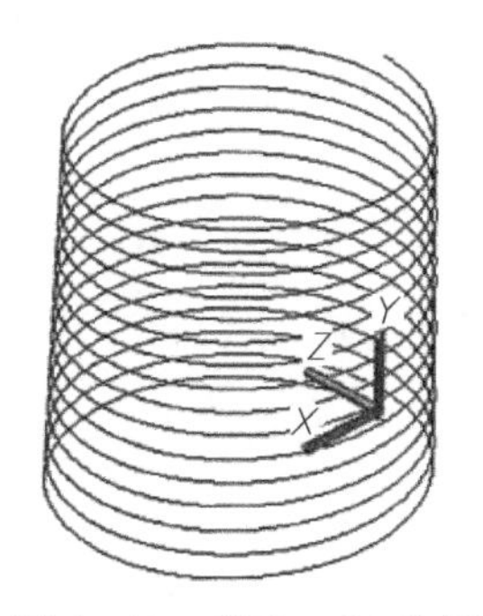

图 11-19　移动 UCS 坐标

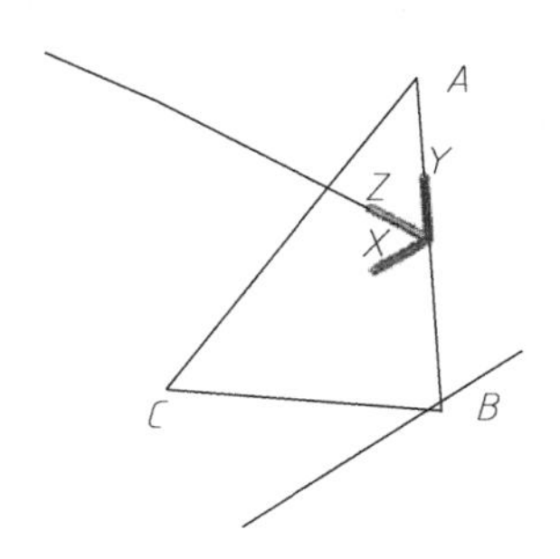

图 11-20　绘制三角形

6）新建 UCS 坐标，将其绕 *X* 轴旋转 90°，使 *Z* 轴朝下。

7）单击【建模】工具栏的【扫掠】按钮，对正三角形进行路径为螺旋线的扫掠操作，效果如图 11-21 所示，并将图层 1 隐藏的圆柱显示出来。

8）求圆柱和螺旋体的差集，如图 11-22 所示。

9）将差集运算后的实体移动到六角螺母中，使中心对齐，如图 11-23 所示。最后，求得六角螺母与螺旋体的差集。

图 11-21　扫掠

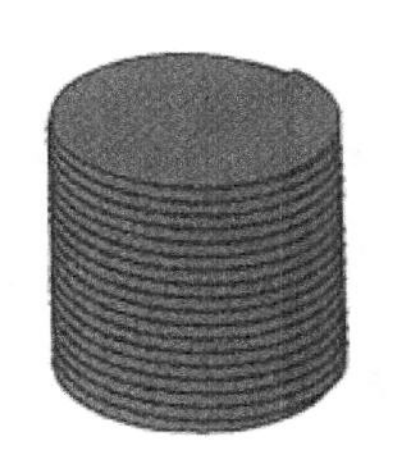

图 11-22　差集运算

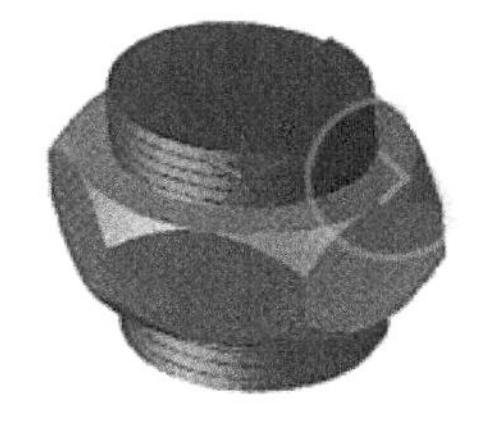

图 11-23　移动螺旋体

三、结束任务

六角螺母绘制完成后，对自己绘制的图形用动态观察器全方位查看，仔细检查所画的图形是否符合要求，并对自己的绘图练习进行评价。要求能熟练地画出实体图，掌握六角螺母的绘制。

【拓展提高】

复杂的三维实体都是由简单的三维实体组合而成的，拉伸、拉伸面等都是常见的操作方法。

1. 拉伸

将长方形、正方形、圆按指定的高度拉伸分别创建出长方体、正方体和圆柱，将圆按指定高度和倾斜角度拉伸，可以创建圆台和圆锥，将三角形按指定方向拉伸可以创建楔体，将不规则图形拉伸后，可以创建各种形状的实体。

沿路径拉伸要有对象和路径。将对象沿某一路径拉伸成实体，如图 11-24 所示。

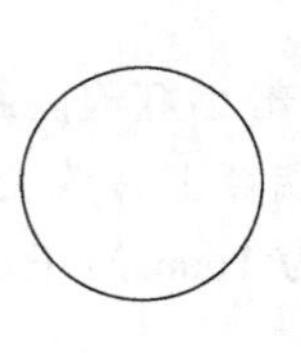

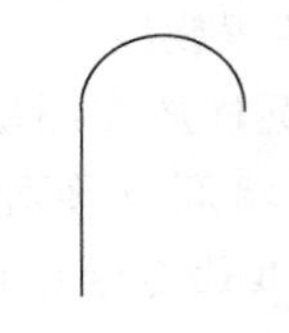

图 11-24　沿路径拉伸

2. 拉伸面

1）按角度拉伸面：实体的面按一定倾斜角度拉伸，如图 11-25 所示。

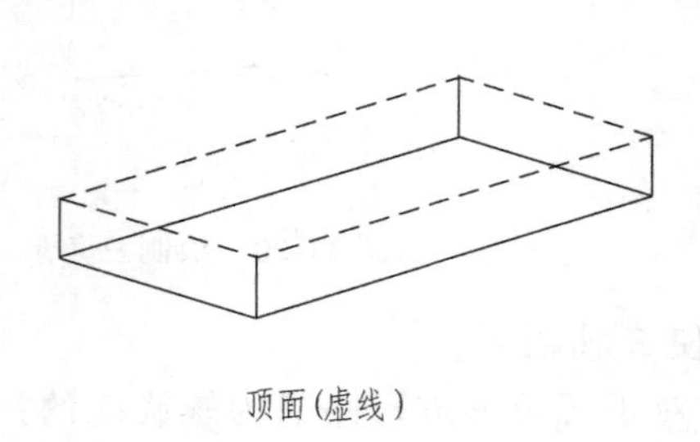

图 11-25　按角度拉伸面

2）按路径拉伸面：实体的面按一定的路径线拉伸，如图 11-26 所示。

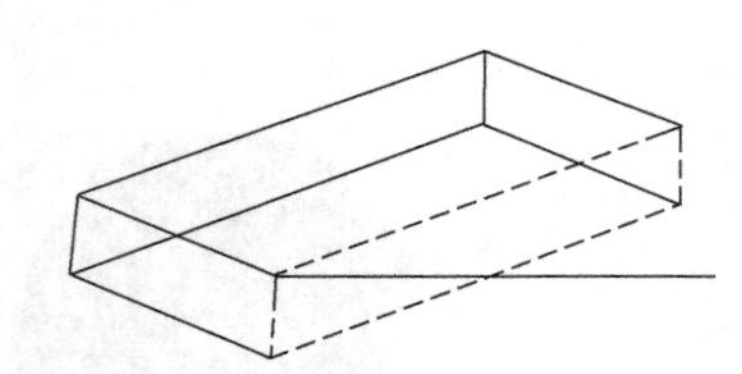
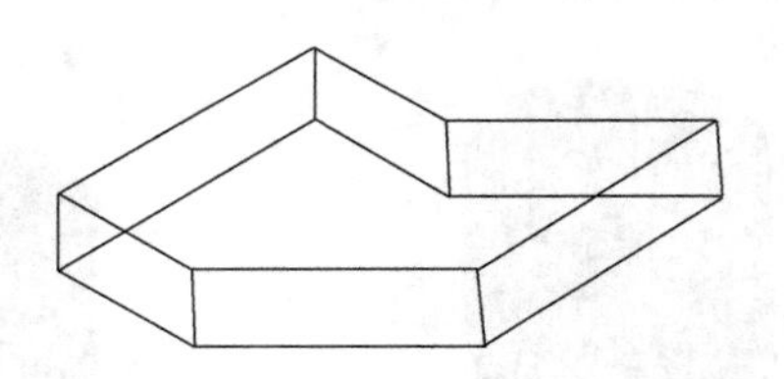

图 11-26　按路径拉伸面

【实战演练】

用拉伸和拉伸面等操作方法绘制图 11-27 所示的弯管，尺寸自定。

图 11-27　弯管

任务四　创建法兰盘

【学习目标】

1）掌握使用旋转命令创建实体的方法。

2）掌握实体编辑中的旋转面、倾斜面、移动面、偏移面等命令的操作。

【任务描述】

本次任务是创建法兰盘，如图 11-28 所示，通过本任务的学习，掌握用旋转二维平面的方法来创建三维实体，并通过实体面的编辑来改变实体的形状，从而生成新的实体。

【任务分析】

法兰盘是典型的旋转体零件，也是比较规则的零件。其主视图轮廓多为直线，并且关于轴对称，通过旋转二维线段将其生成三维实体。

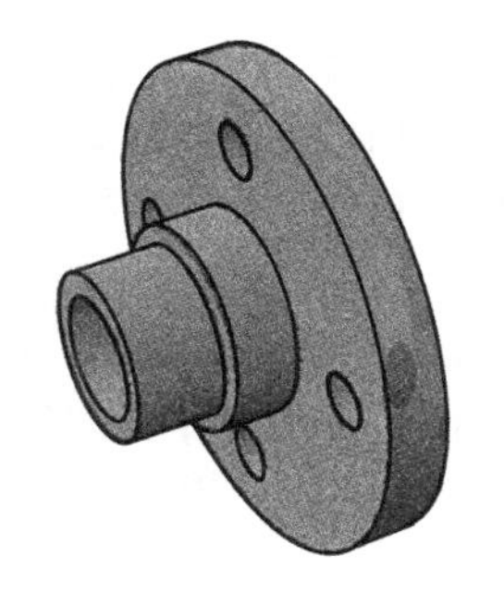

图 11-28　法兰盘

【知识链接】

三维旋转实体的创建可以通过旋转二维开放或闭合对象的方法来实现。

一、旋转

1. 操作方法

（1）菜单栏　选择【绘图】→【建模】→【旋转】命令。

（2）工具栏　单击【三维建模】功能区的【常用】选项卡→【建模】面板→【旋转】按钮，或者单击【建模】工具栏中的【旋转】按钮。

（3）命令行　输入 REVOLVE。

2. 操作步骤

命令:Revolve

当前线框密度:ISOLINES=4,闭合轮廓创建模式=实体

选择要旋转的对象或【模式(MO)】:MO

闭合轮廓创建模式【实体(SO)/曲面(SU)】<实体>:SO

选择要旋转的对象或【模式(MO)】:找到 1 个

选择要旋转的对象或【模式(MO)】:

指定轴起点或根据以下选项之一定义(轴对象(O)/X/Y/Z)<对象>:

指定轴端点:

指定旋转角度或【起点角度(ST)/反转(R)/表达式(EX)】<360>:

3. 选项说明

1）对象（O）：选择已经绘制好的直线作为旋转轴。

2）X/Y/Z：将二维对象绕当前坐标系的 *X/Y/Z* 轴旋转。

二、实体编辑

1. 旋转面

该命令用于绕指定的轴旋转实体上的面。

(1) 菜单栏　选择【修改】→【实体编辑】→【旋转面】命令。

(2) 工具栏　单击【实体编辑】工具栏中的【旋转面】按钮。

2. 移动面

该命令用于将实体上的面移动到指定的距离。

(1) 菜单栏　选择【修改】→【实体编辑】→【移动面】命令。

(2) 工具栏　单击【实体编辑】工具栏中的【移动面】按钮。

3. 偏移面

该命令用于等距离地偏移实体上指定的面。

(1) 菜单栏　选择【修改】→【实体编辑】→【偏移面】命令。

(2) 工具栏　单击【实体编辑】工具栏中的【偏移面】按钮。

4. 倾斜面

该命令用于将实体上指定的面倾斜一个角度。

(1) 菜单栏　选择【修改】→【实体编辑】→【倾斜面】命令。

(2) 工具栏　单击【实体编辑】工具栏中的【倾斜面】按钮。

5. 删除面

该命令用于删除实体上指定的面，从而得到新的实体。

(1) 菜单栏　选择【修改】→【实体编辑】→【删除面】命令。

(2) 工具栏　单击【实体编辑】工具栏中的【删除面】按钮。

6. 复制面

该命令用于复制实体上指定的面，以便对复制出来的面继续编辑。

(1) 菜单栏　选择【修改】→【实体编辑】→【复制面】命令。

(2) 工具栏　单击【实体编辑】工具栏中的【复制面】按钮。

7. 着色面

该命令用于改变实体上指定面的颜色。

(1) 菜单栏　选择【修改】→【实体编辑】→【着色面】命令。

(2) 工具栏　单击【实体编辑】工具栏中的【着色面】按钮。

【任务实施】

一、准备工作

1) 上课前仔细阅读本任务的内容。

2) 调出【建模】工具栏和【实体编辑】工具栏。

3) 复习直线、边界、坐标系等命令的操作。

二、绘制法兰盘的操作步骤

1. 绘制法兰盘轮廓线

根据图 11-29 所示的尺寸，在视图中绘制法兰盘剖切面轮廓图形，并将其设置成面域。

2. 旋转

单击【建模】工具栏中的【旋转】按钮，将其旋转成实体。

命令;Revolve

当前线框密度:SOLINES=8,闭合轮廓创建模式=实体

选择要旋转的对象或【模式(MO)】:MO

闭合轮廓创建模式【实体(SO)/曲面(SU)】<实体>:SO

选择要旋转的对象或【模式(MO)】:找到 1 个

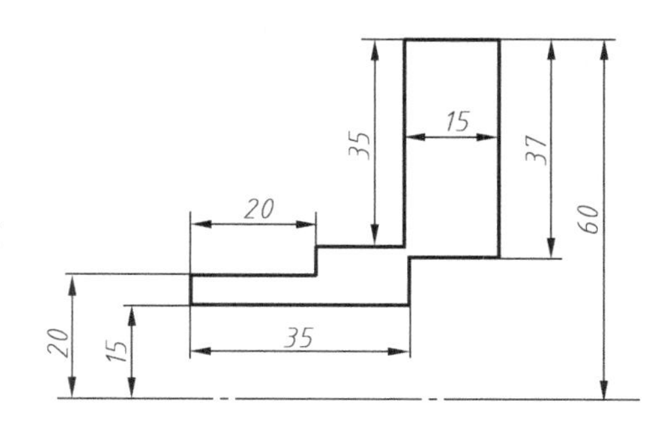

图 11-29　法兰盘尺寸图

(选择所有轮廓线)

选择要旋转的对象或【模式(MO)】:找到 1 个,总计 2 个

选择要旋转的对象或【模式(MO)】　(按<Enter>键)

指定轴起点或根据以下选项之一定义轴【对象(O)/X/VZ】<对象>:(在中心线左端单击)

指定轴端点:　(在中心线右端单击)

指定旋转角度或【起点角度(ST)/反转(B)/表达式(EX)】<360>:　(按<Enter>键)

3. 删除轮廓线

删除第一步中的轮廓线，将视图设置为西南等轴测。

4. 绘制孔

1）将坐标轴绕 *Y* 轴旋转 90°，使 *XOY* 面与底面平行。

2）将坐标原点移至半径为 60mm 的底面圆的圆心，如图 11-30 所示。

3）绘制圆柱：选择【圆柱体】命令，圆心为（42.5,0,0），半径为 7mm，高为 15mm，如图 11-31 所示。

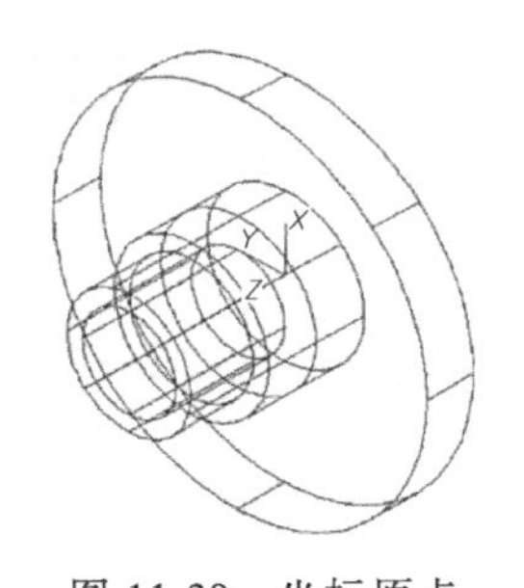

图 11-30　坐标原点

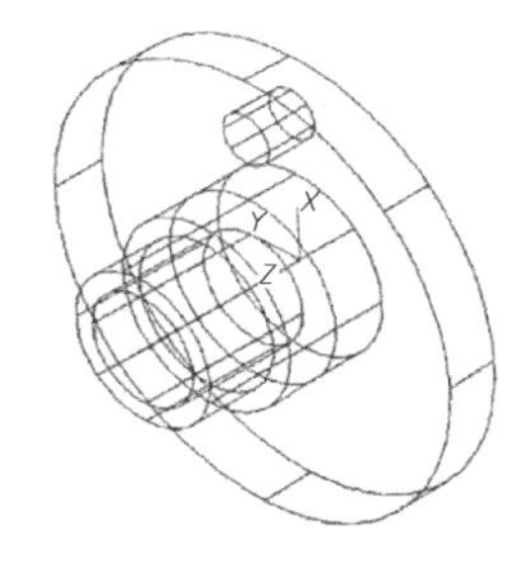

图 11-31　圆柱体

4）三维阵列：将圆柱体进行三维阵列、环形阵列，项目数目为 4，旋转轴为法兰盘的中心轴，如图 11-32 所示。

命令:3 Darray

选择对象:找到 1 个

选择对象:

输入阵列类型【矩形(R)/环形(P)】<矩形>:P

输入阵列中的项目数目:4

指定要填充的角度<360>:

旋转阵列对象?【是(Y)/否(N)】<Y>:

指定阵列的中心点: (单击中心线的一个端点)

指定旋转轴上的第二点: (再单击中心线另一个端点)

5) 求法兰盘与4个小圆柱的差集，如图11-33所示。

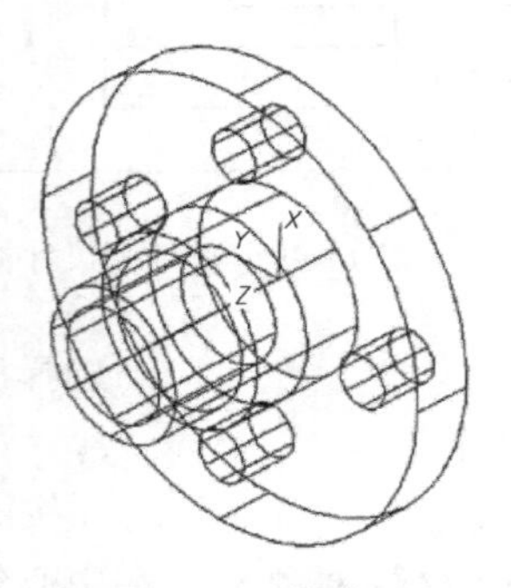

图11-32　三维阵列

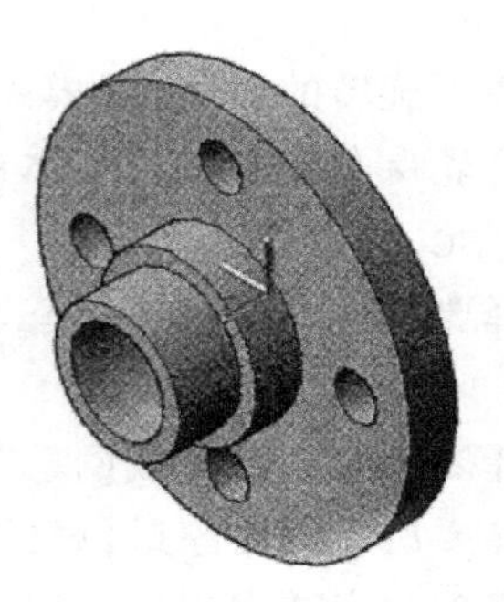

图11-33　差集运算

三、操作提示

1) 旋转操作要采用【建模】工具栏中的【旋转】命令，将二维图形旋转成三维实体，而不要用【修改】菜单中的【三维旋转】命令。

2) 绘图时，要将坐标系放在合适的位置上，以便能较好地计算坐标值。

3) 采用【修改】菜单中的【三维阵列】命令时，旋转轴为法兰盘的轴线。

四、结束任务

本任务是利用旋转方法绘制旋转体，如手柄、带轮等都可以用此方法绘制。请对自己绘制的图形做出评价，掌握利用二维图形经拉伸、旋转变成实体的方法。

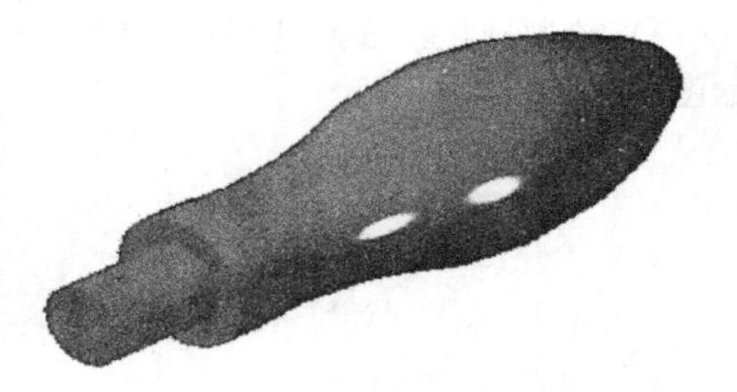

图11-34　立体手柄

【实战演练】

利用旋转命令绘制立体手柄，如图11-34所示，尺寸可参考项目四中的任务三。

任务五　创建齿轮

【学习目标】

1) 掌握创建齿轮的简易方法。

2) 掌握渲染三维实体的方法。

【任务描述】

本任务是学习渲染实体的基本方法，包括贴图、材质、配景、灯光及场景的设置。通过这些设置来表现三维实体自身的材质属性，以及真实的光照效果，从而获得更加逼真、形象、贴近现实的三维图像场景，渲染后的齿轮如图 11-35 所示。

图 11-35　齿轮

【任务分析】

本任务采用直线代替渐开线绘制齿轮，它是齿轮的一种近似画法。

【知识链接】

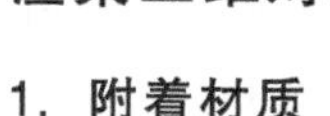

渲染三维对象

1. **附着材质**

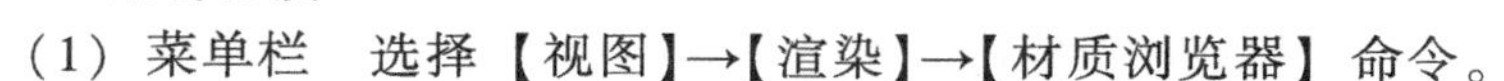

（1）菜单栏　选择【视图】→【渲染】→【材质浏览器】命令。

（2）工具栏　单击功能区【渲染】选项卡→【材质】面板→【材质浏览器】按钮，也可以调出【渲染】工具栏，单击【材质浏览器】按钮。执行上述操作后，打开【材质浏览器】对话框，选择需要的材质类型，直接拖动到对象上，即可为对象附着材质。当选择【视觉样式】→【真实】命令时，会显示出材质效果。如果要设置材质的参数，可以依次选择【视图】→【渲染】→【材质编辑器】命令。

2. **贴图**

（1）菜单栏　选择【视图】→【渲染】→【贴图】命令。

（2）工具栏　单击功能区【渲染】选项卡→【材质面板】→【材质贴图】按钮。也可以调出【渲染】工具栏，单击【材质贴图】按钮。执行上述命令后，会在实体上附着带纹理的材质，可调整实体纹理贴图方向。它可模拟纹理、反射、折射等效果。材质被映射后，可调整材质适应对象的形状，将合适的材质贴图类型应用到对象上，使之更加适合对象。贴图分为平面贴图、长方体贴图、柱面贴图和球面贴图。

3. **设置点光源**

（1）菜单栏　选择【视图】→【渲染】→【光源】→【新建点光源】命令。

（2）工具栏　单击功能区【渲染】选项卡→【光源】面板→【创建光源】右侧的下拉按钮并单击【点光源】按钮，也可以调出【渲染】工具栏，单击【新建点光源】按钮。光源是渲染的重要因素之一，若场景中没有光源，将使用默认光源。点光源是从光源处向四周辐射的光源，主要作用是照亮模型，从而显示出光照效果，如同灯泡照明。除点光源外，灯光的类型还包括平行光和聚光灯。平行光是在一个方向上发射平行光束，它无衰减，无论距离多远，发射光都保持恒定的强度，就像太阳光。聚光灯是从一点向一个方向发射且呈圆锥形的光，可以指定光的方向和圆锥的大小。与点光源相似，聚光灯的强度也随着距离的增加而衰减，如台灯、舞台上用的聚光灯。除此之外，选择【光源】选项卡中的【创建光源】，还可以创建【光域网灯光】。

【任务实施】

一、准备工作

1）上课前仔细阅读本任务的内容。

2）调出【建模】工具栏、【实体编辑】工具栏及【渲染】工具栏。

3）复习镜像、偏移、拉伸等命令的操作。

二、绘制齿轮操作步骤

1. 绘制齿轮的轮廓线

1）设置合适的绘图环境和图层：选择【格式】→【图形界限】命令，设定左下角坐标为（0，0），右上角坐标为（100，100）。选择【格式】→【图层】命令，打开【图层】对话框，新建图层1，将图层1命名为中心线，颜色为红色，线型为CENTER。选择【图】→【缩放】→【范围】命令，在俯视图中心线层中绘制两条相互垂直的中心线和分度圆，其直径为60mm；绘制齿顶圆直径为66mm，齿根圆直径为52.5mm，中心孔直径为20mm，如图11-36所示。

2）垂直中心线向左和向右各两次偏移1.25mm，并用直线连接交点，如图11-37所示。

3）修剪轮齿形状。将齿根圆与轮齿间进行倒圆角，半径为1mm，如图11-38所示；将轮齿进行环形阵列，数目为20；再修剪成形即可，如图11-39所示。

4）选择【绘图】→【边界】命令，拾取点，在中间空白处单击。拾取点时可以将中心线隐藏不显示。

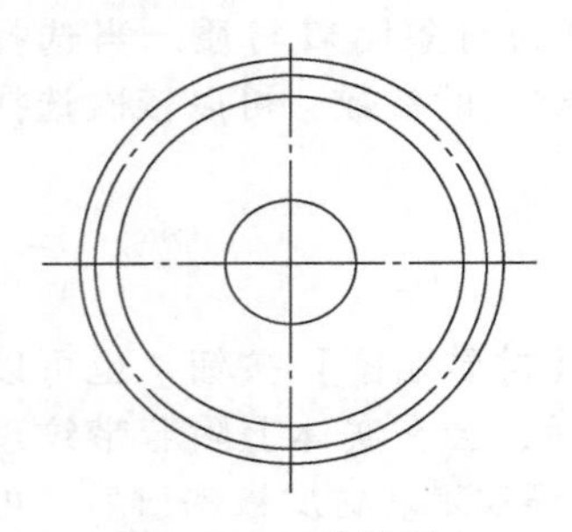

图11-36　绘制圆

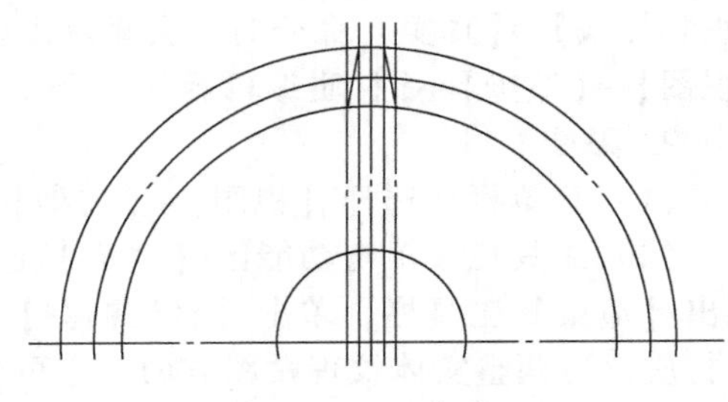

图11-37　偏移

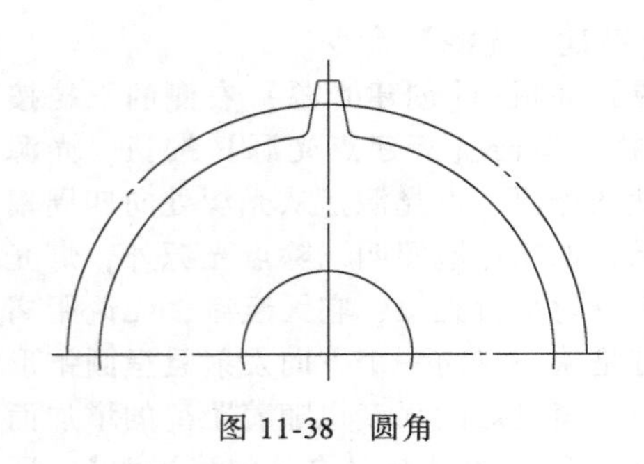

图11-38　圆角

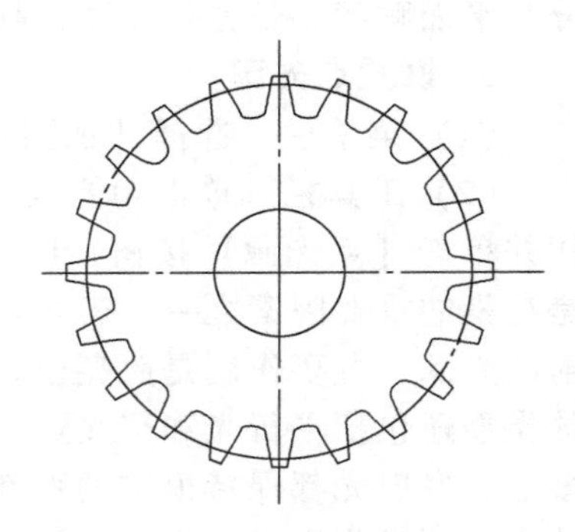

图11-39　环形阵列

2. 绘制立体齿轮

单击【建模】工具栏的【拉伸】按钮，高度取24mm，如图11-40所示。

1）将垂直中心线向左、右各偏移3mm，水平中心线向上偏移12.8mm。用直线和修剪命令绘制轮廓线图形。

2）单击【绘图】→【面域】命令，选择轮廓线后按<Enter>键，然后进行拉伸，高度取24mm，如图11-41所示。

3）求齿轮实体与齿轮孔实体的差集。

图 11-40　拉伸

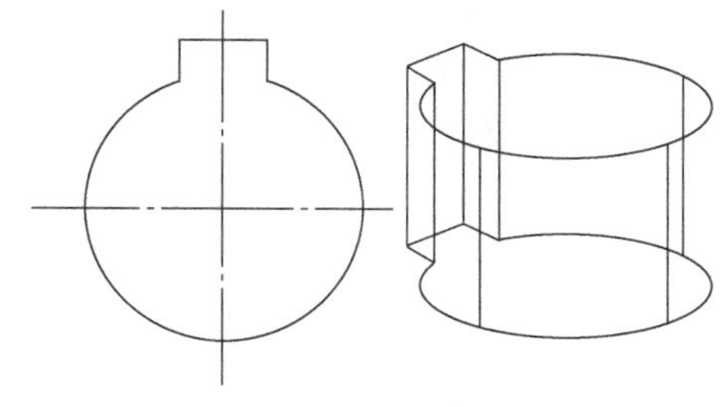

图 11-41　中心孔拉伸

3. 渲染齿轮

1）单击功能区的【渲染】选项卡→【材质】面板→【材质浏览器】按钮，弹出对话框，选择【金属（1800F 火灼）】，在右边单击【将材质添加到文档】按钮，如图 11-42 所示。

2）将文档材质列表中所需材质拖到实体上。选择【视图】→【视觉样式】→【真实】命令，单击功能区的【渲染】选项卡→【渲染】面板→【渲染面域】按钮，用鼠标拖动一个矩形区域查看渲染效果。

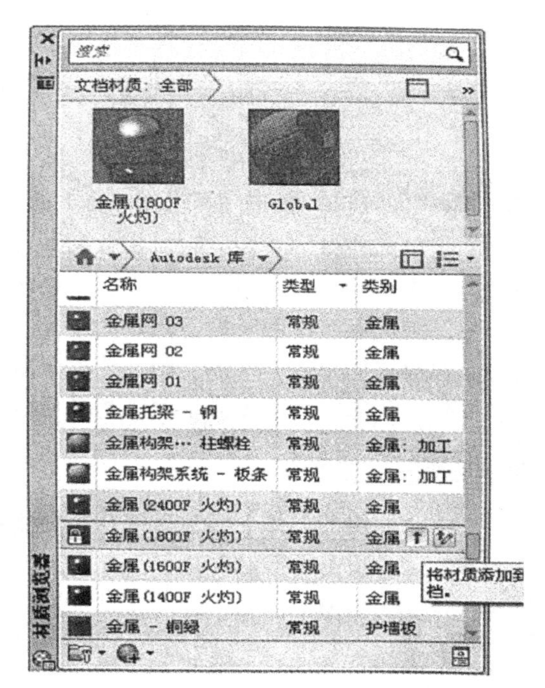

图 11-42　材质浏览器

三、操作提示

1）在附着材质操作中，打开【材质浏览器】对话框后，选中实体，单击文档材质列表中所需要的材质。

2）在附着材质操作中，打开【材质浏览器】对话框后，选中实体，右击文档材质列表中的材质，选择【指定给当前选择】按钮。在附着材质操作中，要选择【视觉样式】中的【真实】选项。

3）如果想用下载的图片做贴图，在材质编辑器中单击【常规】选项组的【图像】右侧空白处，弹出【材质编辑器】对话框单击【打开】按钮，打开文件选择所需图片。在绘图区选择模型对象，为其赋予新创建的漫射贴图材料。

四、结束任务

本任务是了解渲染的基本知识，通过学习，对自己的作品进行评价，尽量使自己的作品具有真实感，提高作品的感染力。

【实战演练】

设置图形界限为 30mm×30mm，打开青花瓷碗图片素材，将碗进行贴图渲染，如图

11-43 所示。

图 11-43　青花瓷碗

课题二　三维实体设计

【知识要点】

1）运用圆柱体、拉伸、布尔运算等命令绘制螺钉旋具的方法。
2）三维坐标系的应用。
3）三维视点、视图、视觉样式的应用。
4）使用建模中的长方体、圆柱体等命令创建三维实体的方法。
5）利用着色面和着色边来绘制和亮显三维图形及其细节的方法。

【技能要求】

1）学会使用长方体、圆柱体等命令绘制三维实体图。
2）能选择适当的方法管理图形文件。

【任 务 书】

编号	任务	教学时间
11-2-1	创建螺钉旋具	2 学时
11-2-2	创建扳手	2 学时
11-2-3	创建千斤顶	2 学时

任务一　创建螺钉旋具

【学习目标】

1）掌握运用圆柱体、拉伸、布尔运算等命令绘制螺钉旋具的方法。

2）掌握利用着色面和着色边来绘制和亮显三维图形及其细节的方法。

【任务描述】

螺钉旋具是用来拧转螺钉以迫使其就位的工具，通常有一个薄楔形头，可插入螺钉头部的槽内，常用的是一字槽和十字槽螺钉旋具。本任务是运用所学知识绘制十字槽螺钉旋具，如图 11-44 所示。

【任务分析】

本任务是用面域、拉伸、阵列、圆柱体、运算等命令来绘制螺钉旋具。螺钉旋具的手柄可以根据日常生活中见到的样式进行设计，也可以发挥自己的想象力设计其他样式的手柄。

图 11-44　螺钉旋具

【知识链接】

一、着色面和着色边

1. 着色面

该命令用于更改三维实体上选定面的颜色。

(1) 菜单栏　选择【修改】→【实体编辑】→【着色面】命令。

(2) 工具栏　单击【实体编辑】工具栏中的【着色面】按钮。

执行上述操作后，命令行提示如下：

命令：_Solidedit

实体编自动检查：SOLIDCHECK = 1

输入实体编辑选项【面(F)/边(E)/体(B)/放弃(U)退出(X)】<退出>：F

输入面编辑选项：【拉伸(E)/移动(M)/旋转(R)/偏移(O)/倾斜(T)/除(D)/复制(C)/颜色(L)/材质(A)放弃(U)/退出(X)】<退出>：C

选择面或【放弃(U)/删除(R)】：　　(选择一个面按<Enter>键)

弹出【选择颜色】对话框，选择所需颜色后确定。

2. 着色边

该命令用于更改三维实体上选定边的颜色。

(1) 菜单栏　选择【修改】→【实体编辑】→【着色边】命令。

(2) 工具栏　单击【实体编辑】工具栏中的【着色边】按钮。

执行上述操作后，命令行提示如下：

命令：Solidedit

实体编辑自动检查：SOLIDCHECK = 1

输入实体编辑选项【面(F)/边(E)/体(B)/放弃(U)/退出(X)】<退出>：E

输入边编辑选项【复制(C)/着色(L)/放弃(U)/退出(X)】<退出>：C

选择边或【放弃(U)/删除(R)】：　　(选择一条边，按<Enter>键)

弹出【选择颜色】对话框，选择所需颜色后确定。

二、压印边

该命令用于将二维几何图形压印到三维实体上，从而在平面上创建更多的边，如图11-45所示。

1. 操作方法

(1) 菜单栏　选择【修改】→【实体编辑】→【压印边】命令。

(2) 工具栏　单击【实体编辑】工具栏中的【压印边】按钮。

2. 操作步骤

命令:_Iimprint

选择三维实体或曲面:

选择要压印的对象:

是否删除源对象【是(Y)/否(N)】<N>:

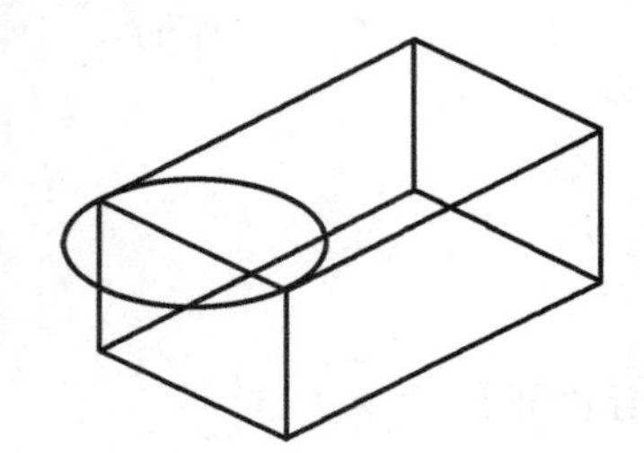

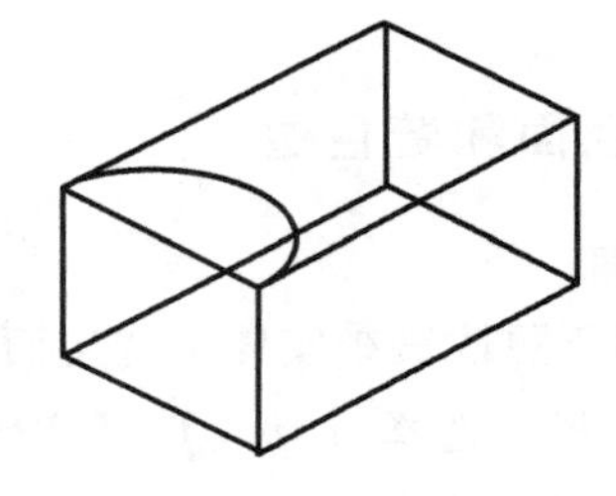

图 11-45　压印

【任务实施】

一、准备工作

1) 上课前仔细阅读本任务的内容。

2) 调出【建模】工具栏和【实体编辑】工具栏。

3) 复习圆柱体、球体、拉伸、阵列、布尔运算等命令的操作。

二、绘制螺钉旋具的操作步骤

1. 绘制二维图形

设置绘图区域为300mm×200mm，选择【视图】→【缩放】→【范围】命令。创建中心线图层，颜色为红色，线型为Center，然后绘制中心线。将视图转化为左视图，在0层绘制圆，在左视图中以（0，0）为圆心，绘制半径为12mm的圆，再将水平中心线向上偏移14mm，以与垂直中心线的交点为圆心，画半径为3mm的圆，修剪、阵列后如图11-46所示。

2. 拉伸

先将上一步所画二维图形的中心线层隐藏，再选择【绘图】菜单中的【边界】命令，将其边界封闭，或者制作成面域。然后将上图拉伸，高度为80mm。

3. 绘制平截面圆锥体

将视图转化为西南等轴测，将坐标原点移到底面中心点。打开【工具】选项板，以顶面圆心为圆心，绘制底面半径为 10mm，顶面半径为 9mm，高为 25mm 的平截面圆锥体。

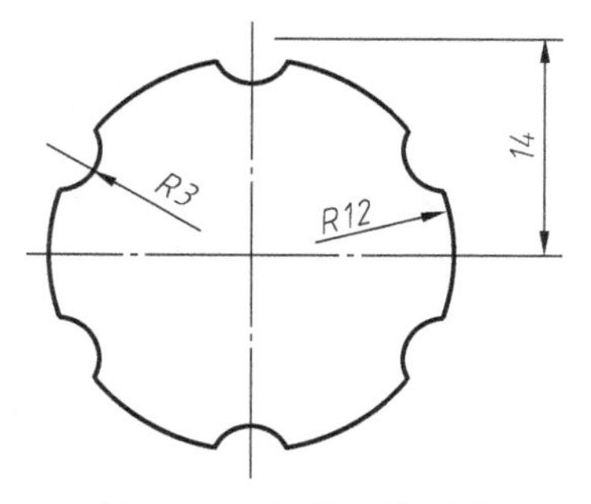

图 11-46　绘制二维图形

图 11-47　并集运算

4. 绘制球体

在西南等轴测视图中以（0，0，-6）为圆心，绘制半径为 10mm 球体，求球体和柱体的并集，如图 11-47 所示。

5. 绘制圆柱体

以平截面顶面圆心为圆心，绘制半径为 3.5mm，高为 130mm 圆柱体。

6. 绘制平截面圆锥体

以圆柱顶面圆心为圆心，绘制底面半径为 3.5mm，顶面半径为 0.5mm，高为 8mm 的平截面圆锥体，求圆柱与平截面圆锥体的并集。

7. 绘制顶端槽

1）在前视图中绘制图 11-48 所示的三角形：将视图转化为前视图，用直线命令画长 1.25mm 的直线 *cd*，以 *c* 点为起点画三角形 *abc*，只要角度正确即可，三角形 *bc* 边长超过圆柱半径即可。

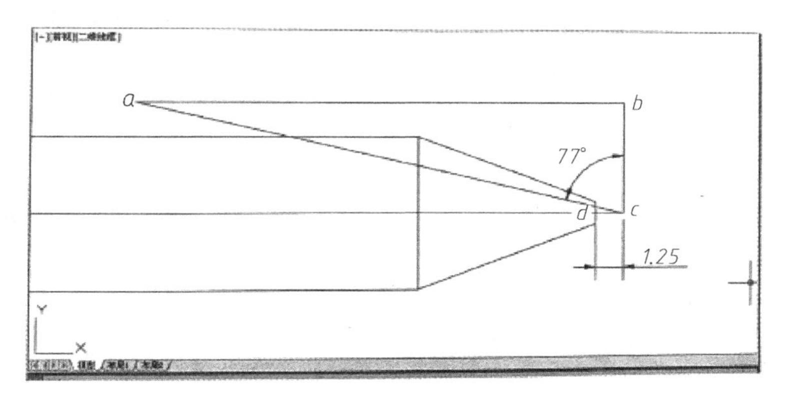

图 11-48　三角形

2）将三角形创建成面域，并将视图转化为西南等轴测。然后单击【绘图】→【建模】→【旋转】命令，将其以斜边为轴线旋转 65°。

3）将坐标轴移至合适位置，以平截面圆锥体的上下两个面的中心点连线为对称轴，单击【修改】工具栏的【镜像】按钮，镜像 65°旋转体，然后将两个旋转体求并集，如图 11-49 所示。

命令行提示如下：

命令：Mirror　　　　　　　（将 65°旋转体镜像）

选择对象：找到 1 个　　　　　（单击 65°旋转体）

选择对象：　　　　　　　　　（按<Enter>键）

指定镜像线的第一点：

（单击平截面圆锥体顶面中心点）

指定镜像线的第二点：

（单击平截面圆锥体底面中心点）

图 11-49　三维镜像求并集

要删除源对象吗？【是(Y)/否(N)】<N>：

命令：Union　　　　　　　（求两个 65°旋转体的并集）

选择对象：找到 1 个　　　　　（单击一个 65°旋转体）

选择对象：找到 1 个，总计 2 个　　（单击另一个 65°旋转体）

选择对象：　　　　　　　　　（按<Enter>键）

4）三维阵列上述镜像的实体，如图 11-50a 所示。

命令行提示如下：

命令：_3Darray

选择对象：指定对角点：找到 0 个

选择对象：找到 1 个　　　　　（按<Enter>键）

选择对象：

输入阵列类型【矩形(R)/环形(P)】<矩形>：P

输入阵列中的项目数目：4

指定要填充的角度(+=逆时针，-=顺时针)<360>：　　（按<Enter>键）

旋转阵列对象？【是(Y)/否(N)】<Y>：　　（按<Enter>键）

指定阵列的中心点：　　（单击平截面圆锥体顶面圆心）

指定旋转轴上的第二点：　　（单击平截面圆锥体底面圆心）

5）求 4 个镜像的实体与螺钉旋具（长圆柱和平截面圆锥体）的差集，如图 11-50b 所示。

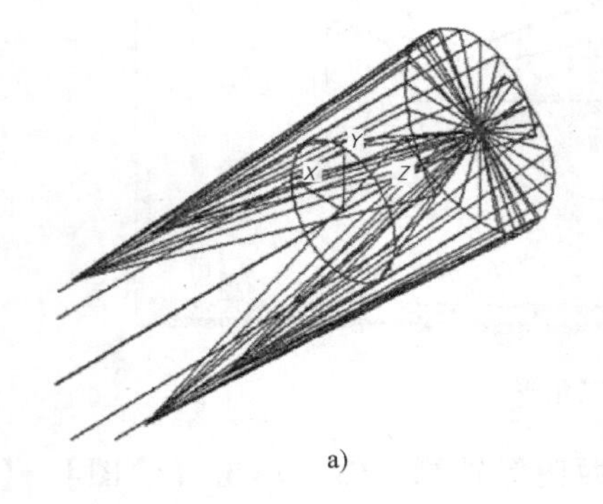

a)

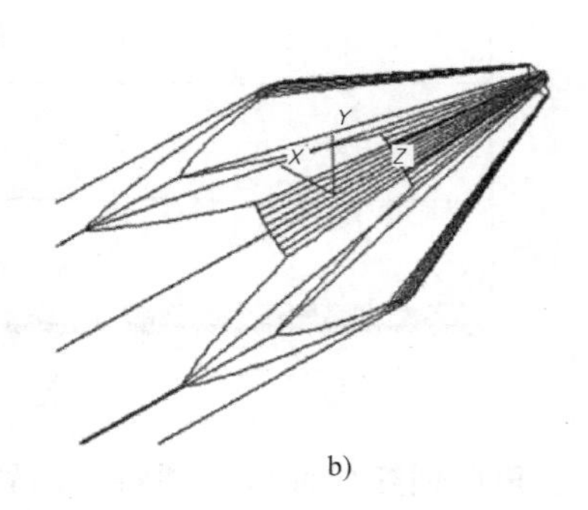

b)

图 11-50　阵列与差集

8. 倒圆角

将手柄处的边缘倒圆角，半径为 2mm。

9. 着色面

单击【实体编辑】工具栏中的【着色面】按钮，选择不同的面和不同的颜色，对螺钉旋具进行着色面处理。选择【视图】→【视觉样式】→【着色】命令，即可看到效果。

命令行提示如下：

命令：Solider

实体编辑自动检查：SOLIDCHECK=1

输入实体编辑选项【面(F)/边(E)/体(B)/放弃(U)/退出(X)】<退出>：F

输入面编辑选项【拉伸(E)/移动(M)旋转(R)/偏移(O)/倾斜(T)/删除(D)/复制(C)/颜色(L)/材质(A)/放弃(U)/退出(X)】<退出>：C

选择面或【放弃(U)/删除(R)】：找到一个面

选择面或【放弃(U)/删除(R)/全部(ALL)】：　　（按<Enter>键）

输入面编辑选项【拉伸(E)/移动(M)/旋转(R)/偏移(O)/倾斜(T)/删除(D)/复制(C)/颜色(L)/材质(A)/放弃(U)/退出(X)】<退出>：

结果如图 11-44 所示。

三、操作提示

1）在进行螺钉旋具十字槽绘制时，三维镜像要注意旋转面的选择，三维旋转要注意旋转轴的选择，否则，效果不能达到要求，并注意【旋转】与【三维旋转】是不同的两个命令。注意坐标轴的位置和方向。

2）在进行压印操作时，被压印的对象必须与选定对象的一个或多个面相交，压印仅限于圆弧、圆、直线、二维和三维多段线、椭圆、样条曲线、面域和三维实体。

四、结束任务

通过本任务的学习，检查自己是否掌握了本任务要求学习的内容，特别是螺钉旋具十字槽的绘制及着色面的应用。并对自己的绘图进行评价，以便能更好地掌握所学的知识。

【拓展提高】

一、剖切截面

操作方法：

命令行　输入 SECTION。

二、截面平面

操作方法：

（1）菜单栏　选择【绘图】→【建模】→【截面平面】命令。

（2）命令行　输入 SECTIONPLANE。

【实战演练】

根据本任务及以前学过的 AutoCAD 绘图知识，绘制小木锤并着色，方法不限，尺寸

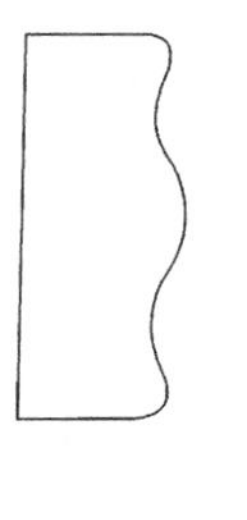

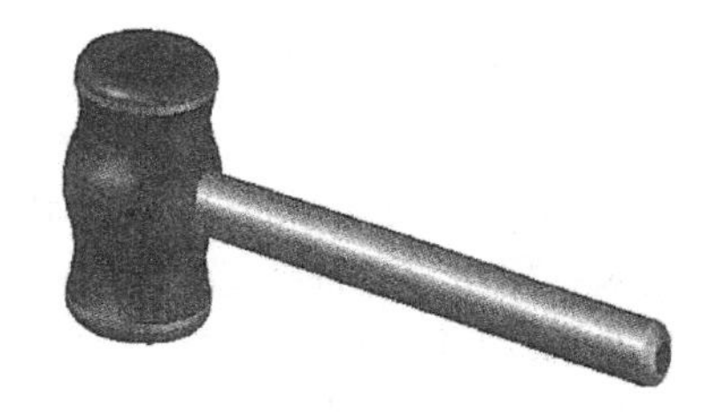

图 11-51　小木锤

自定，如图 11-51 小木锤所示。

任务二　创建扳手

【学习目标】

1）掌握运用多边形、多段线、拉伸、布尔运算等命令创建扳手的方法。

2）掌握运用布局空间来设置投影视图的方法。

【任务描述】

扳手是一种常用的安装与拆卸工具。本任务是利用 AutoCAD 中多边形、拉伸等命令创建简单的内八角扳手实体，并利用布局对其进行投影设置，如图 11-52 所示。

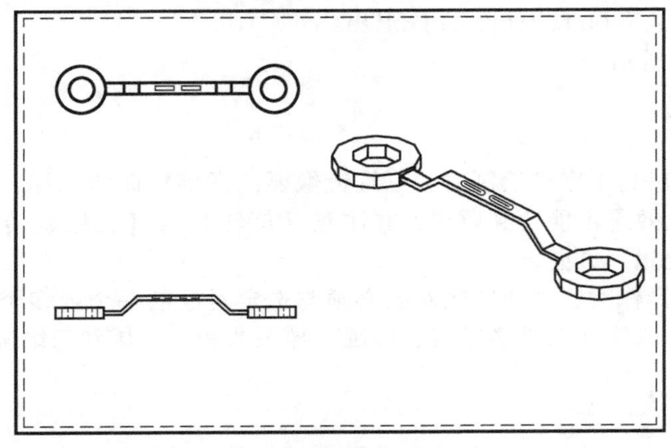

图 11-52　扳手

【任务分析】

本任务会用到前面所讲述的视图调整方法和三维镜像等操作。另外，本任务中所包含的正十二棱柱和正八棱柱及中间连接的不规则形状由拉伸命令来完成，实体完成后再以基础视图显示。

【知识链接】

一、创建布局

1. 使用样板创建布局

(1) 菜单栏　选择【插入】→【布局】→【来自样板的布局】命令。

(2) 状态栏　右击状态栏的【快速查看布局】按钮，在快捷菜单中选择【来自样板】命令，或者单击【布局】选项卡→【布局】面板→【新建】→【从样板】按钮。

2. 使用向导创建布局

在菜单栏中选择【插入】→【布局】→【创建布局向导】命令，或者选择【工具】→【向导】→【创建布局】命令。

执行上述命令并在向导中选择【标准三维工程视图】，可生成三视图。

二、投影视图

1. 从立体图转化为工程图

（1）操作方法　选择【布局】选项卡→【创建视图】面板→【基点】中的【从模型空间】命令，可创建来自模型空间的基础视图。命令行提示如下：

命令：VIEWBASE

指定模型源【模型空间(M)/文件(F)】<模型空间>：M

选择对象或【整个模型(E)】<整个模型>：找到 1 个　　　　（选择模型空间的立体图）

选择对象或【整个模型(E)】<整个模型>：　　　　（按<Enter>健）

输入要置为当前新的现有布局名称或【布局 1】<布局 1>：（按<Enter>键）正在重新生成布局…

类型=基础和投影隐藏线=可见线和隐藏线(D)　比例=1：10

指定基础视图的位置或【类型(T)/选择(E)/方向(O)/线(H)/比例(S)/可见性(V)】<类型>：

（光标在前视图的位置上单击，按<Enter>键后再在其他视图位置上单击即可）

选择选项【选择(E)/方向(O)/隐藏线(H)/比例(S)/可见性(V)/移动(M)/退出(X)】<退出>：

指定投影视图的位置或<退出>：

执行上述操作后，可以生成“长对正、高平齐、宽相等”关系的基础视图，如图 11-53 所示。若轴测图中有虚线，可以双击轴测图，单击【外观】面板的【隐藏线】按钮，选择【可见线】命令即可。其他视图的改变方法类似。

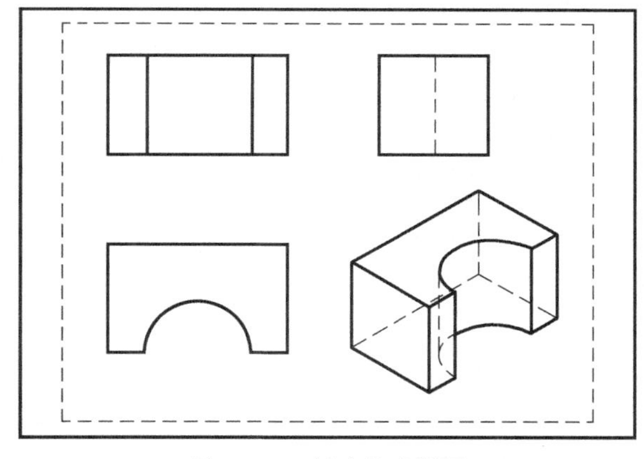

图 11-53　创建基础视图

（2）转换基础视图　在创建基础视图过程中，会出现【工程视图创建】选项卡，单击方向】面板中的相应视图按钮即可改变基础视图的显示方式，如图 11-54 所示。

（3）基础视图的位置　如果移动前视图，其他两个视图也跟着改变位置，且一直保持“长对正、高平齐、宽相等”关系。在特殊情况下不想保持以上对正方式，按<Shift>键再移动相应的视图，再次按<Shift>键又会再次对齐。图 11-54 为方向面板。

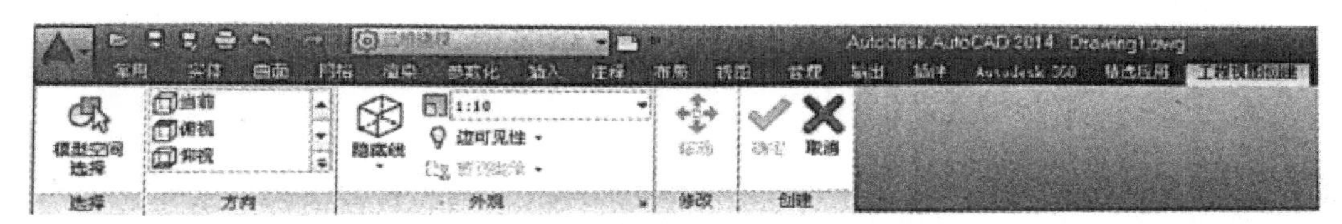

图 11-54　方向面板

(4) 图层　在图层特性管理器中可看到自动生成的图层，在图层中可以修改线型、线宽、颜色等，但不能生成中心线，如果需要可以在布局空间中自己绘制来添加中心线或轴。

2. 从布局空间转化为模型空间

单击【文件】菜单【将布局输出到模型】命令，保存文件之后，直接打开对象即可。

三、绘制视图的方法

按剖切范围的大小，视图可分为全剖视图、半剖视图和局部剖视图。

1. 全剖视图

操作方法如下：

1) 将模型空间中的立体图转换为布局空间中相应的基础视图。

2) 单击【布局】选项卡→【创建视图】面板→【截面】下拉菜单→【全剖视】按钮，命令行提示如下：

命令:Viewseetio

选择俯视图:找到 1 个

隐藏线=可见线比例=1:10　　(来自俯视图)

指定起点或【类型(T)/隐藏线(H)/比例(S)/可见性(V)/注释(A)/图案填充(C)】<类型>:

指定起点　　(指定剖切符号的起点)

指定端点或【放弃(U)】:　　(指定剖切符号的端点)

指定截面视图的位置或选择选项【隐藏线(H)/比例(S)/可见性(V)/投影(P)/深度(D)/注释(A)/图案填充(C)/移动(M)/退出(X)】<退出>:

对立体图在 *A—A* 和 *B—B* 进行全剖视，之后成功创建截面视图，如图 11-55 所示。

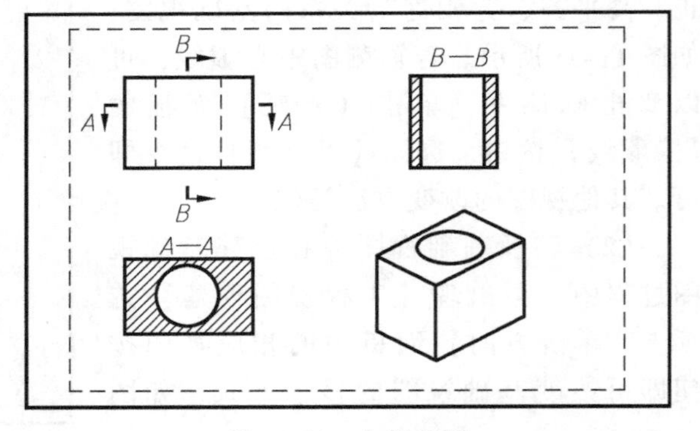

图 11-55　全剖视图

2. 半剖视图

操作方法如下：

1) 将模型空间中的立体图转换为布局空间中相应的基础视图。

2) 单击【布局】选项卡→【创建视图】面板→【截面】下拉菜单→【一半】按钮，操作步骤与全剖视图类似，故命令行提示过程省略。

【任务实施】

一、准备工作

1) 上课前仔细阅读本任务的内容。

2) 调出【建模】工具栏和【实体编辑】工具栏。

3) 复习正多边形、拉伸、布尔运算等命令的操作。

二、绘制扳手操作步骤

1）在俯视图中分别绘制一个正十二边形和正八边形，边长均为10mm，如图11-56a所示。再利用对象捕捉追踪功能将两个正多边形中心点重合，最后结果如图11-56b所示。

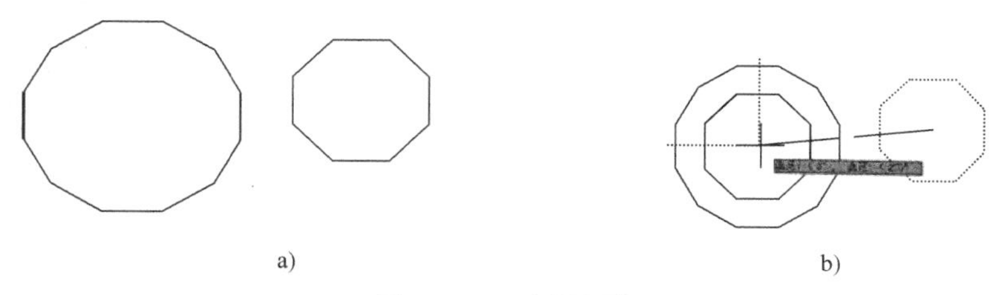

图11-56　正多边形

2）利用拉伸命令将两个正多边形拉伸成实体，高度为10mm，然后求两个拉伸实体的差集并调整到西南等轴测图。

3）把视图调整到左视图，总高为15mm，绘制如图11-57所示的多段线。

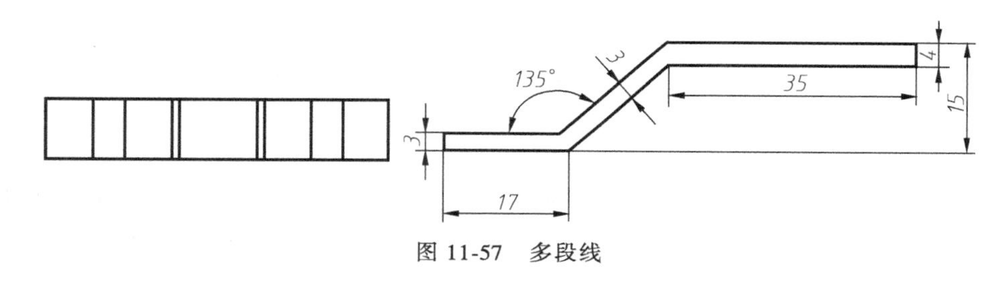

图11-57　多段线

4）把第3步中的多段线拉伸成实体，高度为10mm，并调整到西南等轴测图，再利用移动命令将图形对齐，求正十二边形实体与拉伸体的并集。

5）新建用户坐标系，利用三点调整坐标系，将*XOY*面放在顶面上，在*XOY*平面绘制多段线，起点为（3，3，0），按逆时针方向画图，并调整位置，将其拉伸成凹槽实体，拉伸高度为-2mm，如图11-58a所示。

6）求并集后的拉伸体与凹槽体的差集。采用三维镜像命令将上述所有实体镜像到另一边，最后求镜像后所有实体的并集，如图11-58b所示。

7）创建投影视图。在三维建模空间中，单击【布局】选项卡→【创建视图】面板，然后单击【基点】→【从模型空间】，再分别单击相应的视图位置，即可创建来自模型空间的基础视图。将前视图删除，留下左视图和俯视图，调整缩放比例为0.5，并将其旋转90°，轴测图缩放比例为0.8。双击相应的视图后，单击【隐藏线】命令中的【可见线】按钮，将看不见的线隐藏，并用移动命令将其移动到合适的位置。

三、操作提示

1）在操作过程中，绘制多边形时要用边（E）命令来绘制。在绘制凹槽时要转换坐标系的位置并将其创建成面域。

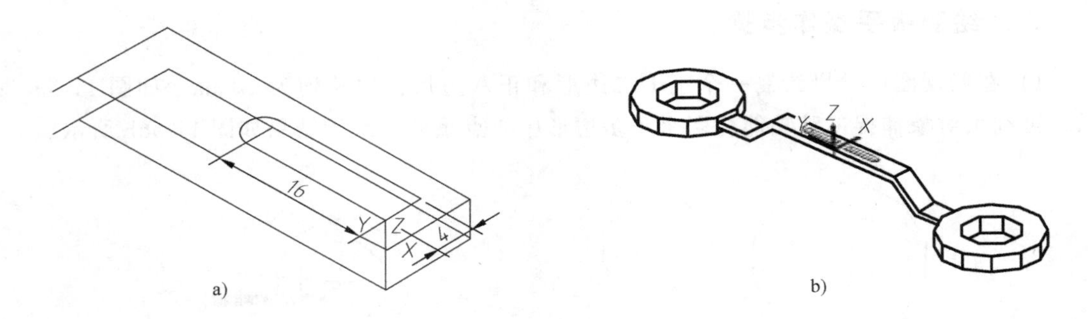

图 11-58 扳手的投影视图

2）在基础视图创建过程中，根据需要对各视图的图形进行移动、旋转、缩放等操作。

四、结束任务

通过本任务的学习，检查自己是否掌握了本任务要求学习的内容，特别是投影的基础视图操作及坐标系的应用。对自己的绘图进行评价，以便能更好地掌握所学的知识。

【拓展提高】

一、阶梯剖视图

用两个或两个以上互相平行的剖切平面完全地剖开机件所得的剖视图，称为阶梯剖视图。当机件外形简单但有较多的内部结构，且它们的轴线不在同一平面内时，可用阶梯剖视图。操作方法如下：

1）将模型空间中的立体图转换为布局空间中相应的基础视图。

2）单击【布局】选项卡→【创建视图】面板→【截面】下拉菜单→【偏移】按钮，执行上述操作从工程视图生成偏移截面视图。

二、旋转剖视图

当用一个剖切平面不能通过机件的各内部结构，而机件在整体上又具有回转轴时，可用两个相交的剖切平面剖开机件，然后将剖切面的倾斜部分旋转到与基本投影面平行，然后进行投射，这样得到的视图称为旋转剖视图。操作方法如下：

1）将模型空间中的立体图转换为布局空间中相应的基础视图。

2）单击【布局】选项卡→【创建视图】面板→【截面】下拉菜单→【对齐】按钮。执行上述操作可以从工程视图生成对齐的截面视图。

【实战演练】

设置合适的绘图环境，按尺寸绘制图 11-59 所示的泵盖立体图，并在布局 1 中进行投影视图的设置，并进行左视图全剖视图的设置。

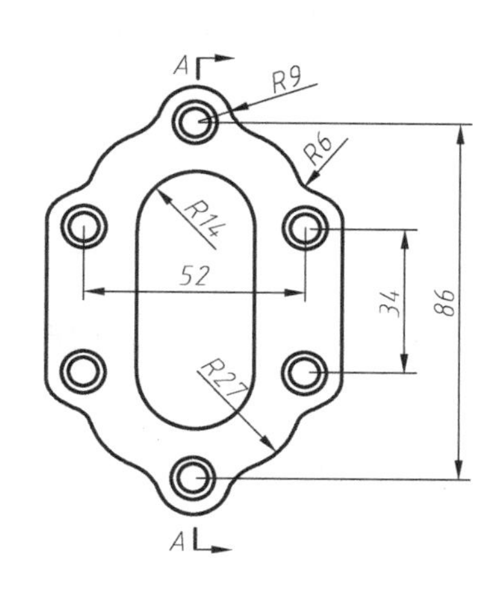

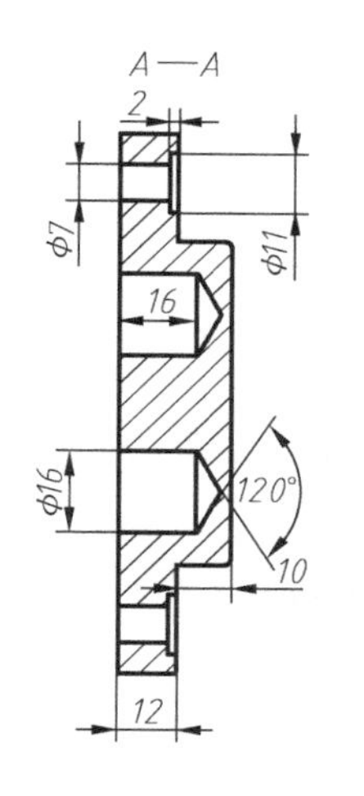

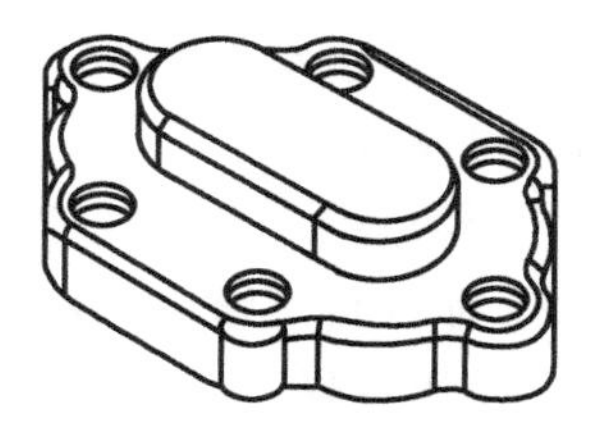

图 11-59　泵盖立体图

任务三　创建千斤顶

【学习目标】

1）掌握运用直线、旋转、移动、复制、剖切、旋转面和布尔运算等命令创建千斤顶的方法。

2）掌握运用布局空间来设置投影视图的方法。

3）掌握运用布局空间来设置全剖、半剖等视图的方法。

【任务描述】

千斤顶是通过顶部托座或底部托爪在行程内顶升重物的轻小起重设备，其结构轻巧、灵活多变，一人可携带和操作。本任务是根据所学的 AutoCAD 基本知识及建模技巧创建千斤顶实体并绘制装配图，如图 11-60 所示。

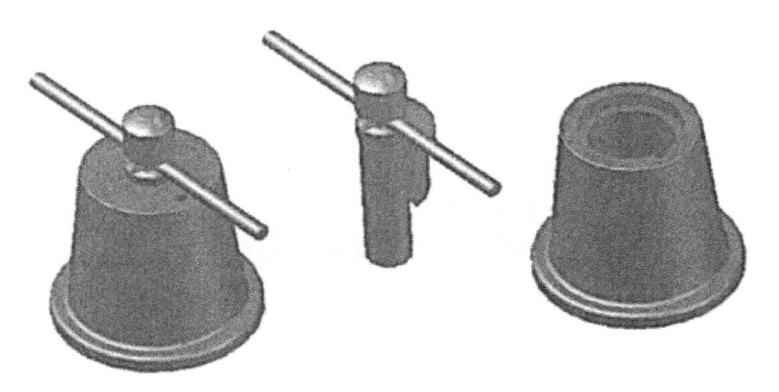

图 11-60　千斤顶

【任务分析】

本任务中包含圆柱的绘制，及拉伸、旋转等操作，通过识读截面图形成的二维图形旋转生成三维实体。掌握识读零件图的方法，根据零件图来计算尺寸，利用合适的尺寸绘制千斤顶的零件图，再将其组合成装配图。

【知识链接】

一、三维对齐命令

该命令用于在二维或三维空间中将对象与其他对象对齐，对齐过程中可复制原图形。

1. 操作方法

(1) 菜单栏　选择【修改】→【三维操作】→【三维对齐】命令。

(2) 命令行　输入 3DALIGN。

2. 操作步骤

命令:3Dalign

选择对象:找到 1 个

选择对象:

指定源平面和方向

指定基点或【复制(C)】:

指定第二个点或【继续(C)】<C>:

指定第三个点或【继续(C)】<C>:

指定目标平面和方向…

指定第一个目标点:

指定第二个目标点或【退出(X)】<X>

指定第三个目标点或【退出(X)】<X>:

3. 选项说明

1) 复制 (C)：对齐后复制原对象。

2) 继续 (C)：继续下面操作。

3) 退出 (X)：退出命令。

二、面域命令

1. 操作方法

(1) 菜单栏　选择【绘图】→【面域】命令。

(2) 工具栏　单击【绘图】工具栏中的【面域】按钮。

(3) 命令行　输入 REGION。

2. 操作步骤

命令:_Region

选择对象:指定对角点:找到 4 个

选择对象:

已提取 1 个环。

已创建 1 个面域。

【任务实施】

一、准备工作

1）上课前仔细阅读本任务的内容。

2）调出【建模】工具栏和【实体编辑】工具栏。

3）复习圆柱体、旋转、拉伸、布尔运算等命令的操作。

二、绘制千斤顶操作步骤

1. 绘制底座

将视图转化为前视图。

1）绘制轮廓线。根据11-61所示的尺寸，用直线绘制图11-62所示的底座二维截面图形。

2）旋转。将二维截面图形创建成面域，然后单击【建模】工具栏的【旋转】按钮，将二维截面图形绕旋转轴旋转360°。

2. 绘制螺套

1）绘制轮廓线。根据图11-63所示的尺寸，用直线绘制图11-64所示的螺纹套二维截面图形。

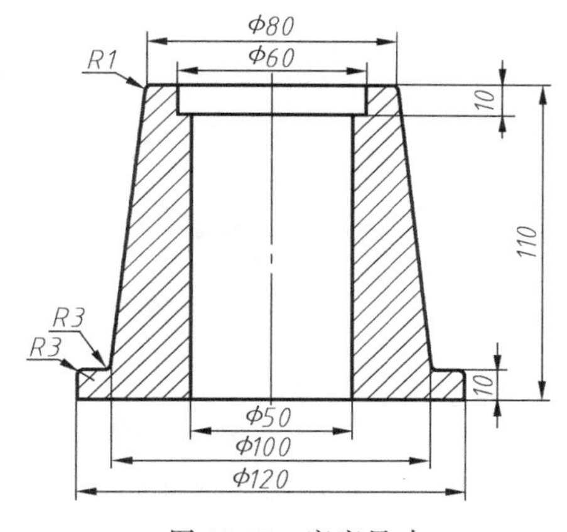

图11-61　底座尺寸

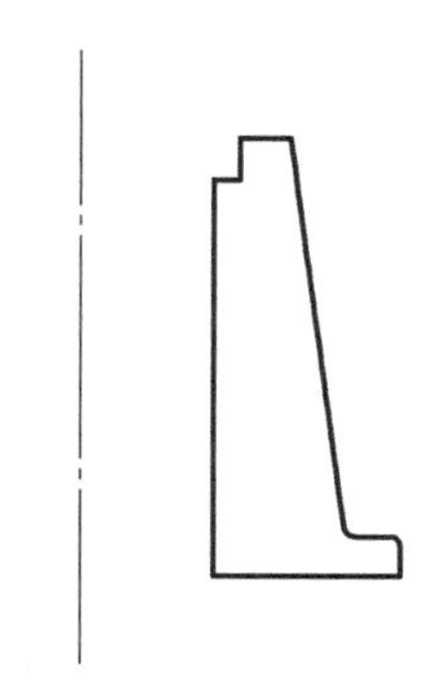

图11-62　底座二维截面图形

2）旋转。将螺纹套二维截面图形创建成面域，然后单击【建模】工具栏的【旋转】按钮，将二维截面图形绕旋转轴旋转360°。

3. 绘制螺杆

1）绘制轮廓线。根据图11-65所示的尺寸用直线绘制螺杆二维截面图形。

2）旋转。将螺杆二维截面图形创建成面域，然后单击【建模】工具栏的【旋转】按钮，将二维截面图形绕旋转轴旋转360°。

4. 绘制铰杆

在前视图中单击任意点，并以此点为圆心，绘制半径为5m、高为190mm的圆柱体。

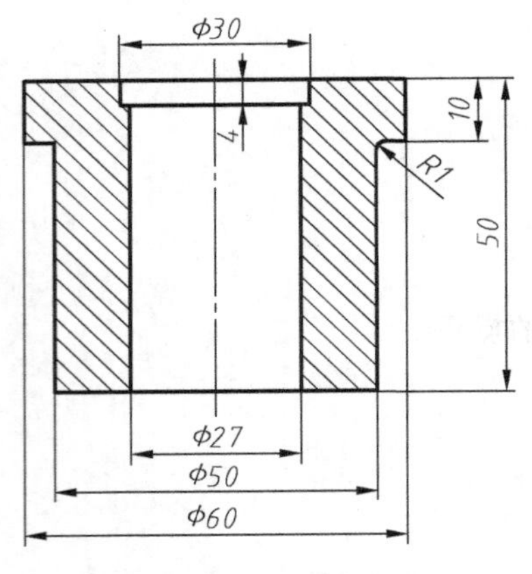

图 11-63　螺纹套尺寸

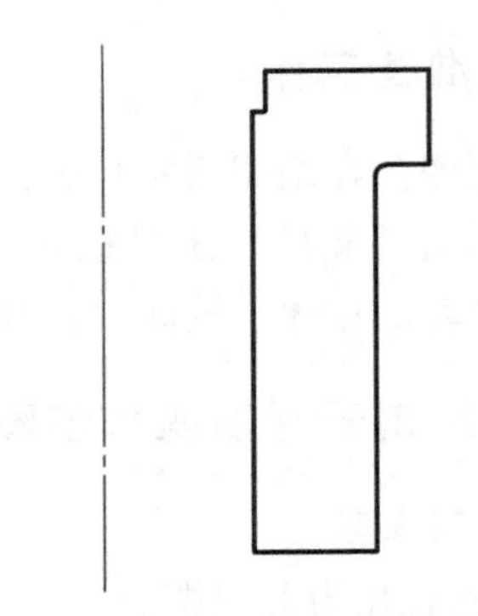

图 11-64　螺纹套二维截面图形

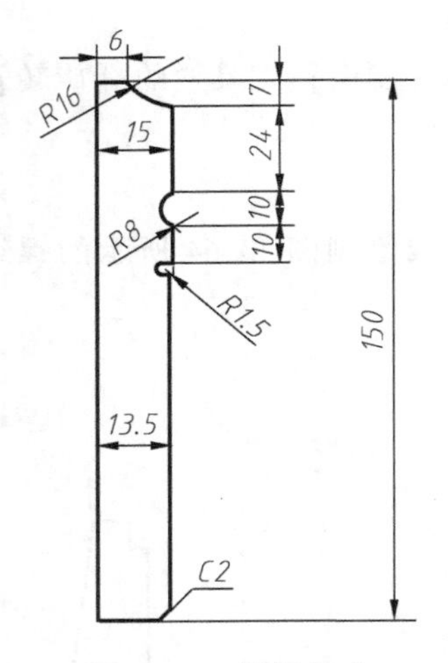

图 11-65　螺杆尺寸

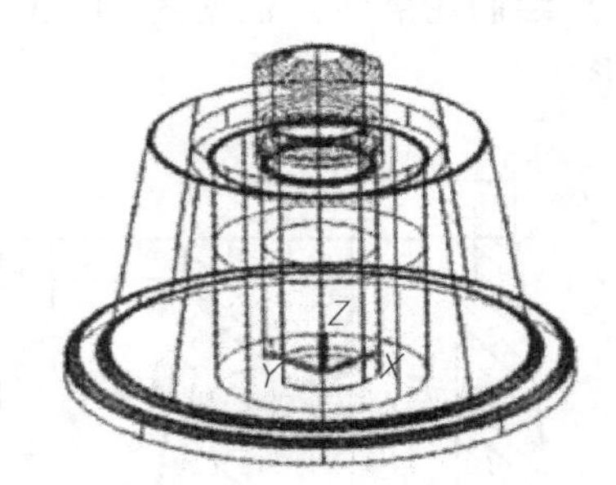

图 11-66　移动螺纹套和螺杆

5. 移动

将视图转换为西南等轴测，将 UCS 坐标原点移到底座的底面圆心上，单击【修改】工具栏的【移动】按钮，捕捉螺纹套的顶面圆心点为基点，将其移动到底座顶面圆心点上；同理，捕捉螺杆底面圆心为基点，将其移动到原点上，如图 11-66 所示，捕捉圆柱的底面圆心为基点，将其移动至原点。

单击【修改】工具栏的【移动】按钮，捕捉螺杆上的点（0，0，104）为基点，移动到（0，0，110）；同理，捕捉圆柱上的点（0，95，0）为基点，移动到（0，0，120）。

6. 复制

1）将圆柱绞杆原位复制并以点（0，0，120）为基点旋转 90°，求螺杆与圆柱绞杆的差集。同理，再绘制一个圆柱绞杆放在螺杆孔中即可。

2）将底座、螺纹套、螺杆各复制一个。

7. 剖切

选择【修改】→【三维操作】→【剖切】命令，命令行提示如下：

命令:_Slice

选择要剖切的对象:找到 1 个　　　　　　　　　　　　　　　　(选中螺纹套)

选择要剖切的对象:

指定剖切面的起点或【平面对象(O)/曲面(S)/Z 轴(Z)/视图(V)/XY(XY)/YZ(YZ)/ZX/(ZX)/三点(3)】<三点>:YZ

指定 YZ 平面上的点<0,0,0>　　　　　　　　(单击螺纹套上平行于 YZ 平面上一点)

在所需的侧面上指定点或【保留两个侧面(B)】<保留两个侧面>:

8. 旋转面

单击【实体编辑】工具栏的【旋转面】按钮，将图 11-67 所示螺纹套左边平面绕中心轴旋转 30°，然后将图 11-68 所示螺纹套右边平面以螺纹套最外边棱边为轴旋转 10°即可。

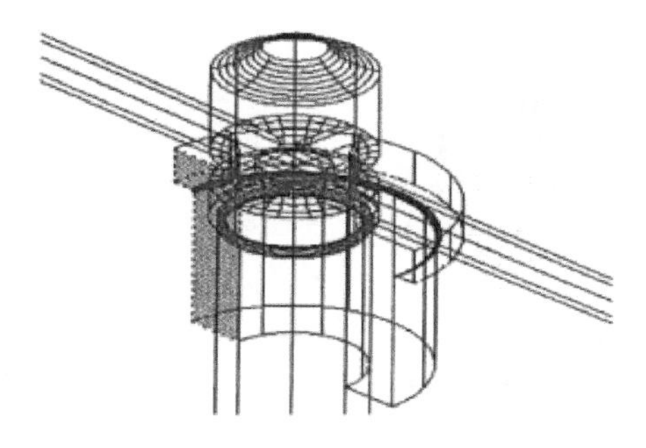

图 11-67　旋转左边平面

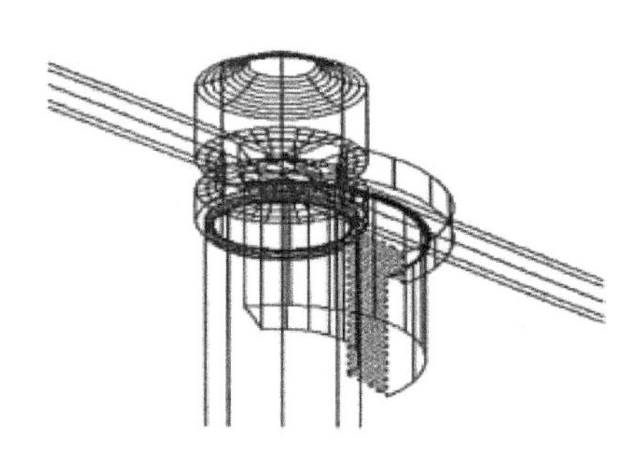

图 11-68　旋转右边平面

9. 圆角

选择【修改】→【圆角】命令，将圆柱绞杆、螺杆等部位进行倒圆角操作，半径为 1mm。

10. 着色

选择【视图】→【视觉样式】→【着色】命令进行着色处理。

三、结束任务

检查自己是否掌握了本任务要求学习的内容，特别是装配图的识图与绘制。对自己的绘图进行评价，以便能更好地掌握所学的知识。

【拓展提高】

一、创建相机

选择【视图】→【创建相机】命令，命令行提示如下:

命令:_Camera

当前相机设置:高度=0　焦距=50mm

指定相机位置:

指定目标位置:

输入选项:【名称(N)/位置(LO)/高度(H)/坐标(T)/镜头(LE)/剪裁(C)/视图(V)/退出(X)】<退出>:

二、运动路径动画

单击【视图】→【运动路径动画】按钮，打开【运动路径动画】对话框，在对话框中先设置相机链接点或路径，再设置目标链接点或路径，还可设置动画的频数、持续视觉、分辨率、动画输出格式等。路径可以自己绘制，如直线、圆等。当设置完动画选项后，单击【预览】按钮，将打开【动画预览】窗口，预览动画播放效果。

【实战演练】

绘制图11-69所示喷头的装配图，尺寸自定。

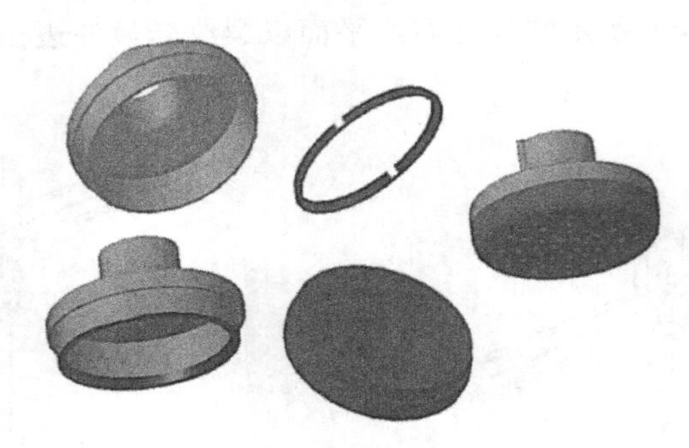

图 11-69 喷头

参考文献

[1] 赵罘，赵楠，张剑峰，等. AutoCAD 2017 机械制图从基础到实训 [M]. 北京：机械工业出版社，2017.

[2] 柳燕君，应龙泉，潘陆桃. 机械制图 [M]. 北京：高等教育出版社，2010.

[3] 任晓耕. 机械制图 [M]. 北京：化学工业出版社，2007.